Die häufigsten Spinnen in Haus und Garten

1	Trichterspinne	*Textrix denticulata*	Seite 210
2	Kräuselspinne	*Nigma walckenaeri*	Seite 218
3	Finsterspinne	*Amaurobius ferox*	Seite 222
4	Veränderliche Krabbenspinne	*Misumena vatia*	Seite 266
5	Krabbenspinne	*Ozyptila praticola*	Seite 280
6	Zebraspringspinne	*Salticus scenicus*	Seite 282
7	Springspinne	*Pseudeuophrys lanigera*	Seite 336
8	Springspinne	*Sytgeles venator*	Seite 344

Der Kosmos Spinnenführer

Heiko Bellmann

Über 400 Arten Europas

KOSMOS

Inhalt

Die Spinnenfamilien und ihre Arten

Vorwort

Spinnen sind für viele Menschen zunächst einmal abstoßende Tiere. Wer aber einmal eine Zeit lang zugeschaut hat, wie eine Radnetzspinne ihr Fangnetz herstellt, wie sich eine Springspinne an ein ahnungsloses Beutetier anpirscht oder wie eine Wolfspinne die ganze Schar ihrer Nachkommen auf dem Rücken herumträgt, wird einfach der besonderen Faszination erlegen sein, die diese Tiergruppe auf nahezu jeden Betrachter ausübt, der sich einmal näher mit ihr beschäftigt hat. Es ist aber nicht diese Vielfalt faszinierender Lebensweisen allein, die Spinnen so interessant werden lässt, in vielen Fällen ist es auch das vollkommen fremdartige Erscheinungsbild, das hier unser Interesse wecken muss, man denke nur an die merkwürdigen, Augen tragenden Kopfauswüchse vieler Zwergspinnenmännchen, an die riesigen, scheinwerferartigen Hauptaugen der Springspinnen oder an die Gestalt mancher Ameisen imitierender Spinnenarten. Und schließlich gibt es sogar Spinnen, die ganz einfach schön sind. Auch hierfür gibt es unter den einheimischen Arten zahlreiche Beispiele (auch wenn es Menschen gibt, die dieser Aussage nicht folgen können), man denke etwa an die auf der rechten Seite abgebildete Goldaugen-Springspinne.

Vor dieser Erkenntnis sind bei den meisten Menschen allerdings große Hürden zu überwinden. Als ich vor mittlerweile über 25 Jahren erstmals versucht hatte, ein allgemein verständliches Buch über Spinnen zu veröffentlichen, stieß ich bei Verlegern zunächst auf breite Ablehnung. Man konnte sich seinerzeit einfach nicht vorstellen, dass ein Buch über eine von der Allgemeinheit so sehr verschmähte Tiergruppe auf eine ausreichend breite Leserschaft treffen könnte. Dennoch gelang es, einen Verlag zu finden, der bereit war, dieses Risiko auf sich zu nehmen, und entgegen allen Erwartungen wurde mein erstes Spinnenbuch ein durchaus achtbarer Erfolg.

Offensichtlich sind in der Zwischenzeit viele Menschen deutlich besser aufgeklärt, was das Verhältnis zu den Spinnen betrifft. Aus den Ekeltieren von einst sind sogar fast so etwas wie „Modetiere“ geworden, die man – wenn auch immer noch mit einem gewissen Respekt – als durchaus akzeptable Zeitgenossen betrachtet. Arachnologische Gesellschaften, also Vereine die sich der Spinnenforschung widmen, erhalten Zulauf nicht nur von Seiten der Wissenschaftler, sondern auch von zahlreichen interessierten Laien, und Vogelspinnen als Haustiere erfreuen sich ständig steigender Nachfrage.

Und so besteht auch in zunehmendem Maße das Bedürfnis, sich einmal den heimischen Spinnen näher zuzuwenden. Leider ist eine sichere Bestimmung der etwa 1000 heimischen Arten nicht ohne weiteres auf Anhieb möglich. Zum einen lassen sich nicht alle Spinnen auf dem verfügbaren Raum abbilden (einmal abgesehen von der Schwierigkeit, alle Arten, die ja zum Teil extrem selten sind, auch zu finden), zum andern ist eine sichere Unterscheidung ohne mikroskopische Untersuchung ihrer Geschlechtsorgane auch gar nicht denkbar. Eine einfache Abbildung des Erscheinungsbildes würde dagegen überhaupt nichts bringen. Es ist aber durchaus möglich, viele der besonders markanten Arten auf Anhieb nach Bildern zu erkennen. Auf diese Weise kann man gerade viele der besonders attraktiven und vom Verhalten her interessanten heimischen Spinnen eindeutig zuordnen. Doch auch die vielen schwer bestimmbaren Arten sollen nicht ganz unter den Tisch fallen. In diesem Buch werden auch die „schwierigen“ Spinnenfamilien wenigstens mit einigen Vertretern exemplarisch vorgestellt, sodass sich der Leser zumindest ein ungefähres Bild von der tatsächlichen Artenvielfalt machen kann. Da durch die immer bessere Erreichbarkeit entfernter Reiseziele Europa immer näher zusammenrückt, werden auch viele repräsentative Vertreter der mediterranen Spinnenfauna vorgestellt. Die immer weiter steigenden Zahlen von Reisen und Materialtransporten bringen es – offensichtlich in Zusammenarbeit mit der zunehmenden Klimaerwärmung – mit sich, dass zunehmend neue südliche Arten als „blinde Passagiere" auch bei uns in Mitteleuropa auftauchen und heimisch werden. So dürften sicher einige der hier vorgestellten Spinnen aus dem Mittelmeergebiet in einigen Jahren bei uns zur heimischen Fauna gehören.

Heiko Bellmann

Das Männchen der Goldaugen-Springspinne (*Philaeus chrysops*), eine der schönsten heimischen Spinnen.

Körperbau

Der Spinnenkörper gliedert sich im Unterschied zum Körper der Insekten (zu denen sie irrtümlich oft gerechnet werden) in zwei Abschnitte, einen Vorderkörper (Prosoma) und einen Hinterkörper (Opisthosoma). Vielfach werden auch die Begriffe Cephalothorax (für den Vorderkörper) und Abdomen (für den Hinterkörper) verwendet; diese Bezeichnungen sind aber nicht ganz korrekt, da sie sich auf die etwas abweichende Körpergliederung der Krebstiere beziehen.

Das **Prosoma** trägt stets sechs Paar Extremitäten (Gliedmaßen). Das erste Paar wird als Cheliceren, das zweite als Pedipalpen bezeichnet. Die **Cheliceren** bestehen aus einem sehr massiven Grundglied und einem klauenförmigen, beweglichen Scherenfinger. Da der unbewegliche Finger dieser Schere fehlt, wird der klauenförmige Scherenfinger gegen das Grundglied eingeklappt. Eine solche Scherenform wird als Subchela bezeichnet und kommt außer bei den Spinnen z. B. auch bei verschiedenen Krebstieren vor. Da im beweglichen Chelicerenfinger fast immer kurz vor seiner Spitze eine Giftdrüse ausmündet, bezeichnet man ihn auch als Giftklaue, die gesamte Chelicere als Giftkiefer. Die Cheliceren können in zweierlei Weise angeordnet sein. Bei den ursprünglicheren orthognathen Spinnen, den Vogelspinnen im weiteren Sinne, liegen die Grundglieder in Verlängerung der Körperlängsachse, also gerade nach vorn gestreckt; die Giftklauen werden parallel zueinander nach unten und hinten eingeschlagen. Außer den teilweise recht großen, vorwiegend tropisch verbreiteten Vogelspinnen zählen hierzu u. a. die einheimischen Tapezierspinnen (Familie Atypidae) und die im Mittelmeergebiet weit verbreiteten Falltürspinnen (Familien Nemesidae und Ctenizidae). Bei den höher entwickelten labidognathen Spinnen ragen die Grundglieder rechtwinklig nach unten oder schräg nach vorn; die Giftklauen zeigen mit ihren Spitzen zueinander, und oft überkreuzen sie sich auch mit ihren Spitzen. Bei einigen labidognathen Spinnen, so bei den Männchen der Ameisenspringspinne (*Myrmarachne formicaria*, siehe S. 342), sind die Grundglieder der Cheliceren zwar wie bei einer orthognathen Spinne gerade nach vorn gerichtet, die Giftklauen überkreuzen sich aber wie bei den labidognathen Spinnen üblich.

Körperbau einer Kreuzspinne

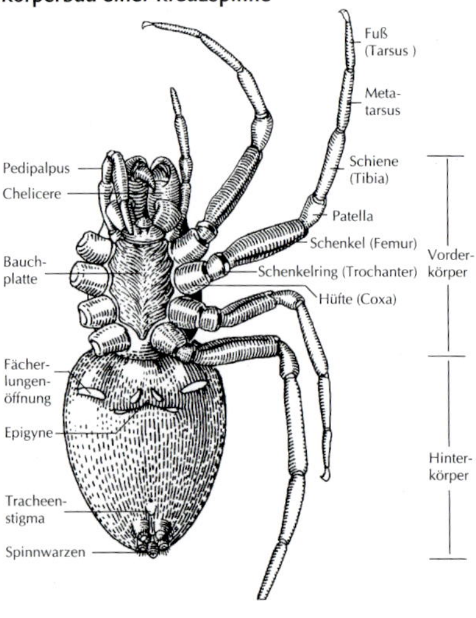

Die **Pedipalpen** oder Taster sind laufbeinähnlich, nur kürzer und dünner; sie dienen vor allem als Tastorgane. An ihrem ersten Glied tragen sie eine nach innen gerichtete, waagerechte Platte, eine so genannte Lade. Die beiden Pedipalpenladen dichten den Mundvorraum nach unten ab und verhindern, dass Teile der vor dem Mund verflüssigten Nahrung nach unten tropfen und damit verloren gehen. Bei den Spinnenmännchen erfüllen die Taster noch eine weitere Aufgabe. An ihrem letzten Glied, dem Tarsus, befindet sich ein spezieller Anhang, der **Bulbus**, der in seinem Innern einen gewundenen Schlauch enthält und bei der Paarung zur Übertragung des Spermas eingesetzt wird. Im einfachsten Fall ist dieser Bul-

Die Tapezierspinnen besitzen orthognathe Cheliceren, hier in Bauchansicht (*Atypus piceus*).

Männchen einer Falltürspinne (*Nemesia* sp.) mit einfach gebautem Tasterbulbus.

Die Sechsaugenspinnen sind typische Vertreter der labidognathen Spinnen (*Dysdera crocota*).

Männchen einer Radnetzspinne (*Argiope lobata*) mit sehr kompliziert gebautem Taster.

bus blasenförmig und nach unten in eine oft recht lange Spitze ausgezogen; diese Spitze wird bei der Paarung in eine der beiden weiblichen Geschlechtsöffnungen eingeführt. Bei den meisten Spinnen besitzt er jedoch eine sehr komplizierte, artspezifisch aber konstante Form, die jeweils wie ein Schlüssel einer entsprechend geformten Geschlechtsöffnung beim artgleichen Weibchen entspricht. Auf diese Weise werden bei den meisten Spinnen Paarungen mit artfremden Partnern vermieden (Näheres zur Paarung siehe im Kapitel „Balz und Paarung").

Die vier **Laufbeinpaare** sind jeweils aus sieben Gliedern zusammengesetzt, die – vom Körper ausgehend – als Coxa (Hüfte), Trochanter (Schenkelring), Patella, Tibia (Schiene), Metatarsus und Tarsus (Fuß) bezeichnet werden. Für Patella („Kniescheibe") und Metatarsus („Hinterfuß") gibt es keine vernünftigen eingedeutschten Bezeichnungen. Im Vergleich zum Insektenbein hat das Spinnenbein mit der Patella ein zusätzliches Glied und damit ein weiteres Gelenk; dieses verleiht ihm eine noch größere Beweglichkeit. An der Spitze des Tarsus sitzen zwei oder drei meist kammförmige Krallen. Außerdem sind die Beine mit zahlreichen Haaren, Borsten oder Dornen ausgestattet. Neben Tasthaaren sind besondere „Hörhaare", die Trichobothrien entwickelt. Dies sind beweglich gelagerte, mit einer Nervenzelle verbundene, auffallend lange und dünne Haare. Schon leichteste Luftbewegungen, selbst Schallwellen, genügen zu ihrer Auslenkung und damit zur Erregung der Nervenzelle.

Zwischen den Coxen der Laufbeine liegt als Rest der einzelnen Bauchsegmente eine einheitliche Bauchplatte, das Sternum. Von diesem ist vorn ein Fortsatz als Unterlippe abgeschnürt. Diese schirmt zusätzlich zu den Laden an den Pedipalpencoxen (s.o.) den Mundvorraum nach unten ab.

Auf der Oberseite des Vorderkörpers liegen vorn die **Augen**, die stets als Punktaugen oder Ocellen entwickelt sind. Die einheimischen Arten besitzen sechs oder acht Ocellen, die ganz unterschiedlich angeordnet und auch verschieden groß ausgebildet sein können. Diese Unterschiede geben gute Merkmale zur sicheren Erkennung bestimmter Familien. Bei den Sechsaugenspinnen (Dysderidae) findet man z. B. nur sechs gleich große Augen in einer dichten Gruppe vorn an der Stirn. Bei den Wolfspinnen dagegen liegen die acht Augen in drei Querreihen hintereinander: zuvorderst vier kleine Augen in einer Reihe, dahinter jeweils paarweise zweimal zwei deutlich größere. Weitere Spinnenfamilien mit einer unverwechselbaren Augenanordnung sind z. B. die Springspinnen (Salticidae), die Luchsspinnen (Oxyopidae) und die Ameisenjäger (Zodarionidae). Es bleiben aber eine ganze Reihe von Familien mit der „Standard"-Augenanordnung von acht kleinen Augen in zwei dicht hintereinander liegenden Querreihen aus jeweils vier Augen, so etwa die sehr artenreichen Baldachinspinnen (Linyphiidae) und Radnetzspinnen (Araneidae). Entsprechend ihrer recht unterschiedlichen Größe variiert das Leistungsvermögen von Spinnenaugen ganz erheblich. Während etwa die winzigen Augen der Radnetzspinnen vermutlich nur ein sehr grobes Erkennen von Silhouetten erlauben, können Springspinnen mit ihren stark vergrößerten mittleren Frontalaugen detailreiche, schar-

Die Kreuzspringspinne (*Pellenes tripunctatus*) besitzt wie alle Springspinnen leistungsfähige Linsenaugen.

fe Bilder empfangen, allerdings nur im Nahbereich. Durch ein Vor- und Zurückschieben der Netzhaut kann dabei das angepeilte Objekt exakt fokussiert werden. Da die Netzhaut aber auch seitlich bewegt werden kann, ist zusätzlich eine Veränderung der Blickrichtung möglich, ohne dass die Springspinne ihren Körper bewegt. Schließlich ist speziell bei den Springspinnen auch eine Aufgabenteilung der unterschiedlich großen Augen besonders hervorzuheben: Die kleinen hinteren Seitenaugen nehmen Bewegungen neben der Spinne wahr; diese dreht sich darauf in die betreffende Richtung, sodass das fragliche Objekt in den Blickwinkel der leistungsfähigen Frontalaugen gerät und so genau identifiziert werden kann.

Im Vorderkörper der labidognathen Spinnen liegen paarige **Giftdrüsen**. Bei den orthognathen Spinnen befinden sie sich in den Grundgliedern der Cheliceren. Den Kräuselradnetzspinnen (Uloboridae) fehlen Giftdrüsen ganz. Die Speispinnen (Scytodidae) besitzen außer kleinen Giftdrüsen zusätzliche Spinndrüsen im Vorderkörper, die zusammen mit den Giftdrüsen in den Chelicerenklauen ausmünden.

Im Unterschied zum Vorderkörper fehlen am Hinterkörper typische Gliedmaßen; wir finden hier allerdings umgebildete Reste ehemaliger Extremitäten. Zu diesen aus Gliedmaßen hervorgegangenen Bildungen gehören die in Körperhohlräumen angeordneten **Fächerlungen**. Sie sind in der Evolution aus an Hinterleibsbeinen liegenden Blattkiemen entstanden, wie sie heute noch bei den in warmen Meeren vorkommenden Pfeilschwanzkrebsen (die, anders als ihr Name vermuten lässt, in die nächste Verwandtschaft der Spinnentiere gehören) zu finden sind. Die Fächerlungen oder Fächertracheen setzen sich aus dünnen Blättchen zusammen, die wie die Blätter eines Buches übereinander liegen und an deren Oberfläche der Gasaustausch erfolgt. Der Körperhohlraum, in dem sie liegen, steht über ein spaltförmiges Stigma mit der Außenluft in Verbindung. Die orthognathen Spinnen und einige weitere primitive Spinnenfamilien, wie etwa die Sechsaugenspinnen, besitzen zwei Paar Fächerlungen. Bei den meisten übrigen Spinnen ist das zweite Paar zu schlauchförmigen Tracheen umgewandelt, die sich vereinigen und meist kurz vor den Spinnwarzen mit einem gemeinsamen Stigma kurz vor den Spinnwarzen ausmünden.

Spinnwarzenregion einer Finsterspinne (*Amaurobius fenestralis*) mit längs geteiltem Cribellum.

Auch die **Spinnwarzen** sind aus Gliedmaßen am Hinterkörper entstanden. Bei der Entwicklung der Embryonen entstehen zunächst zwei Paar stummelförmiger Auswüchse, die sich wenig später teilen, sodass für kurze Zeit zwei Reihen mit jeweils vier Spinnwarzenanlagen zu erkennen sind. Von diesen entwickeln sich aber nur die vier Anlagen der hinteren Reihen und das vordere äußere Paar zu normalen Spinnwarzen weiter. Das vordere mittlere Paar verschmilzt bei den meisten Spinnen zum sogenannten Colulus, einem funktionslosen, kleinen Hügel, der vor den Spinnwarzen liegt. Bei den Kräuselfadenweberinnen, den cribellaten Spinnen, entwickelt es sich aber zum Spinnsieb oder **Cribellum** weiter, einer querovalen, oft in der Mitte geteilten Platte, an deren Oberfläche äußerst feine, stark gekräuselte Spinnfäden abgeschieden werden. Als weitere Sonderbildung besitzen die cribellaten Spinnen einen Kräuselkamm, das **Calamistrum**, am Metatarsus der Hinterbeine,

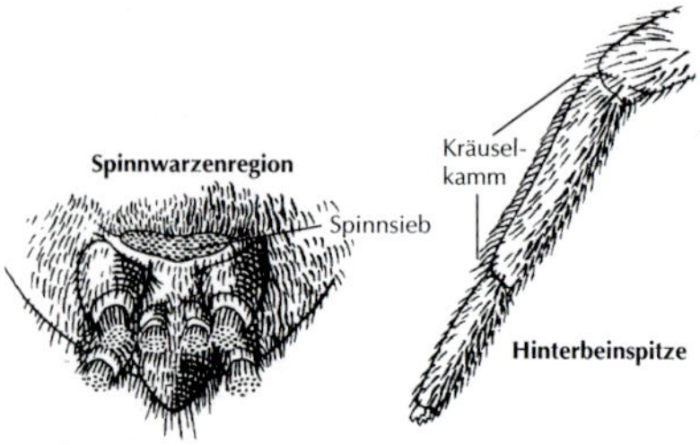

Spezielle Organe einer Kräuselspinne: links Spinnwarzenregion mit Spinnsieb, rechts Hinterbeinspitze mit Kräuselkamm.

mit dessen Hilfe die Kräuselfäden vom Spinnsieb abgenommen und auf normale Spinnfäden gepackt werden. Dieser Kräuselkamm besteht aus einer sehr regelmäßigen, einfachen oder doppelten Reihe gebogener Borsten. Offensichtlich stellt das Cribellum eine ursprüngliche, aus dem vorderen mittleren Spinnwarzenpaar entstandene Bildung dar, das dann später zum Colulus reduziert wurde. Nur so ist es erklärlich, dass es in ganz verschiedenen, nicht näher miteinander verwandten Spinnenfamilien auftritt und in einigen Familien sowohl cribellate als auch ecribellate Spinnen zu finden sind, wie etwa bei den Finsterspinnen (Amaurobiidae) und Scheibennetzspinnen (Oecobiidae).

Die **Spinndrüsen**, in denen die Spinnseide produziert wird, liegen im Innern des Hinterkörpers. Man kann verschiedene Drüsenkomplexe zur Produktion jeweils anderer Spinn- und Klebsubstanzen unterscheiden. Die Spinne kann ganz nach den Erfordernissen zwischen glatten, gekräuselten, klebrigen oder unterschiedlich gefärbten Fäden die jeweils gewünschte Sorte auswählen. Der Wechsel zwischen verschiedenen Fadentypen lässt sich besonders bei der Herstellung eines Eikokons gut beobachten.

Zwischen den Stigmen der Fächerlungen befindet sich die paarige **Geschlechtsöffnung**. Bei den Weibchen der primitiveren haplogynen Spinnen finden sich hier keine besonderen Bildungen, bei den höher entwickelten entelegynen Spinnen aber liegt über den eigentlichen Öffnungen eine oft sehr kompliziert gebaute Chitinplatte, die **Epigyne**, die nur dem „passenden" männlichen Begattungsorgan ein Eindringen erlaubt (siehe auch Kapitel „Balz und Paarung").

Beutefang und Netzbau

Viele Spinnen fangen ihre Beute, indem sie ihr reglos auflauern oder sich anpirschen. Hierzu gehören u. a. fast alle Wolfspinnen (Lycosidae), Krabbenspinnen (Thomisidae), Springspinnen (Salticidae) und Sackspinnen (Clubionidae). Die tagaktiven Jäger unter ihnen finden die Beute durch ihr oft sehr gut entwickeltes Sehvermögen, nachtaktive wie etwa die Sackspinnen müssen sich ganz auf ihren Tastsinn verlassen: Sobald die Beute eines ihrer Beine berührt, greifen sie blitzschnell zu.

Die meisten Spinnen stellen aber spezielle Fangnetze her, um damit Beute zu fangen. Von den zahlreichen verschiedenen Netztypen sind Haubennetze, Baldachinnetze, Trichternetze und Radnetze am weitesten verbreitet. Das für viele Kugelspinnen typische Haubennetz stellt hiervon wahrscheinlich den primitivsten Netztyp dar. Es besteht aus einer lockeren Gespinstkuppel über Zweigspitzen oder zwischen niedrigen Pflanzen, von der aus mit Klebtröpfchen besetzte Fangfäden nach unten ziehen. Das für die artenreichste heimische Spinnenfamilie charakteristische Baldachinnetz wird dagegen als waagerechter, dicht gewobener Teppich ausgebreitet, und das Trichternetz bildet einen oft weit ausladenden Trichter, der in seinem Zentrum in eine Gespinströhre ausläuft. Das perfekteste Fangnetz stellt aber wohl das Radnetz dar, das sich aus der zentralen, mit dichterem Gespinst verfestigten Nabe, den von dieser nach außen führenden Speichen oder Radien, einem äußeren Rahmenfaden und schließlich der mit Klebtröpfchen besetzten Fangspirale zusammensetzt. Seine Herstellung, die meist in den frühen Morgenstunden stattfindet, soll hier kurz geschildert werden.

Zunächst lässt die Radnetzspinne aus ihren Spinnwarzen einen Faden austreten, der vom Wind transportiert wird und schließlich an einer Pflanze hängen bleibt. Sie kann aber auch von einem Zweig zu einem benachbarten laufen, dabei einen Faden hinter sich her ziehen und an zwei Punkten befestigen. Dieser erste Faden wird anschließend straff gezogen. Dann begibt sich die Spinne zu seiner Mitte, seilt sich von dort aus ab und befestigt diesen zweiten Faden, nachdem es auch ihn straff gezogen hat. Da der erste Faden durch das Gewicht der Spinne nach unten durchhängt, zeigt dieses anfängliche Fadengebilde jetzt die Form eines „Y". Als Nächstes baut sie zwischen diesen drei ersten Radien des späteren Netzes einige weitere ein und grenzt, nachdem etwa vier bis acht Radien fertig sind, durch einen zwischen diesen Radien umlaufenden Rahmenfaden den Fangbereich des späteren Netzes nach außen ab. Es folgen weitere Radien, die jetzt aber nur noch zwischen der Nabe und dem Rahmenfaden ausgespannt werden. Dann befestigt sie die Nabe durch ein engmaschiges Gewebe und zieht schließlich eine Fadenspirale von der Nabe bis zum Rahmenfaden. Dieser Spiralfaden stellt aber noch nicht die Fangspirale dar, sondern stabilisiert zunächst einmal das allmählich entstehende Radnetz und wird daher als Hilfsspirale bezeichnet. Im Vergleich zur Fangspirale besitzt sie einen viel weiteren Fadenabstand von einer zur nächsten Windung und trägt auch keine Klebtröpfchen. Nachdem die Spinne mit dieser Hilfsspirale beim Rahmenfaden angekommen ist, beginnt sie, die mit feinen Klebtröpfchen besetzte Fangspirale einzubauen. Dabei bewegt sie sich

Herstellung des Radnetzes bei der Kreisspinne (*Cyclosa conica*): Die Radien und der Rahmenfaden sind fertig.

Die Fangspirale ist zur Hälfte eingebaut, die Hilfsspirale zur Hälfte wieder abgebaut.

in einer deutlich engeren Spirale vom Rahmenfaden zur Nabe und nimmt dabei die Hilfsspirale wieder auf. Sie frisst diesen Hilfsfaden auf, um ihn anschließend wieder als Spinnfaden zu „recyclen".

Viele Radnetzspinnen, etwa die Kreisspinne (*Cyclosa conica*) und die Wespenspinne (*Argiope bruennichi*), sitzen stets im Netzzentrum. Wenn eine Beute ins Netz geflogen oder gesprungen ist, verrät sie der Spinne durch ihre zappelnden Bewegungen und die Erschütterungen, die dadurch im Netz ausgelöst werden, den Ort ihrer hilflosen Lage. Die Spinne kann daher ihre Beute zielgerichtet aufsuchen, ihren Giftbiss anbringen und das Opfer in Spinnfäden einwickeln. Andere Radnetzspinnen, wie etwa die Marmorierte oder die Vierfleck-Kreuzspinne (*Araneus marmoreus* und *A. quadratus*) lauern neben dem Netz in einem gut getarnten, glockenförmigen Schlupfwinkel, der Retraite. Sie werden durch einen Signalfaden, der zwischen der Nabe und ihrem Schlupfwinkel ausgespannt ist, von den Geschehnissen im Netz unterrichtet.

Balz und Paarung

Beim Spinnenmännchen münden wie beim Weibchen die Geschlechtsorgane in Öffnungen auf der Unterseite des Hinterleibs. Die Begattungsorgane aber, die Bulben an den Tastern, befinden sich in einer ganz anderen Körperregion und müssen vor der Paarung zunächst einmal mit Sperma gefüllt werden. Dazu spinnt das Männchen ein Spermanetz, das meist die Form einer Fadengabel mit einem kleinen, dreieckigen Gespinst in der Gabelung besitzt. Dann setzt es aus seiner Geschlechtsöffnung darauf einen Spermatropfen ab und saugt ihn anschließend in die beiden Bulben auf. Dieser Vorgang lässt sich gut mit dem Aufziehen einer Spritze vergleichen. Anschließend ist es paarungsbereit und begibt sich auf die Suche nach einer Partnerin.

Der eigentlichen Paarung geht oft eine längere Balz voraus. Bei den Radnetzspinnen spannt das Männchen meist einen speziellen Werbe- und Begattungsfaden zum Netz des Weibchens und gibt auf dem Faden Zupfsignale. Ein paarungswilliges Weibchen hängt sich reglos an diesen Faden und gestattet dem Männchen das Einführen des Bulbus in die Geschlechtsöffnung. Bei Spinnen mit gutem Sehvermögen, etwa den Wolfspinnen und Springspinnen, kommt es meist zu ausdrucksvollen Balztänzen der Männchen, bei denen diese bestimmte, kontrastreich gezeichnete Körperteile, z. B. die Pedipalpen, winkend dem Weibchen präsentieren. Das Männchen der Listspinne (*Pisaura mirabilis*) bietet eine erbeutete, eingesponnene Fliege an, um so das Weibchen vom möglichen Gattenmord abzubringen.

Die Paarung selbst kann in unterschiedlicher Weise erfolgen. Bei den haplogynen Spinnen kriecht das Männchen von vorn unter den Körper des Weibchens und führt meist beide Tasterbulben gleichzeitig in die weiblichen Geschlechtsöffnungen ein. Etwas anders liegen die Verhältnisse bei den entelegynen Spinnen. Hier verankert das Männchen den kompliziert gebauten Bulbus eines Tasters an Fortsätzen der Epigyne und führt nur die Bulbusspitze, den Embolus, in eine der beiden weiblichen Geschlechtsöffnungen ein. Dann schwillt die Tasterblase, die Haematodocha, an, entfaltet den in Ruhelage spiralig zusammengerollten Bulbus und dreht bei ihrer anschließenden Kontraktion den Embolus tief ins Innere der Samentasche. Während bei vielen Spinnen die Haematodocha nur einmal anschwillt und anschließend wieder kollabiert, pulsiert sie bei anderen Arten mehrfach, bevor sich der erste Taster löst und dann der zweite zum Einsatz kommt.

Bei den meisten netzbauenden entelegynen Spinnen findet die Paarung in hängender Stellung statt; das Männchen nähert sich von vorn und oben. Die frei jagenden entelegynen Arten

Paarungsverhalten einer Baldachinspinne (*Frontinellina frutetorum*):
1 Männchen setzt Sperma auf Spermanetz ab (Spermatropfen nicht zu erkennen).
2 Männchen nimmt Sperma in Tasterbulbus auf.
3 Männchen balzt vor dem Weibchen.
4 Paarung.

paaren sich meist, indem das Männchen von vorn den Rücken des Weibchens besteigt und dann von der Seite aus einen Taster einführt.

Nach der Paarung trennen sich die Partner meistens friedlich. Es gibt aber auch Arten wie etwa die Wespenspinne, bei denen das Weibchen normalerweise schon vorzeitig aus seiner lethargischen Paarungsstarre erwacht und jetzt das Männchen als willkommene Beute betrachtet. Besonders raffiniert in diesem Zusammenhang liegen die Verhältnisse bei den Streckerspinnen (*Tetragnatha*). Männchen wie Weibchen verfügen hier über besonders lange, schräg auseinanderspreizende Cheliceren, das Männchen über zusätzliche, zahnartige Fortsätze an den Grundgliedern. Es umgreift während der Paarung mit seinen Cheliceren die des Weibchens, wobei die weiblichen Chelicerenklauen genau in die Lücken zwischen diesen Fortsätzen gedrückt und auf diese Weise „kalt gestellt“ werden. So verhindert das Streckerspinnenmännchen sehr wirksam sein vorzeitiges Ableben.

Meist ist es ein besonderer Glücksfall, Spinnen bei Balz und Paarung zu beobachten. Relativ leicht lassen sich diese Geschehnisse aber bei verschiedenen Baldachinspinnen verfolgen. Die Paarung findet bei den einzelnen Arten allerdings – in Abhängigkeit von den unterschiedlichen Reifezeiten – zu verschiedenen

Jahreszeiten statt. Die hier vorgestellte Art, *Frontinellina frutetorum*, paart sich vor allem im Juni. Jetzt kann man oft Männchen und Weibchen gemeinsam im gleichen Netz beobachten, und nicht selten trifft man beide bereits in der typischen Paarungsstellung. Bei etwas Geduld lässt sich anschließend beobachten, dass sich das Männchen von seiner Partnerin löst. Es läuft daraufhin zum Rand des Netzteppichs, schafft sich dort ein etwa 1 cm großes Loch im Gespinst und spannt darin sein winziges Spermanetz aus, um schließlich seine Taster erneut mit Sperma zu befüllen. Wenige Minuten später eilt es zu seiner Partnerin zurück, beginnt erneut mit zupfenden Beinbewegungen zu balzen, und schon ist eine erneute Paarung zu beobachten.

Eiablage und Kokonbau

Einige Wochen nach der Paarung schwillt der Hinterkörper des Spinnenweibchens stark an. Dann steht die Eiablage unmittelbar bevor. Einige Spinnen, etwa die Zitterspinnen (*Pholcus*) und Speispinnen (*Scytodes*) umhüllen ihre Eier dabei nur mit wenigen Fäden, andere stellen mehr oder weniger aufwändige, zum Teil aus vielen Fadenlagen bestehende Eikokons her. Die Beobachtung etwa einer Wespenspinne bei der nächtlichen Herstellung ihres Eikokons ist ein sehr eindrucksvolles Erlebnis.

An einem Septemberabend verlässt das Spinnenweibchen mit Einbruch der Dämmerung (oder auch später) sein Fangnetz und webt in der Nähe einige Grashalme mit einem lockeren Fadengerüst zusammen. Dann baut die Spinne an der Unterseite dieser Fäden eine scheibenförmige, weiße Gespinstplatte, die spätere Kokondecke. Darunter entsteht aus lockeren, braunen Fadenschlingen der zylindrische Eiballensockel. Erst jetzt, etwa eine Stunde nach Beginn der Spinntätigkeit, quillt aus der Genitalöffnung der Spinne ein gelber Flüssigkeitstropfen hervor, in dem sich einige hundert Eier befinden. Sie presst den Eiballen von unten mehrfach gegen den Eiballensockel, wo er schließlich haften bleibt. Dieser eigentliche Vorgang der Eiablage dauert etwa drei Minuten. Danach überzieht die Spinne den gelben Eiklumpen mit einer glatten, weißen Gespinstlage und diese dann wiederum mit einer dicken Schicht gekräuselter, brauner Fäden. Bei diesem Arbeitsschritt wächst das Volumen des Kokons schnell an. Sobald er etwa seine endgültige Größe erreicht hat, wechselt die Spinne wieder zu weißen Fäden und spinnt damit die feste äußere Kokonwand. Zum Schluss befestigt sie dunklere vertikale Gespinstbänder auf der Wand des Kokons und verankert ihn durch zusätzliche Fäden in der umgebenden Vegetation. Die gesamte Kokonherstellung dauert unter günstigen Bedingungen etwa vier Stunden, kann aber bei kühlem Wetter auch wesentlich mehr Zeit in Anspruch nehmen.

Entwicklung der Jungspinnen

Im Fall der Wespenspinne schlüpfen die Jungspinnen noch im Herbst aus den Eiern. Sie bleiben aber ohne Nahrungsaufnahme bis zum nächsten Frühjahr im Kokon. Durch die dicken Fadenlagen des Kokons sind sie vor Witterungseinflüssen gut geschützt. Erst im Mai des folgenden Jahres verlassen sie ihr Winterquartier und beginnen wenig später mit der Herstellung eigener Radnetze.

Während Wespenspinnen niemals Kontakt zu ihren Nachkommen haben, erleben viele andere Spinnenweibchen noch das Schlüpfen ihrer Jungen, und oft kommt es dann noch zu Betreuungsmaßnahmen unterschiedlichen Umfangs. Wolfspinnen (Lycosidae) etwa tragen ihre Jungen noch eine Zeitlang auf dem Hinterleibsrücken umher, Raubspinnen (Pisauridae) bewachen sie in speziellen Gespinsten. Bei einigen Spinnen, so bei verschiedenen Kugelspinnen (Theridiidae) und bei den Gat-

Kokonbau der Wespenspinne (*Argiope bruennichi*):
1 Herstellung des Eiballensockels.
2 Der Eiballen wird am Eiballensockel befestigt.
3 Mit braunen Kräuselfäden wird das Kokonvolumen schnell vergrößert.
4 Kurz vor der Fertigstellung; die Spinne hat wieder zu weißen Fäden gewechselt.

tungen *Coelotes* und *Eresus* werden die Jungspinnen sogar gefüttert und leben längere Zeit mit ihrer Mutter zusammen. Schließlich kommt es sogar vor, dass die Spinnenmutter nach ihrem Tod noch von den eigenen Jungen verzehrt wird, wie dies bei manchen Kugelspinnen sowie bei den Gattungen *Eresus* und *Amaurobius* zu beobachten ist (siehe bei den jeweiligen Artbeschreibungen).

Sobald die Jungspinnen sich selbstständig machen, sind sie bestrebt, sich von ihrem Geburtsort zu entfernen. Sie erklimmen hoch aufragende Gegenstände wie Zaunpfähle oder Büsche, stellen sich hochbeinig auf und lassen einen Faden aus ihren Spinnwarzen austreten. Der Faden flutet im Wind, wird immer länger und trägt schließlich die Spinne durch die Luft fort. Diese Erscheinung, die besonders an son-

Die jungen Tapezierspinnen (*Atypus piceus*) starten von einer „Startrampe" aus ihre Luftreise.

nigen Spätsommertagen sehr auffällig sein kann, wird allgemein als „Altweibersommer" bezeichnet. Man kann fliegende Spinnen aber auch zu anderen Jahreszeiten antreffen. Im zeitigen Frühjahr, meist etwa Mitte bis Ende März, sind auf Trockenrasen nicht selten zeltdachartige Gespinste auf Krüppelschlehen und anderen Pflanzen, die die Umgebung etwas überragen, zu beobachten. Sie stammen von jungen Tapezierspinnen (*Atypus piceus*), die um diese Zeit ihr Winterquartier, den Gespinstschlauch ihrer Mutter, verlassen und sich von diesen „Startrampen" aus auf die Luftreise begeben.

Als Gliederfüßer müssen sich Spinnen von Zeit zu Zeit häuten, um wachsen zu können. Sie heften sich dafür meist mit dem Rücken nach unten an ihren Spinnwarzen fest. Dann klappt die Rückenplatte des Vorderkörpers ab, und die noch weiche Spinne arbeitet sich aus der zu klein gewordenen Haut hervor. Bis zur Aushärtung hängt sie mit Hilfe ihrer Spinnwarzen an der leeren Hülle, der Exuvie (siehe hierzu die Bilder der Höhlenkreuzspinne, S. 128). Mit jeder Häutung nimmt die Körpergröße sprunghaft zu; zwischen den Häutungen vergrößert sich nur der weichhäutige Hinterkörper. Um erwachsen zu werden, muss sich eine Spinne etwa zehnmal häuten.

Feinde der Spinnen

Spinnen ernähren sich nicht nur von anderen Tieren, sie dienen genauso auch anderen Tierarten als Nahrung. Viele werden etwa von Vögeln, Fröschen und Eidechsen gefressen, andere fallen anderen Spinnen zum Opfer, vielfach sogar solchen der gleichen Art. Bei vielen Spinnen ist sogar der Gattenmord nichts Ungewöhnliches, etwa bei der danach benannten Schwarzen Witwe (S. 94) oder der bereits erwähnten Wespenspinne (siehe Kapitel Balz und Paarung). Daneben gibt es auch Spinnen, die ganz darauf spezialisiert sind, andere Spinnen zu erbeuten. In der heimischen Fauna sind es die Spinnenfresser der Gattung *Ero*, die sich ausschließlich von anderen Spinnen ernähren (S. 58).

Eine ganze Reihe von Insekten, die ja sonst eigentlich die Hauptbeute der Spinnen darstellen, hat sich ebenfalls auf Spinnennahrung spezialisiert. Kleine, bucklige Fliegen der Gattung *Ogcodes* leben z. B. als Larven im Spinnenkörper und fressen diesen völlig leer. Manche Schlupfwespen (Ichneumonidae) legen ihre Eier an Spinnen ab. Die ausgeschlüpfte Larve heftet sich außen am Hinterkörper fest und saugt ihr Opfer allmählich vollkommen aus. Andere Arten dieser Familie parasitieren in Spinnenkokons, so auch eine spezielle Art in den Kokons der Wespenspinne.

Die Wegwespen (Pompilidae), eine in Mitteleuropa mit etwa 100 Arten verbreitete Familie der Hautflügler, hat sich ganz auf Spinnen als Nahrung für ihre Brut spezialisiert. Die einzelnen Arten sind meist schwarz oder schwarz und rot gefärbt und voneinander schwer zu unterscheiden. Besonders in offenen Sandgebieten kann man sie auf der Suche nach Spinnen sehr flink umherlaufend beobachten. Haben sie ein Opfer gefunden, kommt es zu einem kurzen Kampf, den die Wespe durch einen gezielten Stich ins Nervensystem der Spinne für sich entscheidet. Danach transpor-

Die Wegwespe ***Auplopus albifrons*** **beißt der gelähmten Spinne vor dem Transport alle Beine ab.**

Rote Röhrenspinne (*Eresus kollari*) mit aufsitzender Larve der Wegwespe *Eoferreola rhombica*.

tiert sie die gelähmte – keineswegs getötete – Beute zu ihrem Nistplatz. Die meisten Arten laufen beim Transport recht flott rückwärts, einige aber auch vorwärts. Hat die Wespe einen für den Nestbau geeigneten Ort gefunden, legt sie die Spinne zunächst ab und scharrt manchmal etwas Sand darüber. Dann beginnt sie, einen schräg in den Boden hinabführenden Gang zu graben. Sie erweitert das Ende zu einer kleinen Kammer, nimmt die Spinne wieder auf und zieht sie ins Nest hinab. Dort legt sie ein Ei auf die Spinne und scharrt den Gang wieder zu. Bereits nach

Die Wegwespe *Anoplius viaticus* transportiert eine überwältigte Wolfspinne (*Trochosa terricola*) rückwärts zu ihrem Nistplatz.

etwa 14 Tagen hat die Wespenlarve ihren Nahrungsvorrat aufgezehrt und sich in einen Kokon eingesponnen. Als Nahrung für jede Larve wird immer nur eine Spinne eingetragen. Daher sieht man Wegwespen oft mit gewaltig großen Beutespinnen.

Einen Sonderfall unter den Wegwespen stellt die wärmebedürftige *Eoferreola rhombica* dar. Sie überwältigt ausschließlich die seltenen Röhrenspinnen der Gattung *Eresus*, trägt die Spinnen aber nicht in ein eigenes Nest, sondern belässt die durch einen Stich gelähmte, aber keineswegs bewegungsunfähige Beute in ihrem Netz. Die nach wenigen Tagen aus dem an der Bauchseite abgelegten Ei schlüpfende Larve saugt die zunächst noch lebhaft zappelnde Spinne in kürzester Zeit aus. Später findet man im Netz neben den Resten der ursprünglichen Besitzerin einen länglich-ovalen, rotbraunen Wegwespenkokon, aus dem im nächsten Jahr die Wegwespe schlüpft. Sie zählt bei uns zu den größten Raritäten.

Etwas anders liegen die Verhältnisse bei den nahe verwandten Grabwespen (Sphecidae). Auch unter den Arten dieser Familie gibt es einige Spinnenjäger, die aber immer mehrere Beutetiere für eine Larve in ein bereits vorher fertig gestelltes Nest eintragen. Die einzelnen

Baldachinnetze treten manchmal in großer Zahl auf

Beutespinnen sind entsprechend kleiner und können daher meistens im Flug transportiert werden. Eine besonders interessante Art aus dieser Familie ist die Orientalische Mauerwespe (*Sceliphron curvatum*). Die eigentlich in Indien heimische Art wurde vor etwa 20 Jahren nach Kärnten eingeschleppt. Sie verbreitete sich von dort aus sehr schnell, zunächst über fast ganz Österreich und schließlich auch nach Süddeutschland, wo sie inzwischen z. B. am Oberrhein gebietsweise recht häufig auftritt. Sie baut aus Lehm etwa 2 cm große Tönnchen, in die sie jeweils oft mehr als 10 Spinnen unterschiedlichster Artzugehörigkeit als Nahrung für ihre Larven einträgt. Da ihre Nester nicht wasserfest sind, baut sie sie immer in Häusern und wählt dabei manchmal recht skurrile Nistplätze. Öfters wurden ihre markanten Brutzellen z. B. schon hinter Bilderrahmen oder in Bücherregalen gefunden. Es bleibt abzuwarten, ob diese in ihrem Verhalten überaus faszinierende Wespenart sich in den kommenden Jahren bei uns weiter ausbreiten und fest einbürgern wird.

Lebensräume von Spinnen

Neben vergleichsweise anspruchslosen Spinnenarten, die in vielen unterschiedlichen Lebensräumen anzutreffen sind, gibt es auch solche mit sehr speziellen Ansprüchen. Diese anspruchsvollen Spinnenarten erlauben mit ihren Vorkommen wertvolle Rückschlüsse auf die Qualität der betreffenden Gebiete. So gibt es Spinnen, die in Mitteleuropa nur in ausgesprochen wärmebegünstigten Trockengebieten leben können, während man andere nur im Uferbereich schattiger Gewässer antrifft. Die Ansprüche sind dabei vielfach so exakt festgelegt, dass sich bereits vor der eingehenden Untersuchung bestimmter Lebensräume vorhersagen lässt, welche besonderen Arten mit großer Wahrscheinlichkeit zu erwarten sind. Dabei spielen allerdings neben den eigentlichen Standortfaktoren oft auch geographische Faktoren eine wichtige Rolle, also Faktoren, die mit dem natürlichen Verbreitungsgebiet der Arten zusammenhängen.

In sehr speziellen Lebensräumen trifft man oft auf ausgesprochen artenarme Lebensgemeinschaften, die aber dafür sehr konstant aus besonders seltenen Arten zusammengesetzt sein können. Ein typisches Beispiel hierfür sind Binnendünen, ein von weiten Lockersandflächen geprägter Landschaftstyp, der früher entlang der großen Stromtäler weitverbreitet war, heute aber in den meisten Gegenden bis auf winzige Reste verschwunden ist. Hier trifft man regelmäßig auf die in Sandröhren lebende Wolfspinne *Arctosa perita*, schon viel seltener auf ihre große Verwandte *Alopecosa fabrilis* und nur noch im Norden und Osten Deutschlands auf die vom Aussterben bedrohte Springspinne *Yllenus arenarius*, die ausschließlich in noch intakten derartigen Gebieten zu finden ist.

Ebenfalls ein sehr spezieller Lebensraum sind naturbelassene Kiesbänke, wie man sie heute nur noch an den Ufern weniger Alpenflüsse finden kann. Hier ist die Wolfspinne *Arctosa cinerea* die eindrucksvollste Spinnenart. Weitere charakteristische Bewohner solcher Bereiche sind die zur gleichen Familie gehörende *Pardosa wagleri* sowie die sehr seltenen Springspinnen *Heliophanes patagiatus* und *Sitticus distinguendus*.

Viele Spinnen leben nur in der nächsten Umgebung von Gewässern, die Wasserspinne (*Argyroneta aquatica*) sogar nur in Gewässern. Sie benötigt sauerstoff- und pflanzenreiche, saubere und flache Stillgewässer und ist daher vor allem in Moorgebieten zu finden. Am Rand derartiger Gewässer halten sich oft die Gerandete Jagdspinne (*Dolomedes fimbriatus*) und die Wolfspinnen der Gattung *Pirata* auf. Sie laufen oft über die Wasseroberfläche und können sogar tauchen und unter Wasser Beute machen. Auch eine Reihe netzbauender Spinnen, so die Streckerspinnen der Gattung *Tetragnatha*, die Zwergkreuzspinne (*Theridiosoma gemmosum*) und verschiedene Radnetzspinnen (z. B. *Larinioides cornutus*, *L. sclopetarius*,

Ausschnitt aus dem Netz einer Radnetzspinne

Binnendünen, wie hier im Allertal bei Verden, gehören inzwischen zu den seltensten Lebensräumen in Mitteleuropa.

Das obere Lechtal in Tirol mit seinen ausgedehnten Kiesbänken gilt als letzte intakte Wildflusslandschaft der Nordalpen.

Moorseen und ihre Umgebung, hier ein Bild aus der Lüneburger Heide, beherbergen eine ganze Reihe seltener Spinnenarten.

Wärmebegünstigte Trockenrasen, wie hier im Nördlinger Ries, beherbergen vor allem anspruchsvolle, südliche Spinnenarten.

Netz einer Radnetzspinne

Singa nitidula und *Hyposinga heri*) siedeln in großer Regelmäßigkeit an Gewässerufern und sind hier anhand ihrer kennzeichnenden Netze auch meist recht einfach zu finden.

Sehr typisch zusammengesetzt ist auf der anderen Seite auch die Spinnenfauna wärmebegünstigter Trockengebiete, etwa steiniger oder felsdurchsetzter Trockenrasen, die vor allem im süddeutschen Bergland vielerorts zu den landschaftsprägenden Lebensräumen gehören. Hier besitzen verschiedene, eigentlich im Mittelmeergebiet heimische Arten weit nach Norden vorgeschobene Siedlungsposten. Zu den auffallendsten südlichen Spinnenarten gehören beispielsweise die Röhrenspinnen der Gattung *Eresus*, die Plattbauchspinne *Callilepis schuszteri*, die Krabbenspinne *Thomisus onustus* und eine ganze Reihe verschiedener Springspinnen, wie etwa *Philaeus chrysops*, *Sitticus penicillatus* und *Leptorchestes berolinensis*. Durch ihre oft prächtige Färbung und ihr teilweise exotisch wirkendes Erscheinungsbild vermitteln uns diese schönen Tiere bereits eine eindrucksvolle Vorstellung vom Spinnenleben wärmerer Länder, wie es uns etwa im Mittelmeergebiet mit den großen Tarantel-Arten (z. B. *Lycosa tarentula*), der Malmignatte (*Latrodectus tredecimguttatus*) und so bizarren Springspinnen wie *Saitis barbipes* gegenübertritt.

Vergleichsweise artenarm ist dagegen die Spinnenfauna nordischer Länder, die in den Alpen zum Teil bis in mittel- und südeuropäische Regionen vordringt. Doch auch diese unwirtlichen Gebiete können mit einigen spektakulären Arten aufwarten. Besonders hervorzuheben ist z. B. die Springspinne *Pellenes lapponicus*, die als große Seltenheit aus dem nördlichen Skandinavien beschrieben, später dann aber auch in den Alpen, hier aber fast nur in Höhen von über 2000 m, entdeckt wurde. Es gibt sogar eine ganze Reihe endemischer alpiner Spinnen, also solche, deren Verbreitung sich ganz auf die Alpen und hier vielfach auf sehr kleine Areale beschränkt. Manchmal handelt es sich hierbei um alte Reliktformen, die heute keine näheren Verwandten mehr besitzen. Ein solcher Fall begegnet uns etwa mit der sehr seltenen Springspinne *Sitticus longipes*, die nur von ganz wenigen Fundorten in den Zentralalpen bekannt ist und hier nur in Höhenlagen von etwa 2000 bis 3000 m vorkommt. Sie steht innerhalb ihrer Gattung verwandtschaftlich sehr isoliert und überrascht durch ihre für Springspinnen recht erhebliche Körpergröße.

Viel schwieriger als die etwas ausgefallenen Lebensräume sind die gängigen mitteleuropäischen Lebensraumtypen hinsichtlich ihrer typischen Spinnenfauna zu charakterisieren. Ein Laubwald beispielsweise beherbergt in seiner Streuschicht, an den Stämmen, unter der Rinde abgestorbener Bäume und in der Kronenregion eine so artenreiche Spinnengesellschaft, dass es schwer fällt, besonders kennzeichnende Vertreter herauszugreifen. Ähnlich verhält es sich bei Gebieten, in denen verschiedene Lebensraumtypen aufeinandertreffen, etwa an Waldsäumen, die an Trockenrasen oder Magerwiesen angrenzen; hier finden wir nicht nur viele Arten von Wald- und Offenstandorten, sondern auch spezielle Saumarten, die nur in solchen Bereichen vorkommen. Für die Spinnensuche ergeben sich hieraus zweierlei Konsequenzen: Zum einen lohnt es sich, in sehr speziellen Lebensräumen (wie auf Dünen, an Gewässerufern oder auf Trockenrasen) ganz gezielt nach bestimmten Spinnen zu suchen, zum andern gibt es besonders ergiebige Gebiete (z. B. Waldsäume), in denen man fast immer besonders viele Arten antrifft und in denen man daher auch unter ungünstigen Bedingungen (z. B. im Winter) am ehesten zum Erfolg kommt.

Ein von vielen kaum beachteter Spinnenlebensraum ist schließlich die unmittelbare Umgebung des Menschen, also vor allem das Innere von Gebäuden, ebenso etwa die Außenfassade, Balkone und Gärten. Speziell im Innern von Gebäuden herrschen ganzjährig günstige Temperaturverhältnisse, sodass hier vorzugsweise wärmebedürftige Arten vorkommen. Das auf der anderen Seite recht trockene Raumklima schließt aber gleichzeitig ein Vorkommen vieler anspruchsvollerer Spinnen aus, sodass wir in Wohnräumen immer mit einer ziemlich eng begrenzten Spinnenfauna rechnen können. Da wir zunehmend in der Welt umherreisen und sich dabei gar nicht so selten „blinde Passagiere" in unser Reisegepäck einschleichen, passiert es immer wieder, dass sich neue Arten einschleichen. Die meisten von ihnen kommen mit den speziellen Verhältnissen dann aber nicht zurecht und sterben, doch ab und zu erweist sich dieser Lebensraum für weitere Spinnenarten als gut geeignet. Daraus resultiert letzten Endes eine sehr charakteristische Spinnenfauna im menschlichen Wohnbereich, die aber immer wieder durch einige „Neuzugänge" verändert wird. Zu den „alt eingesessenen" Begleitern des Menschen gehören z. B. die Fettspinne (*Steatoda bipunctata*) und die Hausspinnen der Gattung *Tegenaria*, in Deutschland vor allem die Art *T. atrica*. Die heute allgemein bekannte Zitterspinne *Pholcus phalangioides* hat sich dagegen erst etwa in den letzten 50 Jahren bei uns allgemein ausgebreitet. Etwas später tauchte dann die Springspinne *Pseudeuophrys lanigera* auf, die inzwischen ebenfalls in fast jeder Wohnung zu finden ist, wegen ihrer geringen Größe aber von den meisten Menschen gar nicht registriert wird. Zu den interessantesten Spinnen des Wohnbereichs gehört die Speispinne (*Sytodes thoracica*), die aber vor allem in Altbauwohnungen auftritt. Möglicherweise kommt sie mit dem sehr trockenen Klima moderner Gebäude nur schlecht zurecht. Eine Auswahl typischer Spinnen in Haus und Garten findet sich auf den vorderen Klappenseiten.

Eichblatt-Radspinne (*Aculepeira ceropegia*) mit Beute.

Ein Pärchen der Erbeerspinne *(Araneus alsine*).

Spinnen finden

Für die Spinnensuche bieten sich verschiedene Methoden an. Viele Arten findet man bereits ohne jedes Fanggerät, einfach durch aufmerksames Absuchen der Umgebung. Oft führen untrügliche Zeichen, z. B. Spinnennetze oder zusammengesponnene Blätter, auf die Spur bestimmter Arten. Bei einem leeren Radnetz lohnt es sich immer, von diesem ausgehende Fäden weiterzuverfolgen; oft findet man am Ende eines Signalfadens die im Versteck lauernde Besitzerin des Netzes. Sehr Erfolg versprechend ist auch, belaubte randständige Zweige von Bäumen anzuheben und die Blattunterseite abzusuchen. Besonders ergiebig sind meist auch typische Versteckplätze, etwa unter der Rinde abgestorbener Bäume, unter am Boden liegenden Steinen, in den Blattscheiden vorjähriger Rohrkolben oder in leeren Schneckenhäusern. Selbst mitten im Winter lassen sich an solchen Stellen die interessantesten Funde machen.

Viele unerwartete Funde glücken beim Einsatz eines Streifnetzes. Beim Abstreifen der Vegetation mit einem Leinenbeutel oder auch einem Wasserkescher geraten viele Spinnen ins Netz, die vorher nicht zu sehen waren. Besonders an etwas unübersichtlichen Stellen, wie etwa an dicht bewachsenen Wegrändern und an Gewässerufern, führt diese Methode fast immer zu interessanten Ergebnissen.

Ähnliches gilt für den Klopfschirm (als solcher kann z. B. ein umgedreht gehaltener Regenschirm dienen). Dieser wird unter Zweige gehalten, gegen die man leicht mit einem Stock klopft. Insekten, Spinnen und verschiedene andere Tiere lassen sich aufgrund der Erschütterung nach unten fallen und landen auf dem Schirm, wo sie bequem abgesammelt werden können.

Zur Untersuchung der Bodenfauna schließlich lässt sich das sogenannte Käfersieb einsetzen, ein unten zugeschnürter, schlauchförmiger

Die Springspinne *Marpissa pomatia*, hier das Männchen, gehört zu den seltensten Springspinnenarten.

Leinenbeutel, der innen etwa in seiner Mitte ein Sieb mit ca. 1 cm Maschenweite trägt. An seinem oberen Ende befindet sich wie bei einem Kescher ein Metallring, der außen einen Handgriff besitzt; ein weiterer Griff befindet sich – gegenüber dem oberen Griff um etwa 90° versetzt – außen am Siebeinsatz. Man füllt nun Laubstreu, Moos oder ähnliches Material vom Erdboden in den oberen Teil und rüttelt das Sieb kräftig durch. Feinere, unter 1 cm große Teile fallen nun durch das Sieb und sammeln sich im unteren, zugeschnürten Teil des Leinenbeutels. Dieses Siebgut wird mitgenommen und anschließend daheim sorgfältig nach Spinnen und anderen Bodenbewohnern durchgemustert. Streifnetze, Wasserkescher, Klopfschirme und Käfersiebe kann man selbst herstellen; man kann sie aber auch bei speziellen Firmen, die Gebrauchsartikel für Insektensammler anbieten, käuflich erwerben (auch über das Internet).

Gefährdung und Schutz

Auch viele Spinnen gehören heute zu den gefährdeten Tierarten. Nach der Roten Liste ist derzeit etwa ein Drittel aller in Deutschland heimischen Spinnenarten mehr oder weniger stark gefährdet; einige Arten sind bei uns bereits ausgestorben oder zumindest verschollen. Die Gefährdungsursachen sind recht unterschiedlich, entsprechen aber weitgehend den auch bei anderen gefährdeten Tier- und Pflanzenarten ermittelten Ursachen. In allen Fällen lässt sich aber die Gefährdung von Spinnen auf Veränderungen der Umwelt, nicht dagegen auf direkte Verfolgung durch den Menschen zurückführen. Diese Veränderungen wirken sich besonders stark auf Spezialisten aus, also auf solche Arten, die auf ganz bestimmte Bedingungen angewiesen sind und ohne diese nicht überleben können. Das trifft in besonderem Maße auf die Bewohner von Sonderstandorten zu, etwa die weiter oben vorgestellten Sanddünen- und Kiesbankbewohner. Sie stehen heute fast ausnahmslos auf der Roten Liste, und einige von ihnen sind mittlerweile akut vom Aussterben bedroht. Ihre einst weitverbreiteten Lebensräume gehören heute zu den seltensten mitteleuropäischen Landschaftsformen. Unbewachsene Binnendünen, die einst an vielen Stellen die großen Stromtäler säumten, wurden entweder mit Kiefern aufgeforstet, zur Ausbeutung des Sandes abgegraben oder in landwirtschaftliche Nutzflächen, etwa zum Spargel-, Kartoffel- oder Hopfenanbau, umgewandelt. Die letzten noch vorhandenen, meist streng geschützten Restflächen, z. B. am Oberrhein und im norddeutschen Tiefland, sind heute vor allem durch Freizeitaktivitäten wie das Befahren mit Geländefahrzeugen, Reiten, Lagern und Ausführen von Hunden, aufs höchste bedroht. Die Folge ist ein Absterben der empfindlichen, ursprünglichen Vegetation und die starke Ausbreitung eingeschleppter, Stickstoff liebender Pflanzen wie etwa Königskerzen, die besonders im Rheintal ein großes Problem darstellen. Die Kiesbänke der Alpenflüsse sind vor allem durch Maßnahmen zum Hochwasserschutz so stark verändert worden, dass die an die einst regelmäßigen Überflutungen angepassten Tier- und Pflanzenarten Allerweltsarten weichen mussten.

Ähnlich tief greifende Veränderungen haben auch in sehr viel weiter verbreiteten Lebensräumen stattgefunden, etwa bei den Trockenrasen. Sie verdanken ihre Jahrhunderte zurückliegende Entstehung vor allem einer extensiven Nutzung als Schafweide. Dies hatte zur Folge, dass sich hier eine vor allem von Gräsern, aber auch zahlreichen wärmeliebenden Pflanzen und Tieren südlicher Herkunft geprägte Lebensgemeinschaft ansiedeln konnte. Einige Gebiete, etwa der Isteiner Klotz oder der Kaiserstuhl im südlichen Teil der Oberrheinischen Tiefebene, haben es so bei Fachleuten zu einer gewissen Berühmtheit als weit nördlich vorgelagerte Exklaven für mediterrane Arten gebracht. Doch gerade den einst viel gerühmten Isteiner Klotz hat in den letzten Jahrzehnten ein ähnliches Schicksal ereilt wie viele andere vergleichbare Gebiete. Die einst ausgedehnten, kurzgrasigen Schafweiden sind inzwischen dem Weinanbau oder dem Gesteinsabbau zum Opfer gefallen, die kümmerlichen Reste durch überall aufkommende Sträucher und Bäume vom Zuwachsen bedroht, seit die einst übliche, schwache Beweidung unterbleibt. Nicht viel besser erging es den meisten Feuchtgebieten. Durch Absenken des Grundwasserspiegels wurden fast alle Moore trockengelegt, durch Nährstoffzufuhr die einst artenreichen, bunten Feuchtwiesen in monotone Grasflächen umgewandelt, um nur einige der wichtigsten Veränderungen zu nennen.

Als Konsequenz aus der Gefährdungssituation sind in Deutschland seit einiger Zeit die folgenden heimischen Spinnenarten gesetzlich geschützt:
Arctosa cinerea (S. 188)
Argyroneta aquatica, Wasserspinne (S. 212)
Dolomedes fimbriatus, Gerandete Jagdspinne (S. 196)
Dolomedes plantarius (S. 198)
Eresus kollari, Rote Röhrenspinne (S. 62)
Eresus sandaliatus (S. 64)
Philaeus chrysops Goldaugen-Springspinne (S. 292)

Wenn auch prinzipiell zu begrüßen ist, dass der Gesetzgeber sich Gedanken über einen Schutz gefährdeter Tierarten gemacht hat, ist aber doch darauf hinzuweisen, dass derartige Bestimmungen den Tieren wenig helfen, solange sie nur die wenigen Spinnenforscher treffen, die sich mit diesen Tieren wissenschaftlich beschäftigen wollen, und solange die tatsächlichen Gefährdungsursachen weiterbestehen.

Spinnen fotografieren

Spinnen zu fotografieren ist eine ausgesprochen reizvolle Aufgabe, zeigen sie doch eine große Vielfalt zum Teil sehr ansprechender Erscheinungsformen und zudem viele spannende Verhaltensweisen. Dabei bietet die moderne Digitalfotografie hervorragende Möglichkeiten, auch schwierigste fotografische Aufgaben zu meistern. Oft genügen bereits einfache Kompaktkameras, um zu zufriedenstellenden Ergebnissen zu kommen. Die bei diesen Kameras üblichen Eigenschaften, etwa nicht abwählbare Automatikprogramme, obligatorische Scharfstellung über Autofokus und Naheinstellung nur bei der geringsten Objektivbrennweite, schränken die Möglichkeiten insbesondere bei kleinen Objekten aber doch ganz entscheidend ein. Wer mit seinen Bildern höchsten Qualitätsansprüchen genügen möchte, sollte sich daher unbedingt für eine digitale Spiegelreflexkamera entscheiden. Nur diese bietet außer der höchstmöglichen Bildqualität auch die Möglichkeit, unterschiedlichste Objektivtypen und eine Vielzahl an sonstigem Zubehör einzusetzen.

Ich selbst verwende für meine Aufnahmen eine Halbformat-Spiegelreflex. Hatte der Bildsensor bei meiner ersten derartigen Kamera vor sechs Jahren noch eine Auflösung von 6 Millionen Pixeln, beträgt diese beim neuesten vergleichbaren Modell bereits das Dreifache. Damit dürfte die Bildauflösung den von Kleinbilddias gewohnten Standard mittlerweile deutlich übertreffen. Durch die im Vergleich zum Kleinbild um den Faktor 1,6 geringere Bildbreite erhöht sich die Brennweite faktisch um den gleichen Wert. Galt früher ein Objektiv mit 50 mm Brennweite als Normalobjektiv, liegt dieser Wert für eine Halbformatkamera bei etwas mehr als 30 mm. Als wichtigstes Objektiv für Spinnenaufnahmen verwende ich, wie bereits in früheren Zeiten, ein 100 mm Makroobjektiv, das mir eine Einstellung von unendlich bis zum Abbildungsmaßstab 1:1 ermöglicht. Durch den Halbformatchip entspricht dieses Objektiv allerdings, verglichen mit den Verhältnissen der Kleinbildfotografie, einem Objektiv von 160 mm, und der maximale Abbildungsmaßstab liegt faktisch bei 1,6:1. Durch den Einsatz von Zwischenringen lässt sich mühelos auch ein (faktischer) Abbildungsmaßstab von 2:1 oder 3:1 erreichen. Normalerweise arbeite ich aber im stärker vergrößerten Bereich mit einem speziell dafür entwickelten Lupenobjektiv von 65 mm Brennweite, das sich nur im Bereich von 1:1 bis 5:1, also beim Halbformat faktisch von 1,6:1 bis 8:1, verwenden lässt. Dieses Objektiv bringt eine unübertroffene Schärfeleistung und kam z.B. bei den meisten hier gezeigten Springspinnenfotos zum Einsatz.

Ganz entscheidend für die Qualität von Spinnenfotos ist die Beleuchtung. Die Bilder mit Tau beladener Spinnennetze entstanden in den meisten Fällen mit Naturlicht, wegen der meist ungünstigen Lichtverhältnisse aber immer mit Stativ. Sonst diente meist ein Doppelblitz als Hauptlichtquelle. Der Generator dieses Blitzes befindet sich auf dem Sucherschuh der Kamera; die beiden Reflektoren werden mit einer speziellen Halterung vorn am Objektiv befestigt. Der Blitz wird von mir stets manuell verwendet, da sich auf diese Weise das Licht ganz gezielt dosieren lässt. Ich gehe dabei folgendermaßen vor: Wenn ich etwa eine Spinne im Netz fotografieren möchte, messe ich zunächst die Belichtung und stelle etwa einen Blendenwert Unterbelichtung ein. Dann wähle ich bei beiden Blitzen einen Erfahrungswert, der mir für die eingestellte Blende geeignet erscheint, und mache zunächst eine Probeaufnahme. Jetzt kann ich auf dem Display beurteilen, ob z.B. der Blitz zu hell kommt oder der Hintergrund zu dunkel, und dann die eingestellten Werte bei den nächsten Bildern entsprechend korrigieren. Eine solche Arbeitsweise ist zwar verhältnismäßig mühsam, bringt aber die schönsten Ergebnisse, wie sich etwa an vielen der hier gezeigten Bilder von Rad-

Portraitaufnamen von Springspinnen, hier ein Weibchen der Goldaugen-Springspinne (*Philaeus chrysops*), zählen zu den größten Herausforderungen für Naturfotografen.

netzspinnen in ihren Netzen erkennen lässt. Unverzichtbar für solche Bilder ist die Verwendung eines Stativs, und oft sind lange Serien von um die hundert Bilder notwendig, bis endlich das gewünschte Resultat erreicht ist. Die besten Ergebnisse erzielt man, wenn das eigentliche Objekt, also die im Netz sitzende Spinne, schattiert ist, der möglichst gut aufgelöste Hintergrund aber gleichmäßig von der Sonne beleuchtet wird. Oft stört der Wind, doch hier hilft meist die „Schrotschuss-Technik“: Einfach oft genug auslösen, dann gibt es eine gute Chance, dass ein Treffer dabei war.

Der Doppelblitz hat gegenüber einem einfachen Blitz den Vorteil, dass der vom ersten Blitz erzeugte Schlagschatten vom zweiten aufgehellt wird, sodass störende, schwarze Flächen im Bild vermieden werden. Diese Schattenflächen werden ansonsten mit steigendem Abbildungsmaßstab größer, da mit zunehmender Annäherung an das Objekt der Blitz zwangsläufig immer weiter von der Seite aus einfällt. Recht angenehme, und oft sehr plastische Licht- und Schatten-Effekte können sich aber durchaus ergeben, wenn man einen der beiden Blitze aus seiner Halterung nimmt und dann von oben oder von der Gegenseite aus (also als Gegenlicht) auf das Objekt richtet. Solche Effekte lassen sich auch mit einem weitern, auf einem Stativ montierten Blitz erreichen, den man drahtlos über einen speziellen Sensor auslöst. Oft werden für eine gleichmäßige, schattenfreie Ausleuchtung auch Ringblitze empfohlen. Diese führen aber speziell bei Springspinnen und anderen großäugigen Spinnen zu einem unerwünschten Nebeneffekt: In jedem Auge erscheint ein ringförmiger Reflex, der sich gerade bei der Vieläugigkeit der Spinnen als sehr störend erweisen kann.

Zu einem perfekten Spinnenfoto gehört allerdings nicht nur die Beherrschung der Technik. Speziell bei der Dokumentation besonderer Verhaltensweisen ist oft eine große Ausdauer oder aber ein sehr schnelles Reaktionsvermögen vonnöten, und für manche seltene Spinnenart muss man weite Wege auf sich nehmen. Immer wieder kann es aber auch passieren, dass einem ganz unerwartet ein wirklicher „Sonntagsschuss“ gelingt, der dann für alle Mühen entschädigt.

Nächste Doppelseite:
Die Spaltenkreuzspinne (*Nuctenea umbratica*) und die Krabbenspinne *Diaea dorsata* überwintern gemeinsam unter der Rinde eines abgestorbenen Baumes.

Die Spinnenfamilien und ihre Arten

Familie Tapezierspinnen Atypidae

Die Tapezierspinnen sind die einzigen Vertreter der orthognathen Spinnen, d. h. der Vogelspinnenverwandten in Mitteleuropa. Als solche sind sie an den auffallend großen, gerade nach vorn gerichteten Grundgliedern der Cheliceren und den parallel zueinander nach hinten eingeschlagenen Giftklauen zu erkennen. In Mitteleuropa kommen drei Arten vor.

1 *Atypus piceus*

> Cheliceren nach vorn gerichtet
> Sehr dunkel gefärbt
> Hintere Spinnwarzen „3½-gliedrig"

Merkmale Männchen 7–10 mm lang (ohne Cheliceren), tiefschwarz gefärbt ▸ **1b**; Weibchen 10–15 mm und dunkelbraun mit leicht violettem Ton ▸ **1a**, ähnlich oder etwas heller die Färbung der Jungtiere. Grundglieder der Cheliceren sehr groß, gerade nach vorn gerichtet, Giftklauen parallel zueinander nach hinten eingeschlagen. Die acht Augen vorn am Vorderkörper in einer dichten Gruppe auf einem gemeinsamen Hügel. Hintere Spinnwarzen auffallend lang, letztes Glied so lang wie die beiden ersten zusammen, unten mit hellem Halbring, dadurch sozusagen zur Hälfte geteilt (und scheinbar „3½-gliedrig"). Reife Männchen im Juni und Juli, Weibchen ganzjährig (kann etwa 10 Jahre alt werden).
Vorkommen An sonnigen und trockenen Orten, vorzugsweise auf Kalkboden; besonders auf Trockenrasen, an Waldrändern und Böschungen. Im mittleren und südlichen Deutschland im Allgemeinen nicht selten. Gilt nach der Roten Liste als gefährdet.
Lebensweise Die Spinne lebt in einer bis etwa fingerdicken Erdröhre, die meist etwa 20–30 cm, gelegentlich aber auch tiefer in den Erdboden hinabführt. Die Röhre ist mit einem ziemlich festen, schlauchförmigen Gespinst ausgekleidet, das sich oberirdisch in einen am Ende geschlossenen Schlauch fortsetzt. Dieser meist 5–10 cm lange oberirdische Teil des Gespinstes erinnert an den Finger eines Handschuhs und ist auf seiner Außenseite mit Teilen aus der Umgebung (z. B. Grasteilen und Moosstückchen maskiert ▸ **1d**. Er liegt meist flach auf dem Boden, kann aber auch mit Gespinstfäden in der Vegetation verankert sein oder an einem Stein oder Baumstamm senkrecht nach oben führen. Die Fangtechnik wird bei der nächsten Art beschrieben. Das Weibchen hält sich zeitlebens in seinem Gespinst auf; es befördert nur von Zeit zu Zeit Aushubmaterial, das beim Erweitern des unterirdischen Wohnbereichs anfällt, aus der dann kurzfristig geöffneten Schlauchspitze heraus. Das Männchen begibt sich dagegen auf Wanderschaft, nachdem es die letzte Häutung hinter sich gebracht hat (meist Ende Juli), und sucht nach dem Schlauch eines paarungswilligen Weibchens. Hat es ein passendes Gespinst gefunden, löst es das Gewebe mit etwas Verdauungssekret auf und dringt zur Partnerin vor. Anschließend findet im Schlauch die Paarung statt. Im Sommer deponiert das Weibchen den Eikokon in seiner Wohnung. Die Jungspinnen schlüpfen im Herbst, bleiben aber den ganzen Winter hindurch zusammen mit ihrer Mutter im schützenden Gespinstschlauch. An den ersten warmen Vorfrühlingstagen verlassen sie ihr Winterquartier und steigen an einer Pflanze empor, die die benachbarte Vegetation etwas überragt. Da alle Jungspinnen eines Kokons die gleiche Pflanze besteigen und dabei einen Gespinstfaden hinter sich herziehen, entsteht hier schließlich ein zeltdachförmiges Gespinst: Eine nach der anderen reckt ihren Hinterleib steil in die Höhe und lässt aus ihren Spinnwarzen einen weiteren Faden austreten, der mit dem Wind davontreibt. Der Faden wird immer weiter verlängert, bis er zu einem im Wind flutenden Floß wird, das schließlich die kleine Spinne davonträgt.

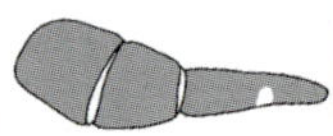
Hintere Spinnwarze

1a
1b
1c
1d

1 *Atypus affinis*

Merkmale Sehr ähnlich *Atypus piceus*. In der Größe dieser Art entsprechend, aber in der Färbung oft etwas heller. Das sicherste Unterscheidungsmerkmal sind die hinteren Spinnwarzen: Sie sind aus drei ziemlich gleich langen Gliedern zusammengesetzt. Reife Männchen im Spätsommer und Herbst (August bis Oktober), ausgewachsene Weibchen ganzjährig.
Vorkommen An sonnigen Waldrändern, auch im Innern lockerer Kiefernwälder, an Böschungen und auf Trockenrasen. Vorwiegend im Flachland, in den Mittelgebirgen bis etwa 500 m; in Deutschland besonders im Westen, gebietsweise nicht selten. Gilt nach der Roten Liste als gefährdet.
Lebensweise Die Art lebt wie *Atypus piceus* meist in Kolonien von manchmal mehreren hundert Tieren. Die Siedlungsdichten können dabei manchmal bei fast 100 Tieren pro Quadratmeter liegen. An manchen Orten, etwa im Kaiserstuhl, wurden auch schon gemischte Kolonien aus beiden Arten gefunden. Im Vergleich zu *A. piceus* reichen bei dieser Art die Erdröhren durchschnittlich etwas tiefer in den Erdboden hinab (20–45 cm), und der oberirdische Teil des Schlauches ist 12–17 cm lang.

> Färbung oft etwas heller braun
> Hintere Spinnwarzen dreigliedrig
> Einzige Tapezierspinne in Nordwestdeutschland

Die Spinne hält sich tagsüber im unterirdischen Teil ihres Schlauches verborgen, sitzt aber nachts, sofern sie hungrig ist, bauchoben im oberirdischen Teil. Sobald ein kleineres Tier, etwa eine Assel oder ein Tausendfüßer, den Schlauch überquert und dadurch das Gespinst erschüttert, packt die Spinne die Beute durch das Gewebe hindurch mit ihren langen Giftklauen und zerrt sie ins Innere des Schlauches, um sie dort zu verzehren. Das dabei entstandene Loch wird später wieder repariert. Anders als bei den beiden anderen Tapezierspinnen liegt bei dieser Art die Paarungszeit erst im Spätsommer und Herbst.
Wissenswertes Von einer aus dem ehemaligen Jugoslawien stammenden Frau wurde mir berichtet, dass in ihrer Heimat Gespinstschläuche von Tapezierspinnen zur Abdeckung und Behandlung offener Wunden verwendet werden.

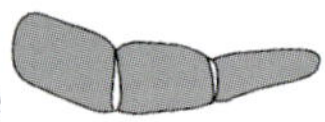

Hintere Spinnwarze

2 *Atypus muralis*

Merkmale Entspricht den beiden anderen Tapezierspinnen in der Körpergröße. Färbung so dunkel wie bei *A. piceus*. Der eindeutige Unterschied liegt im Bau der hinteren Spinnwarzen, die hier deutlich viergliedrig sind. Reife Männchen von Juni bis August.
Vorkommen Vorwiegend auf steppenartigen Trockenrasen; Verbreitungsschwerpunkt in Osteuropa, nach Westen bis Brandenburg, Thüringen und Südtirol, überall aber selten. Nach der Roten Liste stark gefährdet.
Lebensweise Auch diese Art lebt in Kolonien, zum Teil gemeinsam mit anderen *Atypus*-Arten. Aus Südtirol wird sogar ein gemeinsames Vorkommen aller drei Arten gemeldet. Die Röhren dieser Art reichen oft recht tief in den Boden hinab, manchmal fast 1 m. Das hier

> Hintere Spinnwarzen viergliedrig
> Erdröhren oft sehr tief
> Verbreitung mehr osteuropäisch

gezeigte Exemplar verhielt sich ausgesprochen aggressiv, viel stärker als mir dies bisher bei Individuen der anderen beiden Arten auffiel. Es nahm sofort eine vorn aufgerichtete Abwehrhaltung mit weit abgespreizten Chelicerenklauen ein. Über eine besondere Giftwirkung von Tapezierspinnen ist mir nichts bekannt. Es wurde aber (bei *A. piceus*) einmal beobachtet, dass eine junge Erdkröte, die einen Schlauch überquert hatte und dabei gebissen wurde, bereits kurz darauf starb.

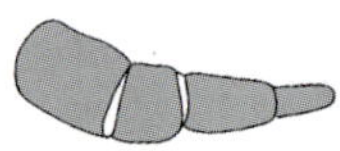

Hintere Spinnwarze

1a

1b

2a

2b

2c

Familie Braune Falltürspinnen Nemesiidae

Die Vertreter dieser Familie wurden früher mit zu den Echten Falltürspinnen (siehe nächste Doppelseite) gerechnet. Im Gegensatz zu diesen besitzen sie an den Fußgliedern der beiden vorderen Beinpaare Hafthaare (sogenannte Scopula-Haare), die es ihnen ermöglichen, an glatten Flächen emporzulaufen. Im Mittelmeergebiet kommen etwa 40 Arten vor, die größtenteils zur Gattung *Nemesia* gehören und sehr schwer zu unterscheiden sind.

1 *Nemesia sp.*

> Braun mit relativ kurzen, gerade nach vorn gerichteten Cheliceren
> Meist mit dunkleren Zeichnungen
> Leben in Röhren mit flachen Deckeln

Merkmale Körperlänge je nach Art 10 bis gut 20 mm. Grundfärbung heller oder dunkler braun, auf Vorder- und Hinterkörper oft mit dunkleren Zeichnungen. Cheliceren, wie für Vogelspinnenverwandte typisch, gerade nach vorn gerichtet, aber deutlich kleiner als bei den Tapezierspinnen. Männchen selten gefunden, an der Unterseite des drittletzten Vorderbeingliedes mit einem spornartigen Fortsatz. Eine Artbestimmung ist im Allgemeinen nur nach Geschlechtsmerkmalen der Männchen möglich.
Vorkommen Vorwiegend an schrägen bis senkrechten, weitgehend vegetationsfreien Stellen, etwa an Straßenböschungen, Hohlwegen oder Erdabbrüchen, oft an halbschattigen bis schattigen Stellen, doch auch z. B. an kaum geneigten, offenen Wegrändern. In Mitteleuropa fehlend, im Mittelmeergebiet weitverbreitet und stellenweise recht häufig, aber aufgrund der gut getarnten, unterirdischen Behausungen schwer zu finden.
Lebensweise Die Tiere leben in von feinem Gespinst ausgekleideten, bis knapp fingerdicken Röhren, die von der meist annähernd vertikalen Bodenoberfläche zunächst schräg nach hinten führen, dann aber senkrecht nach unten abbiegen und meist bis etwa 20–30 cm Tiefe hinabreichen. Den oberen Abschluss bildet ein kreisrunder Deckel, der unterseits mit einem dichten Gespinst bedeckt ist, oberseits aber exakt der umgebenden Bodenstruktur entspricht. An seinem oberen Ende findet sich ein Gespinstscharnier, sodass dieser Deckel, nachdem er angehoben wurde, wieder genau passend zurückfällt. Verglichen mit dem Deckel der Echten Falltürspinnen bleibt er mit einer Dicke von 1–2 mm ziemlich flach, bei einem Durchmesser, der bei der erwachsenen Spinne etwa zwischen 7 und gut 10 mm variieren kann. Seine Oberfläche entspricht deshalb der Umgebung, weil seine Herstellung von unten aus erfolgt: Die Spinne gräbt, wenn der Gang nach einer Häutung zu schmal geworden ist, von unten aus einen neuen Gang, der bis unmittelbar unter die Erdoberfläche führt, und die am Ende noch übrige, dünne Erdschicht wird zum späteren Deckel. Um solche Deckel im Freiland zu finden, bedarf es einer sehr sorgfältigen Suche, vor allem aber auch eines Blicks für den passenden Lebensraum (s. oben). Etwas erleichtert wird die Suche gelegentlich nach stärkeren Regenfällen, weil dann die dünnen Deckel schneller trocknen als das umgebende Erdreich. In einigen Gegenden (z. B. auf Sardinien und Mallorca) findet man nicht nur kreisrunde Deckel, sondern auch solche mit einem gezähnten Rand ▸ **1d**. Eine große Überraschung waren für mich die Deckel einer *Nemesia*-Art in den Pyrenäen, die oberseits mit Gras bedeckt waren und sich nur durch Zufall finden ließen, und dies auf einer Almwiese in etwa 1400 m Höhe ▸ **1e**. Die Jungspinnen werden offenbar über einen längeren Zeitraum von der Mutterspinne betreut, denn gelegentlich findet man bereits weit entwickelte Jungtiere (fast halb so groß wie Erwachsene) gemeinsam mit ihrer Mutter in der Wohnröhre.

Deckel geschlossen und geöffnet

1a

1b

1c

1d

1e

Familie Echte Falltürspinnen Ctenizidae

Die Arten dieser zweiten Familie von Falltürspinnen sind untersetzter und kräftiger gebaut als die Braunen Falltürspinnen. Ihre Färbung ist meist dunkler, bei kaum entwickelten Zeichnungen. In Europa kommen etwa zehn Arten vor.

1 *Cteniza sauvagesi*

> Dunkle Färbung, besonders beim Vorderkörper
> Hinterkörper weitgehend ungezeichnet
> Deckel ziemlich dick

Merkmale Körperlänge 15–20 mm. Vorderkörper schwarzbraun, Hinterkörper dunkelgrau, kaum gezeichnet, entlang der Rückenmitte etwas verdunkelt. Weibchen ziemlich kurzbeinig und kräftig, Männchen viel schlanker und langbeiniger, ohne Sporn an den Vorderbeinen.
Vorkommen Im Mittelmeergebiet, z. B. auf Korsika, Sardinien und Kreta, an ähnlichen Stellen wie die *Nemesia*-Arten.
Lebensweise Die Wohnröhre ist bei dieser Art deutlicher mit Gespinst ausgekleidet als bei den übrigen Falltürspinnen. Der Deckel ist zudem dicker, bis etwa 5 mm und kann etwa 15 mm Durchmesser erreichen. Er sitzt fast wie ein Korken in der Röhrenmündung. Die Spinne lauert bei Nacht direkt unter dem Deckel, ohne diesen anzuheben und ohne ihre Beine darunter hervorzustrecken. Sie nimmt ihre Beute offenbar nur durch die von dieser verursachten Erschütterungen wahr und stürzt sich blitzschnell aus ihrer verdeckelten Röhre hervor, sobald sie sich direkt vor der Röhrenmündung befindet. Dabei bleibt die Spitze des hinteren Beinpaares unter dem Deckel, um diesen nicht ganz zufallen zu lassen und dadurch den Rückzug zu versperren.

Deckel geschlossen und geöffnet

Familie Hexathelidae

Die Hexatheliden sind eine vorwiegend in den Tropen und Subtropen heimische Familie orthognather Spinnen. Die hinteren äußeren Spinnwarzen sind auffallend verlängert. Das vordere Spinnwarzenpaar ist dagegen zurückgebildet; die Tiere besitzen daher nur vier Spinnwarzen. Zu dieser Familie gehören die giftigsten Vogelspinnenverwandten, etwa die in Australien heimische *Atrax robustus*. Alle Arten dieser Familie sollten daher stets mit besonderer Vorsicht behandelt werden. In Europa kommt nur die hier vorgestellte Art vor.

2 *Macrothele calpeiana*

> Extrem lange Spinnwarzen
> Baut Trichternetz
> Nur in Südspanien

Merkmale Körperlänge bis 35, mit den Spinnwarzen bis 45 mm. Färbung schwarzbraun mit leicht violettem Ton, Hinterkörper etwas heller; äußere Spinnwarzen gut halb so lang wie der Hinterkörper.
Vorkommen Vorwiegend in schattigem Gelände, z. B. in Korkeichen- und Pinienwäldern. In Europa nur im südlichen Spanien.
Lebensweise Die Spinne baut z. B. an der Basis von Baumstämmen oder zwischen Steinen ein flach ausgebreitetes Trichternetz, das in eine lange, meist im Boden verborgene Wohnröhre übergeht. Sie lauert bei Dunkelheit in der Röhrenmündung
Wissenswertes Der Biss dieser Spinne gilt als ausgesprochen schmerzhaft. Wegen ihrer sehr beschränkten Verbreitung ist sie als einzige Spinne europaweit geschützt.

1a

1b

2a

2b

Familie Lochröhrenspinnen Filistatidae

Die Lochröhrenspinnen besitzen einen eiförmigen oder schmal herzförmigen Vorderkörper; dieser ist länger als breit. Die acht Augen liegen deutlich vom Stirnrand entfernt in einer dichten Gruppe auf einem gemeinsamen Hügel. Sie haben ein oft schwer sichtbares Cribellum und ein sehr kurzes Calamistrum. Wenige Arten der vor allem tropisch und subtropisch verbreiteten Familie im Mittelmeergebiet.

1 *Filistata insidiatrix*

Merkmale Körperlänge beim Männchen bis 7, beim Weibchen bis 14 mm. Schlank mit ziemlich langen, kräftigen Beinen; auch Pedipalpen auffallend lang (besonders beim Männchen). Vorderkörper gelbbraun, Hinterkörper grau mit feiner, seidenartiger Behaarung. Zwei der acht Augen weiß leuchtend, die übrigen schwer zu erkennen; Augenhügel in einem dunkelbraunen, schmalen Dreieck. Die Art wird mehrere Jahre alt; reife Männchen findet man von Oktober bis Dezember.
Vorkommen Im Mittelmeergebiet unter Steinen und an alten Mauern, vor allem an schattigen Stellen; ziemlich häufig.
Lebensweise Die Art baut zwischen Steinen ein röhrenförmiges Gespinst, das sich am Ende zu einem Trichter aus zahlreichen, regelmäßig gemaschten Kräuselfäden erweitert. Vom Rand des Trichters führen sternförmig nach außen gerichtete Fäden in die Umgebung.

> Seidig behaarter, grauer Hinterleib
> 2 der 8 Augen weiß leuchtend
> Trichternetz mit Kräuselfäden

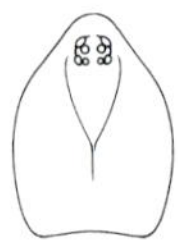

Augenstellung

Familie Sicariidae

Die Sicariiden sind nah mit den Speispinnen (siehe nächste Doppelseite) verwandt, mit denen sie früher in einer gemeinsamen Familie geführt wurden. Die Tiere haben nur sechs Augen; einige besitzen ein starkes Gift. Der Beutefang erfolgt mit unregelmäßigen, flach ausgebreiteten Netzteppichen. Nur wenige Arten in Südeuropa.

2 *Loxosceles rufescens*

Merkmale Sehr unscheinbare, gelbbraun gefärbte Spinne; Männchen 5–8, Weibchen 7–9 mm lang. Vorderkörper ziemlich flach, breiter als der Hinterkörper. Beine auffallend lang, wie bei einer Krabbenspinne flach seitlich ausgebreitet. Augen in drei Paaren hinter dem Vorderrand und am vorderen Seitenrand des Vorderkörpers.
Vorkommen Im südlichen Mittelmeergebiet unter Steinen; ziemlich selten.
Lebensweise Die Art stellt unter Steinen einen bläulich schimmernden Netzteppich her. Die charakteristische Färbung beruht hier aber nicht auf seiner Zusammensetzung aus Kräuselfäden (die Sicariiden besitzen kein Cribellum). Die Fäden sind aber mehr als hundertmal so breit wie hoch.
Wissenswertes Diese Spinne besitzt offenbar ein starkes Gift; trotzdem sind bislang keine Zwischenfälle bekannt geworden. Die in Nordamerika verbreitete, nahe verwandte „Brown Spider" (*Loxosceles reclusa*) ist dagegen sehr gefürchtet. Ihr Biss hat schon verschiedentlich Todesopfer gefordert.

> Unscheinbare gelbbraune Spinne
> Beine lang, seitlich ausgerichtet
> Unter Steinen in Südeuropa

Augenstellung

1a

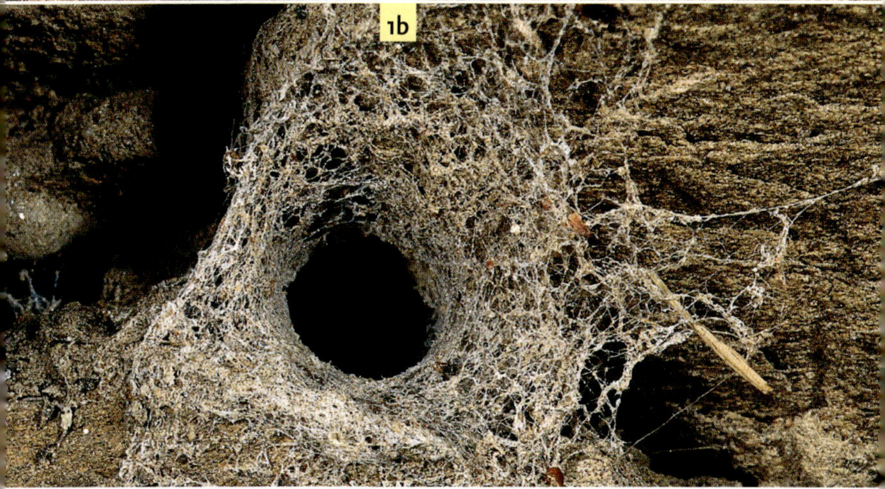
1b

2a

2b

Familie Speispinnen Scytodidae

Die Speispinnen besitzen nur sechs Augen, die in drei Paaren, eines vorn quer an der Stirnmitte und je ein weiteres etwas weiter seitlich dahinter in Längsrichtung, angeordnet sind. Anders als bei allen übrigen Spinnen sind bei ihnen die Giftdrüsen in zwei Abschnitte unterteilt. Im kleineren Abschnitt wird Gift produziert, im größeren dagegen Spinnseide, die über die Cheliceren ausgestoßen, also sozusagen ausgespien werden kann. Bei uns nur eine Art.

1 Speispinne *Scytodes thoracica*

> Typische Silhouette des Vorderkörpers
> Schleifenmuster auf Vorderkörper
> „Schleichende" Bewegungsweise

Merkmale Körperlänge 4–6 mm. Vorderkörper mit sehr charakteristischem Profil: vorn niedrig und dann bis zum Ende schräg ansteigend, das hintere Ende dabei meist etwas höher als der Hinterkörper. Färbung hell gelblich oder gelbbraun mit dunkelbraunen Flecken, die oben auf dem Vorderkörper ein auffallendes („lyraförmiges") Schleifenmuster bilden. Ausgewachsene Männchen und Weibchen sind fast das ganze Jahr hindurch zu finden.
Vorkommen Die aus dem Mittelmeergebiet stammende Art kommt bei uns fast nur in Gebäuden vor, in Südeuropa ist sie dagegen häufig im Freiland unter Steinen anzutreffen. Sie wird in Mitteleuropa ziemlich selten gefunden, aber wohl oft nur übersehen.
Lebensweise Die nachtaktive Speispinne bewegt sich normalerweise sehr langsam, sozusagen „schleichend" an Zimmerwänden. Trifft sie dabei auf ein geeignetes Beutetier, etwa eine Mücke oder eine Fruchtfliege, weicht sie kurz zurück und richtet ihren Vorderkörper etwas auf. Unmittelbar darauf erscheint die Beute auf dem Untergrund wie „festgeleimt" ▸ 1c. Betrachtet man die Szenerie auf einem günstigen Untergrund (z. B. auf einer Glasscheibe) mit einer starken Lupe, ist zu erkennen, dass jetzt zickzackförmig überkreuzte, mit Klebtröpfchen besetzte Spinnfäden das Beuteobjekt an den Untergrund fesseln. Sie wurden von der Spinne aus ihren Cheliceren herausgeschleudert und aus geringer Entfernung wie ein Lasso über die Beute geworfen. Die Spinne tötet sie anschließend durch einen Giftbiss und wickelt sie oft zusätzlich noch mit Spinnseide ein, bevor sie sie verzehrt. Das Männchen unterscheidet sich vom Weibchen vor allem durch seine sehr auffallenden Begattungsorgane, die Bulbi, an den Fußgliedern der Taster. Diese bestehen aus einem kugeligen Grundteil, der sich nach unten in einen schmäleren Halsteil verlängert, der schließlich in einen langen, dünnen Endfaden ausläuft. In ihm verläuft ein spiralig gewundener Samenschlauch, der kurz nach dem Beginn des Endfadens ausmündet. Vor der Paarung spinnt das Männchen zunächst einen kurzen Fadenstrang, den es mit dem dritten Beinpaar ausspannt und unter die Geschlechtsöffnung hält, aus der nun ein Spermatropfen austritt. Den so übernommenen Tropfen führt es anschließend mit dem zwischen den Beinen ausgespannten Faden nach vorn und taucht in ihn die beiden Begattungsorgane ein. Dann nähert es sich dem Weibchen von vorn und bestreichelt mit seinen Vorderbeinen die des Weibchens sowie dessen Vorderkörper. Ist das Weibchen bereit zur Paarung, hebt es schließlich seinen Vorderkörper, sodass das Männchen darunterkriechen und die Partnerin steil aufrichten kann. Es verbeißt sich mit den Cheliceren in zwei Gruben an der Unterseite des Hinterkörpers des Weibchens und führt die beiden Bulbusspitzen in die weiblichen Geschlechtsöffnungen ein ▸ 1d. Das Weibchen trägt später die Eier in einem nur aus wenigen Fäden bestehenden Kokon unter seinem Vorderkörper ▸ 1a und setzt ihn kurz vor dem Schlüpfen der Jungspinnen ab.

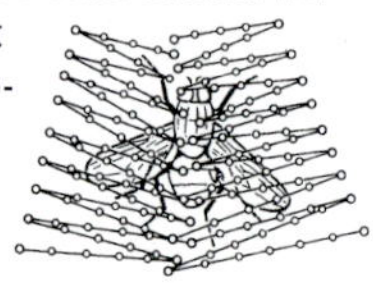

Mit Zickzackfäden gefesselte Beute

1a

1b

1c

1d

Familie Zitterspinnen Pholcidae

Die Vertreter dieser Familie sind auffallend langbeinig und zart gebaut. Sie werden oft mit Weberknechten verwechselt, unterscheiden sich von diesen aber deutlich durch den in zwei Abschnitte gegliederten Körper (bei Weberknechten bildet dieser eine kompakte, meist eiförmige Einheit). Die acht Augen sind in einem Paar in der Mitte und seitlich jeweils in einer Dreiergruppe angeordnet. Das mittlere Augenpaar ist deutlich kleiner als die übrigen Augen; bei der hier nicht vorgestellten, ostmediterran (bis Tschechien und in die Südschweiz) verbreiteten *Spermophora lamellata* fehlt dieses mittlere Augenpaar.

1 Große Zitterspinne *Pholcus phalangioides*

> Erinnert an einen Weberknecht
> Nur in Gebäuden
> Sternum nicht deutlich gefleckt

Merkmale Körperlänge 7–10 mm, damit die größte Art der Familie. Blass graubraun gefärbt, auf dem Rücken des Vorderkörpers eine unscharf begrenzte, dunkle Fleckenzeichnung; auch der Hinterkörper meist mit verschwommener, dunklerer Zeichnung. Sternum grau, ohne deutliche hellere Fleckung. Ausgewachsene Tiere sind ganzjährig anzutreffen (Lebensdauer der Weibchen bis drei Jahre, zwei davon adult, Männchen nur 1–2 Jahre).

Vorkommen Bei uns nur in Gebäuden anzutreffen. Überall sehr häufig, auch in ausgesprochen trockenen, zentral beheizten Räumen, die von fast allen übrigen Spinnen gemieden werden.

Lebensweise Die Tiere bauen ein unregelmäßiges, lockeres Fangnetz, mit Vorliebe in den Ecken dicht unter der Zimmerdecke, in Kellerräumen ebenso wie in Wohnzimmern. Bei Beunruhigung, etwa wenn sie kurz berührt oder angeblasen werden, führen sie in ihren Netzen schnell hin und her schwingende Bewegungen aus, die sie vor unserem Auge verschwimmen lassen und auch zu ihrem Namen geführt haben. Oft gehen die Gespinste mehrerer Individuen ineinander über. Verhalten sich die Zitterspinnen untereinander in aller Regel friedlich, erweisen sie sich als ausgesprochen angriffslustig gegenüber anderen Spinnen. Sobald sich etwa eine Hausspinne (*Tegenaria*) in ihr Netz verirrt, wird sie sofort mit klebrigen Fäden beworfen, die sie schnell bewegungsunfähig werden lassen. Schließlich erfolgt der offenbar sehr wirksame Giftbiss, meist in ein Bein. Später wird die Beute, die oft deutlich größer ist als die Zitterspinne, ebenfalls meist durch Biss in ein Bein, ausgesogen ▸ **1c**. Obwohl ganzjährig reife Tiere auftreten, erfolgt die Paarung vorzugsweise im Frühsommer. Recht eigenartig ist die Methode der Spermaaufnahme beim Männchen: Dieses spannt zunächst zwischen dem dritten Beinpaar einen Faden aus und reibt mit diesem über der Geschlechtsöffnung hin und her, bis ein Spermatropfen austritt und am Faden hängen bleibt. Anschließend wird dieser Gespinstfaden nach vor geführt und der Spermatropfen an die Cheliceren übergeben. Von dort aus wird er schließlich in die sehr voluminösen Kopulationsorgane an den Tastern aufgenommen. Bei der Balz führt das Männchen vor dem bauchoben im Netz hängenden Weibchen heftig zitternde Bewegungen aus und nähert sich diesem von oben her mit rechtwinklig nach außen abgespreizten Tasterspitzen. Die etwa 50 hellrosa gefärbten, durch ein Sekret miteinander verklebten Eier werden in einem nur aus wenigen Fäden bestehenden, gut 4 mm großen Kokon abgelegt. Dieser wird vom Weibchen mit den Cheliceren getragen ▸ **1a**. Kurz vor dem Schlüpfen der Jungspinnen sind in den Eihüllen bereits die zusammengerollten, langen Beine deutlich zu erkennen ▸ **1b**. Die geschlüpften Jungspinnen versammeln sich außen auf der Eikugel und werden mit dieser schließlich im Fangnetz abgesetzt.

Augenstellung

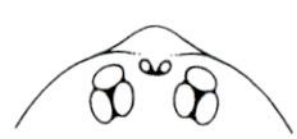

1a

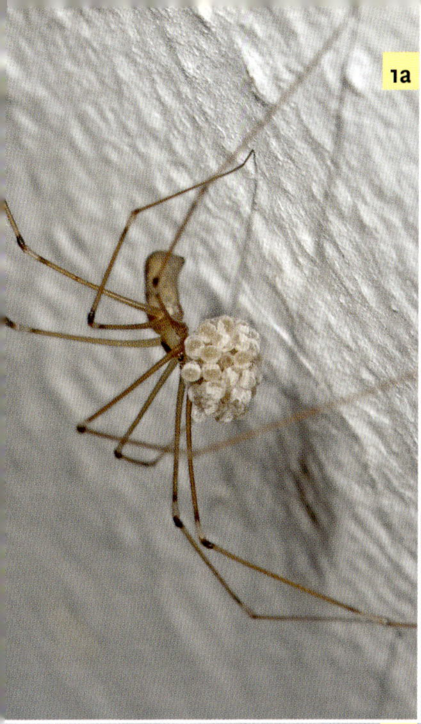

1b

1c

1 Kleine Zitterspinne *Pholcus opilionoides*

> Deutlich kleiner als die Große Zitterspinne
> Vorwiegend im Freiland
> Sternum hell gefleckt

Merkmale Sehr ähnlich der Großen Zitterspinne, doch Körperlänge nur 4–5 mm. Färbung meist etwas dunkler, oft mehr gelblich. Sternum graubraun mit 6–8 ziemlich kontrastreich abgesetzten, rundlichen, hellen Flecken vor den Coxen der Laufbeine. Ausgewachsene Tiere meist von Juni bis August.
Vorkommen Vorwiegend im Freiland, z. B. unter Steinhaufen, in Felsnischen und Baumhöhlen. In Deutschland vom Süden bis zum Nordrand der Mittelgebirge stellenweise nicht selten. Daneben auch in Gebäuden, vor allem in Kellern, hier aber viel seltener als die Große Zitterspinne.
Lebensweise Diese deutlich kleinere Verwandte der Großen Zitterspinne wurde offenbar von dieser in den letzten Jahrzehnten weitgehend aus dem menschlichen Wohnbereich verdrängt. Noch vor etwa 50 Jahren galt sie in Häusern als allgemein verbreitet, während das Vorkommen der größeren Art als eher sporadisch charakterisiert wurde. Offenbar ist sie weniger wärmebedürftig als diese und war so in der Lage, auf Freilandbereiche auszuweichen. In der Lebensweise gleicht sie weitgehend der Großen Zitterspinne. Ihre Eier erscheinen bei entfernterer Betrachtung eher grau ▸ **1b**, bei stärkerer Vergrößerung setzt sich aber auch hier ein eher rosa schimmernder Farbton durch ▸ **1a**.

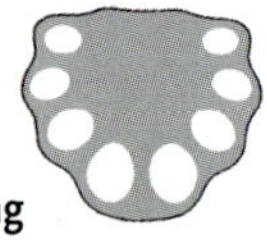

Sternumzeichnung

2 *Holocnemus pluchei*

> Bauch schwarz gefärbt
> Beingelenke schwarz-weiß geringelt
> Vorwiegend in Südeuropa

Merkmale Mit 5–7 mm Körperlänge etwas kleiner als die Große Zitterspinne. Grundfärbung weißlich, ganze Unterseite scharf abgesetzt schwarz gefärbt. Hinterleib außerdem mit ausgedehnter und kontrastreich abgesetzter, dunkler Zeichnung. Beine an den Gelenken schwarz-weiß geringelt. Ausgewachsene Tiere offenbar ganzjährig.
Vorkommen Im Mittelmeergebiet weitverbreitet und meist häufig, nach Norden bis Österreich. Seit einigen Jahren breitet sich die Art auch in Deutschland entlang des Rheintals immer weiter nach Norden aus. In den nördlichen Vorkommensgebieten nur in Gebäuden, im Mittelmeergebiet auch im Freiland.
Lebensweise In Südeuropa webt diese Zitterspinne ihre unregelmäßigen Teppichnetze besonders gern im undurchdringlichen Gestrüpp der Feigenkakteen, daneben auch in Mauernischen und unter Steinen.

3 *Psilochoris simoni*

> Sieht aus wie eine junge Zitterspinne
> Hinterkörper fast kugelig
> Nur in Gebäuden

Merkmale Mit nur 2–3 mm Körperlänge die kleinste Zitterspinne in Mitteleuropa. Hinterkörper viel kürzer als bei den anderen Arten der Familie, fast kugelig; Spinnwarzen etwa in der Mitte des Hinterleibs. Vorderkörper und Beine hell gelbbraun, Hinterkörper grünlich- oder bläulichgrau gefärbt.
Vorkommen Vermutlich aus dem subtropischen Amerika nach Westeuropa und ins östliche Mittelmeergebiet eingeschleppt. Hier in Gebäuden und im Freiland, z. B. in Steinhaufen. Seit einigen Jahren auch in Deutschland in Ausbreitung begriffen, aber nur in Gebäuden, besonders in Gewächshäusern und in Kellern.

1a
1b
2
3

Familie Fischernetzspinnen Segestriidae

Die Fischernetzspinnen haben einen schmal zylindrischen, dunkel gezeichneten Körper. Sie besitzen nur sechs Augen, die in zwei mit den Spitzen zueinanderweisenden Dreiecken angeordnet sind. Die Tiere leben in Gespinströhren, die sich am Ende zu einem Trichter erweitern. In Deutschland kommen nur zwei Arten vor, einige weitere in Südeuropa.

Augenstellung

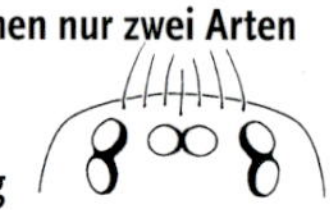

1 *Segestria senoculata*

Merkmale Körperlänge 6–8 (Männchen) bzw. 7–10 mm (Weibchen). Vorderkörper dunkel rotbraun, Hinterkörper hellgrau mit einer Reihe dunkler, miteinander verbundener Querflecke. Ganzjährig ausgewachsen.
Vorkommen Vor allem in Wäldern an und unter Kiefernrinde, auch an offenen Stellen in Felsritzen, überall ziemlich häufig.
Lebensweise Die Spinne baut unter Baumrinde, in Rindenritzen oder in Gesteinsspalten einen etwa 3 mm weiten und 5 cm langen Gespinstschlauch, der auf der Rinden- bzw. Gesteinsoberfläche mit einem kleinen Trichter abschließt. Vom Trichterrand führen mehrere Signalfäden sternförmig nach außen ▸ **1a**. Die Spinne lauert bei Dunkelheit in der Trichtermündung und streckt ihre vorderen Beinpaare etwas daraus hervor.

> Schmal-zylindrischer Körper
> Dunkle Fleckenreihe auf dem Hinterleib
> Gespinstschlauch mit Trichtermündung

2 *Segestria bavarica*

Merkmale Mit 7–10 mm Körperlänge als Männchen und 10–14 mm als Weibchen deutlich größer als *S. senoculata*. Vorderkörper dunkelbraun, Hinterkörper hell gelblich grau mit einer paarigen, dunklen Fleckenreihe. Ganzjährig ausgewachsen.
Vorkommen In Felsritzen und Mauerspalten; vor allem an etwas wärmebegünstigten Orten, nicht häufig.
Lebensweise Die Spinne baut etwas weitere Schläuche als *S. senoculata*, die mit bis zu 2 cm großen, dicht gewobenen Trichtern ausmünden ▸ **2b**. Sie erinnern sehr an die Netze von Trichterspinnen.

> Paarige Fleckenreihe auf Hinterleib
> In Felsritzen und Mauerspalten
> Bis 2 cm große Netztrichter

3 *Segestria florentina*

Merkmale Mit bis zu 15 (Männchen) bzw. 22 mm Körperlänge (Weibchen) eine auffallend große Spinne. Färbung bei ausgewachsenen Tieren fast schwarz, Vorderseite der Cheliceren mit blaugrünem Schimmer; Hinterleib bei Jungtieren ▸ **3** dunkelgrau mit undeutlicher, schwarzer Fleckenreihe, die etwa dem Muster bei *S. senoculata* entspricht, bei ausgewachsenen Tieren einfarbig schwarz.
Vorkommen In Gesteinsspalten und alten Mauern, auch in verborgenen Winkeln in Gebäuden. Im Mittelmeergebiet vor allem in Küstennähe weitverbreitet. In Südengland in Hafengebieten, hier offenbar eingeschleppt; einmal auch in Deutschland gefunden.
Lebensweise Die etwas bedrohlich wirkende Spinne baut wie ihre Verwandten röhrenförmige Gespinste, die in einen Trichter münden. Ihr Biss soll recht schmerzhaft sein.

> Fast schwarze Grundfärbung
> Undeutliche Fleckenreihe auf dem Hinterleib
> Weibchen über 2 cm groß

1a
1b
2a
2b
3

Familie Sechsaugenspinnen Dysderidae

Die Dysderiden besitzen wie die nahe verwandten Segestriiden nur sechs Augen, die bei ihnen aber in einer dichten, fast kreisförmigen Gruppe an der Stirn angeordnet sind. Der Hinterkörper trägt keine dunklen Flecke. Die nachtaktiven Tiere halten sich tagsüber z. B. unter Steinen in einem Gespinst verborgen und gehen nachts auf Beutefang. Das sackförmige Wohngespinst erinnert sehr an die Gespinste der Sackspinnen. In Deutschland kommen fünf Arten vor, in Süd- und Osteuropa noch einige weitere.

Augenstellung 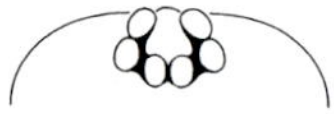

1 *Dysdera erythrina*

> Hinterkörper ungezeichnet, fettig glänzend
> Cheliceren fast halb so lang wie Vorderkörper
> An warmen Stellen unter Steinen

Merkmale Körperlänge beim Männchen 6–8, beim Weibchen 9–14 mm. Vorderkörper dunkel rotbraun, Hinterkörper rötlich grau mit einem deutlichen, fettigen Glanz. Grundglieder der Cheliceren nicht ganz halb so lang wie der Vorderkörper, ihre Spitzenhälfte an der Innenseite konkav (d. h. leicht nach innen gebogen). Schenkel der Hinterbeine oberseits unbestachelt. Die Tiere werden erst nach zwei Jahren erwachsen und können danach noch mehrere Jahre leben.
Vorkommen Vorwiegend an sonnigen, warmen Stellen, besonders im Bergland auf steinigen Trockenrasen; in Mitteleuropa weitverbreitet, aber nicht häufig.
Lebensweise Die Spinne hält sich tagsüber meist in einem ziemlich festen Gespinstsack unter besonnten Steinen verborgen. Nachts geht sie auf die Jagd. Die sehr langen Cheliceren ermöglichen es ihr, auch Asseln zu erbeuten, die von vielen anderen Spinnen gemieden werden. Dank der fast pinzettenartig verlängerten Grundglieder ▸ **1b** kann sie mühelos die breit ausladenden Rückenplatten der Asseln umgreifen und so ihren Giftbiss anbringen ▸ **1c**. Der Paarung geht keine längere Balzphase voraus; das Männchen geht vielmehr mit seitlich abgespreizten Tastern auf das Weibchen zu. Dabei stehen die Tasterbulben rechtwinklig vom Endglied des Tasters ab. Es kriecht unter den Körper der Partnerin und führt gleichzeitig beide Bulbusspitzen in die beiden Geschlechtsöffnungen ein ▸ **1d**. Der Paarungsakt kann über eine Stunde dauern. Die Eiablage erfolgt später in einem etwas fester gewobenen Wohngespinst.

2 *Dysdera crocota*

> Schwer von *D. erythrina* zu unterscheiden
> Cheliceren länger als halber Vorderkörper
> Fast nur in und an Gebäuden

Merkmale Sehr ähnlich *D. erythrina*, doch mit 9–13 mm Körperlänge als Männchen und 11–17 mm als Weibchen meist deutlich größer. Cheliceren mehr als halb so lang wie der Vorderkörper; Spitzenhälfte der Grundglieder an der Innenseite gerade oder etwas konvex (leicht nach außen gebogen). Hinterschenkel oben an der Basis mit 1–2 (selten bis 4) kurzen Stacheln.
Vorkommen Bei uns nur selten im Freiland, sondern meist in der Nähe oder im Innern von Gebäuden; öfters in Gewächshäusern, doch insgesamt ziemlich selten; im Mittelmeergebiet dagegen recht häufig.
Lebensweise Die flinke Spinne ist recht angriffslustig und greift auch andere, zum Teil deutlich größere Spinnen an. Des Öfteren ernährt sie sich auch von anderen Spinnen.

1a

1b

1c

1d

2a

2b

1 *Harpactea rubicunda*

> Sehr ähnlich den *Dysdera*-Arten
> Füße mit 3 Krallen (statt 2)
> Oft im Siedlungsbereich

Merkmale Körperlänge 8–12 mm. Sehr ähnlich den *Dysdera*-Arten, insbesondere *D. erythrina*. Im Unterschied zu diesen aber mit drei Krallen an den Fußspitzen (bei *Dysdera* statt der mittleren Kralle ein Haarbüschel) und mit gerade abgestutztem oder ganz leicht ausgerandetem Ende der Unterlippe (bei *Dysdera* ist diese am Ende halbkreisförmig ausgeschnitten). Bulbus am Taster des Männchens ▸ **1b** außer dem Stylus (der eigentlichen Spitze, im Bild oben liegend) mit einem weiteren spitzen Fortsatz (bei den *Dysdera*-Männchen endet der Bulbus mit einem längeren, halsartigen Fortsatz). Reife Männchen zumindest im Frühjahr und Spätsommer, vermutlich wie bei den *Dysdera*-Arten ganzjährig.
Vorkommen Vorwiegend an warmen, offenen Stellen unter Steinen, regelmäßig auch in Häusern oder in deren Nähe; anscheinend nicht häufig. Häufigkeitsangaben sind aber schwierig, da die Art sehr oft mit *Dysdera* verwechselt wurde.
Lebensweise Die Spinne ist noch flinker als die *Dysdera*-Arten und daher sehr schwer zu fangen. Wie diese verhält sie sich bei Störungen recht angriffslustig. Sie greift auch oft andere, nicht selten größere Spinnen an, z. B. *Tegenaria*-Arten, und überwältigt sie, um sie dann zu verzehren. Die Paarung läuft ähnlich ab wie bei *Dysdera*, doch mit einem wesentlichen Unterschied: Die beiden Taster werden nicht gleichzeitig, sondern abwechselnd eingeführt. Auch wird nicht, wie bei *Dysdera*, der ganze halsartige Endteil des Bulbus, sondern nur der Stylus, also die äußerste Spitze, eingeführt. Die Eier werden im Gespinstsack abgelegt. Sie sind auch bei dieser Art nur von ganz wenigen Fäden umhüllt.
Ähnlich *Harpactea lepida*, eine weitere heimische Art aus dieser Gattung, ist ebenfalls recht ähnlich, bleibt aber mit einer Körperlänge von höchstens 6 mm deutlich kleiner. Sie kommt vor allem in Laubwäldern der Mittelgebirge vor und lebt meist im Falllaub oder in Moospolstern. In den Südalpen gibt es noch mehrere weitere *Harpactea*-Arten, über die aber bislang erst sehr wenig bekannt ist. Eine weitere Art dieser Gattung kommt außerdem in Osteuropa vor.

2 *Harpactea hombergi*

> Sehr schmaler Körperbau
> Beine dunkel geringelt
> Männchen größer als Weibchen

Merkmale Körperlänge des Männchens 5–7, des Weibchens 4–6 mm. Auffallend schmal gebaut, vor allem das Männchen. Im Unterschied zu den anderen Arten dieser Gattung Beine deutlich hell-dunkel geringelt (besonders beim Männchen). Weibchen ▸ **2** mit dunkel rotbraunem Vorder- und rötlich-grauem Hinterkörper; Männchen (nicht abgebildet) viel dunkler, Hinterkörper deutlich schmäler und viel länger als der Vorderkörper. Reife Männchen vor allem im Sommer anzutreffen.
Vorkommen Unter Baumrinde, in Felsspalten und unter Steinen; vor allem im Bergland gebietsweise nicht selten, durch die verborgene Lebensweise aber nicht leicht zu finden.
Lebensweise Die nachtaktive Spinne hält sich tagsüber in ihrem meist gut versteckten Wohngespinst verborgen. Nachts geht sie auf Beutezug. Dabei soll sie dann gelegentlich scharenweise zu beobachten sein. Anders als bei den übrigen Sechsaugenspinnen sind hier die Männchen durchschnittlich größer als die Weibchen. Die Paarung verläuft ähnlich wie bei den anderen Arten der Familie. Wie bei *Dysdera* werden die Taster gleichzeitig eingeführt. Die ganze Paarung dauert aber nur etwa 3–4 Minuten. Die rötlichen Eier werden lose in einem birnenförmigen Gespinst abgelegt.

1a

1b

1c

2

Familie Zwergsechsaugen Oonopidae

Die Zwergsechsaugen sind sehr kleine, nur 1–3 mm lange Spinnen. Ihre sechs Augen liegen an der Stirn in einer dicht gedrängten Gruppe. Die Färbung ist hell gelblich oder rötlich, bei manchen Arten karminrot. Einige Arten besitzen auf der Oberseite oder auf Ober- und Unterseite des Hinterkörpers ein Scutum, also ein festes, plattenartiges Schild. Vorwiegend in den Tropen, in Mitteleuropa kommen etwa sechs Arten vor, mehrere davon nur eingeschleppt in Gebäuden.

Augenstellung

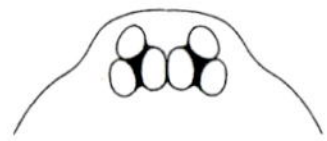

1 *Ischnothyreus velox*

> Winzige, sehr flink bewegliche Spinne
> Hinterkörper mit eiförmigem Scutum
> Nur in Gewächshäusern

Merkmale 1,5 bis 2 mm lang. Vorderkörper fast kreisförmig, braun gefärbt; Hinterkörper rötlich grau, oberseits mit dunklem, eiförmigem Scutum, das beim Männchen (beide Bilder) fast bis ans Ende, beim Weibchen etwa bis zur Mitte reicht.
Vorkommen Bei uns nur in Gewächshäusern; ursprünglich heimisch offenbar im tropischen Amerika, von dort aus nach Mitteleuropa eingeschleppt. In Deutschland bisher nur vereinzelt gefunden; das abgebildete Tier stammt aus einem Gewächshaus im Botanischen Garten Tübingen.
Lebensweise Die nachtaktive Spinne hält sich tagsüber z. B. unter Blumentöpfen verborgen und geht offenbar nachts auf Beutefang. Sie läuft mit ziemlich schnellen, gleichsam huschenden Bewegungen. Wird sie gestört, schaltet sie gewissermaßen „einen Gang höher" und läuft so flink, dass sie kaum noch zu verfolgen ist.
Ähnlich Die im Freiland vorkommende, etwa gleich große *Oonops pulcher* ist rötlich gefärbt. Sie lebt manchmal in den Netzen anderer Spinnen, denen sie offenbar kleine Beutetiere stielt.

Familie Palpimanidae

Die Arten dieser Familie fallen durch ihre auffallend verlängerten und sehr kräftigen Vorderbeine auf. Sie besitzen nur zwei Spinnwarzen und acht sehr kleine Augen. Die Federfußspinnen sind vor allem in den Tropen und Subtropen verbreitet; in Europa kommen nur wenige Arten im südlichen Mittelmeerraum vor.

2 *Palpimanus gibbulus*

> Dunkelbraun mit rötlichem Hinterleib
> Auffallend kräftige Vorderbeine
> Nur im südlichen Mittelmeerraum

Merkmale Körperlänge bis 8 mm. Auffällig durch die sehr kräftigen Vorderbeine, die mehr als doppelt so dick sind wie die übrigen Beine; die Fußglieder sind dagegen auffallend klein. Ganzer Körper weißlich behaart; Beine und Vorderkörper dunkelbraun mit etwas rötlichem Ton, Hinterkörper hellrosa bis rotbraun. Vier etwas größere Augen in einem Quadrat hinter der Stirnmitte, seitlich davon jeweils ein weiteres winziges Augenpaar.
Vorkommen Z. B. in Pinienwäldern unter Steinen und Holzstücken. Im südlichen Mittelmeergebiet von der Iberischen Halbinsel bis zu den griechischen Inseln; nicht häufig.
Lebensweise Die Tiere halten beim Laufen ihre Vorderbeine erhoben und bauen am Boden unter Steinen oder in der Streuschicht ein unregelmäßiges Maschennetz.

1a

1b

2a

2b

Familie Spinnenfresser Mimetidae

Die Mitglieder dieser Familie erinnern an kleine Kugelspinnen. Tibia und Metatarsus ihrer Vorderbeine tragen eine regelmäßige Reihe langer, gebogener Stacheln, zwischen denen sich jeweils einige kürzere Stacheln von gleicher Form befinden. Sie ernähren sich, soweit bekannt, ausschließlich von anderen Spinnen. In Mitteleuropa kommen vier Arten vor.

Bestachelung des Metatarsus

1 *Ero furcata*

> 2 Höcker auf dem Hinterleib
> Typische Zeichnung auf dem Vorderkörper
> Markante Stachelreihen an den vorderen Beinen

Merkmale Körperlänge des Männchens ▸ **1a** um 3, des Weibchens ▸ **1b** um 4 mm. Hinterleib kugelig, oben im vorderen Teil mit zwei stumpfen Höckern, hellbraun oder gelblich mit zahlreichen dunklen Flecken, oft vor den Höckern deutlich dunkler als dahinter. Vorderkörper oberseits hell gelbbraun mit schwarzem Mittelstreifen und zwei kürzeren, schwarzen Längsstreifen hinter den Seitenaugen, auch dicht über dem Seitenrand mit einem umlaufenden, dunklen Streifen. Sternum gelblich, am Rand mit schwarzen Dreiecken, deren Spitze jeweils zur Mitte gerichtet ist. Beine hell-dunkel geringelt. Reife Tiere trifft man im Spätsommer bis Herbst und im Frühjahr.
Vorkommen In sehr unterschiedlichen Lebensräumen, vor allem in Wäldern (auch in monotonen Fichtenkulturen) und an Waldrändern, doch ebenso auf Feuchtwiesen und Trockenrasen, fast überall recht häufig.
Lebensweise Die kleine Spinne bewegt sich im Allgemeinen ziemlich langsam; oft sitzt sie regungslos mit angezogenen Beinen unter Blättern oder Zweigen und ist daher trotz ihrer Häufigkeit recht schwer zu finden ▸ **1c**. Vor allem gegen Abend macht sie sich auf die Suche nach Spinnennetzen, vorzugsweise solche von Kugelspinnen. Hat sie eines gefunden, beginnt sie an den Fäden zu zupfen. Sobald die Netzbesitzerin in Erwartung einer Beute herbeieilt, wird sie blitzschnell in ein Bein gebissen und durch die Giftwirkung fast augenblicklich kampfunfähig gemacht. Anschließend wird die Beute, die oft deutlich größer ist als der angreifende Spinnenfresser, von diesem durch die Bissstelle ausgesogen. Die Art baut einen sehr charakteristischen Eikokon, der wesentlich leichter zu finden ist als die Spinne selbst ▸ **1d**. Er ist eiförmig, etwa 4 mm hoch und 3 mm breit und an einem 12–15 mm langen Fadenstrang befestigt. Seine Außenhülle besteht aus einem dichten, weißen Gespinst, das oben am Stielansatz, an der späteren Ausschlupfstelle der Jungspinnen, ziemlich dünn und außen von gewellten, rotbraunen Fäden umgeben ist. Der Kokon enthält meist nur 6–8 Eier. Man findet ihn z. B. unter Steinen und an Felsen, besonders aber an dürren Fichtenzweigen, wo er durch seine markante Form sofort auffällt. Aus den im Herbst abgelegten Kokons schlüpfen die Jungspinnen nach der Überwinterung. Sie werden offenbar bis zum späten Frühjahr erwachsen und bauen jetzt eigene Kokons. Diese entlassen ihre Bewohner im Sommer, wenn kein Mangel an jungen Kugelspinnen herrscht. Insbesondere die Schlupfwinkel der beiden brutpflegenden Arten *Theridion sisyphium* und *Th. impressum* beherbergen jetzt reiche Beute für die jungen Spinnenfresser.
Ähnlich Die drei weiteren heimischen *Ero*-Arten sind deutlich seltener. *Ero aphana* und *Ero tuberculata* haben vier Höcker auf dem Hinterleib; bei dem wie *E. furcata* zwei Höcker tragenden *Ero cambridgei* ist der Hinterleib vor dem Höckerpaar heller als dahinter. Soweit man bisher weiß, besitzen alle Arten eine sehr ähnliche Lebensweise wie die hier vorgestellte.

1a
1b
1d
1c

Familie Scheibennetzspinnen Oecobiidae

In dieser Familie werden zwei auf den ersten Blick ganz unterschiedliche europäische Spinnengattungen vereint, die bislang meist verschiedenen Familien zugeordnet wurden: Zum einen die bleich gefärbten, höchstens 3 mm großen *Oecobius*-Arten, zum andern die mit etwa 15 mm recht große *Uroctea durandi* mit ihrem tiefschwarzen, leuchtend gelb gefleckten Körper. Während Erstere ein Cribellum besitzt und Kräuselfäden spinnt, fehlt der zweiten ein entsprechendes Organ und somit die Möglichkeit zur Herstellung cribellater Fäden. Dennoch zeigen beide im Körperbau und in der Anordnung der Augen, vor allem aber in der Form ihrer Netze deutliche Übereinstimmungen.

1 Scheibennetzspinne *Oecobius sp.*

Merkmale Körperlänge 2–3 mm. Körper sehr flach mit seitlich abgespreizten Beinen. Vorderkörper fast kreisrund, vorn etwas zugespitzt, Hinterkörper schmäler. Acht Augen in einer dichten Gruppe fast in der Mitte des Vorderkörpers. Hellgrau mit dunkleren Zeichnungen, Beine dunkel geringelt, Augen innerhalb einer schwarzen, kreisrunden Fläche. Mehrere schwer unterscheidbare Arten.
Vorkommen Vor allem in Gebäuden, im Freiland z. B. unter Steinen. Im Mittelmeergebiet weitverbreitet und gebietsweise ziemlich häufig, nach Norden bis Südtirol und in die südliche Schweiz. In Deutschland vereinzelt in Gewächshäusern gefunden.
Lebensweise Die Art baut ganz ähnliche Netze wie *Uroctea*, entsprechend ihrer Größe allerdings wesentlich kleiner als bei dieser.

> Auffallend flach
> Seitlich abgespreizte, kurze Beine
> Baut kleine Scheibennetze

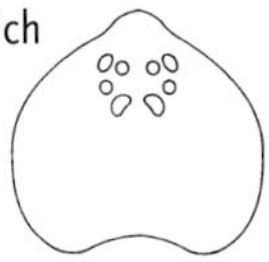

Augenstellung

2 Zeltdachspinne *Uroctea durandi*

Merkmale Körperlänge bis 16 mm. Körper auffallend flach und breit, Vorderkörper fast kreisrund, etwas breiter als lang, Hinterkörper abgerundet fünfeckig, etwas breiter als der Vorderkörper. Färbung tiefschwarz, Beine dunkelbraun, vor den 5 Ecken des Hinterleibs jeweils ein leuchtend gelber Fleck.
Vorkommen In Wäldern und an offenen, steinigen oder felsigen Orten. Im Mittelmeergebiet weitverbreitet und recht häufig.
Lebensweise Die Spinne baut an der Unterseite von Steinen ein unverwechselbares Scheibennetz, das etwa 4 cm Durchmesser erreichen kann. Es ist immer „hängend" angebracht und besteht aus einer kreisrunden Basalplatte, die am Stein befestigt ist, sowie darunter einer zweiten Gespinstscheibe, die leicht kuppelförmig nach unten durchhängt. Ringsum am Rand zwischen diesen beiden Gespinstlagen befinden sich in regelmäßigen Abständen sechs halbkreisförmige Ausgänge, die an kleine Tunnelportale erinnern und zwischen sich jeweils einen Abstand besitzen, der etwa der Breite dieser Ausgänge entspricht. An jeder Seite dieser Öffnungen beginnt jeweils ein bis etwa 15 cm langer Signalfaden. Diese insgesamt zwölf sternförmig ausgebreiteten Fadenstränge sind in regelmäßigen Abständen an Stützpfeilern aufgehängt.

> Große, schwarze Spinne mit flachem Körper
> Hinterleib mit 5 gelben bis weißlichen Flecken
> Baut bis 4 cm große Scheibennetze

Augenstellung

1

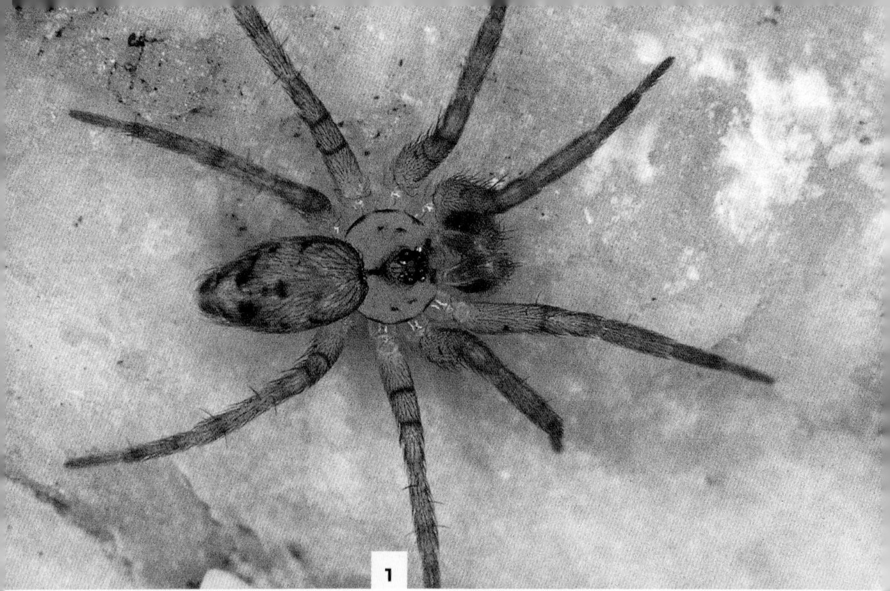

2a

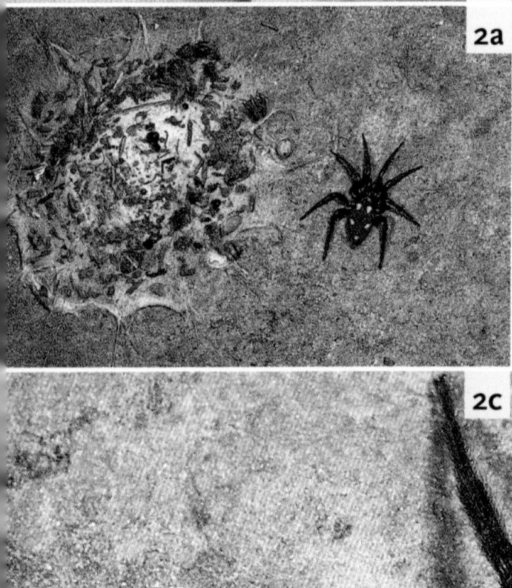

2b

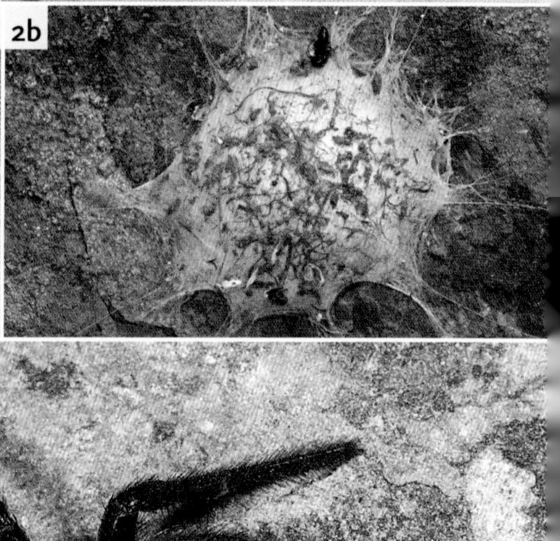

2c

Familie Röhrenspinnen Eresidae

Die Röhrenspinnen sind kräftig gebaute, kurzbeinige Spinnen, die im Erscheinungsbild an Springspinnen erinnern. Anders als diese besitzen sie aber nur ziemlich kleine Augen, von denen vier vorn in der Stirnmitte in einem Trapez, die restlichen einzeln an den vier Eckpunkten des Kopfbereichs angeordnet sind. Sie leben in sehr festen Gespinströhren, die in flache, ebenfalls ziemlich fest gewobene Netzteppiche übergehen und zum Beutefang mit cribellaten Fangfäden ausgestattet sind. Die meisten Arten kommen in wärmeren Ländern vor; aus Mitteleuropa sind nur drei Arten bekannt.

1 Rote Röhrenspinne *Eresus kollari (= E. cinnaberinus part.)*

> Männchen mit rotem Hinterleib, dieser mit schwarzen Punkten
> Hintere Beine des Männchens teilweise rot
> Weibchen schwarz, vorn oft hell gefleckt

Merkmale Körperlänge beim Männchen 8–11, beim Weibchen 10–16 mm, in Südeuropa auch zum Teil mehr als 20 mm. Männchen ▸ **1b, 1c** (rechtes Tier) mit schwarzem Vorderkörper, dieser mit einzeln eingestreuten, weißen Haaren. Hinterkörper scharlachrot, mit meist vier schwarzen, manchmal weiß umrandeten, runden Flecken, die nahezu in einem Quadrat angeordnet sind. Beine schwarz mit weißen Ringen, die beiden hinteren Beinpaare teilweise rot gefärbt. Weibchen (**1c** linkes Tier) schwarz mit unterschiedlich ausgedehnten, weißen oder gelblichen Haarflecken, besonders im Stirnbereich und an der Chelicerenbasis ▸ **1d**. Männchen meist im August und September, reife Weibchen fast das ganze Jahr.
Vorkommen An warmen und trockenen, wenig bewachsenen Orten, besonders an Südhängen, etwa auf steinigen Trockenrasen oder in sandigen Heidelandschaften. In Deutschland vor allem in klimatisch begünstigten Gebieten, z. B. im Rhein- und Nahetal, doch auch in der Lüneburger Heide, in Brandenburg und am Kyffhäuser. Im Mittelmeergebiet weitverbreitet und stellenweise häufig. In Deutschland besonders geschützt.
Lebensweise Die Spinne webt an sonnigen Stellen mit niedriger Vegetation (an denen aber zugleich durch benachbarte Sträucher ein gewisser Windschutz gegeben ist) am Boden einen waagerechten Netzteppich, der an der einen Seite in Fangfäden aus Kräuselwolle übergeht, auf der anderen nach unten umbiegt und sich in einer ins Erdreich hinabführenden Röhre fortsetzt >**1a**. Die Spinne hält sich meist am Grund dieser 5–10 cm tief hinabreichenden Röhre auf. Sie erbeutet oftmals recht große und kräftige Käfer, etwa Laufkäfer und Mistkäfer, die sich in den Kräuselfäden verfangen. Zur Paarungszeit (August/September) laufen die Männchen auf der Suche nach den Netzen der Weibchen umher und fallen dann gelegentlich auf. Wenn sie sich bedroht fühlen, richten sie ihren Hinterleib steil auf und führen zitternde Bewegungen aus ▸ **1b**. Man kann sie um diese Zeit auch gemeinsam mit der Partnerin in der Wohnröhre antreffen. Das Weibchen baut nach der Überwinterung einen linsenförmigen Eikokon, den es zeitweise im Netz aufhängt, aber auch immer wieder in die Wohnröhre hinabträgt. Wenn im Sommer die Jungen schlüpfen, werden sie vom Weibchen von Mund zu Mund gefüttert ▸ **1e**. Kurz darauf stirbt die Spinnenmutter und dient ihren Nachkommen als zusätzliche Nahrung.
Wissenswertes Die drei Arten wurden früher unter dem Namen *Eresus niger* zusammengefasst. Seit einigen Jahren gilt *E. sandaliatus* als eigene Art. Seit Kurzem wird auch die Schwesterart von *E. sandaliatus*, *Eresus cinnaberinus*, nochmals unterteilt, in die auf dieser Seite vorgestellte *E. kollari* und die auf der nächsten Seite behandelte *E. moravicus*.

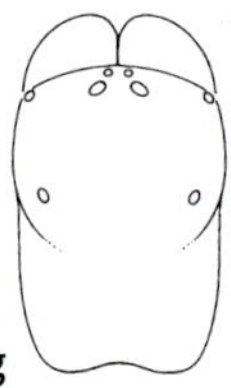

Augenstellung

1a
1b
1c
1d
1e

1 *Eresus sandaliatus*

Merkmale Sehr ähnlich der Roten Röhrenspinne, durchschnittlich aber etwas kleiner. Hinterleib des Männchens ▸ **1a** rechtes Tier, ▸ **1b** meist ohne weiße Haare, hinter dem zweiten schwarzen Punktpaar oft ein deutliches drittes Paar, das manchmal fast so groß ist wie die übrigen vier Punkte. Beine des Männchens meist ohne Rot, höchstens mit wenigen roten Haaren. Weibchen ▸ **1a** linkes Tier schwarz mit einzelnen weißen Haaren auf dem Vorderkörper, ohne gelbliche Stirnbehaarung. Männchen ab September ausgewachsen, überwintern dann aber im eigenen Netz.
Vorkommen An ähnlichen Orten wie die Rote Röhrenspinne, sowohl auf steinigem und felsigem wie auch auf sandigem Boden. Meist in weniger warmen Gebieten, z. B. in den Südalpen stellenweise bis in Höhen von über 2000 m. In Deutschland bisher auf der Schwäbischen Alb, im Altmühltal und in Schleswig-Holstein, auch aus England und Dänemark nachgewiesen. Wurde bisher nie an Vorkommensorten von *E. kollari* gefunden. In Deutschland besonders geschützt.
Lebensweise Die Art gleicht in ihrer Lebensweise weitgehend der Roten Röhrenspinne. Sie baut die gleichen Netze wie diese.

> Beine der Männchen nur schwarz-weiß gezeichnet
> Männchen laufen im Frühjahr
> Weibchen ohne gelbe Behaarung

Meist befinden sich mehrere Netze in enger Nachbarschaft (dies kann bei *E. kollari* ebenfalls vorkommen). Ein deutlicher Unterschied besteht aber bei der Paarungszeit: Während sich die Männchen der anderen Art gleich nach der letzten Häutung auf die Suche nach Weibchen begeben, bleiben bei dieser die Männchen nach der Reifehäutung noch in ihren Netzen und begeben sich erst zwischen April und Juni auf die Suche nach einer Partnerin. Im Sommer stellt das Weibchen seinen Eikokon her. Wie bei der anderen Art werden die Jungspinnen zunächst von der Mutter von Mund zu Mund gefüttert. Wenig später stirbt sie und wird dann von ihren eigenen Jungen ausgesogen ▸ **1c**. Die Jungspinnen bleiben bis zum nächsten Frühjahr gemeinsam im Netz ihrer Mutter ▸ **1d**.

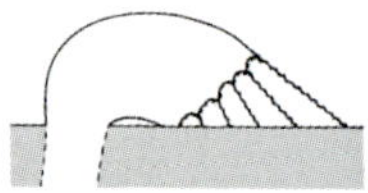

Fangnetz

2 *Eresus moravicus*

Merkmale Ebenfalls sehr ähnlich der Roten Röhrenspinne, unterscheidet sich aber vor allem in den folgenden Merkmalen: Beim Männchen drittes und viertes Beinpaar ganz rot (bei *E. kollari* jeweils die beiden letzten Beinglieder schwarz mit grauer Behaarung), beim Weibchen Stirn und Basis der Cheliceren-grundglieder mit einem zusammenhängenden, leuchtend gelben Fleck (▸ **2**, bei *E. kollari* höchstens zerstreute, gelblich weiße Haare). Letzte Häutung der Männchen im zeitigen Frühjahr, gehen dann zwischen April und Juni auf Weibchensuche.
Vorkommen Ähnlich wie die anderen Arten dieser Gattung vor allem an warmen, felsigen und steinigen, wenig bewachsenen Hängen; bisher aus dem südöstlichen Österreich, Tschechien, der Slowakei und aus Ungarn bekannt, vermutlich weiter verbreitet.
Lebensweise Entspricht im Netzbau und in der übrigen Lebensweise offenbar weitgehend den anderen Arten.
Wissenswertes Die taxonomische Bearbeitung der Gattung *Eresus* erscheint bislang trotz verschiedener neuerer Untersuchungen nicht zufriedenstellend, insbesondere an den mediterranen Arten wären weitere Untersuchungen dringend notwendig.

> Hintere Beine beim Männchen ganz rot
> Weibchen mit leuchtend gelber Stirn
> Im südöstlichsten Teil Mitteleuropas

1a

1b

1c

1d

2

1 *Eresus walckenaerius*

Merkmale Größe der Männchen wie bei den anderen *Eresus*-Arten, Weibchen aber zum Teil erheblich größer (bis 40 mm). Die beiden vorderen Beinpaare beim Männchen ▸ **1a** linkes Tier, **1b** schwarz und weiß gezeichnet, die beiden hinteren mit gelblichen oder weißen Längsstreifen, sonst ähnlich *E. kollari*. Weibchen ▸ **1a** rechtes Tier schwarz, oft (vor allem auf dem griechischen Festland) vorn und seitlich am Hinterleib mit einem roten Band. Jungtiere dunkelgrau mit weißlichen Punkten. Reife Männchen von April bis Juni.
Vorkommen In offenem bis halbschattigem Gelände, etwa an steinigen Hängen, auf sonnigem Ödland und in alten Olivenhainen. Nur im südlichen Teil der Balkanhalbinsel, auch auf den Ägäischen Inseln und in der Türkei.

> Extremer Größenunterschied der Geschlechter
> Hintere 2 Beinpaare der Männchen mit Längsstreifen
> Nur im südlichen Balkan und in der Türkei

Lebensweise Die Art baut ihre fast schlauchförmigen, meist deutlich rosa gefärbten Netze vorzugsweise unter größeren Steinen oder in Felsnischen. Anders als bei *E. kollari* und *E. sandaliatus* findet man kaum mehrere Netze in dichter Nachbarschaft zueinander. Die Eikokons enthalten deutlich mehr Eier. Offenbar zerstreuen sich die Jungspinnen bereits recht früh und verbreiten sich durch Flug am Fadenfloß.

2 *Stegodyphus lineatus*

Merkmale Körperlänge als Männchen ▸ **2b** 8–12, als Weibchen ▸ **2a** 10–15 mm, bei beiden Geschlechtern also nicht so deutlich verschieden wie bei den *Eresus*-Arten. Färbung bei Männchen und Weibchen fast gleich, insgesamt aber sehr variabel, oft am gleichen Fundort zwischen fast einheitlich weißgrau und nahezu schwarz schwankend. Am häufigsten aber Hinterleib weißlich grau mit zwei schwarzen Längsbinden, die auch in einzelne Flecke aufgelöst sein können. Vorderkörper ebenfalls hellgrau behaart, an der Stirn meist mit einem schwarzen Dreieck, das von der Chelicerenbasis bis hinter die mittlere Augengruppe reicht und durch einen hellen Längsstreifen in der Mitte geteilt ist. Außerdem meist noch einige gelbliche Haarflecke, besonders an den Kopfseiten und vorn auf den Cheliceren. Männchen außer an ihrer kontrastreicheren Zeichnung an der beulenartig emporgewölbten Kopfregion zu erkennen. Reife Männchen im Frühjahr.
Vorkommen An sehr warmen, trockenen Stellen mit niedrigem Dorngebüsch. Im südlichen Mittelmeergebiet, vor allem in Spanien (im Norden etwa bis Barcelona) und im südlichen Griechenland, auch z. B. auf Kreta.

> Vorwiegend weißgrau und gelbbraun gefärbt
> Geschlechter einander ähnlich
> Auffallende, vertikal gestellte Fangnetze

Lebensweise Die Art baut, ganz im Gegensatz zu den Vertretern der Gattung *Eresus*, ein sehr auffälliges, oft schon aus größerer Entfernung sichtbares Fangnetz. Das etwa 30 cm breite Netz besteht aus einem oft fast rechteckigen Rahmen, in dem ein unregelmäßiges Maschengeflecht aus cribellaten Fangfäden ausgespannt ist. Es wird in den Randzweigen oder zwischen zwei Büschen nach Art eines Stellnetzes vertikal ausgespannt und geht an einer Seite in eine etwa 5 cm lange, ziemlich feste Röhre über, in der sich die Spinne aufhält ▸ **2c**. In dieser Röhre findet später auch die Eiablage und die Jungenaufzucht statt. Wie bei *Eresus* werden die Jungspinnen zunächst von Mund zu Mund gefüttert; später fressen sie gemeinsam mit der Mutter an der im Netz gefangenen Beute.

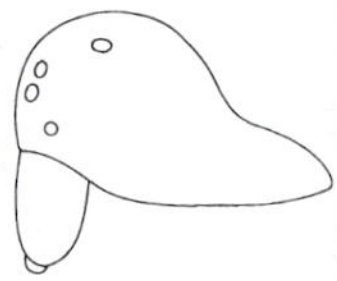

Kopf des ♂ in Seitenansicht

1a

1b

2a

2b

2c

Familie Kräuselradnetzspinnen Uloboridae

Die Kräuselradnetzspinnen besitzen auf ihrem Körper stellenweise eine dichte, weiße, filzartige Behaarung, durch die sie wie bemehlt erscheinen. Im Gegensatz zu allen übrigen heimischen Spinnen haben sie keine Giftdrüsen. Sie bauen sehr ähnliche Radnetze wie die Radnetzspinnen (allerdings zum Teil in stark reduzierter Form), ohne mit diesen näher verwandt zu sein. Bei uns kommen drei Arten vor, davon eine eingeschleppt und nur in Gebäuden.

1 Dreieckspinne *Hyptiotes paradoxus*

> Hinterleib abgerundet dreieckig, oft weiß gestreift
> Vorderkörper flach, von oben fast kreisrund
> dreieckiges Fangnetz an Fichtenzweigen

Merkmale Körperlänge beim Männchen um 4, beim Weibchen 5–6 mm. Weibchen mit in Seitenansicht rundlich-dreieckigem Hinterkörper ▸ **1b** und flachem, in Aufsicht fast kreisrundem Vorderkörper ▸ **1a**; heller oder dunkler graubraun, oft mit zwei weißen, oben schwarz begrenzten Seitenstreifen am Hinterleib. Männchen ▸ **1e** mit niedrigem Hinterkörper und auffallend großen Begattungsorganen. Reife Tiere von Juli bis Oktober anzutreffen.
Vorkommen Fast nur in Wäldern mit Fichten, besonders in dichten, reinen Fichtenbeständen, hier regelmäßig anzutreffen.
Lebensweise Man findet die Spinne vor allem an den abgestorbenen unteren Fichtenzweigen etwa in Kopfhöhe, seltener auch an anderen Bäumen und Sträuchern (z. B. an Wacholderbüschen). Hier baut sie ihr sehr bemerkenswertes Fangnetz, das als stark abgewandelter Rest eines Radnetzes aufzufassen ist ▸ **1c**. Der dreieckige Fangbereich setzt sich aus vier Radien zusammen, zwischen denen jeweils parallel zueinander die Fangfäden ausgespannt sind. Diese sind aber nicht wie bei den Radnetzspinnen mit Klebtropfen, sondern, wie für die cribellaten Spinnen üblich, mit feiner Kräuselwolle überzogen. Die drei Sektoren verlängern sich an ihrer gemeinsamen Spitze in den Signalfaden, den die Spinne am anderen Ende mit ihren beiden vorderen Beinpaaren hält. Sie selbst ist über einen weiteren Faden, der aus ihren Spinnwarzen austritt, mit einem Zweig verbunden und bildet damit gewissermaßen eine Brücke zwischen dem Signalfaden und dem am Baum befestigten Faden. Zwischenzeitlich kann sie den Signalfaden auch am Zweig befestigen, etwa während der nächtlichen Ruhepause. Sobald eine Beute ins Netz fliegt, verlängert sie den aus ihren Spinnwarzen austretenden Faden, lässt sich also gewissermaßen nach unten sinken. Da aber das Netz unter einer starken Spannung steht, sinkt sie nicht nach unten, sondern wird wie von einem Gummiband in Richtung des Fangbereichs ihres Netzes gezogen. Bei diesem Vorgang wickeln sich die Fangfäden umeinander, verkleben und halten die Beute umso sicherer fest. Bei den vielen Beobachtungen, die schon an diesem Netz angestellt wurden, konnte bislang noch nie beobachtet werden, dass es einer größenmäßig angepassten Beute gelungen wäre, sich wieder aus diesem Netz zu befreien. Die Spinne wickelt anschließend ihre Beute in ein dichtes Seidengespinst ein und trägt sie zu ihrem Ruheplatz am Fichtenzweig, um sie dort mit Verdauungssaft zu beträufeln und auszusaugen ▸ **1d**. Da sie keine Giftdrüsen besitzt, dauert es relativ lange, bis die Beute gestorben ist. Zur Balz webt das Männchen einen Werbefaden zum Netz des Weibchens und führt darauf besondere Zupfsignale aus, um nicht mit einem Beutetier verwechselt zu werden. Nach der Paarung baut das Weibchen einen länglichen, flachen Eikokon auf einem Zweig. Dieser ist aufgrund seiner schmutzig grauen Färbung sehr schwer zu entdecken. Der Eikokon überwintert. Die gesamte Entwicklung dauert zwei Jahre.

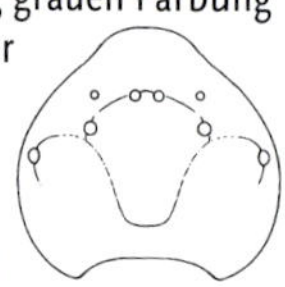
Augenstellung

1a
1b
1c
1d
1e

1 *Uloborus walckenaerius*

> Auffallend helle Gesamtfärbung
> Schlanker Körperbau
> Lebt in waagerechten Radnetzen

Merkmale Körperlänge als Männchen ▸ **1a** 3–4, als Weibchen ▸ **1b, 1c** 5–6 mm. Schmale Körperform, Behaarung vorwiegend weißlich, Seiten des Hinterleibs schwarz gefleckt, am Rücken mit einer Reihe weißer Haarschöpfe. Reife Tiere von Juni bis September.
Vorkommen Nur an warmen, trockenen Orten, oft auf sandigem Untergrund, z. B. auf Trockenrasen und am Rand von Kiefernwäldern. Im Mittelmeergebiet ziemlich häufig, in Deutschland sehr selten und vom Aussterben bedroht. Vorkommen sind z. B. aus dem Oberrheingebiet und aus dem Raum Nürnberg bekannt.
Lebensweise Die Art baut ein regelmäßiges Radnetz, das wie bei den Netzen der Radnetzspinnen aus zahlreichen Radien, einem äußeren Rahmen, einer Fangspirale und einer befestigten Nabe zusammengesetzt ist. Es ist aber mehr oder weniger horizontal angeordnet und trägt auf der Fangspirale keine Klebtropfen, sondern Kräuselwolle. Beiderseits der Nabe sind oft zwei flächige Gespinstbänder entwickelt, die als Stabilimente bezeichnet werden und in ähnlicher Form ebenfalls bei Radnetzspinnen vorkommen. Eine weitere Parallele zu dieser Familie besteht bei der Netzherstellung. Auch *Uloborus* baut vor Herstellung der Fangspirale zunächst eine Hilfsspirale ein, die sie beim Auslegen der Fangspirale wieder verzehrt. Das sehr kleine und schmächtige Männchen nähert sich dem Weibchen unter ständigen Zupfsignalen am Werbefaden, den es von unten her zur Netzmitte gesponnen hat. Schließlich springt es aus nächster Nähe auf die Partnerin und führt nacheinander beide Taster ein. Der Kokon wird später auf einer länglichen Gespinstplatte zwischen zwei Radien des Fangnetzes hergestellt. Durch von dort abzweigende Fangfäden entstehen an den Rändern dabei einige seitliche Zacken. Dieser etwa 3 mm breite Kokon ist um ein Mehrfaches größer als die Spinne und durch seine Form unverkennbar. Sie kann später noch weitere Kokons herstellen. Die Jungspinnen schlüpfen noch im Sommer ▸ **1d**.

2 **Federfußspinne** *Uloborus plumipes*

> Erinnert an die Dreieckspinne
> Ausgesprochen variabel gefärbt
> Meist zwischen Kakteen in Gartenmärkten

Merkmale Körperlänge 4–6 mm. Körperform sehr schlank, aber mit dem Hinterleib in seiner dreieckigen Form eher an die Dreieckspinne erinnernd. Färbung ausgesprochen variabel, gelblich weiß bis fast schwarz, sehr markant aber immer ein gelbbrauner bis schwarzer Haarpinsel an den Tibien der Vorderbeine. Ausgewachsene Tiere offenbar ganzjährig zu finden.
Vorkommen Heimisch in den Tropen, von dort schon seit Längerem ins Mittelmeergebiet verschleppt, wo sie jetzt z. B. an Mauern und Felsen vorkommt. Seit etwa 1990 auch nach Mitteleuropa eingeschleppt, hier aber nur in Gewächshäusern und Gartenmärkten, meist zwischen Kakteen und anderen Sukkulenten, dort aber regelmäßig anzutreffen.
Lebensweise Die Art baut vor allem zwischen größeren Säulenkakteen ihre horizontalen Radnetze, die etwa 20–30 cm Durchmesser erreichen können und wie bei *U. walckenaerius* meist zwei, seltener bis zu vier Stabilimente aufweisen. Auch der Eikokon sieht ähnlich aus.
Wissenswertes Es ist sehr bemerkenswert, wie sich diese interessante Spinnenart, allen Nachstellungen zum Trotz, in so kurzer Zeit bei uns überall in den Gartenmärkten ausbreiten konnte, denn anderen Spinnenarten, die dies sicher auch immer wieder versuchen dürften, ist etwas Vergleichbares nicht gelungen.

1a
1b
1c
1d
2a
2b

Familie Höhlenspinnen Nesticidae

Die Höhlenspinnen sind sehr nahe mit den Kugelspinnen verwandt. Wie diese besitzen sie einen kugeligen Hinterkörper und unterseits am Fußglied der Hinterbeine eine regelmäßige Reihe gezähnter Borsten. Auch die Netze entsprechen typischen Kugelspinnennetzen. Trennende Merkmale gegenüber den Kugelspinnen sind ein glänzender, weißlicher Querwulst am Ende der Unterlippe und der größere Abstand des Augenfeldes von der Basis der Cheliceren (dieser ist größer als der Abstand zwischen den beiden Augenreihen). Die Männchen haben außerdem seitlich am Endglied ihres Tasters einen sehr langen und kräftigen, gebogenen Fortsatz, der den Männchen der Kugelspinnen fehlt. In Deutschland kommen nur zwei Arten vor, einige weitere in den Südalpen und im Mittelmeergebiet.

1 *Nesticus cellulanus*

> Mehrfach eingeschnürtes Längsband auf dem Vorderkörper
> Beine kontrastreich geringelt
> In Höhlen und feuchten Kellern

Merkmale Körperlänge beim Männchen um 4, beim Weibchen 5–5,5 mm. Grundfärbung gelblich oder hell grünlich bis gelbbraun; Rücken des Vorderkörpers mit einem kontrastreich abgesetzten, mehrfach eingeschnürten, dunklen Längsband, seitlich mit einem dunklen Randstreifen, Hinterkörper mit einem variablen, dunklen Fleckenmuster. Beine ziemlich lang, mit zahlreichen kontrastreich abgesetzten, dunklen Ringen. Ausgewachsene Tiere ganzjährig.

Vorkommen Vor allem in feuchten Höhlen und Stollen, auch in Kellern; bei uns weitverbreitet, aber fast immer nur einzeln anzutreffen.

Lebensweise Die Spinne baut vorzugsweise in Vertiefungen der Höhlenwände einen weitmaschigen Netzteppich, von dem aus Fangfäden nach unten führen. Diese Fangfäden sind auf den unteren 2–7 cm mit einer sehr regelmäßig angeordneten Reihe von Klebtröpfchen besetzt. Sobald sich eine Beute an den Klebtröpfchen verfangen hat, kommt die Spinne vorsichtig herbei und bewirft sie mit weiteren Fäden. Nachdem das Opfer auf diese Weise gefesselt ist, wird es mit mehreren Giftbissen getötet und schließlich zum Netzteppich emporgezogen. Vor der Paarung stellt das Männchen ein Spermanetz her, das aus einer Y-förmigen Fadengabel mit einem sehr regelmäßigen, dreieckigen Gespinst besteht, auf dem ein ziemlich großer Spermatropfen abgesetzt wird. Dieser wird anschließend in das Begattungsorgan am Endglied des Tasters aufgesogen. Das Männchen nähert sich dem im Netz wartenden Weibchen unter zuckenden und klopfenden Bewegungen der Vorderbeine, auf die dieses mit langsamen Beinbewegungen antwortet. Bei der anschließenden Paarung stehen sich die Partner Bauch oben gegenüber, und das Männchen führt einige Male nacheinander beide Taster abwechselnd in die weiblichen Geschlechtsöffnungen ein. Dabei schwillt die Tasterblase mehrfach an und drückt beim anschließenden Zusammenfallen jeweils den Embolus weit in die Gänge des weiblichen Genitaltrakts hinein. Die ganze Paarung dauert nur wenige Minuten. Später legt das Weibchen die Eier in einem kugeligen Eikokon ab, den es an seinen Spinnwarzen trägt. Sobald die Jungspinnen geschlüpft sind, hängt sie ihn im Netz auf ▸ 1c. Die Jungspinnen verteilen sich dann im Netz ihrer Mutter ▸ 1a.

Ähnlich Die zweite heimische Art, *Nesticus eremita*, ist nur schwer, am besten am Bau des männlichen Tasters, von dieser Art zu unterscheiden. Sie lebt vor allem in der Kanalisation einiger Großstädte.

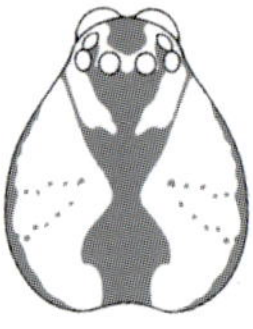

Prosomazeichnung

1a

1b 1c

Familie Kugelspinnen Theridiidae

Die meisten Vertreter dieser Familie besitzen einen auffallend kugeligen Hinterkörper; außerdem sind sie durch eine regelmäßige Reihe gezähnter Borsten an der Unterseite des Hintertarsus gekennzeichnet. Die unregelmäßigen Netze lassen sich meist entweder dem Typus der Haubennetze (mit Schlupfwinkel im oberen Teil) oder weitmaschiger Deckennetze mit nach unten ziehenden Fangfäden zuordnen. In Mitteleuropa kommen etwa 70 Arten vor.

Hintertarsus mit Borstenreihe

1 *Theridion impressum*

> 2 dunkle Längsbänder mit weißen Querstrichen
> Epigynengrube breiter als lang
> Haubennetze in Bodennähe

Merkmale Körperlänge beim Männchen 2,5–4, beim Weibchen 3,5–5,5 mm. Vorderkörper mit breitem, dunklem Längsstreifen, der meist kurz vor den Augen endet. Hinterkörper mit zwei breiten, dunklen Längsbändern, die durch 3–4 weiße Querstriche in fast rechteckige Abschnitte unterteilt werden. Epigyne mit einer querovalen Grube, diese also breiter als lang. Ausgewachsen im Juli und August.

Vorkommen An offenen, trockenen Stellen, z. B. auf Ödland und Trockenrasen; überall ziemlich häufig.

Lebensweise Diese Spinne baut ein typisches Haubennetz, meist dicht über dem Boden im Gras oder in etwas über die Umgebung hinausragenden Pflanzen ▸ 1a. Der Schlupfwinkel im oberen Teil des Netzes erinnert an ein umgedrehtes Vogelnest. Ab Ende Juli bewacht das Weibchen darin seinen grünlichen oder bläulichen Eikokon ▸ 1b. Die Jungspinnen schlüpfen meist im August und werden dann von ihrer Mutter von Mund zu Mund gefüttert ▸ 1c. Als Nahrung lässt sie hierzu einen Tropfen vorverdauter Nahrung aus ihrer Mundöffnung hervorquellen ▸ 1d. Später fressen sie gemeinsam an vom Weibchen getöteten und mit Verdauungssaft eingespeichelten Beutetieren. Wenn die Mutter schließlich stirbt, wird sie meist von ihren eigenen Jungen ausgesogen ▸ 1e. Wenig später zerstreuen sich die Jungspinnen, um am Faden davonzufliegen und schließlich eigene Netze herzustellen.

Epigyne

1a

1b
1c
1e
1d

1 *Theridion sisyphium*

> Kaum von *Th. impressum* zu unterscheiden
> Epigynengrube etwas länger als breit
> Netze meist höher in der Vegetation

Merkmale Sehr ähnlich *Th. impressum* und daher oft mit dieser Art verwechselt. Entspricht ihr weitgehend in der Größe (2,5–4,5 mm) und in der Zeichnung. Der dunkle Längsstreifen auf dem Vorderkörper schließt meist das mittlere Augenfeld mit ein. Einzig sichere Unterscheidung nach der Epigyne: Die Grube ist mehr eiförmig und etwas länger als breit. Die Art ist außerdem etwas früher reif: Bereits ab Ende Mai kann man adulte Tiere antreffen.
Vorkommen An ähnlichen Stellen wie *Th. impressum*, aber auch in höher bewachsenem Gelände, z. B. an Waldrändern und auf stärker verbuschtem Ödland; überall ziemlich häufig.
Lebensweise Auch *Th. sisyphium* baut ein typisches Haubennetz mit einem Schlupfwinkel, der an ein umgedrehtes Vogelnest erinnert. In die Außenwand des Schlupfwinkels sind oft Beutereste eingefügt. Als Standort für ihre Netze bevorzugt sie allerdings etwas höhere Vegetation, etwa die Zweige junger Kiefern. Bereits ab Juni kann man im Schlupfwinkel die Weibchen mit ihren blaugrünen Eikokons antreffen. Die Jungspinnen sind ab Juli zu finden. Die Aufzucht der Jungspinnen verläuft ganz ähnlich wie bei der verwandten Art, zeigt aber im Detail auch deutliche Unterschiede. Während *Th. impressum* meist etwa 100 Jungtiere aufzieht, sind es bei dieser Art nur etwa halb so viele. Die Fütterung von Mund zu Mund erstreckt sich über einen längeren Zeitraum, bis zur nächsten Häutung der Jungspinnen. Anschließend werden ihnen vom Weibchen Beutetiere angeboten, die dieses im Netz gefangen hat, und schließlich machen die Jungen im Netz ihrer Mutter gemeinsam Beute. Die Spinnenmutter wird nach ihrem Tod in der Regel nicht von ihren Jungen verzehrt.
Wissenswertes An dieser Art wurde das interessante Fütterungsverhalten in den 1960er-Jahren erstmals wissenschaftlich untersucht. Zur Klärung der Frage, ob die an die Jungspinnen abgegebene Flüssigkeit tatsächlich aus der zuvor gefressenen Beute stammt, wurden zunächst an die Mutterspinnen radioaktiv markierte Fliegen verfüttert. Später ließ sich die radioaktive Substanz dann auch in den Jungspinnen nachweisen, nachdem sie von ihrer Mutter Nahrung erhalten hatten.

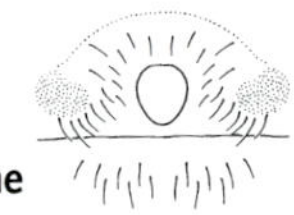
Epigyne

2 *Theridion simile*

> Weißes Zackenband auf dem Hinterkörper
> Vorderes Zackenpaar breiter als die übrigen
> Netze gern in Heidekraut

Merkmale Körperlänge 2–2,5 mm. In der Mitte des Hinterkörpers eine beiderseits gezackte, weißliche Längsbinde, die seitlich von einer dunkelbraunen Binde eingefasst wird und vorn und hinten dunkel gezeichnet ist. Das vordere Zackenpaar ist dabei deutlich größer als die weiter hinten liegenden Auszackungen; es reicht seitlich jeweils bis zum Außenrand der dunklen Binde. Adulte Tiere findet man von Mai bis Juli.
Vorkommen Vorwiegend in offenen, sandigen oder moorigen Gebieten mit Heidekraut; in Mitteleuropa weitverbreitet, aber nirgends häufig.
Lebensweise Die Spinne baut ihr kleines Haubennetz vorwiegend im Heidekraut, gelegentlich auch an Zweigen von Jungkiefern.

1a

1b

2

1 *Theridion pictum*

Merkmale Körperlänge 3–4 mm. Hinterleib mit einer beiderseits gezackten, ziegelroten Längsbinde, die schmal weißlich gesäumt ist und jederseits von einem dunkelbraunen Band begrenzt wird. Die Seitenzacken werden von vorn nach hinten allmählich kleiner; das erste Zackenpaar ist aber nicht deutlich größer als die folgenden. Reife Tiere findet man von Ende Mai bis Juli.
Vorkommen Vorwiegend auf Sträuchern in etwas feuchtem Gelände, ziemlich häufig.
Lebensweise Die Art baut ihr Haubennetz meist in Sträuchern etwa 30–40 cm über dem Boden. Der Schlupfwinkel ähnelt dem von *Th. impressum* und *Th. sisyphium*, ist aber etwas tiefer, mehr glockenförmig. Seine Wand ist außen mit Resten von Beutetieren und trockenen Blättern bekleidet. Im Juni bewacht das Weibchen darin seinen Eikokon, der im Unterschied zu den beiden anderen Arten graubraun gefärbt ist.

> Hell rötliche, weiß gerandete Zackenbinde
> Zacken werden nach hinten kleiner
> Eikokon graubraun

2 *Theridion varians*

Merkmale Körperlänge 2,5–3,5 mm. Ähnlich *Th. pictum*, doch meist insgesamt heller gefärbt. Wie diese mit einem seitlich gezackten, hellen Längsband, das in der Mitte meist ziegelrot gefärbt ist und von zwei dunklen Längsbinden flankiert wird. Die Zeichnung ist aber insgesamt ziemlich variabel; so kann z. B. auch ein großer, schwarzer Fleck die ganze Oberseite einschließlich des hellen Längsbandes bedecken. Reife Tiere von Juni bis August.
Vorkommen In gebüschreichen Lebensräumen aller Art, etwa an Waldrändern, auch in Gärten und Parkanlagen, selbst in Gewächshäusern; fast überall häufig.
Lebensweise Man findet die Haubennetze dieser Art meist in Sträuchern oder jungen Nadelbäumen.

> Ähnlich *Th. pictum*, aber heller gefärbt
> Manchmal ganze Oberseite des Hinterkörpers dunkel
> Eikokon weiß

3 *Paidiscura pallens (= Theridion pallens)*

Merkmale Mit nur 1,6–1,7 mm Körperlänge eine der kleinsten heimischen Spinnen; trotz ihrer geringen Körpergröße aber kaum mit einer anderen Art zu verwechseln. Hinterkörper ausgesprochen kugelig, hellgelb gefärbt, mit unterschiedlich entwickelter, dunklerer Fleckenzeichnung. Manche Exemplare erscheinen durch diese Fleckung insgesamt recht dunkel, insbesondere viele Männchen; andere erscheinen dagegen fast einfarbig gelblich. Ausgewachsene Tiere von April bis Juli.
Vorkommen Besonders an Waldrändern unter Eichenblättern, daneben aber z. B. auch in Fichtenwäldern; fast überall häufig.
Lebensweise Die winzige Spinne, die man leicht mit einer Jungspinne verwechseln könnte, baut ihr unregelmäßiges, weitmaschiges Netz vorzugsweise an der Unterseite von Eichenblättern. Sie fängt darin oft Beute, die deutlich größer ist als sie selbst. Ab Ende Juni kann man in den Netzen der Weibchen die sehr charakteristischen, schneeweißen Eikokons entdecken. Sie gehören zu den markantesten Kokons heimischer Spinnen und sind mit etwa 2 mm Durchmesser deutlich größer als ihre Erbauerin. Am oberen Ende laufen sie in einen schmalen Zipfel aus, der etwa so lang sein kann wie der ganze übrige Kokon.

> Körperlänge unter 2 mm
> Färbung meist hell gelblich
> Eikokon mit deutlichen Zipfeln

1

2

3

1 *Enoplognatha ovata (= Enoplognatha lineata)*

> Ziemlich langbeinig
> Grundfärbung hell gelblich bis fast weiß
> Oft 2 rote Streifen auf dem Hinterkörper

Merkmale Körperlänge des Männchens 3,5–5, des Weibchens 6–7 mm. Vorderkörper grünlichgelb bis hell gelbbraun, meist mit einem schmalen, dunklen Längsband. Hinterleib weißlich bis zitronengelb, oft mit zwei Reihen schwarzer Punkte. Etwa ein Drittel der Tiere außerdem mit zwei kirschroten Längsbinden ▸ **1a**; bei der seltensten Färbungsvariante ist der ganze Hinterleibsrücken rot. Beine auffallend lang und dünn. Männchen mit sehr langen, schräg abgespreizten Cheliceren; an der Innenseite der Grundglieder ein langer, spitzer Fortsatz. Reife Tiere von Juni bis August.
Vorkommen In offenem Gelände wie in Wäldern, auch in Gärten überall häufig; eine der häufigsten heimischen Spinnen.
Lebensweise Die Spinne überzieht die Spitze von höher aufragenden Pflanzen oder Zweigspitzen mit einem weitmaschigen Haubennetz. Der Schlupfwinkel befindet sich meist in einem zusammengesponnenen Blatt. Zu ihrer regelmäßigen Beute gehören auch größere, wehrhafte Insekten wie Wespen und Bienen. Nach der Paarung rollt das Weibchen mit Spinnfäden ein Blatt (besonders gern ein Himbeerblatt) zusammen und stellt in diesem Brutnest einen kugeligen, blaugrünen Eikokon her, der 100–180 Eier enthält. Dieser Kokon wird anschließend bewacht. Beim Öffnen des Gespinstes durch einen Störenfried wird dieses sorgfältig wieder verschlossen; werden die Störungen zu massiv, transportiert die Spinne ihren Kokon an einen anderen Ort, um ihn dort wieder in einem Gespinst zu bewachen. Nach dem Verlassen des Eikokons krabbeln die Jungspinnen munter im Brutnest umher, verlassen dieses auch von Zeit zu Zeit, kehren aber immer wieder dorthin zurück. Sie werden nicht von ihrer Mutter gefüttert. Nach einer Häutung im Brutnest zerstreuen sie sich schließlich.
Ähnlich Die viel seltenere *Enoplognatha latimana* lässt sich nur nach Genitalmerkmalen sicher von dieser Art unterscheiden. Bei ihr ist z. B. die Epigynengrube so lang wie breit, bei *E. ovata* dagegen deutlich breiter als lang.

Cheliceren des ♂

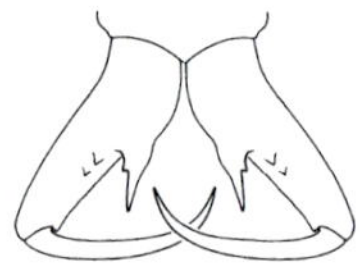

2 *Enoplagnatha thoracica*

> Grundfärbung fast schwarz
> Hinterkörper manchmal mit weißen Punkten
> Webt Netzteppiche am Boden

Merkmale Körperlänge 3–4,5 mm. Vorderkörper dunkel rotbraun, Hinterkörper schwarz, gelegentlich mit weißen Punkten. Beine viel kürzer und kräftiger als bei *E. ovata*. Reife Tiere von Mai bis Juli.
Vorkommen An warmen und trockenen, offenen Stellen; besonders an sandigen Anhängen, doch auch z. B. in Steinbrüchen; in den meisten Gebieten ziemlich häufig.
Lebensweise Die unauffälligen Spinnen bauen in Bodenvertiefungen kleine Netzteppiche, von denen mit Klebtröpfchen besetzte Fangfäden nach unten ziehen. Im Juli bewachen die Weibchen ihren von lockeren, gelblich weißen Fäden eingehüllten Eikokon.

1a

1b

2

1 Gewächshausspinne *Achaearanea tepidariorum*

> Ziemlich große Kugelspinne
> Grundfärbung graugelblich bis hellbraun
> Vorwiegend in Gewächshäusern

Merkmale Mit 3,5–4 mm Körperlänge beim Männchen und 4,5–7 mm beim Weibchen eine der größten heimischen Kugelspinnen. Hinterkörper, wie für die Gattung *Achaearanea* typisch, etwas höher als lang. Grundfärbung graugelblich bis hellbraun mit unregelmäßiger, dunkler Fleckenzeichnung. Beine dunkel geringelt, beim Weibchen ▸ **1b** deutlicher als beim Männchen ▸ **1a**. Ausgewachsene Tiere ganzjährig anzutreffen.
Vorkommen Bei uns fast nur in beheizten Gebäuden, vor allem in Gewächshäusern, doch z. B. auch in Lagerräumen; in warmen Gebieten, z. B. in den Südalpen, auch im Freiland. Ursprünglich in den Tropen und Subtropen heimisch, inzwischen aber weltweit verbreitet und gebietsweise recht häufig. Hat sich offenbar in der letzten Zeit bei uns stark ausgebreitet.
Lebensweise Die Spinne baut ziemlich große, weitmaschige Netzteppiche, von denen aus Fangfäden nach unten ziehen. Diese sind nur im unteren Teil mit Klebtröpfchen besetzt. Die graubraunen, etwa birnenförmigen Eikokons werden am Rand des Netzes befestigt.

2 *Achaearanea lunata*

> Hinterkörper deutlich höher als lang
> Sehr bunt gezeichnet
> Fangnetz oft an Baumstämmen

Merkmale Körperlänge beim Männchen um 3, beim Weibchen 3,5–5 mm. Hinterkörper deutlich höher als lang. Tritt in zwei Färbungsvarianten auf: Bei der dunklen Variante ist der Hinterkörper vorn schwarz mit zwei weißen Punkten und dahinter hellbraun mit jederseits zwei weißen Bogenlinien; die helle Variante ▸ **2** dagegen vorn leuchtend hellrot mit schwarzen und weißen Zeichnungen. Reife Tiere von Mai bis Juli.
Vorkommen Vor allem in Wäldern an Baumstämmen; regelmäßig z. B. auch an Waldhütten und Holzlagerplätzen; fast überall häufig.
Lebensweise Die Art baut ihr Fangnetz besonders gern an Baumstämmen im Winkel unter der Abzweigung eines Astes. Der Schlupfwinkel ähnelt dem von *Theridion impressum*; er ist außen meist mit Beuteresten, kleinen Holzstückchen und Ähnlichem maskiert. Die gelblich- oder rötlichbraunen, nach oben zugespitzten Eikokons werden im Netz befestigt. Die Jungen fressen gemeinsam mit der Mutter an der im Netz gefangenen Beute, werden aber offensichtlich nicht gefüttert.

3 *Achaearanea riparia (= Theridion saxatile)*

> Hinterkörper weiß gezeichnet
> Meist an überhängenden Abbruchkanten
> Schlupfwinkel eine bis 7 cm lange Röhre

Merkmale Körperlänge des Männchens um 3, des Weibchens 3,5–4 mm. Hinterleib heller oder dunkler braun, oft fast schwarz, am Rücken hell und dunkel gefleckt, etwa in der Mitte mit einem weißen, gebogenen Querband. Ausgewachsen von Ende Mai bis August.
Vorkommen Vor allem an Wegrändern mit niedrigen, überhängenden Abbruchkanten, auch an Felsen und Mauern. Im Allgemeinen nicht selten, doch durch die versteckte Lebensweise nicht leicht zu finden.
Lebensweise Die Art baut einen sehr charakteristischen Schlupfwinkel ▸ **3b**. Er besteht aus einer senkrecht im Netz aufgehängten, unten offenen Röhre, die bei ungefähr 1 cm Durchmesser eine Höhe von etwa 7 cm erreichen kann. Außen ist sie mit kleinen Steinchen, Erdkrumen, Beuteresten und anderen Fremdteilen bedeckt.

1a
1b
2
3a
3b

1 *Neottiura bi maculata*

Merkmale Körperlänge 3–3,5 mm. Schlank und langbeinig, im Erscheinungsbild eher einer Baldachinspinne entsprechend. Färbung sehr variabel. Vorderkörper beim Weibchen meist hell gelblich mit breitem, dunklem Längsstreifen. Hinterkörper gelb oder weißlich, oberseits meist schwarzbraun mit hellem, oft seitlich gezacktem Längsband. Der Hinterleib kann aber auch ganz hell gefärbt sein. Männchen mit rotbraunem, im Augenbereich kegelförmig erhöhtem Vorderkörper und schwarzem Hinterkörper; Letzterer oft weiß gefleckt. Reife Männchen von Ende Mai bis Anfang Juli, Weibchen bis August.
Vorkommen Vorwiegend an Wald- und Wegrändern unter Blättern von Laubbäumen

> Klein und auffallend langbeinig
> Gelblich mit sehr variabler Hinterleibszeichnung
> Regelmäßig unter Eichenblättern

und in der niedrigen Vegetation, fast überall häufig.
Lebensweise Die Art ist regelmäßig zusammen mit *Paidiscura pallens* an der Blattunterseite von Eichen zu finden. Wie diese baut *N. bimaculata* hier ihr unregelmäßiges Fangnetz und befestigt darin 1–2 Eikokons. Bei Störungen werden sie an einen anderen Ort in Sicherheit gebracht.

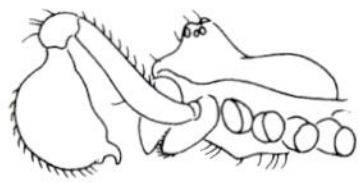
Vorderkörper des ♂

2 *Euryopis quinqueguttata*

Merkmale Nur 2–2,5 mm große, stark glänzende Kugelspinne. Färbung schwarzbraun bis schwarz, Beine hell gelbbraun mit dunkleren Ringen. Hinterleib deutlich abgeflacht, von oben betrachtet annähernd fünfeckig. Vor den fünf Eckpunkten weiße Flecke, die aber auch teilweise oder ganz fehlen können. Reife Tiere vom Winter bis in den Frühsommer.
Vorkommen An warmen, stark besonnten, steinigen oder sandigen Orten mit schwach entwickelter Vegetation; in Mitteleuropa ziemlich selten und weitgehend auf Wärmegebiete beschränkt. In Deutschland nach der Roten Liste gefährdet.

> Sehr kleine, deutlich abgeflachte Kugelspinne
> Schwarz mit bis zu 5 weißen Punkten
> Baut keine Netze

Lebensweise Die Art überwintert regelmäßig in leeren Schneckenhäusern und lässt sich durch Einsammeln solcher Gehäuse an entsprechenden Orten verhältnismäßig leicht nachweisen. Meist trifft man gleich mehrere Exemplare (fünf sind keine Seltenheit) in einem einzigen Schneckenhaus. Sie baut kein Fangnetz, sondern erbeutet frei jagend vorzugsweise Ameisen.

3 *Anelosimus vittatus*

Merkmale Körperlänge 3–4 mm. Vorderkörper gelblich mit breitem, dunklem Mittelstreifen, der sich nach hinten allmählich verschmälert. Hinterkörper weiß oder gelblich bis rötlich, am Rücken mit einem breiten braunen bis schwarzen, seitlich gezackten Längsband. Ausgewachsen von Mai bis Juli.
Vorkommen An Waldrändern, auf Bäumen, Sträuchern und höheren Pflanzen; ziemlich häufig.

> Vorderkörper mit breitem, dunklem Längsband
> Hinterkörper mit gezackter, dunkler Längsbinde
> Baut in Sträuchern ein Haubennetz

Lebensweise Die Art baut vorzugsweise an Zweigspitzen ein Haubennetz, das oft mehrere Blätter überzieht und außen mit Klebtröpfchen besetzte Fangfäden besitzt.

1
2
3

1 *Lasaeola tristis*

> Fast einfarbig schwarz
> Nur die Hinterschenkel rotbraun
> Fängt vorzugsweise Ameisen

Merkmale Körperlänge beim Männchen 2,5–3, beim Weibchen 3,5–4 mm. Ganzer Körper tiefschwarz, auch die Beine; lediglich die Basis der Hinterbeinschenkel rotbraun. Ausgewachsen von Mai bis Juli.
Vorkommen Besonders an sonnigen Waldrändern und auf Trockenrasen; in den meisten Gegenden nicht selten.
Lebensweise Die Spinne ernährt sich fast ausschließlich von Ameisen, vor allem von Waldameisen und anderen *Formica*-Arten. Sie baut ihr unregelmäßiges Netz vorzugsweise in den Verzweigungen von mit Blattlauskolonien besetzten Jungkiefern.

2 *Episinus angulatus*

> Hinterkörper flach und nach hinten verbreitert
> Vordere Beine werden gerade nach vorn gestreckt
> Fangnetz aus nur 3 Fäden

Merkmale Körperlänge 4,5–5,5 mm. In der Körperform stark von anderen Kugelspinnen abweichend: Hinterkörper flach, nach hinten immer breiter werdend und am Ende abgestutzt (beim abgebildeten Weibchen ist er durch die heranreifenden Eier stark aufgebläht und dadurch etwas untypisch geformt). Vorderkörper oben mit breitem, schwarzem Mittelband, seitlich davon mit schmäleren, dunklen Streifen auf etwas hellerem Untergrund; Hinterkörper mit brauner Blattzeichnung und weißlichen Rändern. Beine hell mit breiten, dunklen Ringen. Ausgewachsen von Mai bis Juli.
Vorkommen An Waldrändern, auf Ödland und auch in Gärten weitverbreitet, aber immer nur sehr vereinzelt.
Lebensweise Die Spinne streckt im Sitzen ihre Beine gern gerade nach vorn und hinten und erinnert dann etwas an eine Streckerspinne. Sie baut ein sehr charakteristisches, stark reduziertes Fangnetz. Es besteht aus nur zwei parallel zueinander vertikal ausgespannten Fäden, die in der Mitte durch einen kurzen Querfaden etwas zusammengezogen werden. Es entspricht damit einem in der Mitte eingeschnürten „H“. Nur der unterste Teil der beiden Hauptfäden trägt Klebtröpfchen. Die Spinne lauert dicht unter dem Querfaden und hält die beiden Fangfäden mit ihren Vorderbeinen. Sobald ein Beutetier an den Klebtröpfchen hängen bleibt, reißt die Spinne den Faden hoch, sodass das Opfer in der Luft hängt.
Ähnlich Bei der sehr ähnlichen *Episinus truncatus* sind die beiden vorderen Beinpaare bis auf die hellen Tarsen und Metatarsen ganz dunkel und der Vorderkörper schwarzbraun.

3 *Robertus lividus*

> Dunkelbraun mit grauem bis schwarzem Hinterkörper
> Stark glänzend
> Überall häufige Bodenspinne

Merkmale Körperlänge 2,5–4 mm. Sehr unscheinbare Kugelspinne, die eher wie eine Baldachin- oder Zwergspinne aussieht. Stark glänzend, Vorderkörper rotbraun bis dunkelbraun, Hinterkörper graubraun bis fast schwarz. Ganzjährig ausgewachsen.
Vorkommen In Wäldern am Boden und in Moospolstern; fast überall häufig.
Lebensweise Obwohl die Spinne bei uns zu den häufigsten Arten gehört, ist über ihre Lebensweise kaum etwas bekannt. Die Paarung wurde mehrfach im April beobachtet. Dabei hatten die Tiere zwischen höheren Grashalmen Fäden gespannt und sich dort jeweils paarweise zusammengefunden.

1

2

3

1 Fettspinne *Steatoda bipunctata*

> Braun bis fast schwarz, fettig glänzend
> Hinterkörper etwas abgeflacht
> Vorwiegend in Häusern

Merkmale Körperlänge beim Männchen 4–5,5, beim Weibchen 4,5–7 mm. Fettig glänzend; Vorderkörper rotbraun bis schwarzbraun, Hinterkörper etwas abgeflacht, oben meist dunkelbraun mit schmalem, hellem Längsband (dieses aber oft undeutlich); ein weiteres helles Band vorn am Rand des Hinterleibs und seitlich bis etwa zu seiner Mitte. Männchen mit recht großen Kopulationsorganen an den Tastern und gut entwickeltem Schrillorgan. Dieses besteht aus zahlreichen, feinen Rillen an den hinteren Seitenflächen des Vorderkörpers, über die eine Kante des Hinterkörpers gerieben werden kann. Ausgewachsene Tiere sind ganzjährig anzutreffen.
Vorkommen Vor allem in Gebäuden; hier eine der häufigsten Spinnen, die auch in recht trockenen Räumen noch überleben kann. Daneben aber auch im Freiland z. B. unter Baumrinde und an Felsen; besonders an frei stehenden Bäumen regelmäßig zu finden.
Lebensweise Die Art baut in Zimmerecken und Fensternischen ein weitmaschiges Deckennetz mit nach oben ziehenden Spannfäden und nach unten laufenden Fangfäden. Das Männchen baut zum Netz des Weibchens ein lockeres Gespinst und erzeugt unter ständigen Auf- und Ab-Bewegungen seines Hinterkörpers mit Hilfe des Schrillorgans feine Zirptöne, bis schließlich das Weibchen herbeikommt.

2 *Steatoda triangulosa*

> Grundfärbung braun bis fast schwarz
> Längsbinde aus hellen Rautenflecken
> Bei uns nur in Gebäuden

Merkmale 3,5–5 mm Körperlänge. Vorderkörper rotbraun bis schwarzbraun, Hinterkörper meist dunkelbraun, mit gelblich weißer Seiten- und Mittelbinde aus Rautenflecken in unterschiedlicher Ausdehnung. Reife Tiere vor allem im Herbst und Winter.
Vorkommen In Mitteleuropa nur an warmen Stellen in Gebäuden, ziemlich selten; in Südeuropa weitverbreitet, hier auch im Freiland in Felsgebieten und unter Steinen.
Lebensweise Das Fangnetz ähnelt dem der Fettspinne; es ist vor allem auf den Fang bodenbewohnender Insekten ausgerichtet.

3 *Steatoda albomaculata*

> Hinterkörper mit paarigen hellen Flecken
> Vorwiegend auf Sandböden
> Netz ziemlich versteckt am Boden

Merkmale Körperlänge 5–7 mm. Grundfärbung dunkelbraun bis schwarz (beim abgebildeten Weibchen durch den kurz vor der Eiablage stark angeschwollenen Hinterkörper heller als normal); Hinterkörper mit paarigen weißen, gelblichen oder hell rötlichen Flecken und einer ebenso gefärbten Randbinde. Diese Zeichnung kann aber auch mehr oder weniger reduziert sein, im Extremfall sogar fehlen. Ausgewachsen von Mai bis Juli.
Vorkommen Vorwiegend an sandigen, kaum bewachsenen Orten, gern an etwas überhängenden Abbruchkanten oder unter freiliegenden Baumwurzeln; z. B. an Wegrändern, in Sandgruben oder auf Binnendünen. In Sandgebieten stellenweise ziemlich häufig. Nach der Roten Liste in Deutschland gefährdet.
Lebensweise Das dicht über dem Boden angelegte Fangnetz steht mit einem im Boden verborgenen Schlupfwinkel in Verbindung. Als Beute dienen vor allem Ameisen. Der ab Juni abgelegte, mit weißer Fadenwolle umgebene Eikokon wird außen mit Erdpartikeln bekleidet.

1

2a

2b

3

1 *Steatoda grossa*

> Ziemlich große, dunkle Kugelspinne
> Meist mit 3 hellen Fleckenreihen
> Vorwiegend in Südeuropa

Merkmale Mit einer Körperlänge von 5–7 mm als Männchen und 7–10 mm als Weibchen eine der größten Arten dieser Gattung. Beine immer einfarbig. Färbung und Zeichnung ansonsten ausgesprochen variabel. Vorderkörper meist hellbraun, Hinterkörper heller oder dunkler braun bis schwarz, vorn mit einem bogenförmigen Streifen und dahinter drei Fleckenlängsreihen; die hellen Zeichnungen können aber auch teilweise oder ganz fehlen. Auch gibt es fast einfarbig gelblich weiße Exemplare, besonders in Höhlen. Reife Weibchen sind ganzjährig zu finden, reife Männchen besonders im Herbst.
Vorkommen In Mitteleuropa nur in Häusern, vor allem in größeren Städten, doch überall selten. In Südeuropa häufiger, hier auch im Freiland, aber besonders in Kellern und Höhlen.
Lebensweise Das Fangnetz ähnelt dem der Fettspinne. Der Eikokon wird von lockerer, weißer Fadenwatte umhüllt.

Hinterleibszeichnung

2 *Steatoda phalerata*

> Grundfärbung dunkelbraun bis schwarz
> Helle Kreuzzeichnung auf Hinterkörper
> Läuft viel am Boden umher

Merkmale Körperlänge 4,5–5 mm. Vorderkörper dunkelbraun bis schwarz, Hinterkörper schwarz, vorn mit weißem oder gelbem Randstreifen und ebenso gefärbten, mehr oder weniger kreuzförmig angeordneten Streifen. Diese hellen Zeichnungen können auch teilweise reduziert sein oder ganz fehlen. Ausgewachsen von Mai bis Juli.
Vorkommen An warmen, trockenen Orten mit schwach entwickelter Vegetation, vor allem auf Trockenrasen; in Mitteleuropa im Allgemeinen nicht selten.
Lebensweise Die Spinne legt ihren Schlupfwinkel in einem zusammengerollten Blatt, unter einem Stein oder in einer Bodenvertiefung an. Der davor ausgespannte Netzteppich befindet sich nur 1–2 cm über dem Erdboden. Erbeutet werden vor allem Ameisen und kleinere Käfer. Die Art läuft aber auch viel umher und scheint auch freijagend Beute zu machen.

Hinterleibszeichnung

3 *Steatoda paykulliana*

> Auffallend große und dunkle Kugelspinne
> Zeichnungen rot, gelb oder weiß
> Fast nur in Südeuropa

Merkmale Mit bis 13 mm Körperlänge beim Weibchen eine der größten Kugelspinnen Europas; Männchen nur bis 6 mm groß. Färbung auffallend dunkel: Vorderkörper dunkelbraun bis schwarz, Hinterkörper tiefschwarz mit nur schwach entwickelten, weißen, hell gelblichen oder leuchtend roten Zeichnungen. Diese meist als schmaler Streifen am Vorder- und Seitenrand; zusätzlich oft eine Längsbinde auf dem Hinterleibsrücken. Reife Tiere im Sommer, Weibchen wohl ganzjährig anzutreffen.
Vorkommen Im Mittelmeergebiet ziemlich häufig an trockenen Stellen unter Steinen; nach Norden bis zum Südrand der Alpen.
Wissenswertes Die Spinne wird oft mit der Malmignatte oder Schwarzen Witwe (siehe übernächste Doppelseite) verwechselt.

1

2

3

1 *Crustulina guttata*

> Körperlänge nur etwa 2 mm
> Hinterkörper mit 3 Reihen heller Punkte
> Eikokon hutförmig

Merkmale Sehr kleine Kugelspinne mit nur etwa 2 mm Körperlänge. Grundfärbung dunkelbraun bis schwarz; Hinterkörper mit drei Längsreihen gelblich weißer Punkte, die teilweise oder ganz fehlen können. Vorderkörper mit zahlreichen, winzigen Höckern; hierdurch mit stark gekörnter Oberfläche. Beine kurz vor dem Ende der Schenkel und Schienen mit einem dunklen Ring. Ganzjährig ausgewachsen.
Vorkommen Vorwiegend auf Waldlichtungen und an sonnigen Waldrändern; am Boden im Falllaub und unter Steinen. In Mitteleuropa weitverbreitet und in den meisten Gegenden nicht selten.
Lebensweise Die Art baut dicht über dem Boden ein kleines Deckennetz mit nach unten ziehenden Fangfäden. Die Paarung findet sowohl im Frühjahr als auch im Sommer statt; es gibt daher möglicherweise zwei Generationen im Jahr. Der weiße Eikokon ist nach oben erweitert und abgestutzt, sodass er an einen kleinen Hut erinnert. Er wird vom Weibchen im Netz aufgehängt.

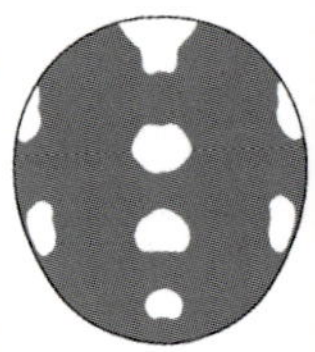

Hinterleibszeichnung

2 Diebsspinne *Argyrodes argyrodes*

> Hinterleib schmal dreieckig, viel höher als lang
> Männchen mit zweizipfliger Kopfpartie
> Stielt Beute bei Radnetzspinnen

Merkmale Körperlänge 4–6 mm. Grundfärbung dunkelbraun; Weibchen mit stark kegelförmig erhöhtem, in Seitenansicht schmal dreieckigem, silbrig gefärbtem Hinterleib. Dieser beim Männchen weniger erhöht und am oberen Ende abgerundet; außerdem mit blasenartig erhöhter, nach oben zweizipfliger Kopfpartie. Zwischen den beiden Zipfeln an jeder Kopfseite eine tiefe Grube. Reife Tiere fast ganzjährig.
Vorkommen Im Mittelmeergebiet an trockenen, verbuschten Stellen, besonders gern im undurchdringlichen Gestrüpp von Feigenkakteen; gebietsweise nicht selten, besonders in den südlicheren Teilen.
Lebensweise Diese interessante, unverwechselbare Spinne lebt als Untermieter in den Netzen großer Radnetzspinnen, insbesondere bei der Opuntienspinne. Sie wird hier offenbar wegen ihrer geringen Größe von der Netzeigentümerin nicht weiter beachtet und nutzt diesen Umstand, um Beutetiere zu stehlen. Zur Paarung erscheint das Männchen mit zitternden Bewegungen des Körpers und unter Zupfsignalen mit den Vorderbeinen vor dem Weibchen. Dieses nähert sich schließlich dem Partner und greift mit seinen Cheliceren in die beiden Gruben zwischen den Kopfzipfeln ▸ **2b**. Aus Drüsen am vorderen Kopfzipfel des Männchens wird dabei ein Sekret abgesondert, das möglicherweise der Besänftigung oder Stimulation des Weibchens dient. Während der nun folgenden, oft mehrstündigen Paarung werden die beiden Taster meist mehr als 100 Mal abwechselnd in die beiden weiblichen Geschlechtsöffnungen eingeführt. Am Schluss erscheinen an den beiden Tasterenden Sekrettropfen, die auf der Epigyne abgesetzt werden und dort zu einem massiven Pfropf erstarren. Mit diesem Begattungszeichen sollen weitere Paarungen mit anderen Männchen verhindert werden. Kurz nach der Paarung baut das Weibchen neben dem Netz seinen markanten Eikokon ▸ **2c**. Er ist an einem dünnen Faden aufgehängt und setzt sich aus einem oberen, kugeligen Abschnitt mit den Eiern darin und einem unteren, zylindrischen Rohr zusammen, durch das die Jungspinnen ihn später verlassen.

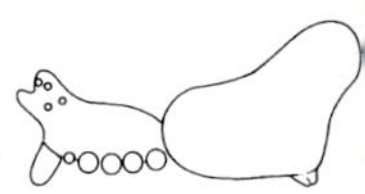

Seitenansicht des ♂

1a

1b

2a

2b

2c

1 Schwarze Witwe, Malmignatte *Latrodectus tredecimguttatus*

> Größte europäische Kugelspinne
> Meist 13 rote Flecke auf dem Hinterkörper
> Nur in Südeuropa

Merkmale Mit einer Körperlänge von 10–15 mm beim Weibchen die größte europäische Kugelspinne; das Männchen mit 5–7 mm dagegen deutlich kleiner. Färbung glänzend schwarz mit einer ziemlich variablen, roten Fleckenzeichnung auf dem Hinterkörper. Meist vorn ein roter Bogenstreifen und dahinter seitlich jeweils drei, in der Mitte vier in Längsreihen angeordnete Flecke. Durch zwei weitere, seitlich davon angeordnete, kleinere Flecke ergibt sich eine Gesamtzahl von 13 Flecken, wie im wissenschaftlichen Artnamen zum Ausdruck gebracht. Durch Verschmelzung oder Reduktion einzelner Flecke kann diese Zahl aber auch kleiner sein. Bei Männchen und jungen Weibchen ▸ **1a** sind die roten Flecke weiß umrandet. Auf der Bauchseite kommt noch eine Zeichnung aus zwei roten Dreiecken hinzu, die sich mit den Spitzen berühren, sodass die Figur einer „Sanduhr" entsteht. Diese Dreiecke können aber auch zu zwei Querstreifen reduziert sein ▸ **1b**. Reife Tiere von Juni bis August.

Vorkommen Vor allem auf trockenem Ödland und in grasigem Gelände, nur in Südeuropa (nach Norden bis Istrien). In einigen Gegenden ziemlich häufig, z. B. auf Sardinien und Korsika. Häufigkeit aber von Jahr zu Jahr stark schwankend; daher z. B. in Istrien in manchen Jahren praktisch gar nicht zu finden, in anderen an den gleichen Stellen recht zahlreich.

Lebensweise Das Haubennetz wird meist im halbhohen Gras oder unter überhängenden Felsen bzw. unter Abbruchkanten an Wegböschungen errichtet. Im oberen Teil befindet sich ein schüsselförmiger, nach unten geöffneter Schlupfwinkel, in dem sich die Spinne meist aufhält. Ihre Beute besteht vorwiegend aus größeren Insekten, besonders größeren Feldheuschrecken, oft auch aus anderen Spinnen. In manchen Gegenden findet man in den Netzen z. B. regelmäßig die nachts umherlaufenden Männchen von Falltürspinnen. Das Männchen begibt sich bereits vor der letzten Häutung des Weibchens in dessen Netz. Unmittelbar nachdem die Reifehäutung vollzogen ist, fesselt das Männchen symbolisch sein Weibchen mit wenigen um die Beine gewickelten Fäden und vollzieht die Paarung. Dieses befreit sich aber schon bald aus dieser Fesselung und verzehrt seinen Partner. Damit macht es sich selbst zur Witwe, daher der Name „Schwarze Witwe". Später baut die Spinne mehrere kugelige, weiße oder hell gelbliche Eikokons und befestigt sie in ihrem Schlupfwinkel ▸ **1c**.

Wissenswertes Die Angaben zur Gefährlichkeit dieser Art sind recht widersprüchlich. Ohne Serumbehandlung sollen etwa 5 % der Bisse tödlich verlaufen sein, in einem anderen Bericht ist von 0,2 % tödlichen Bissfolgen die Rede. Gefährlich sind nur die Weibchen; die Männchen sind zu klein, um mit ihren Giftklauen die menschliche Haut zu durchdringen. Gebissen werden vor allem Landarbeiter bei der Ernte. Unfälle im Siedlungsbereich kommen dagegen kaum vor, da die Art fast nur im siedlungsfernen Freiland auftritt. Etwas anders liegen die Verhältnisse bei der berüchtigten Amerikanischen Schwarzen Witwe (*Latrodectus mactans*), als deren Unterart die Malmignatte früher betrachtet wurde. Sie siedelt sich mit besonderer Vorliebe in ländlichen Außentoiletten an und bietet dort eine besondere Gefahr für deren Besucher. Die Bisse erfolgen hier unangenehmerweise besonders im Genitalbereich.

Hinterleibszeichnung

1a

1b

1c

1d

Familie Zwergkreuzspinnen Theridiosamtidae

Die Zwergkreuzspinnen sind eine artenarme Familie kleiner Spinnen, die vor allem in den Tropen und Subtropen heimisch sind. Sie erinnern an Kugelspinnen, doch fehlt ihnen die für diese Familie typische Reihe gekämmter Borsten am Fußglied der Hinterbeine. Ihr Netz ähnelt dafür dem einer Radnetzspinne, weicht aber auch in wesentlichen Merkmalen davon ab. Bei uns kommt nur eine Art vor.

1 Zwergkreuzspinne *Theridiosoma gemmosum*

> Winzige Spinne mit kugeligem Hinterkörper
> Hinterkörper mit hellen Perlmuttflecken
> An dunklen Gewässerufern

Merkmale Gehört mit einer Körperlänge von etwa 2 mm, beim Männchen sogar maximal 1,5 mm, zu den kleinsten heimischen Spinnen. Vorderkörper hellbraun mit variabler, schwarzer Zeichnung, Hinterkörper fast kugelig hochgewölbt, dunkelbraun mit silbern oder golden glänzenden Perlmuttflecken. Diese sind meist so ausgedehnt, dass die Spinne im Gesamteindruck ziemlich hell erscheint. Beine kurz und kräftig, vor allem die beiden vorderen Paare. Männchen ▸ **1a** mit auffallend großen, kugeligen Tasterbulben, die in der Größe fast dem gesamten Vorderkörper entsprechen. Reife Tiere von April bis Juli.

Vorkommen An schattigen Ufern meist kleinerer, stehender und fließender Gewässer, besonders in Auwaldbereichen der größeren Stromtäler Süddeutschlands. Galt bisher als große Rarität, wurde inzwischen aber an vielen Stellen in Deutschland nachgewiesen.

Lebensweise Die kleine Spinne baut meist dicht über dem Wasserspiegel ein äußerst interessantes Fangnetz, das zu den bemerkenswertesten Netztypen heimischer Spinnen zählt. Es stellt ein Radnetz dar, das als Schlagfalle funktioniert. Beim Bau des Netzes verfährt die Spinne zunächst so wie eine Radnetzspinne: Nach der Herstellung des Rahmens werden die Radien angelegt; im Bereich des Zentrums entsteht durch ein enges Fadengeflecht die Nabe. Von der Nabe aus wird ein Signalfaden gespannt, der rechtwinklig oder schräg aus der Netzmitte herausführt. Dann legt die Spinne einen Hilfsfaden über die Radien, der aber nur einen Umgang umfasst, also, anders als bei den Radnetzspinnen, keine Spirale darstellt. Schließlich baut sie, von außen nach innen fortschreitend, die mit Klebtröpfchen besetzte Fangspirale ein. Als Letztes löst sie schließlich einige der Radien von der Nabe und heftet sie mit den Spinnwarzen an benachbarte Radien. Hierdurch verringert sich spürbar die Spannung im Fangnetz, und die Radien erscheinen gabelig oder geweihförmig verzweigt. Dies wird vor allem in der oberen Netzhälfte deutlich, denn hier reichen jetzt nur noch zwei der ursprünglich in diesem Netzteil angelegten 6–10 Radien bis zur Netzmitte. In der unteren Netzhälfte ist diese Vereinigung benachbarter Radien dagegen weniger ausgeprägt. Um das durch diese Manipulation etwas erschlaffte Netz fängig zu machen, setzt sich die Spinne auf die Nabe und rafft mit ihren auffallend kräftigen beiden vorderen Beinpaaren den Signalfaden zusammen ▸ **1c**, sodass sich die Netzebene tütenförmig einsenkt, vergleichbar mit einem umgeklappten Regenschirm. Gerät nun eine Beute ins Netz, lässt die Spinne den Signalfaden los, und das Netz schnappt in die ursprüngliche Ebene zurück. Dabei wickeln sich einige der klebrigen Fangfäden um die Beute. Der von Mai bis Juli abgelegte Eikokon ist eiförmig, etwa 2–3 mm groß und an einem meist mehrere cm langen Faden aufgehängt. Im Gegensatz zum ähnlichen Kokon des Spinnenfressers *Ero* hat er eine glatte Außenhülle.

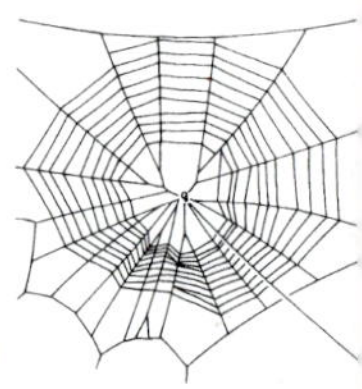

Netzzentrum

1a
1b
1c
1d

Familie Baldachin- und Zwergspinnen Linyphiidae

Bei den schwer zu charakterisierenden Vertretern dieser SpinnenFamilie sind die Augen – wie bei den meisten Spinnen – in zwei Querreihen angeordnet; die vordere Reihe ist von der Basis der Cheliceren mindestens ebenso weit entfernt wie von der hinteren. Oft besitzen die Männchen merkwürdige Kopfauswüchse, auf denen einige oder auch alle Augen liegen können. Die Netze stellen meist dichte Teppiche dar, die mit Spannfäden (die anders als bei den Kugelspinnen keine Klebtröpfchen tragen) von unten verankert sind; darüber befinden sich oft „Stolperfäden", die Flugbeute zum Absturz bringen. Mit über 400 heimischen Arten die artenreichste Spinnenfamilie; über die Hälfte gehören zu den oft winzig kleinen Zwergspinnen.

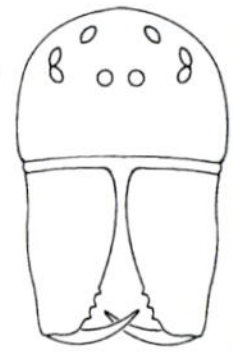

Frontalansicht des Vorderkörpers

1 *Linyphia triangularis*

Merkmale Körperlänge 5–7 mm. Vorderkörper gelbbraun, mit nach vorn gegabeltem, dunklem Mittelstreifen; Hinterkörper mit seitlich gezacktem, dunklem Längsband, seitlich davon weißlich. Männchen mit langen, schräg auseinandergespreizten Cheliceren ▸ **1d**. Ausgewachsen von August bis Oktober.
Vorkommen In Wäldern und offenen Lebensräumen verschiedenster Art, überall häufig.
Lebensweise Die Art baut im Gebüsch oder auf niedrigen Pflanzen ein sehr typisches Baldachinnetz ▸ **1a**. Sie sitzt unter dem Netzteppich und wartet darauf, dass ein fliegendes Insekt durch die Stolperfäden zum Absturz gebracht wird und auf den Teppich fällt. Hier wird es dann durch das Gespinst hindurch ergriffen, durch Giftbiss getötet und ausgesogen. Zur Paarungszeit im September sieht man die Männchen als offenbar geduldete Gäste in den Netzen der Weibchen. Zur Paarung sitzt das Männchen bauchoben etwas vor dem Weibchen und führt beide Taster abwechselnd in die Epigyne ein. Wenig später stellt es im Netzteppich ein etwa 1 cm großes Loch her und baut darin sein Spermanetz, um erneut seine Taster zu füllen. Danach paart es sich meist wieder mit der gleichen Partnerin.

> Gabelzeichnung auf dem Vorderkörper
> Männchen mit langen, schräg abgespreizten Cheliceren
> In typischem Baldachinnetz

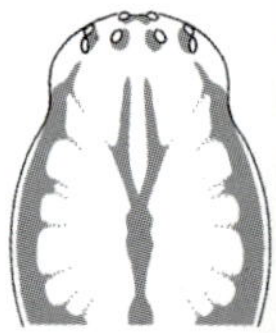

Prosomazeichnung

1a

1b

1c

1d

1 *Linyphia hortensis*

Merkmale Körperlänge 3–5 mm. Vorderkörper braun bis rotbraun mit verdunkelter Kopfpartie, ohne dunkles Längsband; Hinterkörper relativ kurz, mit breitem, dunklem Längsband, das seitlich gezackt ist. Das danebenliegende weißliche Band reicht nach hinten meist nur wenig über die Hinterleibsmitte hinaus; weiter unten an den Hinterleibsseiten eine weitere weißliche Längsbinde, die hinten um das Körperende herumreicht. Männchen ohne auffällig gestaltete Cheliceren. Reife Tiere von April bis Juni.
Vorkommen In Wäldern wie in offenem Gelände; meist auf Sträuchern, doch auch in der niedrigen Vegetation. In den meisten Gebieten ziemlich häufig.
Lebensweise Die Art baut ihr Baldachinnetz auf Sträuchern und niederen Pflanzen. Im Gegensatz zur nahe verwandten *Linyphia triangularis* ist sie eine typische Frühjahrsspinne.

> Vorderkörper mit dunkler Kopfpartie
> Hinterkörper seitlich mit 2 hellen Längsbinden
> Typische Frühjahrsspinne

Hinterleibszeichnung

2 *Neriene peltata*

Merkmale Körperlänge 2,5–4 mm. Vorderkörper rotbraun mit schwarzbraun abgesetzter Kopfpartie, dahinter mit einer dunklen Mittelbinde; Hinterkörper mit vergleichsweise schmalem, dunklem Längsband, das seitlich gelappt und breit weißlich eingefasst ist. Ausgewachsen von April bis September.
Vorkommen Vor allem in Fichtenwäldern, hier wohl die häufigste Baldachinspinne.
Lebensweise Die Spinne baut ihre Baldachinnetze gern an den unteren, abgestorbenen Zweigen der Fichten, oft aber auch in der niedrigen Vegetation.

> Vorderkörper hinten mit dunklem Längsband
> Längsband auf Hinterkörper breit weiß eingefasst
> Vorwiegend in Fichtenwäldern

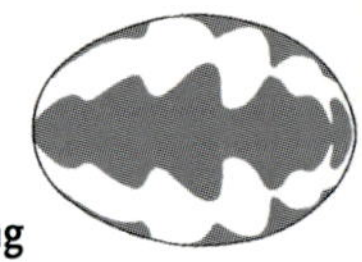

Hinterleibszeichnung

3 *Neriene radiata*

Merkmale Körperlänge 4,5–6 mm. Vorderkörper mit breitem, weißlichem oder gelblichem Seitenrand, ansonsten heller oder dunkler braun. Hinterkörper überwiegend weißlichgelb, am Rücken mit einem dunklen Längsband, das seitlich nur schwach gezähnt, kurz vor dem Ende aber tief eingeschnürt ist. An den Hinterleibsseiten ein auffallendes, hell-dunkles Streifenmuster. Ausgewachsen von Mai bis August.
Vorkommen An sonnigen bis halbschattigen Stellen, vor allem auf Sträuchern am Rand von Nadelwäldern ziemlich häufig.
Lebensweise Die Art baut ein Baldachinnetz mit einem deutlich kuppelartig gewölbten Netzteppich. Unter diesem ist vor allem im Juni das Männchen neben dem Weibchen anzutreffen; um diese Zeit ist auch immer wieder die Paarung zu beobachten ▸ **3b**. Das Männchen nähert sich Bauch oben von vorn dem unter dem Netzteppich hängenden Weibchen und führt abwechselnd die beiden Taster ein.

> Vorderkörper mit breitem, hellem Rand
> Hinterleibsseiten auffällig gestreift
> Netzteppich kuppelartig gewölbt

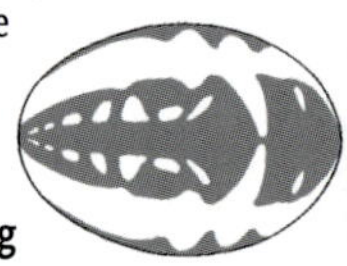

Hinterleibszeichnung

1

2

3a

3b

1 *Neriene montana*

> Dunkle Grundfärbung
> Hinterkörper mit Blattzeichnung
> Schlupfwinkel neben Baldachinnetz

Merkmale Gehört mit einer Körperlänge von 5,5–8 mm zu den größten Baldachinspinnen. Färbung insgesamt ziemlich dunkel und kontrastarm; Vorderkörper dunkelbraun mit schwärzlichen Radialstreifen, Hinterkörper mit dunkler, hell eingefasster Blattzeichnung. Diese Umrandung vorn weißlich, weiter hinten grau. Beine beim Weibchen deutlich, beim Männchen nur schwach hell-dunkel geringelt. Reife Tiere von April bis Juni.
Vorkommen Vorwiegend in Wäldern und Gebüschen, regelmäßig auch in Gärten; in den meisten Gebieten häufig.
Lebensweise Das Baldachinnetz dieser Art ist immer neben dicht belaubten Zweigen, spaltenreichen Bretterwänden, loser Baumrinde oder an ähnlichen nischenreichen Orten angelegt. Hier sitzt die Spinne tagsüber meist neben dem Netz in ihrem Schlupfwinkel. Erst wenn ein Insekt hineingefallen ist und das Gespinst in Erschütterungen versetzt hat, kommt sie hervor und ergreift die Beute. Daher ist die Art trotz ihrer Häufigkeit auch gar nicht so leicht zu entdecken. Man kann sie aber regelmäßig finden, wenn man in der kalten Jahreszeit unter der Rinde abgestorbener Bäume nach Überwinterern sucht. Hier überdauert sie den Winter im letzten Jugendstadium und häutet sich bereits im zeitigen Frühjahr zum letzten Mal. Nach der Paarung stellt das Weibchen an einer verborgenen Stelle (z. B. unter Baumrinde) 3–4 flache Eikokons her. Das Gespinst ist so dünn, dass die gelben Eier durchs Gewebe hindurchschimmern.

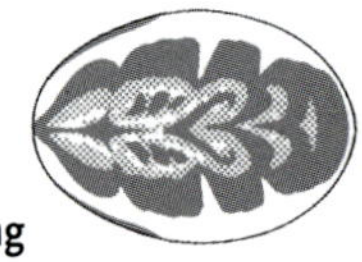
Hinterleibszeichnung

2 *Neriene emphana*

> Vorderkörper meist einfarbig gelblich
> Hinterkörper vorn mit sehr schmalem Längsband
> Vorwiegend in Fichtenwäldern

Merkmale Körperlänge 5–6 mm. Vorderkörper meist einfarbig gelblich oder hellbraun, manchmal mit feinem, dunklem Längsstreifen in der Mitte oder dunklem Band vor den Seitenrändern; Hinterkörper am Rücken weißlich, vorn mit einem schmalen, dunklen Längsband und dahinter einigen breiteren, schwarzen Querflecken. Beine hell grünlich, ohne dunkle Zeichnungen. Ausgewachsene Tiere im Juli und August.
Vorkommen Vorwiegend in Fichtenwäldern, besonders in den Mittelgebirgen, doch auch im norddeutschen Flachland (z. B. in der Lüneburger Heide); gebietsweise ziemlich häufig, vor allem im östlichen Mitteleuropa.
Lebensweise Die Spinne baut ihr Baldachinnetz ähnlich wie *Neriene peltata* gern an den unteren, abgestorbenen Zweigen von Fichten. Der Netzteppich ist wie bei *Neriene radiata* in der Mitte emporgewölbt, doch längst nicht so stark wie bei dieser.

1a

1b

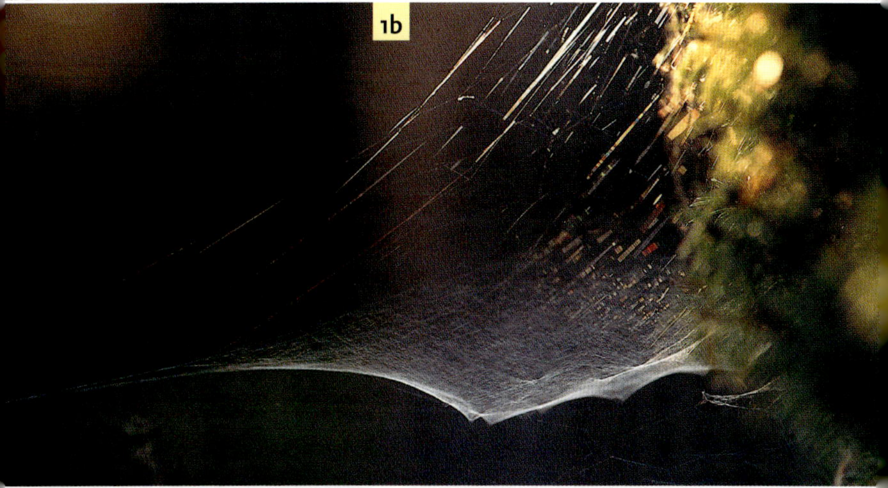

2

1 *Drapetisca socialis*

Merkmale Körperlänge 3–4 mm. Körper etwas abgeflacht, Beine meist wie bei einer Krabbenspinne flach ausgebreitet. Vorderkörper gelbbraun oder grünlich gelb mit schmalem, dunklem Randstreifen sowie mittleren und radiären, dunklen Flecken. Hinterkörper mit unscharf begrenzter, dunkler Mitte, daneben weißlich. Beine deutlich hell-dunkel geringelt. Reife Tiere von September bis November.
Vorkommen In Wäldern an glattrindigen Baumstämmen, besonders an Buchen; überall ziemlich häufig.
Lebensweise Die Spinne sitzt meist mit flach ausgebreiteten Beinen kopfunter auf der Rinde von Bäumen, manchmal scharenweise.

> Körper abgeflacht
> Beine seitlich ausgebreitet
> An glatten Baumstämmen

Wenn man sich ihr nähert, flieht sie meist auf die Gegenseite des Baumstamms. Daher glaubte man lange Zeit, dass sie, ganz anders als die übrigen Baldachinspinnen, ihre Beute als frei umherlaufender Jäger fängt. Erst vor etwa 50 Jahren wurde erkannt, dass sie doch Netze herstellt, wenn auch gegenüber ihren Verwandten in stark abgewandelter Form. Sie webt dünne Netzteppiche flach auf der Stammoberfläche, die etwa 6 cm breit und 4 cm hoch sind.

2 *Frontinellina frutetorum*

Merkmale Körperlänge 5–6 mm. Vorderkörper rotbraun mit schmalem, dunklerem Randstreifen. Hinterkörper am Ende senkrecht abgestutzt, mit weißer bis weißlichgelber Grundfärbung; am Rücken mit einer dunklen Längsbinde, seitlich mit sehr markanter Streifenzeichnung: Vorn ein breiter Längsstreifen, dahinter vier schmale Querstreifen (von denen der zweite in ▸ **2a** durch das Hinterbein verdeckt wird). Die letzten beiden dieser Streifen mit gemeinsamer Wurzel. Ausgewachsen von April bis Juli.
Vorkommen An warmen, trockenen Orten, z. B. an sonnigen Wald- und Wegrändern im Gebüsch; in Südeuropa überall häufig, in Mitteleuropa vor allem an wärmebegünstigten Stellen, hier möglicherweise in Ausbreitung begriffen.
Lebensweise Die Spinne baut im Gebüsch, besonders in Ginster und Jungkiefern, ein typisches Baldachinnetz. Nach Literaturangaben befindet sich unter dem dichten Netzteppich in 1–2 cm Abstand ein weiteres, etwas weniger dichtes Deckengespinst. Zwischen diesen beiden Geweben hält sich die Spinne auf. Bei den hier abgebildeten Netzen ▸ **2b, 2c** ist diese Konstruktion nur bei einigen andeutungsweise zu erkennen; vermutlich liegt es daran, dass es sich hier um Netze halbwüchsiger Tiere handelt.

> Vorderkörper rotbraun mit schmalem Randstreifen
> Hinterkörper hinten abgestutzt
> Charakteristisches seitliches Streifenmuster

Wissenswertes Die wärmebedürftige Art scheint sich in den letzten Jahren bei uns stark ausgebreitet zu haben. Vermutlich profitiert sie, wie andere südliche Arten auch, von der viel diskutierten, zunehmenden Erderwärmung. Ich fand sie im Oktober 2008 massenhaft an einer Straßenböschung im Pfälzer Wald. Dort glänzten Tausende von Netzen dieser Art im Morgennebel ▸ **2c**. Dabei war diese Spinne letztmals etwa 20 Jahre zuvor in der Pfalz gefunden worden. Ein solches spontanes Massenauftreten ist aber recht typisch für Neozoen, also Tierarten, die durch besondere Ereignisse, etwa durch Verschleppung oder Klimaänderungen, plötzlich für sie neue Gebiete erobern. In den neuen Siedlungsgebieten fehlen in aller Regel natürliche Gegenspieler, die diese Neubürger dezimieren; ganz allmählich, oft erst nach Jahrzehnten, stellt sich wieder ein Gleichgewicht ein.

1a

1b

2a

2b

2c

1 *Kaestneria dorsalis*

Merkmale Körperlänge 2,5–3 mm. Vorderkörper einfarbig dunkelbraun bis schwarz, manchmal aber auch heller braun mit dunklen Radiärstreifen; Hinterkörper meist graugelblich oder bleigrau mit schmalen, dunklen Winkelflecken, oft aber auch ganz dunkel ohne erkennbares Zeichnungsmuster. Beine einfarbig hellbraun oder gelblich, mit deutlichem Kontrast zur übrigen Körperfärbung. Ausgewachsen von Mai bis Juli.
Vorkommen Vor allem an etwas feuchten Waldrändern und Hecken, etwa im Bereich der Flussauen; in den meisten Gegenden ziemlich häufig.
Lebensweise Die Spinne baut ihr unauffälliges Deckennetz im Gebüsch, besonders gern an jungen Eichen. Sie hält sich meist neben dem Netz, z. B. unter einem Blatt, verborgen.

> Vorderkörper weitgehend schwarz
> Hinterkörper meist mit dunkleren Winkelflecken
> Vorzugsweise im Eichengebüsch

Erst wenn eine Beute ins Netz geraten ist, verlässt sie ihr Versteck, um diese zu überwältigen. Im Sommer baut sie ihren flachen, weißen Eikokon an der Unterseite eines Blattes.
Ähnlich Die unscheinbare Spinne wird hier als ein Beispiel der zahlreichen schwer bestimmbaren, kleineren Baldachinspinnen vorgestellt. Für die sichere Bestimmung ist eine Einarbeitung in die umfangreiche Spezialliteratur notwendig. Die meisten Arten lassen sich nur mit Hilfe von Genitalpräparaten konservierter Exemplare und auch nur mit dem Mikroskop zweifelsfrei ansprechen.

2 *Tapinopa longidens*

Merkmale Im Gegensatz zu vielen anderen Baldachinspinnen leicht zu erkennen. Körperlänge 3,5–5 mm. Erscheinungsbild ziemlich kompakt und kurzbeinig. Vorderkörper braun mit zwei breiten, dunklen Längsstreifen neben dem Seitenrand. Diese können aber auch in zwei Reihen hintereinanderliegender Schrägflecke aufgeteilt sein. Hinterkörper graubraun mit einem Muster aus weißen Haarflecken und Querbinden. Beine braun mit undeutlichen, dunklen Ringen. Ein unverkennbares Merkmal dieser Art sind die langen, spitzen Zähne an der Vorderseite des Cheliceren-Grundglieds. Die beiden längsten von ihnen ragen deutlich über die angelegten Giftklauen hinaus. Ausgewachsen von September bis Dezember.
Vorkommen Vorwiegend in offenem, trockenem Gelände, etwa an sonnigen Waldrändern und in Heidegebieten; in den meisten Gegenden ziemlich häufig.

> Ziemlich kompakt und kurzbeinig
> Hinterleib weiß gezeichnet
> Cheliceren vorn mit sehr langen Zähnen

Lebensweise Die Art baut einen kleinen, ziemlich festen Netzteppich über Bodenvertiefungen oder an Abbruchkanten. Gerüstfäden über und unter diesem Teppich fehlen. Das Netz hat einen auffälligen, seidigen Glanz und erinnert etwas an die Schleimspuren von Schnecken. Im Spätherbst findet man darin meist zwei oder drei weiße Eikokons. Sie besitzen eine flache Ober- und eine stark gewölbte Unterseite, so dass sie in der Form einer Halbkugel entsprechen.

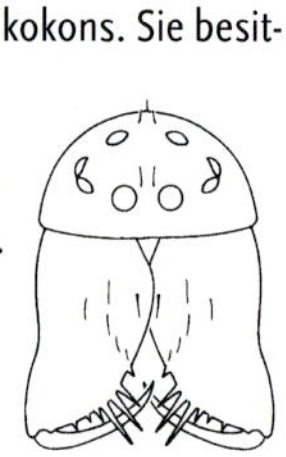

Frontalansicht des Vorderkörpers

1

2

1 *Floronia bucculenta*

Merkmale Körperlänge 4,5–5 mm. Vorderkörper hellbraun mit zwei schmalen, dunklen Streifen, die von den Seitenaugen aus nach hinten laufen. Hinterkörper beim Weibchen ▸ 1a auffallend hoch gewölbt (etwa so hoch wie lang), beim Männchen ▸ 1b niedriger; graubraun mit weißen Punkten (vor allem oben) und dunklen Zeichnungen (besonders unten und hinten). Männchen ▸ 1b, 1c mit blasenartig emporgewölbter Kopfpartie; in diesem Bereich mit langen, aufgerichteten Haarfransen. Ausgewachsen von Juli bis September.
Vorkommen Vorwiegend an feuchten, etwas schattigen Stellen in Wäldern, besonders in Auwäldern; in entsprechenden Gebieten ziemlich häufig.
Lebensweise Die kaum verwechselbare Spinne baut ihren Netzteppich immer in Bodennähe in der niedrigen, krautigen oder strauchigen Vegetation. Dem Netz fehlen die für typische Baldachinnetze kennzeichnenden „Stolperfäden". Wie viele Baldachinspinnen besitzt auch diese Art eine typische „Verkehrt"-Färbung. Der Hinterkörper ist oben hell, auf der Unterseite dagegen auffallend dunkel. Hierdurch erscheint sie, wenn sie in der üblichen Sitzposition unter dem Netz auf

> Hinterleib beim Weibchen so hoch wie lang
> Hinterleibsrücken mit vielen weißen Punkten
> Männchen mit stark erhöhter Kopfpartie

Beute lauert, von oben gegen den dunklen Erdboden dunkel, von unten aus gegen den Himmel dagegen hell. Auf diese Weise ist sie für einen Feind schwerer zu erkennen. Auch die meisten *Linyphia-* und *Neriene-*Arten besitzen ein solches Färbungsschema. Die hiervon abweichenden Arten, etwa *Neriene montana*, besitzen eine abweichende Lebensweise, indem sie sich beispielsweise tagsüber nicht im Netz aufhalten. *F. bucculenta* ist recht empfindlich gegenüber Störungen. Bei stärkeren Erschütterungen in ihrem Netz lässt sie sich zu Boden fallen und nimmt eine dunkelbraune „Schreckfärbung" ein. Diese Farbänderung tritt z. B. auch ein, wenn man die Spinne in einem Fanggläschen stärker schüttelt.

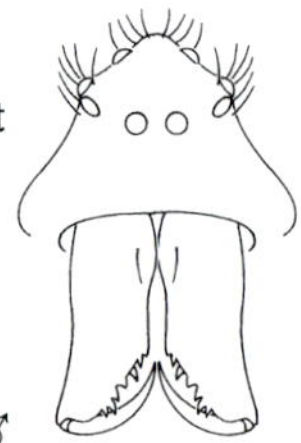

Frontalansicht des ♂

2 *Stemonyphantes lineatus*

Merkmale Körperlänge beim Männchen bis 4, beim Weibchen bis 6 mm. Vorderkörper gelblich oder hellbraun mit dunklem Randstreifen und schmaler, dunkler Mittelbinde; Hinterleib meist mit grauer Netzzeichnung, zahlreichen weißen Punkten und 3 Längsreihen dunkler Punkte, die aber auch fehlen können; oft Grundfärbung stark verdunkelt oder mehr rötlich. Reife Tiere fast das ganze Jahr hindurch, besonders aber im Herbst und Frühjahr.
Vorkommen Vorwiegend in lockeren Nadelwäldern und an Waldrändern, daneben auch auf Wiesen und Trockenrasen; meist dicht über dem Boden oder auf niedrigem Gebüsch. Im Allgemeinen nicht selten, doch meist in geringer Individuenzahl.

> Vorderkörper mit schmaler Mittelbinde
> Hinterkörper weiß gepunktet
> Vorwiegend in Nadelwäldern

Lebensweise Die Art baut ihr Fangnetz an der Basis von Baumstämmen oder in der niedrigen Vegetation. Die Paarungszeit beginnt bereits im Herbst; sie wird nach der Winterruhe im Frühjahr fortgesetzt.

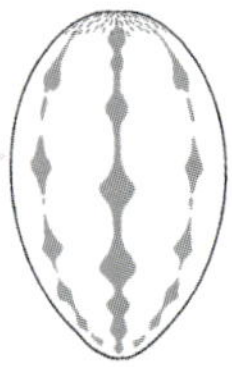

Hinterleibszeichnung

1a

1b

1c

2

1 *Leptyphantes nebulosus*

Merkmale Mit 3,5–4 mm Körperlänge eine der größeren *Leptyphantes*-Arten. Vorderkörper gelbbraun mit dunklem Seitenrand und dunkler, nach vorn gegabelter Mittelbinde (etwa wie bei *Linyphia triangularis*). Hinterkörper mit paarig angeordneten, mehr oder weniger bogenförmigen, dunklen Flecken und zahlreichen hellen Punkten. Beine mit undeutlicher hell-dunkler Ringelung. Ganzjährig ausgewachsen.
Vorkommen Meist in Gebäuden, besonders in etwas feuchten Räumen, daneben auch in Höhlen und Stollen. Weitverbreitet, aber im Süden Mitteleuropas etwas seltener als im Norden.
Lebensweise Die Art baut ihr Fangnetz z. B. in Lagerschuppen und Waschküchen an wenig gestörten Stellen. Die Paarung verläuft ähnlich wie bei anderen Baldachinspinnen; das Spermanetz wird vom Männchen aber außerhalb des weiblichen Netzes hergestellt.

> Vorderkörper mit gegabelter Mittelbinde
> Hinterkörper mit bogenförmigen, dunklen Flecken
> Vorwiegend in Gebäuden

Wissenswertes Die Gattung *Leptyphantes* ist mit etwa 60 Arten die artenreichste heimische Baldachinspinnengattung. Die meist recht kleinen Tiere besitzen an ihren Beinen eine ziemlich dichte Bestachelung aus ganz geraden Borsten. Bei den Weibchen fällt die schräg abstehende, zungenförmige Epigyne auf (siehe nächste Art).

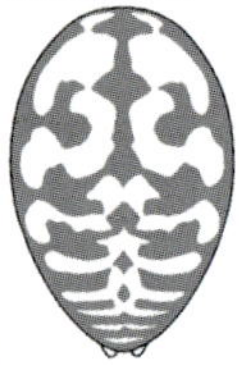

Hinterleibszeichnung

2 *Leptyphantes pallidus*

Merkmale Körperlänge um 2 mm. Färbung ziemlich einheitlich gelbbraun; Hinterkörper einfarbig oder mit undeutlichen, dunkleren Querlinien. Weibchen, wie für diese Gattung typisch, mit weit vorstehender Epigyne.
Vorkommen An dunklen und feuchten Stellen in Wäldern, z. B. im Falllaub und in Moospolstern; regelmäßig auch in Höhlen und Stollen; ziemlich häufig.
Ähnlich Die Art kann leicht mit den meist etwas schlankeren, an ähnlichen Orten lebenden *Porrhomma*-Arten verwechselt werden. Der deutlichste Unterschied liegt im Bau der weiblichen Epigyne.

> Ziemlich einheitlich gelbbraun
> Weibchen mit vorstehender Epigyne
> An dunklen Stellen, z. B. in Höhlen

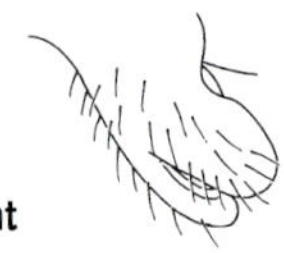

Epigyne in Seitenansicht

3 *Leptyphantes minutus*

Merkmale Mit einer Körperlänge von 3–4 mm, anders als der Name vermuten lässt, eine der größeren Arten dieser Gattung. Vorderkörper braun mit dunklerem Rand, dunkler Rückenmitte und deutlichen Radiärstreifen; Hinterkörper am Rücken weißlich mit silbrigen Flecken und paarigen, dunklen Schrägflecken, unten und an den Seiten dunkelgrau. Beine deutlich hell-dunkel geringelt. Ausgewachsen von Juli bis Oktober, Weibchen fast ganzjährig.
Vorkommen In Wäldern aller Art, fast überall häufig.

> Hinterkörper weißlich mit paarigen, dunklen Schrägflecken
> Beine dunkel geringelt
> Netz meist unter Zweigwinkel

Lebensweise Die Art baut ihr Baldachinnetz mit Vorliebe an Baumstämmen im Winkel unter einer Zweigbasis. Sie hält sich meist in einem Schlupfwinkel unter Baumrinde verborgen.

1

2

3a

3b

1 *Leptyphantes cristatus*

Merkmale Körperlänge 2–2,5 mm. Vorderkörper hell rotbraun oder gelbbraun, beim Weibchen mit dunklem Rand; Hinterkörper braun, am Rücken weißlich grau mit einer Reihe dunklerer Winkelflecke. Männchen an der Tibia des Tasters mit einer kammförmigen Reihe längerer Borsten. Ausgewachsene Tiere von September bis Mai.
Vorkommen In Wäldern wie im offenen Gelände, fast überall ziemlich häufig.
Lebensweise Die winteraktive Art führt eine sehr unauffällige Lebensweise am Erdboden, wo sie kleine Netzteppiche herstellt. Dies ändert sich an milden Wintertagen mit ausreichender Schneebedeckung. Jetzt kann man nämlich die Männchen regelmäßig auf der Schneeoberfläche umherlaufen sehen ▸ **1a**. Oft gehören über die Hälfte aller auf Schnee angetroffenen Spinnen zu dieser Art. Die Männchen sind um diese Zeit auf der Suche nach Weibchen. Diese bauen ihre Netzteppiche bei entsprechender Schneelage bevorzugt in Löcher in der Schneeoberfläche, besonders gern in ältere Wildspuren, die durch den Tauvorgang schon etwas ihren Durchmesser erweitert haben. Hier überspannen sie den freien Raum meist etwa 5 cm unter der Schneeoberfläche. Die Weibchen lauern unter dem Netz auf winteraktive Schneeinsekten, insbesondere Springschwänze, die ebenfalls zu dieser Zeit unterwegs sind. Diese meist dunkelgrau bis schwarz gefärbten Urinsekten sind manchmal massenhaft auf Schnee zu beobachten; sie sammeln sich gern in Vertiefungen der Schneeoberflächen und geraten dadurch regelmäßig in die Netze dieser Baldachinspinne ▸ **1b, 1c**. Die Spinnenmännchen sind um diese Zeit auf Brautschau; mit etwas Glück kann man im Schnee in den Netzen die Paarung beobachten ▸ **1d**.

> Rücken grauweiß mit dunklen Winkelflecken
> Männchen mit kammförmiger Borstenreihe am Taster
> Oft im Schnee zu beobachten

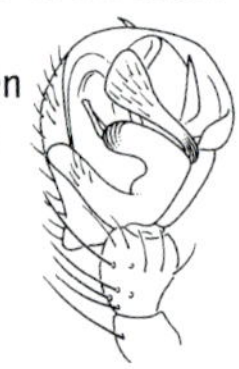

Taster des ♂

2 *Bathyphantes gracilis*

Merkmale Körperlänge 2–2,5 mm. Grundfärbung meist dunkelbraun; auf dem Hinterleibsrücken ein noch dunkleres, leiterartiges Zeichnungsmuster. Mit letzter Sicherheit nur nach Genitalmerkmalen (Epigyne des Weibchens und Taster des Männchens) zu bestimmen. Reife Tiere findet man vom Juni bis in den Winter hinein.
Vorkommen An feuchten, schattigen Stellen in Wäldern, doch auch in offenem Gelände; öfters auch in Höhlen; in den meisten Gebieten nicht selten.

> Grundfärbung sehr dunkel
> Leiterförmiges Rückenmuster
> Vorwiegend an dunklen und feuchten Orten

Lebensweise Die Art segelt im Herbst und Frühjahr regelmäßig am „Fadenfloß“ und gehört damit zu den typischen Beteiligten am „Altweibersommer“.

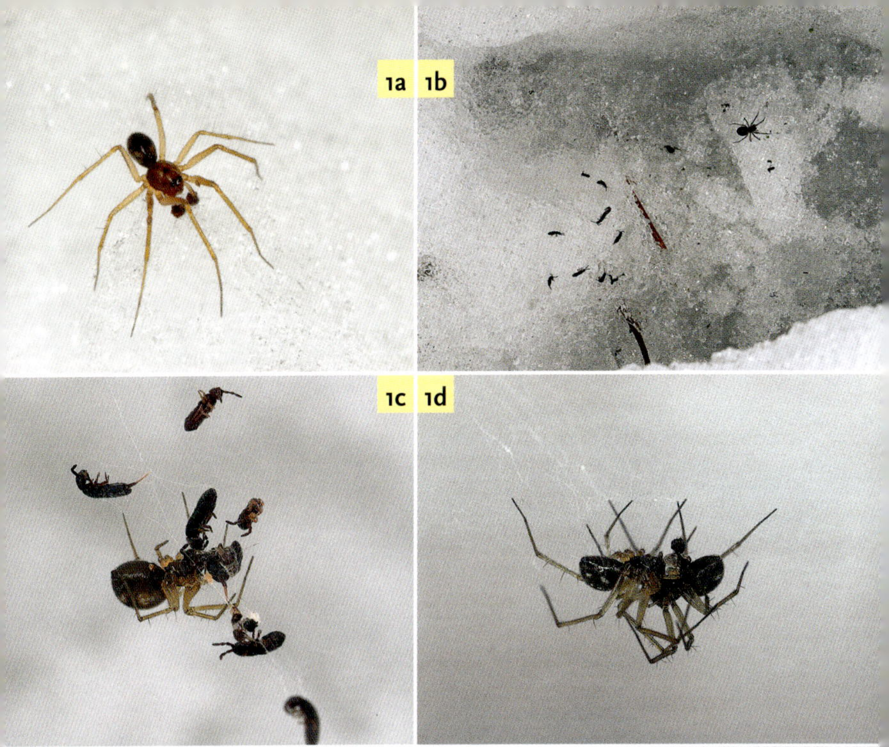
1a
1b
1c
1d

2

1 *Porrhomma convexum*

> Schlank und langbeinig
> Hinterkörper ungezeichnet
> Vorwiegend in Höhlen

Merkmale Die etwa 15 Arten dieser Gattung sind sehr schwer und meist nur durch genaue Untersuchung der Geschlechtsmerkmale sicher zu bestimmen (bei den Weibchen müssen neben der grubenartigen, nicht über die Silhouette des Hinterkörpers hinausragenden Epigyne auch die inneren Geschlechtsteile mikroskopisch untersucht werden). *P. convexum* ist mit 2–3 mm Körperlänge die größte heimische Art. Vorderkörper hellbraun bis dunkelbraun; Hinterkörper einfarbig hellgrau. Beine ziemlich lang, hell rötlich braun. Ausgewachsene Tiere ganzjährig.
Vorkommen An dunklen, feuchten Orten; außer an Felsen und in feuchten Kellern und Stollen besonders in Höhlen; weitverbreitet, doch überall in geringer Individuendichte.
Wissenswertes Innerhalb der Gattung *Porrhomma* findet sich eine sehr interessante Anpassungsreihe an das Leben in Höhlen. Außer Arten, die normalerweise außerhalb von Höhlen leben, aber gelegentlich auch in Höhlen auftreten (wie etwa die hier nicht vorgestellte *P. pygmaeum*), gibt es solche (wie *P. convexum*), die überwiegend dort zu finden sind, aber schließlich auch einige, die man nur in Höhlen findet (wie beispielsweise *P. rosenhaueri*). Diese zunehmende Anpassung zeigt sich in einer von Art zu Art abnehmenden Pigmentierung des Körpers, in einer zunehmenden Länge der Beine und schließlich in einer immer schwächeren Ausbildung der Augen.
Ähnlich Außer weiteren Arten dieser Gattung der etwas untersetztere *Leptyphantes pallidus*, bei dem sich das Weibchen durch die deutlich vorragende Epigyne relativ klar von den Arten dieser Gattung unterscheidet.

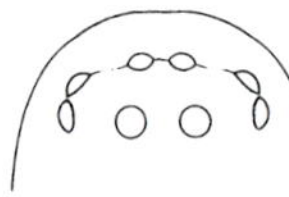

Augenstellung

2 *Porrhomma rosenhaueri*

> Sehr langbeinige, winzige Spinne
> Augen fast völlig zurückgebildet
> Ausschließlich in Höhlen

Merkmale Körperlänge um 2 mm. Beine ausgesprochen lang und dünn. Vorderkörper und Beine hellbraun, Hinterkörper weißlich. Augen bis auf winzige Reste zurückgebildet, die aber nicht mehr funktionsfähig sind. Ganzjährig ausgewachsen.
Vorkommen Bisher ausschließlich in Höhlen gefunden, vermutlich im engen unterirdischen Spaltensystem der Karstgebiete weiter verbreitet. Vor allem auf der Schwäbischen und Fränkischen Alb, aber überall selten; nach der Roten Liste in Deutschland stark gefährdet.
Lebensweise Die Art baut ihre kleinen Netzteppiche meist weit entfernt vom Höhleneingang in Nischen an der Höhlenwand. Sie fängt darin vor allem Springschwänze, von denen ebenfalls einige Arten in Höhlen verbreitet sind.
Wissenswertes Diese sehr unauffällige, kleine Spinne zeigt die typischen Anpassungen echter Höhlenbewohner: stark verkümmerte Augen, geringe Pigmentierung und auffallend verlängerte Beine. Sie ist eines der ganz wenigen echten Höhlentiere Deutschlands.
Ähnlich Die ähnliche *Porrhomma aegeria* besitzt ebenfalls stark reduzierte Augen, bei denen aber der Augenumriss noch klar zu erkennen ist. Sie lebt außer in Höhlen auch an anderen dunklen und feuchten Orten.

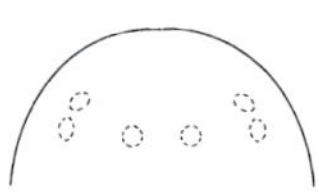

Augenstellung

1

2

Familie Baldachin- und Zwergspinnen Linyphiidae

Unterfamilie Zwergspinnen Erigoninae
Die Zwergspinnen besitzen oben auf der Hinterbeinschiene nur eine Borste (die eigentlichen Baldachinspinnen dagegen zwei). Bei vielen Arten tragen die Männchen geradezu abenteuerliche Kopffortsätze, deren Sinn in den meisten Fällen unbekannt ist; bei einigen Arten wurde aber ein Zusammenhang mit dem Paarungsverhalten festgestellt. Hier werden aus dem großen Heer der schwer bestimmbaren etwa 250 heimischen Vertreter nur drei Arten vorgestellt.

1 *Walckenaeria acuminata*

Merkmale Mit 3–3,5 mm Körperlänge eine der größten Zwergspinnen. Mit rotbraunem Vorderkörper, schwarzgrauem Hinterkörper und hell rötlichen Beinen. Auf dem Vorderkörper des Männchens ▸ **1a, 1b** ein etwa 1 mm langer, haardünner Stiel, in dessen Mitte und Ende jeweils an einer Verdickung vier Augen liegen. Beim Weibchen im Kopfbereich ein kegelförmiger Hügel, auf dem sich die Augen befinden. Ausgewachsen vom Spätherbst bis ins Frühjahr.

> Vorderkörper rotbraun, Hinterkörper schwarzgrau
> Männchen mit langem Augenstiel
> Vorwiegend im Winter zu finden

Vorkommen Vorwiegend in Wäldern, doch auch in offenem Gelände, in den meisten Gegenden nicht selten.
Lebensweise *W. acuminata* ist eine typische winteraktive Spinne, die man gelegentlich auf der Schneeoberfläche antreffen kann.

2 *Hypomma bituberculatum*

Merkmale Körperlänge 2,5–3 mm. Färbung wie bei *W. acuminata*, aber Körperform etwas breiter. Männchen ▸ **2b** mit zwei beulenartigen Aufwölbungen im Kopfbereich, darunter jederseits mit einer schlitzförmigen Vertiefung. Weibchen ▸ **2a** ohne Kopfauswüchse. Ausgewachsen von Mai bis Juli.
Vorkommen An Gewässerufern häufig.
Lebensweise Bei der Paarung stehen sich die Partner gegenüber. Das Weibchen hebt seinen Vorderkörper und greift mit den Chelicerenklauen in die beiden Vertiefungen unter den Kopfbeulen des Männchens, während dieses seine Tasterspitzen abwechselnd in die Geschlechtsöffnungen der Partnerin einführt. Der Eikokon wird meist an Schilf abgelegt.

> Vorderkörper rötlich, Hinterkörper schwärzlich
> Männchen mit 2 blasenartigen Kopfbeulen
> An Gewässerufern

3 *Erigone atra*

Merkmale Körperlänge 2–2,5 mm. Färbung schwarzbraun mit etwas helleren Beinen. Männchen mit deutlich, Weibchen ▸ **3** mit leicht erhöhter Kopfpartie. Ganzjährig ausgewachsen mit Schwerpunkt im Herbst und Winter.
Vorkommen Vor allem an Wald- und Wegrändern, überall häufig.
Lebensweise Beide Geschlechter segeln regelmäßig, vor allem im Spätherbst, am „Fadenfloß“. Sie steigen z. B. an Zweigen oder Zaunpfosten, empor und lassen aus ihren Spinnwarzen einen Faden austreten, der im Wind davonsegelt und sie mitnimmt ▸ **3**.

> Färbung überwiegend schwarzbraun
> Kopfpartie bei beiden Geschlechtern erhöht
> Beteiligt sich oft am „Altweibersommer“

1a

1b

2a

2b

3

Familie Strecker- oder Dickkieferspinnen Tetragnathidae

Die Arten dieser Familie besitzen als gemeinsames Merkmal Pedipalpenladen, die mindestens 1,5-mal so lang wie breit sind. Die meisten (aber nicht die *Metellina*- und *Meta*-Arten) haben auffallend lange und kräftige Cheliceren-Grundglieder. Sie bauen Radnetze mit einer offenen Nabe. In Mitteleuropa kommen etwa 15 Arten vor.

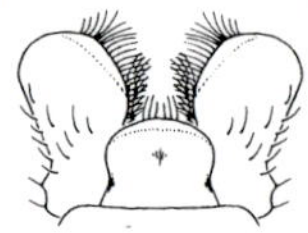

Form der Pedipalpenladen

1 *Tetragnatha extensa*

Merkmale Körperlänge beim Männchen 6–9, beim Weibchen 10–12 mm. Körper wie bei allen *Tetragnatha*-Arten auffallend schmal und Beine sehr lang, nur das dritte Beinpaar kürzer. Vorderkörper und Beine gelbbraun oder hell rotbraun, Hinterkörper gelblich oder grünlich, perlmuttartig glänzend, oberseits mit feiner, verzweigter Strichzeichnung. Ausgewachsen von Mai bis August.
Vorkommen An Ufern oder in Gewässernähe in mehr oder weniger offenem Gelände; fast überall häufig.
Lebensweise Die Spinne baut oft dicht über dem Wasserspiegel ihr schräg bis fast waagerecht ausgespanntes Radnetz, das eine offene Nabe, also ein Loch in der Mitte, besitzt. Typisch ist auch die geringe Radienzahl, die meist unter 20 liegt. Bei der Paarung ▸ **1d**, die vorzugsweise im Juni stattfindet, ergreift das Männchen mit seinen stark verlängerten und mit langen Fortsätzen ausgestatteten Cheliceren ▸ **1c** die des Weibchens ▸ **1b**. Dabei werden die gefährlichen Giftklauen des Weibchens zwischen den Fortsätzen der männlichen Cheliceren derart eingeklemmt, dass dieses seinem Partner nicht gefährlich werden kann. Der halbkugelige, an Uferpflanzen befestigte Eikokon trägt auf seiner Oberseite flockige, grauweiß und grünlich gefärbte Fortsätze.

> 3 lange Beinpaare, 1 kürzeres
> Hinterkörper gelblich oder grünlich mit Strichzeichnung
> An besonnten Gewässerufern

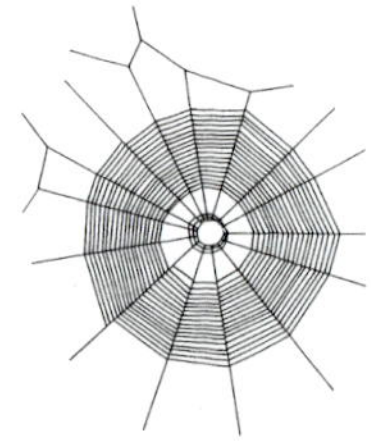

Fangnetz

1a

1b

1c

1d

1e

1 *Tetragnatha montana*

Merkmale Mit 6–8 mm Körperlänge als Männchen und 7–10 mm als Weibchen etwas kleiner als *Tetragnatha extensa*. Die beiden Augenreihen wie bei fast allen Arten dieser Gattung parallel zueinander. Hinterkörper des Weibchens mit einer golden glänzenden Rückenzeichnung, die an den Seiten mit einer dunklen Wellenlinie begrenzt wird; daneben weißlich ▸ **1a**. Beim Männchen Hinterleib mehr bronzefarben ▸ **1b**. Sternum einfarbig dunkel (bei *T. extensa* mit einem lanzettförmigen, gelben Streifen). Ausgewachsen von Mai bis September.

Vorkommen An Gewässerufern oder in Gewässernähe; im Unterschied zu *T. extensa* aber eher an schattigen Stellen, was vor allem bei gleichzeitigem Auftreten beider Arten deutlich wird. Fast überall häufig.

Lebensweise Die Art baut ihre Radnetze meist an Sträuchern und niedrigen Zweigen der Bäume. Sie stellt, wie für die Vertreter dieser Familie typisch, zunächst ein normales Radnetz her und entfernt erst am Schluss das mittlere Gespinst der Nabe. Als äußere Begrenzung der jetzt offenen Nabe verbleiben in der Regel nur zwei Umgänge, die die inneren Enden der Radien miteinander verbinden. Die Paarung verläuft ähnlich wie bei *T. extensa*. Auch hier klemmt das Männchen die gefährlichen Giftklauen des Weibchens zwischen besonderen Fortsätzen seiner Cheliceren und den eigenen Giftklauen ein. Die beiden Taster werden bei den Begattungsserien aber weniger regelmäßig gewechselt; oft kommt mehrfach nacheinander der gleiche Taster zum Einsatz. Die halbkugeligen, weißen Eikokons werden stets auf einer flachen Unterlage abgelegt (bei *T. extensa* dagegen oft an dünnen Halmen). Auf ihrer Oberseite tragen sie unregelmäßig fleckig verteilte, schwarze Gespinstflocken ▸ **1c**.

> Hinterkörper mit wellig begrenzter Rückenzeichnung
> Sternum einheitlich dunkel
> Mehr an schattigen Gewässerufern

Augenstellung

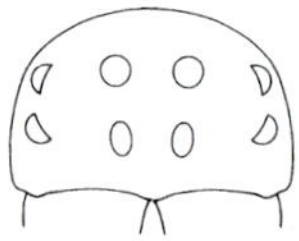

2 *Tetragnatha striata (= Arundognatha striata)*

Merkmale Körperlänge beim Männchen 8–10, beim Weibchen 9–12 mm. Die beiden Augenreihen nach außen divergierend, d. h. die beiden äußeren Augenpaare weiter voneinander entfernt als die inneren. Hinterkörper oben mit zwei parallelen, braunen Längsstreifen; zwischen diesen und seitlich davon hell bräunlich bis gelblich weiß. Ausgewachsene Tiere von Mai bis August.

Vorkommen Am Ufer meist größerer Gewässer; ziemlich selten und möglicherweise an die großen Flusstäler gebunden. Nach der Roten Liste in Deutschland stark gefährdet.

Lebensweise Die Art baut ihre Netze gern an der Gewässerseite von Schilfbeständen und ist dann fast nur vom Boot aus zu entdecken. Gelegentlich findet man sie aber auch an Ufergräsern oder am Ufergebüsch. Der Eikokon ist sehr flach; er ist oberseits mit einem ziemlich glatten, dunkelgrauen Gespinst bedeckt ▸ **2a**. Meist wird er an der Oberseite von Schilfblättern festgesponnen und kann fast 15 mm Durchmesser erreichen.

Ähnlich Die sehr seltene *Tetragnatha reimoseri* besitzt die gleiche Augenstellung wie diese Art, hat aber ein nach hinten zugespitztes, weit über die Spinnwarzen hinausragendes Hinterleibsende.

> Augenreihen divergierend
> 2 braune Streifen auf Hinterkörper
> Gern an Schilfbeständen

Augenstellung

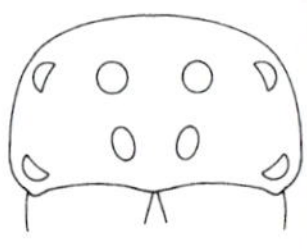

1a

1b

1c

2a

2b

1 *Pachygnatha clercki*

Merkmale Mit einer Körperlänge von 5–6,5 mm größer als die beiden anderen *Pachygnatha*-Arten. Vorderkörper hellbraun mit dunklem Mittel- und Seitenstreifen; Hinterkörper mit dunkler, in der Mitte aufgehellter Blattzeichnung, die seitlich kontrastreich weiß oder gelblich abgesetzt ist, besonders beim Männchen ▸ **1b**. Dieses vor dem Ende des Cheliceren-Grundglieds mit einem zahnartigen Fortsatz. Ausgewachsene Tiere ganzjährig zu finden.
Vorkommen In feuchtem, schattigem Gelände ebenso wie auf Feuchtwiesen; überall häufig.
Lebensweise Die ausgewachsenen Tiere bauen keine Netze. Jungtiere bis etwa 2 mm Größe dagegen bauen kleine Radnetze. Bei der Paarung stehen sich die Partner gegenüber, und das Männchen klemmt wie bei *Tetragnatha* die Giftklauen des Weibchens zwischen einem Fortsatz an seinem Cheliceren-Grundglied und der eigenen Giftklaue ein. Während der etwa zweistündigen Paarung findet nur einmal ein Tasterwechsel statt.

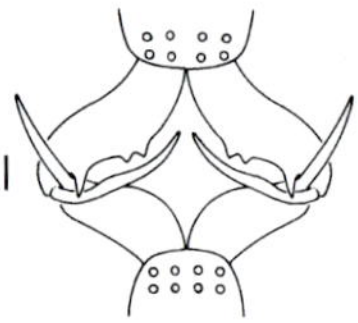

Paarungsstellung

> Größte Art der Gattung
> Vorderkörper mit dunklem Mittel- und Seitenstreifen
> Hinterkörper mit in der Mitte heller Blattzeichnung

2 *Pachygnatha listeri*

Merkmale Körperlänge als Männchen 3–4,5, als Weibchen 4–5 mm. Vorderkörper und Beine hell rotbraun, Cheliceren in deutlichem Kontrast dazu schwarz gefärbt; Vorderkörper meist nur mit dunkler Mittelbinde. Hinterkörper mit schwarzer, weiß eingefasster Blattzeichnung, die in der Mitte oft weiße Punktpaare trägt. Cheliceren-Grundglied des Männchens vor dem Ende ohne deutlichen zahnartigen Fortsatz. Ganzjährig ausgewachsen.
Vorkommen Vorwiegend an feuchten, schattigen Orten, besonders in Wäldern, etwas seltener als *P. clercki*.
Lebensweise Die Paarung verläuft ähnlich wie bei *P. clercki*, doch umgreift hier das Männchen von oben her das Cheliceren-Grundglied des Weibchens. Da ihm der Zahn am Cheliceren-Grundglied fehlt, kann es im Gegensatz zur anderen Art nicht die Giftklauen des Weibchens einklemmen. Eine Ausschaltung der gefährlichen Beißwerkzeuge ist aber auch auf diese Weise möglich.

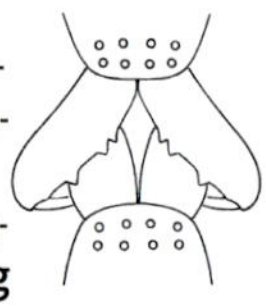

Paarungsstellung

> Kleiner als *Pachygnatha clercki*
> Vorderkörper meist nur mit dunkler Mittelbinde
> Hinterkörper meist mit weißen Punktpaaren

3 *Pachygnatha degeeri*

Merkmale Mit nur 3–4 mm Körperlänge die kleinste Art der Gattung. Vorderkörper schwarzbraun, mit zahlreichen Punktgruben; Hinterkörper ähnlich wie bei *P. listeri*. Männchen ebenfalls ohne Fortsatz am Cheliceren-Grundglied. Ganzjährig ausgewachsen.
Vorkommen In trockenem wie feuchtem Ödland, auf Waldlichtungen und in Gärten überall ziemlich häufig.
Lebensweise Die Art lebt vorwiegend in der niedrigen Vegetation und gehört zu den Spinnenarten, die öfters beim Segeln am Fadenfloß zu beobachten sind.

> Kleinste *Pachygnatha*-Art
> Vorderkörper schwarzbraun mit Punktgruben
> Auch an trockenen Stellen

1a

1b

2

3

1 Herbstspinne *Metellina segmentata (= Meta segmentata)*

> Geteilte Längsbinde auf dem Vorderkörper
> Hinterkörper mit undeutlicher Blattzeichnung
> Häufigste Spinne in Radnetzen

Merkmale Körperlänge beim Männchen 6–7,5, beim Weibchen 6,5–9 mm. Vorderkörper hellbraun oder gelblich mit einer dunklen Mittelbinde, die im vorderen Teil durch eine helle Längslinie in zwei Streifen geteilt ist und deutlich vor dem Augenfeld endet; diese Mittelbinde ist mit zwei weiteren dunklen Streifen verbunden, die von den Seitenaugen nach hinten ziehen. Grundfärbung des Hinterkörpers weißlich, gelblich oder rötlich, am Rücken eine undeutliche, oft hell gefleckte Blattzeichnung. Von der extrem ähnlichen *Metellina mengei* (siehe nächste Seite) nur nach Genitalmerkmalen sicher zu trennen: Innere Geschlechtsgänge des Weibchens mit einfachen Samentaschen; Tasterbulbus des Männchens mit am Ende deutlich erweitertem, gebogenem Fortsatz, dem Konduktor (siehe Pfeil in der Zeichnung). Ausgewachsene Tiere von August bis Oktober.

Vorkommen Vorzugsweise in offenem Gelände, etwa an Wegrändern und auf Ödland, doch auch in Wäldern und selbst in dunklen Fichtenforsten; überall häufig und wohl die häufigste Radnetze bauende Spinne überhaupt.

Lebensweise Die Netze der Herbstspinne haben wie die der *Tetragnatha*-Arten eine offene Nabe, besitzen aber meist eine höhere Radienzahl. Meist findet man sie dicht über dem Boden, in Wäldern aber auch in bis zu 2 m Höhe. Sie werden in aller Regel schräg ausgespannt. Dies hat den Vorteil, dass die Fäden beim Beutefang weniger stark zerstört werden. Hat die Spinne nämlich die Beute eingewickelt, lässt sie sich mit ihr am Sicherheitsfaden (den sie von der Nabe aus hinter sich hergezogen hat) nach unten fallen und klettert auf ihm zur Nabe zurück. Bei einem senkrecht ausgespannten Netz würde sie auf dem Rückweg mit der Beute an verschiedenen Fangfäden hängen bleiben und diese dadurch unweigerlich zerreißen. Meist lauert die Spinne tagsüber im Netzzentrum, manchmal aber auch neben dem Netz an einer versteckten Stelle und steht dann über einen Signalfaden mit diesem in Verbindung. Ab Anfang September ist das Paarungsverhalten zu beobachten. Jetzt sieht man die Männchen oft zu mehreren am Rand weiblicher Netze offensichtlich auf eine günstige Gelegenheit warten. Eine solche ergibt sich, sobald eine Beute ins Netz gerät (sie lässt sich leicht arrangieren, wenn man hier etwas nachhilft). Nun eilen die lauernden Freier wie auf Kommando zum hilflos zappelnden Opfer, und das schnellste Männchen verpackt die Beute zum attraktiven Werbegeschenk. Anschließend lockt es mit Zupfsignalen das Weibchen herbei. Nachdem dieses kurz daran gekostet hat, nimmt es auf einem vom Männchen hergestellten Begattungsfaden schließlich Bauch oben eine passive Haltung ein. Darauf nähert sich das Männchen, ebenfalls Bauch oben, in Gegenüber-Stellung, führt einen Taster in die Epigyne ein, dreht sich mit einem Schwung herum und landet schließlich Bauch an Bauch auf dem weiblichen Körper. Beide Partner schauen jetzt in die gleiche Richtung. Nach etwa drei Minuten trennen sie sich wieder. Die Eier werden später in einem kugeligen, mit weißer Fadenwolle eingehüllten Kokon an einem Zweig oder an Baumrinde abgelegt

Wissenswertes Die Gattungen *Metellina* und *Meta* wurden früher den Radnetzspinnen zugerechnet, später dann als eigene Familie geführt. Inzwischen gelten sie wegen des besonderen Baues ihrer Palpenladen und der Netzkonstruktion als Angehörige der Tetragnathiden, obwohl sie normal gestaltete Cheliceren besitzen.

Vulva mit einfachen Samentaschen

Taster des ♂

1a

1b

1c

1 *Metellina mengei (= Meta mengei)*

Merkmale Kaum von der sehr ähnlichen *Metellina segmentata* zu unterscheiden. Mit 3,5–5 mm Körperlänge als Männchen und 4–5,5 mm als Weibchen etwas kleiner. Sichere Unterscheidung aber nur nach Geschlechtsmerkmalen: Innere Geschlechtsgänge des Weibchens mit paarigen Samentaschen; Konduktor am Tasterbulbus des Männchens am Ende verschmälert (Pfeil in der Zeichnung). Ausgewachsen bereits von Mai bis Juni/Juli.
Vorkommen An den gleichen Orten wie die Herbstspinne, doch überall deutlich seltener als diese.
Wissenswertes Die Art früher lediglich als Varietät der Herbstspinne betrachtet; die klaren Unterschiede im Bau der Genitalien sprechen aber eindeutig für verschiedene Arten.

> Sehr ähnlich der Herbstspinne
> Etwas kleiner als diese
> Im Frühjahr ausgewachsen

Vulva mit doppelten Samentaschen

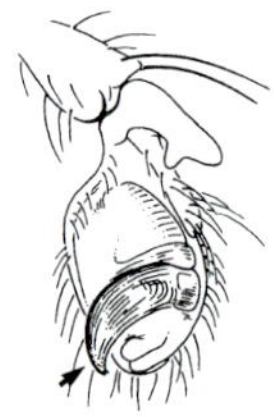

Taster des ♂

2 *Metellina merianae (= Meta merianae)*

Merkmale Mit 6–8 mm Körperlänge als Männchen und 7–11 mm als Weibchen etwas größer als die Herbstspinne. Vorderkörper hellbraun oder grünlichgelb mit dunkler, nach vorn verbreiterter Mittelbinde, die vorn mit zwei von den Seitenaugen nach hinten ziehenden Streifen verbunden ist, außerdem mit unregelmäßigen, dunklen Schrägstrichen. Hinterkörper braun mit sehr undeutlicher Blattzeichnung, manchmal fast einfarbig schwarz, aber im Gegensatz zur Höhlenkreuzspinne nicht glänzend. Ausgewachsene Tiere von April bis Juli, in Höhlen fast das ganze Jahr hindurch.

> Vorderkörper mit vorn verbreiterter Binde
> Färbung heller oder dunkler braun
> An dunklen, feuchten Orten

Vorkommen An dunklen, feuchten Orten, etwa an überrieselten Felsen, an Quellaustritten oder in Gewächshäusern, besonders aber in Wasser führenden Höhlen; in vielen Gebieten recht häufig, besonders im Bergland.
Lebensweise Die Paarung geschieht in ähnlicher Weise wie bei der Herbstspinne, allerdings ohne eine Beute als Werbegeschenk.

3 *Meta bourneti*

Merkmale Sehr ähnlich der Höhlenkreuzspinne (siehe nächste Seite). In der Größe (bis 17 mm) dieser entsprechend. Auch die Färbung ähnlich, doch insgesamt etwas weniger gezeichnet; Fleckung der Beine weniger deutlich. Sichere Unterscheidung nur nach Geschlechtsmerkmalen; so ist z. B. der Vorderrand der Epigyne in der Mitte eingekerbt, bei *M. menardi* dagegen halbmondförmig nach hinten gebogen. Ausgewachsene Tiere findet man vor allem im Frühjahr.

> Sehr ähnlich der Höhlenkreuzspinne
> Weniger kontrastreich gezeichnet
> Vorwiegend im Mittelmeergebiet

Vorkommen Fast ausschließlich in Höhlen. Im Mittelmeergebiet ziemlich häufig, aus Mitteleuropa nur sehr vereinzelt nachgewiesen (mittleres Rheintal).

Epigyne

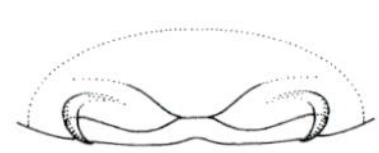

1

2

3

1 Höhlenkreuzspinne *Meta menardi*

> Auffallend große, stark glänzende Spinne
> Färbung oft sehr dunkel
> Meist in Höhlen

Merkmale Groß und langbeinig: Körperlänge als Männchen 11–13, als Weibchen 14–17 mm. Stark glänzend. Vorderkörper heller oder dunkler braun mit dunklerer Mitte und dunklen Seitenrändern; Hinterkörper gelbbraun oder rotbraun mit ausgedehnten, schwarzen Zeichnungen, oft fast ganz schwarz. Beine deutlich hell-dunkel geringelt. Ausgewachsene Tiere fast ganzjährig anzutreffen.
Vorkommen Am häufigsten in Höhlen, daneben aber z. B. auch in feuchten Kellern und in Brunnenschächten. Vor allem im Bergland, hier gebietsweise ziemlich häufig.
Lebensweise Die Spinne bewohnt im Sommer die Eingangsbereiche der Höhlen, zieht sich im Winter dann aber tiefer ins Höhleninnere zurück. Ihr Fangnetz ist mit maximal 30 cm Durchmesser ausgesprochen klein für die Größe der Spinne. Die Paarung erfolgt vorzugsweise im Frühsommer; ab Juli kann man die auffallenden Eikokons finden ▸ **1c**. Sie sind aus weißer Fadenwolle, ballonförmig und hängen mit einem unregelmäßigen Fadenstrang an der Höhlendecke. Die Jungspinnen schlüpfen im Herbst oder Winter. Ihre Entwicklungszeit beträgt mindestens zwei Jahre. Bei dem oft spärlichen Nahrungsangebot dürfte sie aber nicht selten deutlich länger ausfallen. Gelegentlich kann man auch tagsüber eine Häutung beobachten. Dieser Vorgang, der sonst fast immer nachts stattfindet, kann sich im Dauerdunkel der Höhlen zu allen Tageszeiten abspielen. Dabei heftet sich die Spinne mit einem Faden an der Höhlendecke fest und sprengt zunächst die Rückenplatte des Vorderkörpers ab. Dann quillt ihr zunächst weicher, sich vergrößernder Körper aus der zu eng gewordenen Hülle heraus, und als Letztes werden auch die langen Beine aus der Hülle befreit ▸ **1d, 1e**. Am Ende dieses Vorgangs hängt die Spinne mit angezogenen Beinen unter der leeren Körperhülle und wartet, bis die neue Außenhaut ausreichend erhärtet ist. Während dieser ganzen, etwa einstündigen Prozedur hängt sie am gleichen Faden, der nun aus ihren neuen Spinnwarzen austritt.

Epigyne

1a

1b
1c
1d
1e

Familie Radnetzspinnen Araneidae

Die Radnetzspinnen sind durch die regelmäßige Form ihrer Radnetze gut gekennzeichnet. Im Unterschied zu den ähnlichen Netzen der Streckerspinnen ist hier die Nabe stets ausgesponnen. Die Spinnen selbst unterscheiden sich von Kugelspinnen durch das Fehlen der regelmäßigen Borstenreihe unter den Hintertarsen, von Baldachinspinnen durch den geringen Abstand der vorderen Augen vom unteren Stirnrand und von den Tetragnathiden duch die Form der Pedipalpenladen, die höchstens so lang wie breit sind. In Mitteleuropa kommen etwa 50 Arten vor.

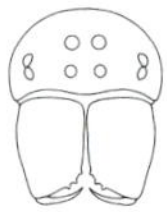

Frontalansicht des Vorderkörpers

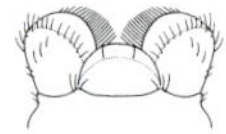

Form der Pedipalpenladen

1 Gartenkreuzspinne *Araneus diadematus*

> Typische Kreuzzeichnung
> Hinterkörper im vorderen Drittel am breitesten
> Tagsüber meist im Netz

Merkmale Körperlänge beim Männchen 5–10, beim Weibchen 12–17 mm. Grundfärbung gelbbraun, rotbraun oder dunkelbraun; charakteristisch eine aus vier länglichen und einem rundlichen, weißen Fleck zusammengesetzte Kreuzfigur vorn auf der Oberseite des Hinterkörpers; außerdem eine mehr oder weniger deutliche, an den Seiten wellig begrenzte Blattzeichnung und einige weitere weiße Zeichnungen auf dem Hinterleibsrücken. Größte Breite des Hinterkörpers im vorderen Drittel; seine Form variiert je nach Ernährungszustand und Entwicklung der heranreifenden Eier von länglich eiförmig ▸ **1a** bis fast kugelig ▸ **1b**. Ausgewachsen von August bis Oktober.
Vorkommen Vorwiegend in offenem bis halbschattigem Gelände, z. B. an Waldrändern, auf Ödland und in Gärten; überall häufig.
Lebensweise Die Gartenkreuzspinne spannt ihr regelmäßiges Radnetz meist dicht über dem Boden zwischen Disteln und anderen Kräutern oder befestigt es an den unteren Zweigen von Bäumen und Sträuchern. Manchmal ist es auch an einem langen Brückenfaden aufgehängt, der zwei entfernt stehende Bäume miteinander verbindet. Es besteht aus meist etwas mehr als 30 Radien und einer aus dichten Maschen zusammengesetzten Nabe, anschließend einer Befestigungszone mit 6–8 Umgängen, dann einer fadenfreien Zone und schließlich der aus Klebfäden zusammengesetzten Fangspirale, deren Umgänge nur etwa 3 mm voneinander entfernt sind. Anders als bei fast allen übrigen *Araneus*-Arten sitzt die Spinne tagsüber meist im Netzzentrum. In der Regel ist kein besonderer Schlupfwinkel angelegt. Zur Paarung, die meist im August stattfindet, spinnt das Männchen zunächst einen Werbe- und Begattungsfaden zum Rand des Netzes eines reifen Weibchens. Durch beharrliche und in der Intensität immer weiter zunehmende Zupfsignale veranlasst es dieses, sofern es paarungswillig ist, die Netzmitte zu verlassen und den Werbefaden aufzusuchen. Nach weiteren derartigen Signalen nimmt das Weibchen schließlich eine abwartende Haltung ein, bei der es dem Männchen seine Bauchseite zukehrt. Dieses versucht nun, auf den Bauch des Weibchens zu springen und dabei einen Fortsatz seines Tasters an der weiblichen Epigyne einzuhaken. Gelingt dies, dreht es sich sozusagen „im Flug" um den verankerten Taster und landet mit dem Kopf nach vorn gerichtet Bauch an Bauch auf dem Weibchen. Schon nach 10–20 Sekunden ist die Paarung beendet und das Männchen sucht das Weite; manchmal beginnt es aber gleich wieder erneut zu balzen. Die Eier werden im September oder Oktober an verborgener Stelle in einem Kokon aus gelber Fadenwolle abgelegt. Die Jungen verlassen ihn erst nach der Überwinterung. Die Entwicklung erstreckt sich über zwei Jahre.

1a

1b

1c

1 Vierfleck-Kreuzspinne *Araneus quadratus*

> Vorderkörper mit breitem Mittelstreifen
> Hinterkörper mit 4 weißen Flecken
> Hinterkörper in der Mitte am breitesten

Merkmale Körperlänge als Männchen 7–10, als Weibchen 13–18 mm. Vorderkörper weißlich oder hellbraun mit einer nach vorn verbreiterten, dunklen Mittelbinde, die vorn etwas breiter ist als der Abstand der vorderen und hinteren Mittelaugen. Hinterkörper beim reifen Weibchen ausgesprochen breit und massig; seine breiteste Stelle liegt etwa in der Mitte. Extrem variabel in der Färbung: Sie schwankt zwischen weißlich, grünlich, orange, braun, weinrot und sogar leuchtend kirschrot. Immer ist aber ein sehr typisches weißes Fleckenmuster ausgebildet, das vorn fast der Kreuzzeichnung der Gartenkreuzspinne entspricht, hinten aber durch zwei weitere quer gestellte Flecke ergänzt wird. Der Abstand der beiden hinteren Querflecke ist dabei größer als der der vorderen, sodass diese vier Flecke zusammen die Form von einem nach hinten erweiterten Trapez einnehmen. Ausgewachsene Tiere von Juli bis Oktober.

Vorkommen Vorzugsweise an offenen, etwas feuchten Standorten, etwa auf Feuchtwiesen zwischen Disteln und anderen halbhohen Pflanzen; daneben aber z. B. auch an trockenen Wegrändern, auf Waldlichtungen und auf Trockenrasen; in den meisten Gegenden ziemlich häufig, aber etwas seltener als die Gartenkreuzspinne.

Lebensweise Die Vierfleck-Kreuzspinne baut ihr Radnetz immer dicht über dem Erdboden; nur selten befindet sich die Nabe in mehr als 50 cm Höhe. Im Vergleich zum Netz der Gartenkreuzspinne besitzt es weniger Radien (etwa 20) und hat einen größeren Abstand zwischen den einzelnen Umgängen der Fangspirale (4–5 mm). Ein weiterer deutlicher Unterschied besteht darin, dass die Spinne sich tagsüber fast immer in einem kuppelförmigen, dicht versponnenen Schlupfwinkel in der Nähe des Netzes aufhält. Über einen Signalfaden, der diesen Schlupfwinkel mit der Nabe verbindet, wird sie über jede Erschütterung des Netzes unterrichtet. Sobald sich ein Insekt verfangen hat und hilflos in den Klebfäden strampelt, eilt die Spinne aus ihrem sicheren Versteck hervor, wickelt die Beute ein und trägt sie zum Verzehren in ihren Schlupfwinkel. Durch den gut getarnten Unterschlupf gestaltet sich die Suche nach dieser eigentlich recht auffälligen Spinne nicht ganz einfach. Da aber die dicht über dem Boden ausgespannten Radnetze doch recht gut zu sehen sind, muss man nur den Verlauf des Signalfadens verfolgen, um das Versteck der Spinne aufzuspüren. Beim Paarungsverhalten zeigen sich keine deutlichen Unterschiede gegenüber der Gartenkreuzspinne. Die Männchen verhalten sich bei ihren Paarungsversuchen allerdings etwas weniger ausdauernd als bei der nahe verwandten Art. Sie geben in der Regel viel schneller auf, wenn die Paarung nach mehreren Versuchen immer wieder missglückt. Die Eier werden auch bei dieser Art in einem Kokon aus gelber Fadenwolle an Pflanzen abgelegt, oft ziemlich frei im Gras. Die Jungspinnen verlassen ihn im kommenden Frühjahr und versammeln sich in einem dichten Klumpen unter dem Gespinst. Sie wachsen sehr schnell heran und werden bereits im gleichen Sommer erwachsen. Die Entwicklung dieser recht großen und schweren Spinne verläuft somit deutlich schneller als bei der nahe verwandten, etwas kleineren und weniger schweren Gartenkreuzspinne.

Prosomazeichnung

1a
1b
1c
1d

1 Marmorierte Kreuzspinne *Araneus marmoreus*

> Vorderkörper mit schmalem Mittelstreifen
> Hinteres Fleckenpaar kleiner als das vordere
> Helle Zeichnung oft gelb oder rötlich

Merkmale Ähnelt der Vierfleck-Kreuzspinne, doch mit einer Körperlänge von 5–9 mm als Männchen und 9–15 mm als Weibchen durchschnittlich etwas kleiner. Vorderkörper hell gelbgrau, oft fast farblos, mit einer schmalen, dunklen Längsbinde (diese deutlich schmäler als der Abstand zwischen den Mittelaugen). Hinterkörper in der Mitte am breitesten, doch nicht so massig wie bei *Araneus quadratus*, seine Färbung und Zeichnung extrem variabel, noch mehr als bei der anderen Art. Grundfärbung meist grau oder braun, mit zahlreichen hellen Flecken, die nicht immer weiß sind, sondern auch gelb oder hellrot sein können; vorn auf dem Hinterkörper ein helles Kreuz (mit oft ziemlich breiten Streifen), dahinter ein weiter auseinanderliegendes, relativ kleines Punktpaar. Ziemlich aus dem Rahmen fällt die Varietät *pyramidata* (die aber nur eine Färbungsvariante darstellt): Bei ihr ist die Grundfärbung auf dem Hinterleibsrücken ein sattes Zitronengelb oder ein blasses Weißlichgelb; im hinteren Teil zeigt sich ein scharf begrenzter, schwarzer Fleck ▸ 1c. Diese Farbform ist fast überall zwischen normal gefärbten Exemplaren zu finden. Ausgewachsene Tiere findet man von August bis Oktober.
Vorkommen Am häufigsten in etwas feuchtem, halbschattigem Gelände, etwa im Randbereich von Mooren, auf verbuschten Feuchtwiesen und in Auwäldern; weitverbreitet, doch nur gebietsweise (z. B. im Alpenvorland) häufiger; überall seltener als *A. diadematus* und *A. quadratus*.
Lebensweise Die Art baut ihr Fangnetz meist im niedrigen Gebüsch oder zwischen höherwüchsigen Kräutern (z. B. Disteln). Es hat etwas weniger Radien als das der Gartenkreuzspinne (unter 30) und eine leicht exzentrische Form (die Fangspirale hat unterhalb der Nabe mehr Umgänge als darüber). Wie bei *A. quadratus* hält sich die Spinne tagsüber meist im gut getarnten, nach unten offenen Schlupfwinkel verborgen. Dieser kann z. B. unter Baumrinde oder zwischen Blättern verborgen sein. Daher ist es nicht ganz einfach, diese oft sehr schön gefärbte Spinne zu entdecken. Sie ist aber leicht aus ihrem Versteck zu locken, wenn man eine Beute ins Netz wirft. Die Männchen treten in zwei verschiedenen Größenklassen auf (wie im Übrigen auch die Männchen der Gartenkreuzspinne). Man kann davon ausgehen, dass die größeren Männchen in ihrer Entwicklung ein Häutungsstadium mehr durchlaufen haben als die kleineren. So wurde bei Zuchtversuchen mit der Gartenkreuzspinne festgestellt, dass die Männchen sich teilweise 6-mal, teilweise aber auch 7-mal häuteten, bis sie das Erwachsenenstadium erreicht hatten. Ähnliches gilt aber auch für die Weibchen, denn diese mussten sich meist 8-mal, manchmal aber auch nur 7-mal häuten, bis sie ausgewachsen waren. Beim Paarungsverhalten der Marmorierten Kreuzspinne zeigen sich keine auffallenden Unterschiede gegenüber der Gartenkreuzspinne. Die Paarungszeit erstreckt sich allerdings über einen recht langen Zeitraum: Sie beginnt Ende August oder Anfang September und kann bis weit in den Oktober reichen. Die Eikokons überwintern; die im Frühjahr schlüpfenden Jungspinnen wachsen wie bei der Vierfleck-Kreuzspinne sehr schnell heran und sind schon im Sommer des gleichen Jahres ausgewachsen.

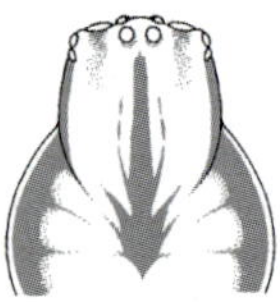
Prosomazeichnung

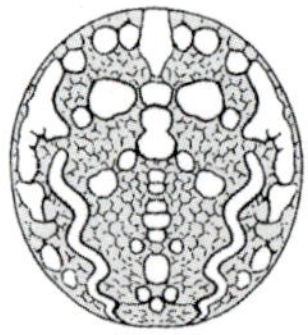
Hinterleibszeichnung

1a

1b

1c

1 Gehörnte Kreuzspinne *Araneus angulatus*

> Vorn am Hinterkörper 2 stumpfe Höcker
> Weiße Strichzeichnung zwischen den Höckern
> Netz an sehr langem Brückenfaden

Merkmale Mit einer Körperlänge von etwa 10 mm als Männchen und 15–18 mm als Weibchen eine der größten Radnetzspinnen. An den vorderen Seitenecken des Hinterkörpers jeweils ein stumpfer Höcker. Grundfärbung gelbbraun, rotbraun oder dunkelbraun, vorn zwischen den Höckern fast immer eine unregelmäßige Zeichnung aus weißen Strichen und Flecken, aber nie eine Kreuzzeichnung. Ausgewachsen vor allem im Juni und Juli, Weibchen bis September.
Vorkommen Vor allem in Kiefernwäldern, hier aber besonders auf Lichtungen und breiteren Wegen. Weitverbreitet, doch überall nur sehr vereinzelt. Gilt nach der Roten Liste in Deutschland als gefährdet.
Lebensweise Das Fangnetz ist meist an einem sehr langen Brückenfaden zwischen zwei Bäumen oder Sträuchern aufgehängt, oft auch an einem Faden, der schräg bis fast zum Boden herabführt. Der Durchmesser des eigentlichen Fangnetzes beträgt dabei meist etwa 50 cm. Der Abstand der Fangfäden nimmt von innen nach außen deutlich zu, von zunächst etwa 2 mm steigt er bei den äußersten Umgängen auf 10–12 mm. Die Spinne sitzt tagsüber meist an einem Ende des Brückenfadens; sie lässt sich daher verhältnismäßig leicht finden, wenn man den langen Faden bis zu seinen beiden Enden verfolgt.

2 *Araneus sturmi*

> Hinterkörper so lang wie breit
> Vorn mit 2 bogig begrenzten rotbraunen Flecken
> An Nadelbäumen

Merkmale Körperlänge des Männchens etwa 3,5, die des Weibchens um 5 mm. Hinterkörper etwa so breit wie lang; vorn an den Seiten jeweils mit einem nach hinten bogenförmig begrenzten, rotbraunen Fleck, dessen Grenze durch einen dunklen Strich und einen weißlichen Streifen markiert ist, im hinteren Teil oft mit Blattzeichnung. Ausgewachsen von Mai bis Juli.
Vorkommen Vorwiegend in Nadelwäldern, auch an isoliert stehenden Nadelbäumen; in den meisten Gebieten nicht selten.
Lebensweise Die Art baut ihr kleines Radnetz meist in 1–2 mm Höhe an Fichten-, Kiefern- oder Wacholderzweigen. Tagsüber sitzt sie meist in der Netzmitte, oft auch auf einem Zweig in Netznähe. Sie baut aber keinen speziellen Schlupfwinkel.

3 *Araneus triguttatus*

> Hinterkörper etwas breiter als lang
> Vorn am Hinterkörper meist rot gefärbt
> Meist an Laubholz

Merkmale Erinnert sehr an *A. sturmi*, wird aber mit einer Körperlänge von 4–4,5 mm als Männchen und etwa 6 mm als Weibchen etwas größer als diese. Hinterkörper etwas breiter als lang, deutlich hochgewölbt; vordere Seitenflächen nach hinten bogig begrenzt und meist rot gefärbt, dahinter eine gelbliche oder weißliche Fläche; entlang der Grenzlinie meist kleine, weiße Flecke.
Vorkommen Vorwiegend an Waldrändern und auf Waldlichtungen, meist auf Laubholz; in Mitteleuropa besonders in Wärmegebieten, ziemlich selten.
Lebensweise Die Spinne baut ihr unauffälliges Radnetz gern an den Randzweigen von Sträuchern.

1

2

3a

3b

1 Erdbeerspinne *Araneus alsine*

Merkmale Sicher eine der schönsten heimischen Spinnen. Körperlänge als Männchen 6–8, als Weibchen 11–15 mm. Vorderkörper einfarbig rotbraun, Hinterkörper leuchtend orangerot mit zahlreichen gelbweißen Punkten. Vier dieser Punkte etwas vergrößert, der Lage nach den Flecken der Vierfleck-Kreuzspinne entsprechend; auch eine Kreuzzeichnung kann andeutungsweise zu erkennen sein. Ausgewachsene Tiere im Juni und Juli, Weibchen zum Teil noch im September.

Vorkommen Vorwiegend an feuchten, halbschattigen Stellen, besonders auf Feuchtwiesen, doch auch z. B. an grasigen Waldrändern; weitverbreitet und in den meisten Gegenden nicht selten, aber aufgrund der versteckten Lebensweise bisher nur selten gefunden. Nach der Roten Liste in Deutschland gefährdet.

Lebensweise Die Art führt zwar eine ausgesprochen versteckte Lebensweise, ist aber dennoch vergleichsweise einfach zu finden. Sie baut ihr recht kleines Radnetz (mit meist weniger als 20 Radien) stets unmittelbar über dem Boden, meist im Gras und oft über kleinen Wasserpfützen. Unmittelbar daneben baut sie ihren Schlupfwinkel in einem tütenförmig zusammengerollten, trockenen Blatt, das sie mit der Öffnung nach unten in etwa 30 cm Höhe an einzelnen Spinnfäden scheinbar frei schwebend in der Vegetation verankert. Da sie sich tagsüber praktisch immer in diesem perfekt getarnten Versteck aufhält, ist sie für den Unkundigen absolut unsichtbar. Wenn man es aber einmal gelernt hat, auf solche „frei schwebenden" Blätter zu achten, wird man dieser wunderschönen Spinne an geeigneten Örtlichkeiten immer wieder begegnen. Man braucht die Blatttüte nur umzudrehen und kann sich dann leicht von der Anwesenheit der Spinne überzeugen. Oft lässt sie sich aber schon bei leichten Erschütterungen zu Boden fallen. Zur Paarungszeit (im Juni und Juli) kann man manchmal auch beide Geschlechter gemeinsam im gleichen Versteck antreffen. Die Eiablage erfolgt im Juli oder August. Die Jungspinnen schlüpfen kurz darauf und überwintern bereits halbwüchsig.

> Vorderkörper rotbraun
> Hinterkörper orangerot mit gelbweißen Punkten
> Spinne tagsüber in zusammengerolltem Blatt

2 *Gibbaranea gibbosa*

Merkmale Körperlänge als Männchen 5–6, als Weibchen 7–8 mm. Vorn an den Seiten des Hinterkörpers jeweils ein steil nach oben gerichteter, am Ende zugespitzter Höcker. Grundfärbung grünlich grau oder bräunlich, im hinteren Teil mit einer dunkleren Blattzeichnung. Ausgewachsene Tiere von April bis Juni.

Vorkommen Vorzugsweise in Laubwäldern, seltener auch an Nadelbäumen; bei uns weitverbreitet und im Allgemeinen nicht selten, im Flachland aber anscheinend häufiger als im Bergland. Gilt nach der Roten Liste in Deutschland als gefährdet.

Lebensweise Die Spinne gilt als selten, doch offensichtlich wird sie mit den gängigen Fangmethoden nur selten gefunden. Sie lebt anscheinend auf den Zweigen der Bäume und baut dort ihr unscheinbares Radnetz. Ihr Schlupfwinkel soll sich nach Literaturangaben oft in einem zusammengerollten Blatt befinden. Verhältnismäßig oft begegnet man der Spinne bei mildem Winterwetter auf der Schneeoberfläche. Sie überwintert im letzten Jugendstadium und häutet sich zu Beginn des Frühlings zum letzten Mal.

> 2 steil nach oben gerichtete Hinterleibshöcker
> Grundfarbe grünlich bis bräunlich
> An Zweigen von Bäumen

1a

1b

1c

2

1 *Gibbaranea bituberculata*

> Hinterleibshöcker seitwärts gerichtet
> Vor den Höckern dunkler
> Oft pfeilförmige, helle Strichzeichnung

Merkmale Körperlänge beim Männchen 6–8, beim Weibchen 8–10 mm. Hinterkörper vorn jederseits mit einem deutlichen Höcker, der aber im Gegensatz zu den Verhältnissen bei den übrigen gehöckerten Radnetzspinnen nicht nach oben, sondern zur Seite gerichtet ist, sodass der Hinterleib in seinem Umriss an die Form eines Wappens erinnert. Grundfärbung rötlich oder gelblich braun, auf der vor den Höckern liegenden, abfallenden Fläche deutlich dunkler als dahinter; Grenze zwischen den beiden unterschiedlich hellen Flächen durch eine weißliche Linie markiert, die auch auf den Höckern einen dunkleren und einen helleren Bereich voneinander trennt. Auf der dunkleren, abfallenden Fläche weitere helle Linien, die oft einen nach vorn gerichteten Pfeil bilden ▸ **1b**. Männchen ▸ **1a** durch seitlich weit ausladende Tasterbulben gekennzeichnet. Ausgewachsene Tiere von April bis Juni.
Vorkommen An warmen, sonnigen Orten, besonders an südseitigen Waldrändern, auf felsigen Trockenrasen und in Heidegebieten; vorzugsweise in Wärmegebieten, meist nur vereinzelt.
Lebensweise Die Art baut ihr etwa 20 cm großes Netz meist dicht über dem Boden an den Randzweigen niedriger Sträucher. Tagsüber sitzt sie unter der Nabe des schräg, oft fast waagerecht ausgespannten Netzes oder dicht daneben an einem Zweig. Hier ist sie mit dem Fangnetz durch einen Signalfaden verbunden. Die Weibchen stellen im Juni mehrere Eikokons her. Die Jungspinnen schlüpfen nach 2–3 Wochen und erreichen bis zum Spätsommer das vorletzte Entwicklungsstadium, in dem dann die Überwinterung erfolgt.

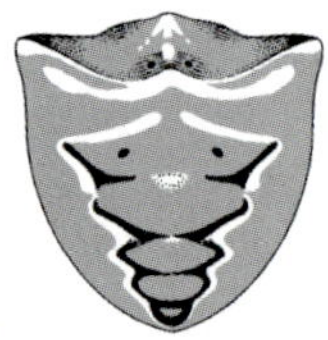

Hinterleibszeichnung

2 *Gibbaranea omoeda*

> Hinterleibshöcker steil aufwärts gerichtet
> Vor den Höckern weiße Strichzeichnung
> Grundfärbung meist bräunlich

Merkmale Mit einer Körperlänge von 8–9 mm als Männchen und 9–11 mm als Weibchen die größte Art der Gattung. Hinterkörper wie bei *G. gibbosa* vorn mit zwei Höckern, die steil aufwärts gerichtet sind; abfallender Teil vor den Höckern meist dunkler gefärbt als der dahinter liegende Bereich; vorn zwischen den Höckern eine helle Strich- oder Fleckenzeichnung, die einen weißlichen Ring bilden kann. Grundfärbung meist bräunlich, Färbung und Zeichnung insgesamt aber sehr variabel. Ausgewachsene Tiere ab April oder Mai, Weibchen auch noch im September.
Vorkommen In Mitteleuropa offenbar eine typische Art der Fichtenwälder in den Mittelgebirgen, hier bisher nur selten gefunden, da sie vorzugsweise in den Baumwipfeln zu leben scheint. In Südeuropa und in den Südalpen dagegen eher in sonnigen Gebüschen und auf nur niedrig bewachsenem Gelände. Die beiden hier abgebildeten Tiere fand ich zwischen am Boden kriechenden Zwergwacholdern auf einem Trockenrasen in Südtirol ▸ **2a** und beim Keschern an Eichengebüsch in Istrien ▸ **2b, 2c**.
Wissenswertes Die Art scheint sich im Norden ihres Verbreitungsgebietes offenbar anders zu verhalten als im südlichen Europa. Es erscheint daher nicht ausgeschlossen, dass es sich um zwei verschiedene Arten handelt.
Ähnlich Die sehr ähnliche *Gibbaranea ullrichi* besitzt einen vorwiegend graubraun gefärbten, nur undeutlich gezeichneten Hinterkörper und erreicht höchstens 8 mm Körperlänge. Sie ist nur von wenigen wärmebegünstigten Sandgebieten aus Ostdeutschland bekannt.

1a

1b

1c

2a

2b

2c

1 Schilfradspinne *Larinioides cornutus*

> Hell eingefasster Keilfleck auf dem Hinterkörper
> Hinten scharf abgesetzte Blattzeichnung
> Tagsüber in ballonförmigem Schlupfwinkel

Merkmale Körperlänge beim Männchen 6–8, beim Weibchen 9–13 mm. Vorderkörper meist graubraun, Hinterkörper in der Grundfärbung weißlich, gelbbraun oder hell rötlich braun, vorn mit einem dunklen, hell eingefassten Keilfleck; diese helle Umrandung nach hinten deutlich erweitert. Hintere Hälfte mit scharf abgesetzter, dunkler Blattzeichnung, die entlang der Mitte deutlich aufgehellt ist. Ausgewachsene Tiere ganzjährig zu finden.
Vorkommen Vor allem in feuchtem, offenem Gelände, besonders im Uferbereich stehender und fließender Gewässer; überall häufig.
Lebensweise Die Art baut ihr mit 15–20 Radien vergleichsweise radienarmes Fangnetz meist zwischen Gräsern oder höher aufragenden Kräutern, seltener auch im Gebüsch. Tagsüber sitzt sie fast immer in einem sehr dicht ausgesponnenen, nach unten offenen Schlupfwinkel direkt neben dem Netz. Dieser ist ballonförmig, außen oft mit Pflanzenteilen und Beuteresten abgedeckt und entspricht in seiner Form fast dem Gespinstsack des Dornfingers. Die Paarung findet im Herbst oder im Frühjahr statt. Während der Paarungszeit hält sich das Männchen oft längere Zeit mit dem Weibchen zusammen im gleichen Schlupfwinkel auf. Die Paarung erfolgt aber nicht in diesem Unterschlupf, sondern ähnlich wie etwa bei der Gartenkreuzspinne auf einem speziellen, vom Männchen hergestellten Werbe- und Begattungsfaden. Im Lauf des Sommers stellt das Weibchen 3–5 Eikokons aus gelber Fadenwolle her und deponiert sie im oberen Teil ihres Schlupfwinkels.
Ähnlich Zum Verwechseln ähnlich ist die bis vor Kurzem offenbar verkannte *Larinioides folium*, die aber nur an trockenen Orten, z. B. auf Trockenwiesen, vorkommt. Sie lässt sich nur durch genaue Untersuchung des Baus der Genitalorgane von der Schilfradspinne unterscheiden, ist aber deutlich seltener als diese.

2 *Larinioides patagiatus*

> Zeichnung kontrastarm
> Umrandung des Keilflecks hinten nicht erweitert
> An isoliert stehenden Bäumen und Sträuchern

Merkmale Körperlänge beim Männchen 7–7,5, beim Weibchen 9–11 mm. Färbung und Zeichnung oft ähnlich wie bei der Schilfradspinne, doch insgesamt viel weniger kontrastreich; Keilfleck im vorderen Teil des Hinterkörpers meist nur schwach entwickelt, seine Umrandung nach hinten nicht erweitert; Blattzeichnung im hinteren Bereich oft kaum zu erkennen. Ausgewachsene Tiere fast ganzjährig zu finden.
Vorkommen Besonders an frei stehenden Bäumen und Sträuchern in eher trockenem Gelände; bei uns weiter verbreitet, aber in den meisten Gebieten nicht häufig.
Lebensweise Die Art baut ihr Fangnetz meist in den Randzweigen von Bäumen und Sträuchern. Sie hält sich tagsüber in einem Schlupfwinkel zwischen zusammengesponnenen Blättern verborgen.

1a

1b

2

1 Brückenkreuzspinne *Larinioides sclopetarius*

> Körper etwas abgeflacht
> Helle Streifenzeichnung auf dem Vorderkörper
> Meist an Bauwerken in Gewässernähe

Merkmale Männchen mit 6–8, Weibchen mit 10–13 mm Körperlänge. Körper verglichen mit dem der Schilfradspinne etwas abgeflacht und insgesamt meist etwas dunkler. Vorderkörper graubraun mit schmalem, weißlichem Randsaum und einer V-förmigen hellen Linie, die den Kopfbereich vom übrigen Vorderkörper trennt. Hinterkörper mit einem ähnlichen Zeichnungsmuster wie bei *L. cornutus*, doch alle dunklen Zeichnungselemente schmal hell umrandet (auch der Keilfleck, bei dem diese Umrandung hinten nicht erweitert ist). Ausgewachsene Weibchen fast ganzjährig zu finden, Männchen vorwiegend im Sommer.
Vorkommen Meist in unmittelbarer Gewässernähe an Felsen und Bauwerken (etwa Brücken und Häusern), seltener auch an trockeneren Stellen (z. B. in Parkhäusern); in den meisten Gegenden ziemlich häufig.
Lebensweise Die Brückenkreuzspinne baut ihr ziemlich großes Radnetz gern über dem freien Wasser, oft unmittelbar neben Straßenlaternen, durch die bei Nacht Insekten in ihr Netz gelockt werden. Tagsüber hält sie sich meist in einer Mauerspalte verborgen; nachts sitzt sie dagegen meist in ihrem Netz.

2 Spaltenkreuzspinne *Nuctenea umbratica*

> Körper deutlich abgeflacht
> Färbung meist auffallend dunkel
> Häufig unter Baumrinde

Merkmale Körperlänge beim Männchen 7–10, beim Weibchen 13–16 mm. Körper auffallend flachgedrückt, etwas glänzend. Grundfärbung rotbraun bis schwarzbraun; Hinterkörper mit dunkler, schmal hell gesäumter Blattzeichnung, oberseits mit paarigen, punktförmigen Eindruckstellen. Ausgewachsene Tiere fast ganzjährig, besonders aber von Juli bis Oktober.
Vorkommen In Wäldern wie in offenem Gelände, auch im Siedlungsbereich überall sehr häufig, eine der häufigsten heimischen Radnetzspinnen.
Lebensweise Die Spaltenkreuzspinne baut ihr bis 70 cm großes Radnetz mit Vorliebe an Baumstämmen, Felsen oder menschlichen Bauwerken. Es hat immer eine deutlich exzentrische Form: Die Nabe ist stets zum Schlupfwinkel der Spinne hin verschoben ▸ **2a**. Dieser befindet sich unter der Rinde eines abgestorbenen Baumes, in einer Felsspalte oder in einer Ritze an einem Bauwerk. Tagsüber bleibt die Spinne darin verborgen, nachts sitzt sie meist im Netzzentrum. Im Winter findet man sie sehr häufig unter der Rinde abgestorbener Bäume.
Ähnlich Recht ähnlich ist die mit etwa 9 mm Körperlänge deutlich kleinere *Nuctenea silvicultrix*. Sie besitzt einen nicht so stark abgeflachten Körper, und die Blattzeichnung auf dem Hinterkörper ist breit hell umrandet. Die seltene Art kommt bei uns nur im östlichen Süddeutschland (z. B. im Bayerischen Wald) vor und besitzt offenbar eine ähnliche Lebensweise wie die Spaltenkreuzspinne.

1

2a

2b

2c

1 Sektorspinne *Zygiella x-notata*

> Breite Binde auf dem Vorderkörper
> Blattzeichnung innen silbrig weiß
> Radnetz mit ausgespartem Sektor

Merkmale Körperlänge beim Männchen 4–7, beim Weibchen 7–11 mm. Vorderkörper gelbbraun mit schwarzem Längsband, das sich nach vorn deutlich verbreitert; Hinterkörper mit hell eingefasster, in der Mitte aufgehellter und hier zum Teil silbern glänzender Blattzeichnung. Ausgewachsene Tiere von Juli bis Oktober, Weibchen auch noch im Dezember.
Vorkommen Fast nur im Siedlungsbereich, besonders an Zäunen und Gebäuden; fast überall häufig, aber nach Osten seltener werdend.
Lebensweise Die Spinne baut ihr Netz vorzugsweise in Gebäudenischen oder in Winkeln z. B. von Balkongeländern und Bretterzäunen. Von ihrem in einer Spalte angelegten Schlupfwinkel, in dem sie sich tagsüber aufhält, läuft ein Signalfaden zum Netzzentrum. Beiderseits dieses Signalfadens, der sich meist etwa in der gleichen Ebene befindet wie das Netz, sind jeweils in einem Sektor die Fangfäden ausgespart ▸ **1b**. Falls aber der Winkel zwischen der Netzebene und dem Signalfaden größer wird als etwa 40°, baut die Spinne ein vollständiges Radnetz. Der freie Netzsektor entsteht dadurch, dass die Spinne bereits beim Bau der Hilfsspirale am Radius neben dem Signalfaden umkehrt und den Faden dann in der Gegenrichtung wieder bis zum andersseitigen Radius neben dem Signalfaden auslegt. In gleicher Weise verfährt sie dann auch beim Einbau der Fangfäden. Interessanterweise stellen die Jungspinnen zunächst normale Radnetze her. Sie sitzen auch, anders als die Erwachsenen, tagsüber in der Netzmitte. Die Paarung findet wie bei den *Araneus*-Arten auf einem vom Männchen hergestellten Werbe- und Begattungsfaden statt. Als Besonderheit führt das Männchen die Zupfsignale zunächst mit den ersten und zweiten Beinen der einen und anschließend mit denen der anderen Körperseite aus. Die Paarung selbst ist mit einem nur einmaligen Anschwellen der Tasterblase verbunden und dauert eine knappe halbe Minute. Danach trennen sich die Partner, und es kommt in der Folge nach erneuter Werbung zu bis zu 20 weiteren Paarungen, die insgesamt mehr als eine Stunde in Anspruch nehmen können. Erst danach füllt das Männchen seine Taster erneut mit Sperma und kann bereits etwa eine halbe Stunde später wieder um das gleiche Weibchen werben. Das Weibchen legt später 4–5 gelblich gefärbte Eikokons ab.
Wissenswertes Die Gattung *Zygiella* wird von einigen Autoren auch den Tetragnathiden bzw. den Metiden zugeordnet.
Ähnlich Einige weitere, meist seltenere Arten dieser Gattung, die sich nur nach Genitalmerkmalen sicher erkennen lassen.

2 *Zilla diodia*

> Auffallend kleine Radnetzspinne
> Dreieckiger weißer Fleck vorn auf dem Hinterkörper
> Sehr engmaschiges Fangnetz

Merkmale Mit nur 2,5–3 mm Körperlänge als Männchen und 3,5–4,5 mm als Weibchen eine auffallend kleine Radnetzspinne. Hinterkörper meist mit rotbrauner Grundfärbung und vorn einer dreieckigen, weißen Zeichnung; dahinter mit einem schwarzen, quer gestellten Fleckenpaar und ganz hinten einer dunklen, hell eingefassten Blattzeichnung. Ausgewachsen von April bis Juni.
Vorkommen Besonders an Waldrändern und Gebüschen; bei uns ziemlich weit verbreitet, aber fast überall nur sehr vereinzelt.
Lebensweise Die Spinne baut ein sehr dichtes Fangnetz mit oft mehr als 50 Radien und einer sehr engen Fangspirale. Sie sitzt tagsüber meist im Netzzentrum.

1a

1b

2

1 Konusspinne *Cyclosa conica*

> Hinterkörper mit konischem Zipfel
> Vorwiegend an Nadelbäumen
> Netz mit mit Beuteresten beladenem Stabiliment

Merkmale Körperlänge als Männchen 4–4,5, als Weibchen 6–7 mm. Hinterkörper am hinteren oberen Ende in einen rechtwinkligen bis spitzwinkligen Zipfel ausgezogen. Färbung stark schwankend, manchmal fast schwarz, meist aber mit ausgedehnten, weißen Zeichnungen. Ausgewachsen von April bis Juli.
Vorkommen Besonders an Nadelbäumen, in dichten Fichtenwäldern ebenso wie auf sonnigen Trockenrasen, seltener auch an Laubgehölzen; überall häufig.
Lebensweise Die Konusspinne baut meist etwa in Kopfhöhe ein sehr regelmäßiges Radnetz mit etwa 40 Radien und einem Fangfadenabstand von 2–3 mm. Über und unter der Nabe befindet sich jeweils ein etwa 2 cm langes Stabiliment in Form eines flächigen, weißen Seidenbandes. Dieses Stabiliment wird von der Spinne mit Beuteresten und Pflanzenteilen so dicht bepackt, dass schließlich in der Mitte nur noch eine Lücke bleibt, die etwa der Größe der Spinne entspricht. Sobald diese sich ins Netzzentrum begibt, ist sie inmitten dieses „Abfallhaufens" kaum noch zu entdecken. Der von goldgelben Fadenschlingen eingehüllte Eikokon wird in Netznähe an einem Zweig befestigt.

2 *Cyclosa oculata*

> Hinterkörper mit 4 spitzen Fortsätzen
> Netz stets in Bodennähe
> Auch Eikokons auf dem Stabiliment

Merkmale Mit einer Körperlänge von etwa 4 mm als Männchen und 5–6 mm als Weibchen etwas kleiner als die Konusspinne. Hinterkörper am Ende mit vier spitzen Fortsätzen, braun mit helleren Flecken. Ausgewachsen im Mai und Juni.
Vorkommen Vorwiegend in sonnigem, offenem Gelände, meist auf Sandboden; bei uns vorzugsweise in klimatisch begünstigten Gebieten, ziemlich selten. Nach der Roten Liste in Deutschland gefährdet.
Lebensweise Die Spinne baut ihr kleines Radnetz stets in Bodennähe, z. B. zwischen Ginster oder Heidekraut. Sie ist, wenn sie mit angezogenen Beinen zwischen den beiden mit Beuteresten behängten Teilen des Stabiliments sitzt, dank ihrer Färbung und Körperform kaum zu erkennen. Anders als die übrigen *Cyclosa*-Arten befestigt sie auch ihre Eikokons auf dem Stabiliment.

3 *Cyclosa insulana*

> Silbrig glänzende Rückenzeichnung
> 2 oder 3 kleine Häufchen im Netz
> Sitzt Kopf oben in der Netzmitte

Merkmale Größe und Körperform etwa wie bei *Cyclosa oculata*. Hinterkörper mit silbrig glänzender, heller Rückenzeichnung. Ausgewachsene Tiere auch noch im Spätsommer.
Vorkommen An sonnigen, trockenen Stellen im Mittelmeergebiet weitverbreitet, in Mitteleuropa fehlend.
Lebensweise Die Spinne baut meist in Bodennähe ein sehr engmaschiges Radnetz mit etwa 60 Speichen. Über und unter der Nabe befestigt sie zwei oder drei kleine Häufchen aus Nahrungsresten. Hierdurch sollen offenbar weitere Netzzentren vorgetäuscht werden und von der in der Netzmitte sitzenden Spinne ablenken. Im Unterschied zu allen übrigen europäischen Radnetzspinnen sitzt sie stets Kopf oben auf der Nabe.

1a
1b
2
3

1 Eichblatt-Radspinne *Aculepeira aculeata*

> Hinterkörper schmal und hinten zugespitzt
> Eichblattartige Zeichnung
> Schüsselförmige Sitzwarte

Merkmale Körperlänge beim Männchen 7–8, beim Weibchen 9–14 mm. Hinterkörper vergleichsweise schmal und hoch, nach hinten zugespitzt; Hinterleibsspitze in Seitenansicht deutlich über die Spinnwarzen hinausragend. Hinterleibsrücken in der Grundfärbung gelblich, mit einem dunkel abgesetzten, weißlichen Zeichnungsmuster, das sehr an ein Eichenblatt erinnert. Ausgewachsen von Mai bis Juli.
Vorkommen Vorwiegend in offenem, sonnigem Gelände, auf Trockenrasen ebenso wie auf Feuchtwiesen; weitverbreitet und gebietsweise häufig, vor allem im Bergland; in den Alpen bis etwa 2500 m.
Lebensweise Die Eichblatt-Radspinne spannt ihr Fangnetz stets bodennah zwischen etwas höher aufragenden Kräutern aus. Seine Nabe ist mit einem dichten, weißfilzigen Gespinst überzogen. Dicht daneben befindet sich eine schüsselförmige, ebenfalls mit dichtem, weißem Gespinst ausgekleidete Sitzwarte, auf der sich die Spinne tagsüber oft aufhält (etwa gleich häufig befindet sie sich auf der Nabe). Da dieses Gespinst nach oben offen ist, sitzt sie hier quasi wie auf dem „Präsentierteller". Sie ist aber ausgesprochen störanfällig und lässt sich bei jeder Beunruhigung sofort zu Boden fallen, um sich dort in der dichten Vegetation zu verbergen. Später kehrt sie am zuvor befestigten Sicherheitsfaden zu ihrem Sitzplatz zurück.

2 *Aculepeira carbonaria*

> Sehr ähnlich der Eichblatt-Radspinne
> Grundfärbung grau
> In den Alpen in Blockschutthalden

Merkmale In Größe und Zeichnungsmuster sehr ähnlich der Eichblatt-Radspinne. Färbung aber insgesamt dunkler und Grundfärbung nicht gelblich, sondern hellgrau; Eichblatt-Zeichnung breiter schwarz eingefasst. Ausgewachsen von Juni bis August.
Vorkommen In den Alpen und einigen südeuropäischen Gebirgen in über 2000 m Höhe, vorzugsweise in Blockschutthalden; vor allem in den Urgesteinsgebieten der Zentralalpen weitverbreitet und hier gebietsweise recht häufig; fehlt in Deutschland.
Lebensweise Die Art spannt ihre weit ausladenden Radnetze mit Vorliebe zwischen großen Steinblöcken aus. Tagsüber sitzt sie meist in der Netzmitte.

3 *Aculepeira armida*

> Bunter als die Eichblatt-Radspinne
> Eichblatt-Zeichnung schwarz und weiß umrandet
> Nur im Mittelmeerraum

Merkmale Ähnelt in der Zeichnung ebenfalls der Eichblatt-Radspinne, bleibt aber etwas kleiner. Färbung insgesamt etwas bunter, oft mit Rottönen; Eichblatt-Zeichnung mit einem breiten, schwarzen Streifen eingefasst, dieser außen mit weißer Umrandung.
Vorkommen Im Mittelmeergebiet von Spanien bis Dalmatien weitverbreitet und stellenweise recht häufig, nach Norden bis in die Südalpen; in Mitteleuropa fehlend.

1

2

3

1 *Neoscona adianta*

> Kleiner als die Eichblatt-Radspinne
> Lappen der Eichblatt-Zeichnung weniger breit
> Vor allem in Norddeutschland

Merkmale Auch diese Radnetzspinne erinnert an die Eichblatt-Radspinne, bleibt aber mit einer Körperlänge von 4–5 mm als Männchen und 5–7 mm als Weibchen deutlich kleiner. Seitliche Auslappungen der weißen Rückenzeichnung weniger weit nach außen ragend und zwischen den einzelnen Lappen meist unterbrochen. In der Rückenmitte ein dunkler, oft rötlicher Längsstreifen (ähnlich wie bei *Aculepeira armida*). Ausgewachsene Tiere im Juli und August.
Vorkommen In offenem, trockenem oder etwas feuchtem Gelände; in den Heiden Norddeutschlands ziemlich häufig, in Süddeutschland selten. Nach der Roten Liste in Deutschland gefährdet.
Lebensweise Die Art baut ihr Radnetz gern zwischen Heidekraut oder niedrigem Weidengebüsch. Die Nabe ist mit feinem Gespinst überzogen. Dicht neben dem Netz befindet sich der nach unten offene, tütenförmige Schlupfwinkel. Tagsüber sitzt die Spinne auf der Nabe oder im Schlupfwinkel.

2 *Cercidia prominens*

> Hinterkörper nach vorn zugespitzt
> Dornen vorn am Hinterleib
> Lebt sehr versteckt am Erdboden

Merkmale Körperlänge als Männchen um 4, als Weibchen um 6 mm. Hinterkörper am vorderen Ende dreieckig zugespitzt, hier an jeder Seite mit 3–4 spitzen Dornen. Grundfärbung rotbraun, Hinterkörper entlang der Mitte gelblich aufgehellt. Ausgewachsene Tiere ganzjährig zu finden.
Vorkommen Vorwiegend an offenen, trockenen oder feuchten Stellen mit niedriger Vegetation, etwa in Heidegebieten und an sonnigen Waldrändern, seltener auch am Waldboden; weitverbreitet und wahrscheinlich nicht selten, doch wegen der versteckten Lebensweise bisher wenig gefunden.
Lebensweise Die Art spannt ihr nur 5–6 cm großes Radnetz in etwa 5 cm Höhe z. B. zwischen Gräsern oder Heidekraut aus. Sie sitzt fast immer auf der Nabe, lässt sich aber bei Störungen sofort zu Boden fallen.

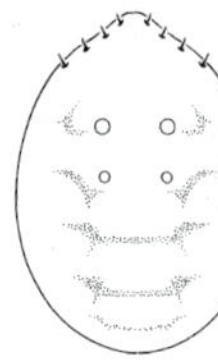

Bestachelung des Hinterleibs

3 *Mangora acalypha*

> Gelbliche Grundfärbung
> 3 parallele Längsstreifen auf dem Hinterkörper
> Extrem engmaschiges Fangnetz

Merkmale Mit 3–3,5 mm Körperlänge als Männchen und 5–6 mm als Weibchen eine ziemlich kleine Radnetzspinne. Vorderkörper grünlich gelb mit schmalem, schwarzem Mittel- und Randstreifen; Hinterkörper gelblich weiß, vorn mit meist einem, hinten mit drei parallelen, dunklen Längsstreifen, die durch Querbinden miteinander verbunden sind. Ausgewachsen von Mai bis Juli.
Vorkommen Auf sonnigem, trockenem Gelände, etwa auf Trockenrasen, an Wegrändern oder in Heidegebieten; in den meisten Gebieten ziemlich häufig.
Lebensweise Die Spinne baut ihr fast immer stark geneigtes bist fast waagerechtes Radnetz meist dicht über dem Boden. Trotz der geringen Größe besitzt es mit etwa 60 eine sehr hohe Radienzahl und zudem einen ausgesprochen geringen Abstand zwischen den Umgängen der Fangspirale (ca. 1 mm). Sie sitzt tagsüber immer unter der Nabe.

1

2

3

1 Wespenspinne *Argiope bruennichi*

Merkmale Deutlicher Größenunterschied zwischen den Geschlechtern: Körperlänge beim Männchen 4–6 mm, beim Weibchen 14–17 mm, in Südeuropa auch über 20 mm. Vorderkörper mit dichter, silbrig weißer Behaarung; Hinterkörper mit weißer oder gelber Grundfärbung und schwarzer Querbänderung, beim Männchen ▸ **1c**, unteres Tier, nur undeutlich. Reife Männchen im Juli und August, Weibchen bis Anfang Oktober.

Vorkommen In offenem, trockenem wie feuchtem Gelände, auf Trockenrasen ebenso wie auf Streuwiesen am Rand von Moorgebieten. Im Mittelmeergebiet überall häufig; in Mitteleuropa bis vor etwa 50 Jahren nur am Oberrhein und in der Umgebung von Berlin, seitdem in ständiger Ausbreitung begriffen und mittlerweile in fast ganz Deutschland zu finden.

Lebensweise Die wärmeliebende Spinne zeigt in Mitteleuropa von Jahr zu Jahr starke Häufigkeitsschwankungen, die vermutlich vor allem mit der jahrweise sehr unterschiedlichen Temperaturentwicklung zusammenhängen. Ein Einfluss von Parasiten, wie etwa Schlupfwespen, die sich in den Eikokons entwickeln, wäre aber auch denkbar. Sie baut ihr Radnetz stets dicht über dem Boden zwischen Gräsern oder höher aufragenden Kräutern (z. B. Disteln). In dichten Grasbeständen schafft sie sich den notwendigen Platz, indem sie benachbarte Grashalme zusammenspinnt und dadurch zur Seite biegt, bis schließlich eine Freifläche etwa von der Größe eines Fußabdrucks entsteht. Die Netzmitte ist stets mit einem dichten, weißen Gespinstpolster überzogen. Außerdem ist meist ein auffallendes Stabiliment in Form eines Zickzackbandes über und unter der Nabe zu erkennen. Bei Beunruhigung beginnt die Spinne zu schaukeln und versetzt dabei ihr ganzes Netz in eine hin und her schwingende Schaukelbewegung, sodass sich schließlich ein verschwommenes, helldunkles Streifenmuster ergibt, das sich vom oberen Teil des gezackten Seidenbandes über den Körper der Spinne bis in den unteren Teil des Stabiliments fortsetzt. Im Juli und August findet die Paarung im Netz des Weibchens statt. Dieses verhält sich zunächst passiv und erlaubt dem Männchen, seinen Taster einzuführen. Kurz darauf erwacht es aber aus seiner Lethargie und verspeist in den meisten Fällen seinen Partner. Im Spätsommer baut das Weibchen mehrere ballonförmige Eikokons ▸ **1d**, in denen die noch vor Winterbeginn schlüpfenden Jungspinnen überwintern ▸ **1e**.

> Grundfärbung gelb oder weiß
> Hinterkörper mit schwarzen Querstreifen
> Netz meist mit Zickzackband

1a

1b

1c

1d

1e

1 *Argiope lobata*

> Hinterkörper flach und seitlich gezackt
> Färbung überwiegend silbrig
> Nur im Mittelmeergebiet

Merkmale Mit manchmal über 25 mm Körperlänge noch etwas größer als die nahe verwandte Wespenspinne, ebenfalls starker Größenunterschied zwischen den Geschlechtern. Hinterkörper deutlich abgeflacht, an den Seitenrändern in stumpfe Zacken ausgezogen. Vorderkörper wie bei der Wespenspinne mit dichter silbrig weißer Behaarung, ebenso der Hinterkörper, bei dem aber vor allem hinten und an den Seiten die gelbbraune Grundfärbung sowie eine dunkle Querstreifung stärker hervortritt. Unterseite des ganzen Körpers viel unauffälliger gelbbraun mit dunklerer Fleckung. Ausgewachsene Tiere von August bis Oktober.
Vorkommen An sonnigen, trockenen Orten im Mittelmeerraum, vor allem in sehr steinigem oder felsigem, wenig bewachsenem Gelände; in vielen Gegenden, etwa in Südfrankreich, recht häufig. Fehlt in Mitteleuropa.
Lebensweise Die auffallende Spinne baut ihr recht großes Fangnetz, das fast 1 m Durchmesser erreichen kann, stets dicht über dem Erdboden. Oft ist es an einem langen Brückenfaden, der zwei Sträucher miteinander verbindet, befestigt und fast immer stark geneigt. Ein zickzackförmiges Seidenband ist nicht immer klar zu erkennen. Die Spinne sitzt stets unter der Nabe und streckt dem Betrachter ihren farblich gut getarnten Bauch entgegen. Es ist daher trotz ihrer Größe gar nicht einfach, die Spinne zu entdecken. Ihre prächtig gefärbte Rückenseite sieht man nur, wenn man vom Boden aus gegen den Himmel schaut. Sie fängt in ihren Netzen vor allem größere Heuschrecken, gelegentlich auch große Schmetterlinge, wie etwa den herrlich gefärbten Erdbeerbaumfalter. Gelegentlich findet sich in ihren Netzen als Untermieter die Diebsspinne (*Argyrodes argyrodes*, siehe S. 92), die ihr kleine Beutetiere aus dem Fangnetz stiehlt.

2 Körbchenspinne *Agalenatea redii*

> Hinterleib breiter als lang
> Zeichnung sehr variabel
> Nach oben offene Sitzwarte

Merkmale Körperlänge als Männchen 3,5–5,5, als Weibchen 7–8 mm. Hinterleib etwas breiter als lang. Zeichnung sehr variabel: in der Rückenmitte meist eine hell eingefasste, zweimal eingeschnürte Längsbinde und seitlich davon dunkle, ebenfalls hell eingefasste Querflecke ▸ **2a**; oft vorn auf dem Hinterkörper zwei große, weiße Flecke ▸ **2b** oder dunkle Zeichnung fast ganz fehlend, nur im hinteren Abschnitt des Hinterkörpers ein schildförmiger, dunkler Fleck mit heller Umrandung. Ausgewachsen bereits ab April und Mai, vereinzelt bis in den Juni.
Vorkommen Vorwiegend in offenem, trockenem Gelände, etwa an sonnigen Wegrändern, auf Ödland oder Trockenrasen; fast überall ziemlich häufig.
Lebensweise Die Körbchenspinne baut ihr Radnetz mit Vorliebe an trockenen, abgestorbenen Kräutern aus dem Vorjahr. Dicht neben dem Netz baut sie eine ganz ähnliche, nach oben offene Sitzwarte wie die Eichblatt-Radspinne. Tagsüber sitzt sie bei sonnigem Wetter meist in der Netzmitte, bei trübem Wetter dagegen in der Sitzwarte. Zur Paarungszeit (Anfang Mai) sieht man darin oft beide Partner nebeneinander sitzen. Die Eier werden in einem 6–8 mm großen, gelbbraunen Eikokon abgelegt. Die halbwüchsigen Jungspinnen überwintern.

1a

1b

2a

2b

1 Kürbisspinne *Araniella cucurbitina*

> Hinterkörper gelb bis grünlich
> 4–5 Paar schwarzer Punkte
> Netz meist oben auf einem Blatt

Merkmale Körperlänge als Männchen 3,5–4,5, als Weibchen 4,5–8,5 mm. Vorderkörper gelbbraun oder rotbraun, beim Männchen ▸ **1a** mit dunklem Seitenstreifen; Hinterkörper gelbgrün bis grün mit 4–5 Paaren kleiner, schwarzer Punkte, unterseits dunkler gelbgrün, hinter den Spinnwarzen ein leuchtend roter Fleck ▸ **1d**. Jungtiere vor der Überwinterung meist rötlich gefärbt. Ausgewachsen von Mai bis August.
Vorkommen Am häufigsten an Waldrändern und Waldwegen, daneben aber auch in verschiedenen anderen Lebensräumen; fast überall häufig.
Lebensweise Die Spinne baut ihr kleines Radnetz meist in 1–2 m Höhe an Laubbäumen oder Sträuchern. Als Netzstandort wählt sie mit besonderer Vorliebe die Oberseite größerer Blätter, die an den Rändern etwas emporgewölbt sind. Das fertige Netz entspricht in seiner Ausdehnung etwa der Blattfläche; die Netzebene liegt meist nur wenige Millimeter über ihr. Da die Spinne sich unter der Nabe aufhält, schaut man auf ihre dunklere, kaum von der Blattfärbung unterscheidbare Unterseite ▸ **1d**. Der rote Fleck hinter den Spinnwarzen dürfte darüber hinaus von der eigentlichen Spinnengestalt ablenken. Mit dieser geradezu perfekten Tarnung erbeutet sie Insekten, die sich auf dem Blatt absetzen wollen, so z. B. in ▸ **1c** eine mit Pollen beladene Furchenbiene.
Ähnlich Die sehr ähnliche *Araniella opistographa* besitzt stets fünf Punktpaare auf dem Hinterkörper und lässt sich mit letzter Sicherheit nur nach Geschlechtsmerkmalen von dieser Art unterscheiden.

2 *Araniella displicata*

> Hinterkörper teilweise rot
> Paarige weiße Streifen
> Offenbar vorzugsweise auf Kiefern

Merkmale Mit einer Körperlänge von bis zu 6 mm beim Männchen und bis 11 mm beim Weibchen etwas größer als die Kürbisspinne. Vorderkörper auch beim Männchen ▸ **2** ohne dunklen Randstreifen. Hinterkörper hellrot, vorn meist in grünliche Farbtöne übergehend; außerdem mit drei gewellten, weißen Längsbinden und jeweils einem weißen Seitenstreifen. Ausgewachsen von April bis Juni.
Vorkommen Vorzugsweise in Sandgebieten auf Jungkiefern, bisher nur selten gefunden; vielerorts sicher übersehen oder mit Jungtieren der Kürbisspinne verwechselt. Nach der Roten Liste in Deutschland gefährdet.

3 *Araniella alpica*

> Hinterkörper oben nur mit 1–2 Punktpaaren
> Unterseite mit 4 gelben Punkten
> Vorwiegend in höheren Lagen

Merkmale Körperlänge beim Männchen 4,5–5,5 mm, beim Weibchen 6–8 mm. Sehr ähnlich der Kürbisspinne. Vorderkörper auch beim Männchen ohne dunklen Randstreifen; Hinterkörper nur mit 1–2 Punktpaaren, die auch fehlen können, unterseits außer dem roten Fleck fast immer vier gelbe, in einem Quadrat angeordnete Punkte, die in einem dunklen Feld liegen ▸ **3**. Ausgewachsen von Juni bis August.
Vorkommen Vorwiegend in den Mittelgebirgen und Alpen bis in etwa 2000 m, nur im nördlichsten Deutschland auch im Flachland.
Lebensweise Die Art lebt vorwiegend auf Fichten und Tannen. In höheren Lagen verhält sie sich weniger wählerisch und baut z. B. oft ihre Netze ähnlich wie die Kürbisspinne auf der Oberseite gewölbter Blätter.

1a

1b

1c

1d

2

3

1 *Singa hamata*

> Stark glänzend
> Hinterkörper länglich eiförmig
> 2 schwarze, durch Querbinden unterbrochene Längsbinden

Merkmale Körperlänge beim Männchen um 4, beim Weibchen 5–6 mm. Deutlich glänzend (die Gattungen *Singa* und *Hyposinga* werden daher auch als Glanzspinnen bezeichnet). Hinterkörper länglich eiförmig, oben weiß mit zwei breiten, schwarzbraunen Längsbinden, die etwa in der Mitte durch mehrere schmale, weiße, nicht ganz regelmäßige Querbinden unterbrochen sind. Ausgewachsen im Mai und Juni, Weibchen auch noch bis August.
Vorkommen An offenen, meist etwas feuchten Stellen, etwa auf Feuchtwiesen und in feuchten Heidegebieten, auch an Wegrändern und auf sonnigem Ödland; weitverbreitet und in den meisten Gegenden die häufigste Glanzspinne.
Lebensweise Die Art baut ihr vertikales Radnetz dicht über dem Erdboden z. B. zwischen Heidekraut oder vorjährigen, vertrockneten Pflanzen. Neben dem Netz befindet sich der röhren- oder trichterförmige, nach unten offene Schlupfwinkel, in dem sich die Spinne tagsüber meist aufhält. In diesem dicht gewobenen, gut getarnten Gespinst findet auch die Eiablage statt. Später versammeln sich darin die Jungspinnen neben ihrer Mutter. Ob sie von ihr auch gefüttert werden, ist nicht bekannt. Sie überwintern halbwüchsig zwischen Pflanzenresten am Boden.

2 *Singa nitidula*

> Hinterleib schmal und lang gestreckt
> Querbinden nicht durchgehend
> In der Nähe von Fließgewässern

Merkmale In Größe und Zeichnung sehr ähnlich wie *Singa hamata*. Hinterkörper aber noch länglicher als bei dieser; die hellen Querbinden, die die dunklen Längsbinden teilen, reichen nach außen nicht ganz bis an deren Rand, teilen diese also nicht vollständig. Ausgewachsen von Mai bis Juli.
Vorkommen In der Nähe schnell fließender Bäche und Flüsse in Weidengebüschen oder Schilfröhrichten; im südlichen Mitteleuropa deutlich häufiger als im Norden. Gilt nach der Roten Liste in Deutschland als gefährdet.
Lebensweise Die Art baut ihre Netze, anders als die übrigen Glanzspinnen, oft höher als 1 m in Sträuchern oder im Schilf. Ihren Schlupfwinkel legt sie gern in zusammengesponnenen Schilfrispen an ▸ **2a**

3 *Hyposinga heri*

> Grundfärbung gelblich oder rot
> 2 durchgehende Längsbinden
> Meist an Ufern stehender Gewässer

Merkmale Körperlänge beim Männchen um 3, beim Weibchen um 5 mm. Hinterkörper nicht so länglich wie bei den *Singa*-Arten, gelblich, orange oder rot mit zwei durchgehenden, dunkelbraunen Längsbinden. Ausgewachsen von Mai bis August.
Vorkommen Im Röhricht von Flachgewässern und auf feuchten Wiesen; weitverbreitet, aber bisher ziemlich selten gefunden; an vielen Orten bisher sicher nur übersehen. Nach der Roten Liste in Deutschland gefährdet.
Lebensweise Die Art baut ihr Netz an besonnten Stellen im Röhricht oder zwischen Gräsern im Uferbereich. Man findet sie am leichtesten, wenn man die Ufervegetation kleinerer, stehender Gewässer abkeschert.

1a

1b

2a

2b

3

1 *Hyposinga albovittata*

> Eine der kleinsten Radnetzspinnen
> Vorderkörper mit weißem Fleck
> Blattzeichnung innen weißlich

Merkmale Mit einer Körperlänge von 3–3,5 mm als Männchen und etwa 4,5 mm als Weibchen eine der kleinsten Radnetzspinnen. Vorderkörper dunkelbraun, oben mit einem länglichen, weißen Fleck (hierdurch mit keiner anderen Glanzspinne zu verwechseln); Hinterkörper mit hellbrauner, in der Mitte weißlich aufgehellter und weiß eingefasster Blattzeichnung. Ausgewachsen von Mai bis Juli.
Vorkommen An trockenen, warmen Stellen mit niedriger Vegetation, vor allem auf Trockenrasen und in Heidegebieten; weitverbreitet, aber im südlichen Mitteleuropa häufiger als im Norden. Gilt nach der Roten Liste in Deutschland als gefährdet.
Lebensweise Die Art spannt ihr kleines Radnetz dicht über dem Erdboden z. B. zwischen Gräsern und Heidekraut aus. Tagsüber sitzt sie in der Netzmitte. Sie überwintert halbwüchsig.

2 **Opuntienspinne** *Cyrtophora citricola*

> 6 Höcker auf dem Hinterkörper
> Waagerechtes, sehr engmaschiges Radnetz
> Vorzugsweise in Feigenkakteen

Merkmale Extremer Größenunterschied zwischen den Geschlechtern: Körperlänge beim Männchen 2–4, beim Weibchen dagegen 10–15 mm. Hinterkörper vorn mit vierHöckern, zwei weitere an der Hinterleibsspitze; Färbung graubraun oder hell rötlich braun mit einer variablen Zeichnung aus dunklen und weißen Flecken. Ausgewachsen vor allem von Juli bis September, in südlichen Gebieten (z. B. auf den Kanarischen Inseln) fast ganzjährig.
Vorkommen An sonnigen und warmen Orten vor allem im Gestrüpp von Feigenkakteen, auch z. B. in Agaven und ähnlichen dornigen Pflanzen; im Mittelmeergebiet weitverbreitet, vor allem in den südlichen Bereichen.
Lebensweise Die Opuntienspinne baut ein etwa 50–60 cm großes, horizontales Radnetz, das wie bei vielen Baldachinspinnen von zahlreichen „Stolperfäden" überspannt und unterseits mit Spannfäden verankert wird. Es ist aus einem sehr dichten Netz etwa 1x1 mm großer Maschen zusammengesetzt. Von innen nach außen werden an den zahlreichen Radien immer weitere befestigt, sobald der Abstand zum nächsten Radius größer als etwa 1 mm zu werden droht. Die in ebenfalls etwa 1 mm Abstand von einem Umgang zum nächsten verlegte Fangspirale trägt im Gegensatz zu den Netzen aller übrigen Radnetzspinnen keine Klebtröpfchen. Die Netzmitte ist zu einem schmalen Trichter emporgezogen und als Schlupfwinkel ausgesponnen. In ihm hält sich die Spinne die meiste Zeit auf. Die Arbeitsweise mit diesem Netz ist ganz ähnlich wie bei den Baldachinspinnen: Sobald die Spinne ein auf das Radnetz gefallenes Beutetier durch dessen Erschütterungsreize geortet hat, läuft sie dorthin, fesselt es und versetzt ihm den tödlichen Giftbiss. Die Herstellung dieser komplizierten Netzkonstruktion ist ein recht langwieriges Geschäft: Die Opuntienspinne benötigt dafür mehrere Nächte. Oft halten sich als Untermieter in ihrem Fangnetz Diebsspinnen (siehe S. 92) auf, manchmal in größerer Zahl, und bedienen sich an kleineren Beutetieren. Sie werden im Allgemeinen von der Netzbesitzerin nicht weiter beachtet. Nach der Paarung stellt das Weibchen bis zu elf flache, graue Eikokons her und befestigt sie in ihrem Schlupfwinkel. Sie formieren sich dort mit der Zeit zu einer länglichen, wurstförmigen Ansammlung.

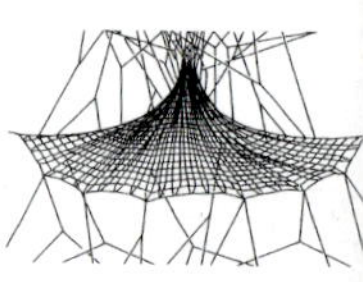

Fangnetz

1
2a
2b
2c

Familie Wolfspinnen Lycosidae

Die Wolfspinnen bauen normalerweise keine Netze, sondern jagen die Beute mit ihrem Gesichtssinn. Sie besitzen daher gut entwickelte Augen, die in drei Querreihen angeordnet sind: Am Stirnrand liegen vier kleine Augen dicht nebeneinander, dahinter vier deutlich größere in einem nach hinten erweiterten Trapez. Die Weibchen tragen ihren Eikokon an den Spinnwarzen. Die Jungspinnen werden später auf dem Hinterleib getragen. In Mitteleuropa kommen etwa 90 Arten vor, die in der Regel nur nach der Epigyne bzw. nach dem männlichen Taster sicher zu unterscheiden sind.

Augenstellung

1 *Pardosa lugubris*

> Häufigste Wolfspinne
> Breites helles Band auf Vorderkörper
> Hinterleibszeichnung undeutlich

Merkmale Als Vertreterin der mit etwa 40 Arten größten Wolfspinnengattung *Pardosa* an dem im Augenbereich fast senkrecht abfallenden Vorderkörper zu erkennen; dieser hier kaum breiter als das Augenfeld. Vorderkörper an den Seiten dunkelbraun, oben mit einer breiten, vorn bis an die Augen heranreichenden, gelblichen Längsbinde. Hinterkörper hellbraun mit undeutlichen dunkleren Flecken und paarigen, hellen Punkten. Epigyne des Weibchens ankerförmig. Männchen deutlich dunkler, mit schwarzer Grundfärbung und weißer Rückenzeichnung auf Vorder- und Hinterkörper. Ausgewachsene Männchen von April bis Juli, Weibchen auch noch im September.
Vorkommen Meist an offenen, sonnigen Stellen, etwa an Wegrändern und in Heidegebieten, regelmäßig z. B. auch auf Waldlichtungen; überall häufig, in den meisten Gegenden die häufigste Wolfspinne.
Lebensweise Die Art ist fast das ganze Jahr hindurch, oft selbst an milden Wintertagen, scharenweise an unbewachsenen Bodenstellen oder im niedrigen Gras anzutreffen. Zur Paarung besteigt das Männchen von vorn seine Partnerin und lässt sich von dieser mit nach hinten gerichtetem Vorderende tragen. Von Zeit zu Zeit dreht es den weiblichen Hinterkörper, sodass dessen Unterseite schräg zur Seite gerichtet ist, rutscht zu dieser Seite etwas herunter und führt den ersten Taster in die eine Seite der Epigyne ein. Anschließend wechselt er zur anderen Körperseite, dreht den Hinterkörper in entgegengesetzter Richtung und führt spiegelbildlich den anderen Taster ein. Das Weibchen stellt ab Anfang Juni seinen gedrückt-kugeligen, grau oder blaugrünlich gefärbten Eikokon her. Hierfür webt die Spinne zunächst am Boden eine kreisrunde Basalplatte, auf der sie den Eiballen ablegt, anschließend eine ebenso geformte Abdeckplatte und fügt schließlich die beiden Gespinstscheiben an der Nahtlinie durch weitere Spinnfäden zusammen. Durch diese spezielle Herstellungsweise erklärt sich der hellere Streifen, der am „Äquator" des fertigen Eikokons meist deutlich erkennbar ist. Sobald die Jungspinnen geschlüpft sind, öffnet die Spinne ihren Kokon etwas an der Nahtlinie und erleichtert dem Nachwuchs den Ausstieg. Die Jungen versammeln sich auf ihrem Hinterkörper und lassen sich einige Tage tragen. Nach einer Häutung verlassen sie ihre Mutter und gehen selbstständig auf Beutefang. Das Spinnenweibchen kann anschließend weitere Kokons herstellen, auch wenn keine Männchen mehr zu finden sind.
Ähnlich Seit einigen Jahren wurden vor allem nach Eigenarten beim Paarungsverhalten fünf Arten von *Pardosa lugubris* abgetrennt, die sich ansonsten nur nach minimalen Unterschieden im Bau der männlichen Taster, nicht aber nach der weiblichen Epigyne unterscheiden lassen. Von diesen ist anscheinend nur *Pardosa alacris* häufiger zu finden.

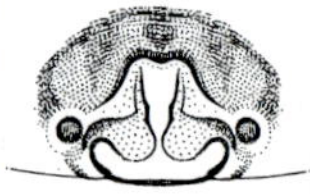

Epigyne

1a
1b
1c
1d
1e

1 *Pardosa amentata*

> Etwas dunkler als *Pardosa lugubris*
> Heller Streifen weniger klar begrenzt
> An feuchten Stellen

Merkmale Entspricht in der Größe *Pardosa lugubris*, ist aber dunkler und nicht so kontrastreich gezeichnet. Vorderkörper ebenfalls mit heller Längsbinde, diese aber seitlich nicht so klar und auch nicht geradlinig begrenzt; Hinterkörper im hinteren Teil mit deutlicher abgesetzten, hellen Punktpaaren. Epigyne vorn mit einer halbmondförmigen Scheidewand und dahinter einem fast hammerartig erweiterten Abschnitt. Männchen fast einheitlich schwarz. Ausgewachsen von März bis September.
Vorkommen Bewohnt im Vergleich zu *P. lugubris* etwas feuchtere, offene Gebiete, daher besonders an Gewässerufern regelmäßig anzutreffen; auf etwas feuchten Waldlichtungen auch oft gemeinsam mit der anderen Art und insgesamt kaum seltener als diese.

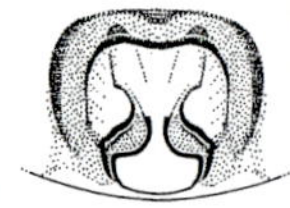
Epigyne

2 *Pardosa bifasciata*

> Helle Grundfärbung
> Zwei dunkle Längsbinden auf dem Vorderkörper
> Heller Spießfleck in breitem, hellem Umfeld

Merkmale Ziemlich zierliche Wolfspinne mit einer Körperlänge von 4,5–6 mm. Grundfärbung hell graubraun bis gelbbraun. Auf dem Vorderkörper zwei scharf begrenzte, geradlinige, schwarzbraune Längsbinden, seitlich davon jeweils ein etwa ebenso breiter, heller Streifen. Hinterkörper vorn mit hellem, schmal dunkel umrandetem Spießfleck in einem hellen Umfeld, seitlich davon ebenfalls dunkle, aber weniger klar begrenzte Längsbinden. Epigyne mit einem vorn etwas erweiterten Längsspalt. Ausgewachsen von Mai bis September.
Vorkommen An warmen, trockenen Stellen mit schwach entwickelter Vegetation, etwa auf steinigen Trockenrasen, in aufgelassenen Steinbrüchen oder auf lückigen Sandheiden; nicht häufig, doch an den Fundorten oft in größerer Zahl. Gilt nach der Roten Liste in Deutschland als gefährdet.

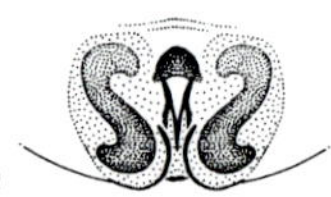
Epigyne

3 *Pardosa palustris*

> Helle Mittelbinde meist nach vorn verschmälert
> Kann aber auch verbreitert sein
> Helle Seitenbinden schmal oder breit

Merkmale Körperlänge als Männchen 4–5,5, als Weibchen 4,5–6 mm. Vorderkörper mit dunkler Grundfärbung, zwei hellen Seitenbinden und einer hellen Mittelbinde, die sich meist nach vorn stark verschmälert und schon vor dem Augenfeld endet. Bei der Varietät *herbigrada* ▸ **3** ist diese Mittelbinde aber nach vorn erweitert, und die Seitenbinden sind auffallend breit und weiß gefärbt. Epigyne mit einer dreieckigen Platte, die etwa so lang wie breit ist. Ausgewachsen von Mai bis August.
Vorkommen Ganz im Gegensatz zum Artnamen (*palustris* bedeutet im Sumpf lebend) eine typische Art der sonnigen Trockengebiete, besonders in offenen Heidegebieten; ziemlich häufig.

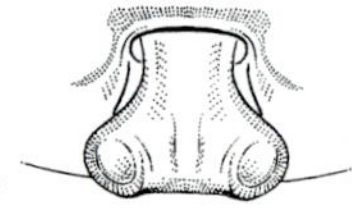
Epigyne

1

2a

2b

3

1 *Pardosa monticola*

> 3 schmale helle Streifen auf dem Vorderkörper
> Untere Streifen oft noch unterteilt
> Gern an steinigen Berghängen

Merkmale Sehr ähnlich *Pardosa palustris*. Körperlänge 4–6 mm. Vorderkörper dunkelbraun mit drei klar begrenzten, hellen Längsstreifen, der obere nach vorn stark verschmälert, die beiden unteren oft durch einen dunklen Längsstreifen in jeweils zwei parallele Längsstreifen unterteilt ▸ 1. Dreieckige Platte der Epigyne meist deutlich länger als breit. Ausgewachsen von April bis Juli, vereinzelt noch im August.
Vorkommen In offenem, trockenem Gelände, besonders an steinigen oder felsigen Berghängen; gebietsweise ziemlich häufig.
Lebensweise Das hier abgebildete, auf der Schwäbischen Alb gefundene Weibchen hatte offensichtlich seinen Eikokon verloren und in seiner Not ersatzweise ein leeres Schneckenhaus „adoptiert". Wenn kokontragende Wolfspinnen ihren Kokon verlieren, suchen sie so lange am Boden herum, bis sie ihn wiederfinden, oder aber sie suchen sich ähnlich große Ersatzobjekte, um ihren Brutfürsorgetrieb zu befriedigen. Einmal wurde auch beobachtet, dass ein kokontragendes Weibchen dieser Art sich einen zweiten Kokon an die Spinnwarzen heftete, den sie am Boden liegend gefunden hatte.

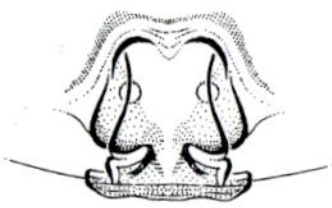
Epigyne

2 *Pardosa wagleri*

> Weibchen graugelblich, Männchen schwarz
> Fast ohne hellere Zeichnungen
> Im Geröll alpiner Fließgewässer

Merkmale Körperlänge 6–7,5 mm. Das ganze Tier praktisch ohne hellere Zeichnungen; Weibchen graugelblich, Männchen fast schwarz. Epigyne mit einer schmal-dreieckigen Platte. Ausgewachsen von April bis Juli.
Vorkommen Regelmäßig auf den Schotterfluren alpiner Bach- und Flussufer; hier von den Tallagen bis in eine Höhe von etwa 1400 m meist häufig. Gilt nach der Roten Liste in Deutschland als gefährdet.
Ähnlich Sehr ähnlich und auch nach der Epigyne nicht sicher unterscheidbar ist die mit 8–9,5 mm Körperlänge deutlich größere *Pardosa saturatior*. Sie vertritt *S. wagleri* in Höhen von über 1400 mm und steigt im alpinen Geröll etwa bis zur Schneegrenze empor.

Epigyne

3 *Pardosa nigra*

> Beide Geschlechter schwarz
> Fast ohne Zeichnungen
> Nur oberhalb 2000 m

Merkmale Mit 7,5–9 mm Körperlänge eine der größten *Pardosa*-Arten. Beide Geschlechter fast einheitlich schwarz, fast ohne erkennbare, hellere Zeichnungen. Auf der Unterseite der Vordertibien 3–4 Stacheln (bei den übrigen Vertretern dieser Gattung meist nur zwei). Ausgewachsen im Juli und August.
Vorkommen Auf Blockschutthalden, in alpinen Rasengesellschaften und am Rand von Gletschern; nur in den Alpen in Höhen zwischen 2000 und 3300 m sowie in einigen südeuropäischen Gebirgen, ziemlich selten.
Lebensweise Die Spinne verhält sich äußerst scheu und verkriecht sich schon bei der geringsten Störung in Gesteinsspalten. Sie ist daher in ihrem unwegsamen Lebensraum nur sehr schwer zu finden.

1

2

3

1 *Acantholycosa lignaria*

Merkmale Körperlänge als Männchen um 7, als Weibchen um 8 mm. Wie alle *Acantholycosa*-Arten auffallend langbeinig. Grundfärbung schwarz mit hellgrauen Zeichnungen, auf dem Hinterkörper weiße Punktpaare; Beine deutlich hell-dunkel geringelt. Auf der Unterseite der Vordertibien eine schräge Reihe aus vier Stacheln. Ausgewachsene Tiere von Juni bis August.
Vorkommen An sonnigen Stellen in montanen Nadelwäldern; nur in den östlichen Alpen und im Böhmerwald, ziemlich selten.

> Sehr flink und langbeinig
> Schwarz mit grauen Zeichnungen
> Auf Totholz im Gebirge

Lebensweise Die Spinne läuft vor allem auf liegenden Totholzstämmen umher und sonnt sich gern auf verwittertem Holz. Sie ist außerordentlich flink und verbirgt sich bei einer Störung sofort in Ritzen des aufgesprungenen Holzes. Sie wird von manchen Autoren als schnellste aller bekannten Spinnen betrachtet.

2 *Acantholycosa pedestris*

Merkmale Körperlänge beim Männchen um 8, beim Weibchen bis 11 mm. Vorwiegend schwarz, mit heller Behaarung vor allem am Hinterkörper und an den Beinen. Vordertibien an der Unterseite mit einer Reihe von 5–6 langen Stacheln. Ausgewachsen von Mai bis Juli.
Vorkommen Meist oberhalb von 2000 m auf Blockschutthalden und Felsen; nur in den Alpen, doch überall selten. Gilt nach der Roten Liste in Deutschland als gefährdet.
Lebensweise Die Art läuft sehr behände auf dem Gestein umher und verschwindet schon bei geringsten Störungen in den Steinspalten.

> Noch dunkler als *Acantholycosa lignaria*
> Vordertibien mit 5–6 Stacheln
> Auf Gesteinsschutt in den Hochalpen

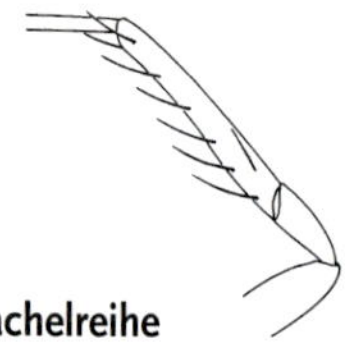

Vordertibia mit Stachelreihe

3 *Hygrolycosa rubrofasciata*

Merkmale Körperlänge 5–6 mm. Geschlechter sehr verschieden gefärbt und gezeichnet: Beim Männchen Vorderkörper schwarz mit drei undeutlichen, hellen Längsbinden, Hinterkörper dunkelbraun mit vier zum Teil untereinander verbundenen Längsreihen weißer Punkte, Beine bis zur Schienenbasis schwarz, von dort ab hellbraun; beim Weibchen Vorderkörper auf hellbraunem Grund mit zwei dunklen Längsbinden und zwei schmäleren Fleckenreihen, Hinterkörper wie beim Männchen, doch deutlich heller, Beine hellbraun und bis zur Schienenbasis dunkel gepunktet. Ausgewachsen vom Herbst bis in den Juni.
Vorkommen Am Boden feuchter Wälder und auf Feuchtwiesen; in Mitteleuropa weitverbreitet, aber im Norden deutlich häufiger als im Süden. Gilt nach der Roten Liste in Deutschland als gefährdet.

> Männchen fast schwarz mit zweifarbigen Beinen
> Weibchen hellbraun mit gepunkteten Beinen
> Trommelgeräusche bei der Balz

Lebensweise Die Spinne lebt recht versteckt z. B. in Moospolstern und in der Laubstreu. Im Winter kann man sie bisweilen unter am Boden liegenden Holzstücken finden. Bei der Balz im Frühjahr trommeln die Männchen mit ihrem Hinterleib auf trockene Blätter und erzeugen dadurch auch für das menschliche Ohr gut hörbare, schnurrende Trommelgeräusche.

1

2a

2b

3a

3b

1 *Xerolycosa nemoralis*

> Kopfpartie breiter als bei Pardosa
> Hinterkörper mit weißen Punktpaaren
> Besonders auf Waldlichtungen

Merkmale Körperlänge beim Männchen um 5, beim Weibchen etwa 7 mm. Erinnert in Färbung und Zeichnung sehr an die häufige *Pardosa lugubris*, doch fällt die Kopfpartie neben den Augen nur ganz allmählich ab, sodass dieser Teil des Vorderkörpers viel breiter erscheint. Grundfärbung mehr rötlich, Hinterkörper mit meist deutlichen, hellen Punktpaaren und weniger deutlichen Winkelflecken. Ausgewachsene Tiere von April bis September.
Vorkommen Besonders auf sonnigen Lichtungen in Nadelwäldern und an Waldrändern; in den meisten Gegenden ziemlich häufig.
Ähnlich Bei der sehr ähnlichen *Xerolycosa miniata* ist das helle Längsband auf dem Rücken des Vorderkörpers in der Mitte etwas eingeschnürt. Ganz im Gegensatz zu *X. nemoralis* kommt diese Art aber nicht in Wäldern, sondern vorzugsweise auf nur sehr lückig bewachsenen Sandböden vor.

2 *Aulonia albimana*

> Schwarz mit weißen Zeichnungen
> Patella der Pedipalpen weiß
> Einzige heimische Wolfspinne mit Fangnetz

Merkmale Mit nur 4–4,5 mm Körperlänge eine der kleinsten heimischen Wolfspinnen. Kopfpartie wie bei den *Pardosa*-Arten neben dem Augenfeld steil abfallend. Vorderkörper dunkelbraun bis schwarz, mit einer scharf abgesetzten, schmalen weißen Randlinie. Hinterkörper etwa mit der gleichen Grundfärbung, vorn meist mit einem weißen Strich und hinten mit weißen Punktpaaren. Beine hellbraun, nur die Vorderschenkel schwarz; sehr markant die schwarzen Pedipalpen mit der schneeweiß abgesetzten Patella. Ausgewachsen von Mai bis Oktober.
Vorkommen An warmen, sonnigen Orten mit offenen, steinigen oder sandigen Bodenstellen, besonders auf lückigen Trockenrasen und Sanddünen; in Mitteleuropa weitverbreitet und an den Fundorten meist in hoher Individuenzahl.
Lebensweise Diese unverwechselbare, kleine Spinne ist die einzige heimische Wolfspinne, die ein Fangnetz herstellt. Dieses ausgesprochen zarte und daher schwer sichtbare Gespinst besteht aus einem flachen Trichter, der in der Mitte in eine schmale Röhre übergeht. Diese Röhre ist am Ende offen. Das Trichternetz ist meist auf der Oberfläche eines Moospolsters ausgebreitet, und die Röhre endet im Innern des Moosrasens. Angesichts der sehr erschwerten Sichtbarkeit dieses Netzes kann es nicht überraschen, dass es erst Ende der 1960er-Jahre entdeckt wurde.
Die Spinne hält sich aber nicht immer in ihrem Fangnetz auf, sondern kann ebenso häufig auch frei am Boden laufend angetroffen werden.

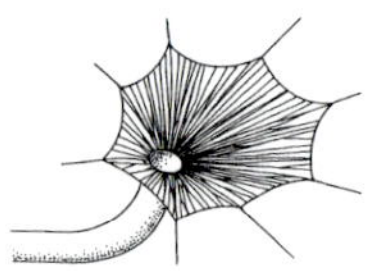

Fangnetz

1a

1b

2a

2b

2c

1 *Alopecosa striatipes*

Merkmale Körperlänge beim Männchen 11–13, beim Weibchen 13–15 mm. Vorderkörper mit breitem, hellgrauem oder bräunlichem Band, das sich in der vorderen Hälfte stark erweitert und im Augenbereich bis zu den Seitenrändern herabreicht; im hinteren Teil zwei breite, schwarze, nach vorn zugespitzte Binden, die durch zwei kontrastreich abgesetzte Radiärstreifen jeweils in drei Abschnitte zerteilt werden. Diese Radiärstreifen können aber auch fehlen. Hinterkörper beim Weibchen mit nur undeutlich abgesetztem Spießfleck und dahinter dunklen Winkelflecken, beim Männchen ▸ **1a** oben mit hellgrauem, dunkel eingefasstem Längsband, unterseits wie bei allen großen Arten dieser Gattung schwarz. Schenkel der Beine unterseits schwarz, darüber weiß gestreift, besonders deutlich an der Vorderseite der Vorderbeine. Epigyne mit einer nach hinten deutlich erweiterten Platte. Ausgewachsen von März bis Juni.

Vorkommen An warmen, trockenen Orten mit schwach entwickelter Vegetation, vor allem auf steinigen Trockenrasen; in Deutschland vor allem auf der Schwäbischen und Fränkischen Alb sowie im Nordhessischen Bergland, ziemlich selten. Nach der Roten Liste in Deutschland stark gefährdet.

Lebensweise Die Spinne häutet sich offenbar bereits vor Eintritt der kalten Jahreszeit zum letzten Mal und überwintert dann ausgewachsen, denn bereits an den ersten warmen Vorfrühlingstagen sieht man die Männchen auf der Suche nach einer Partnerin umherlaufen. Die Weibchen sind seltener zu beobachten; man kann sie aber manchmal unter Steinen finden. Sie bauen sich möglicherweise erst nach der Paarung eine ziemlich tiefe, fingerdicke Erdröhre. Die einzige derartige Röhre, die ich bisher entdecken konnte, fand ich im Mai. Sie knickte in etwa 5 cm Tiefe ab und enthielt ein Weibchen mit Eikokon, das diesen, dicht über dem Knick sitzend, der Abendsonne entgegenstreckte ▸ **1c**. Mit einem Grashalm ließ sie sich bis an den Rand ihrer Wohnung hervorkitzeln ▸ **1d**. Der Rand der Röhrenmündung

> Große Wolfspinne mit schwarzem Bauch
> Meist schmale, weiße Radiärstreifen
> Schenkel unten schwarz, darüber weiß gestreift

war mit feinem, weißem Gespinst bekleidet, sodass die ganze Behausung stark an die Verhältnisse bei den großen mediterranen Taranteln erinnerte. Während ich mit der Dokumentation dieses interessanten Fundes beschäftigt war, erschien nur wenige Zentimeter entfernt ein zweites Weibchen dieser Art, bei dem bereits die Jungen geschlüpft waren. Sie bedeckten dicht an dicht ihren Hinterkörper und hatten jeweils das Vorderende nach innen gekehrt ▸ **1f**. Bei einer erneuten Inspektion des Fundortes am nächsten Tag ergab sich wieder eine große Überraschung: Die am Vortag entdeckte Röhre war zunächst nicht mehr auffindbar, obwohl ich mir den Ort genau eingeprägt hatte ▸ **1e**. Erst eine millimetergenaue Absuche brachte es an den Tag, dass die Öffnung jetzt durch einen aus Erdkrumen, Pflanzenresten und kleinen Steinchen zusammengesponnenen Deckel verschlossen war. Bei einer späteren genauen Untersuchung der Bilder des Vortages stellte sich heraus, dass dieser Deckel bereits zu diesem Zeitpunkt ausgebildet, aber wie der einer Falltürspinne seitlich hochgeklappt war ▸ **1c, 1d**.

Ähnlich Bei der sehr ähnlichen *Alopecosa mariae* fehlen die weißen Radiärstreifen auf dem Vorderkörper. Da dies aber auch bei *A. striatipes* vorkommen kann, ist eine sichere Unterscheidung nur nach Genitalmerkmalen möglich: Die Platte an der weiblichen Epigyne ist vorn stielartig eingeschnürt und hinten hammerartig erweitert. Beide Arten schließen sich in ihrer Verbreitung aus: Während *A. striatipes* auf Mittel- und Westeuropa beschränkt ist, kommt *A. mariae* nur in Südosteuropa, nach Nordwesten bis in den Raum Wien, vor.

Epigyne

1a

1b

1c

1d

1e

1f

1 *Alopecosa schmidti*

Merkmale Mit einer Körperlänge von 11–13 mm als Männchen und 15–18 mm als Weibchen die größte Art der Gattung. Vorderkörper ähnlich gezeichnet wie bei *Alopecosa striatipes*, doch ohne die weißen Radiärstreifen. Hinterkörper mit hell abgesetztem, seitlich zweimal gezacktem Spießfleck; dahinter mit dunklen Winkelflecken, an deren Spitzen jeweils helle Punkte. Schenkel ähnlich wie bei *A. striatipes*, doch die dunkle Unterseite nicht so scharf gegen den hellen Streifen abgegrenzt. Epigyne mit runder Platte, die etwas breiter als lang ist. Ausgewachsen von September bis Juni.

> Größte *Alopecosa*-Art
> Ohne weiße Radiärstreifen
> Vor allem in Osteuropa

Vorkommen An warmen, trockenen Stellen mit schwach entwickelter Vegetation, vor allem auf Kalktrockenrasen, seltener in Sandgebieten; vor allem in Osteuropa, nach Westen bis Thüringen und ins nördliche Harzvorland. Nach der Roten Liste in Deutschland gefährdet.

Epigyne

2 *Alopecosa fabrilis*

Merkmale Mit einer Körperlänge von bis zu 12 mm als Männchen und 16 mm als Weibchen kaum kleiner als *Alopecosa schmidti*, der sie sehr ähnelt. Spießfleck noch stärker weiß abgesetzt und weiße Punkte noch deutlicher. Die Epigyne zeigt in einer breiten Tasche eine ankerförmige Struktur. Ausgewachsen von September bis Juli.
Vorkommen In warmen, kaum bewachsenen Sandgebieten, vor allem auf Binnendünen, doch auch am Boden lockerer Kiefernwälder und auf Sandheiden; bei uns stellenweise nicht selten, besonders in Norddeutschland.

> Spießfleck weiß abgesetzt
> Hinten mit deutlichen, weißen Punktpaaren
> Auf offenen Sandböden

Lebensweise Die Tiere graben sich etwa 5 cm tiefe Erdröhren, die sie am Eingang mit einem Gespinst auskleiden. Besonders im zeitigen Frühjahr laufen sie aber auch frei am Boden umher.

Epigyne

3 *Alopecosa inquilina*

Merkmale Mit 10–12 mm Körperlänge als Männchen und 13–17 mm als Weibchen eine weitere auffallend große *Alopecosa*-Art. Färbung nicht so kontrastreich wie bei den anderen Arten dieser Seite, besonders beim Weibchen. Seitenbinde am Vorderkörper nur wenig dunkler als die helle Rückenbinde; 1. Zackenpaar am Spießfleck auf dem Hinterkörper schwarz, ebenso ein nierenförmiges Fleckenpaar vorn an den Hinterleibsseiten. Ankerstruktur der Epigyne mit schmaler Längsfurche. Männchen ▸ 3b etwas kontrastreicher, auf dem Hinterkörper mit zwei schwarzen Punkten in einem hellgrauen Längsfleck.

> Zeichnung kontrastarm
> Keilfleck mit 2 schwarzen Zacken
> Schwarze Flecke vorn an den Hinterleibsseiten

Ausgewachsen von September bis Juni.
Vorkommen Auf steinigen Trockenrasen und Schotterflächen an Alpenflüssen; außer in den niedrigen Lagen der Alpen (bis ca. 1500 m) in einigen süddeutschen Mittelgebirgen; nicht häufig. Gilt nach der Roten Liste in Deutschland als gefährdet.

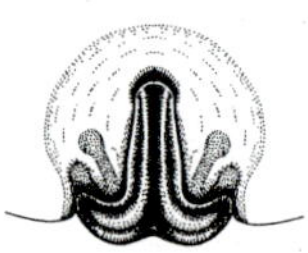

Epigyne

1

2a

2b

3a

3b

1 *Alopecosa trabalis*

Merkmale Körperlänge als Männchen bis 11, als Weibchen bis 15 mm. Vorderkörper oben mit einer hellen, vorn nicht verbreiterten Längsbinde und jeweils einer weiteren unten an den Seiten. Hinterkörper unterseits hell gefärbt, beim Weibchen ▸ 1 am Rücken mit einem nur vorn weißlich abgesetzten Keilfleck, außerdem mit zwei weißen Punkten; beim Männchen Keilfleck deutlicher und in der Mitte aufgehellt. Sternum hell mit dunklem Rand, dieser scharf gegen die hellen Coxen abgesetzt. Epigyne viel länger als breit, mit einer gestielt dreieckigen Platte. Ausgewachsen von Mai bis Juli.

> Hinterkörper nur ganz schwach gezeichnet
> Zwei weiße Punkte
> Sternum hell mit dunklem Rand

Vorkommen Besonders an offenen, steinigen oder felsigen Stellen in Steppenheidewäldern und auf Trockenrasen, vor allem im Bergland an wärmebegünstigten Orten, in den Alpen bis etwa 1000 m; gebietsweise nicht selten.

Epigyne

2 *Alopecosa cuneata*

Merkmale Mit einer Körperlänge von etwa 7 mm als Männchen und 8–9 mm als Weibchen eine der kleinsten Arten der Gattung. Hinterkörper oben mit einer hellen Längsbinde, in der ein glattrandiger, dunkler Spießfleck liegt, unterseits hell. Männchen mit blasenförmig angeschwollenen, schwarzen Vordertibien ▸ **2b**. Epigyne des Weibchens viel länger als breit, mit einer abgerundet T-förmigen Platte. Ausgewachsen von Mai bis Juli.

Vorkommen Vorwiegend an sonnigen, offenen Stellen, etwa an Wald- und Wegrändern sowie auf Trockenrasen; überall ziemlich häufig.

Ähnlich Während die Männchen durch ihre blasenförmig verdickten und in diesem Bereich stark verdunkelten Vorderbeine kaum mit anderen Wolfspinnen zu verwechseln sind, lassen sich die Weibchen nur nach dem Bau der Epigyne sicher von einigen sehr ähnlichen Arten dieser Gattung unterscheiden. Die meist in Gesellschaft ihrer Partnerinnen auftretenden Männchen geben aber oft einen guten Hinweis auf die Artzugehörigkeit der Weibchen.

> Hinterkörper mit glattrandigem Spießfleck
> Männchen mit verdickten Vordertibien
> Eine der häufigsten *Alopecosa*-Arten

3 *Alopecosa accentuata*

Merkmale Körperlänge als Männchen bis 9, als Weibchen bis 12 mm. Hinterkörper unten nicht verdunkelt, oben mit heller Längsbinde, in der ein seitlich gezackter Spießfleck und dahinter dunkle Winkelflecke liegen. Beine meist deutlich hell-dunkel geringelt. Epigyne mit einer annähernd dreieckigen, breiten Platte. Ausgewachsen von September bis Juli.

Vorkommen An offenen, trockenen Stellen, z. B. an Waldrändern, auf Heideflächen und Trockenrasen; fast überall häufig.

> Hinterkörper mit gezacktem Spießfleck
> Beine geringelt
> Fast überall häufig

Ähnlich Schwer und am sichersten durch die Epigyne von einigen sehr ähnlichen, aber viel selteneren Arten zu unterscheiden.

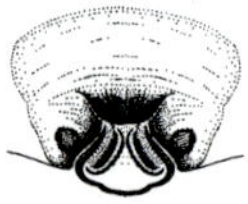

Epigyne

1

2a

2b

3a

3b

1 Apulische Tarantel *Lycosa tarentula*

> Auffallend große Wolfspinne
> Gelber Bauch mit schwarzem Querstreifen
> Tagsüber meist in fingerdicker Erdröhre

Merkmale Mit einer Körperlänge von maximal 25 mm als Männchen und 30 mm als Weibchen eine der größten europäischen Wolfspinnen. Grundfärbung beim Männchen weißgrau, beim Weibchen mehr gelblich. Vorderkörper mit nur undeutlich abgesetztem, hellem Längsband in der Mitte, seitlich jeweils mit dunklem Längsband und darunter einem hellen Streifen. Hinterkörper oben mit einem dunklen Längsfleck, der jederseits zwei Zacken trägt, dahinter mit dunklen Winkelflecken, unterseits mit einem breiten, schwarzen Querband, davor und dahinter leuchtend gelb. Beine unterseits sehr kontrastreich schwarz-weiß gefleckt, oberseits ziemlich einheitlich graubraun. Ausgewachsene Männchen im Frühjahr, Weibchen auch noch im September.
Vorkommen An trockenen, steinigen Stellen mit lückiger Vegetation; im westlichen Mittelmeergebiet, vor allem im mittleren und südlichen Italien. An den Fundorten meist in geringer Individuendichte.
Lebensweise Die dem Namen nach sehr bekannte und von vielen gefürchtete Spinne führt eine eher versteckte Lebensweise. Sie ist vorwiegend nachtaktiv und hält sich tagsüber meist in einer bis 30 cm tiefen, daumendicken Erdröhre verborgen. Diese führt fast senkrecht ins Erdreich hinab und ist innen mit feinem, weißem Gespinst ausgekleidet. An seiner Mündung sind Grashalme und andere Teile aus der Umgebung zu einem Kragen zusammengesponnen, der die Umgebung oft deutlich überragt. Im Schein einer Taschenlampe kann man oft die Augen der tiefer unten sitzenden Spinne aufleuchten sehen, und manchmal gelingt es, sie mit einem Grashalm nach oben zu kitzeln. Manchmal, vor allem im Frühjahr, sitzt sie aber auch in der Öffnung und lässt sich von der Sonne wärmen. Zur gleichen Zeit sieht man die Männchen auf der Suche nach den Röhren der Weibchen auch tagsüber umherlaufen. Nach der Paarung baut das Weibchen im Sommer einen recht großen, weißen Kokon mit einigen Hundert Eiern. Oft streckt sie diesen vom Innern der Röhre aus mit der Hinterleibsspitze den wärmenden Sonnenstrahlen entgegen.
Wissenswertes Die große Spinne wird völlig zu Unrecht gefürchtet. Ihr Biss soll zwar schmerzhaft sein, entspricht aber in seiner Wirkung nur etwa der eines normalen Wespenstichs. Der Glaube an die Gefährlichkeit dieser Art beruht offensichtlich auf einer Verwechslung mit der oft in den gleichen Gebieten vorkommenden Malmignatte (siehe S. 94), die zwar deutlich kleiner ist, aber ein durchaus gefährliches Gift besitzt. Der Name Tarantel geht im Übrigen auf die Stadt Tarent zurück, in deren Umgebung die Tarantel öfters vorkommt. In Amerika bezeichnet man allgemein Vogelspinnen als Taranteln. Dieser Umstand beruht darauf, dass südeuropäische Einwanderer irrtümlicherweise in ihnen die aus ihrer Heimat bekannten Taranteln zu erkennen glaubten.

2 Südfranzösische Tarantel *Hogna narbonensis*

> Kleiner als die Apulische Tarantel
> Schwarzer Bauch mit rotem Saum
> Vor allem in Südfrankreich

Merkmale Ähnlich der Apulischen Tarantel, aber mit einer Körperlänge von maximal 22 mm deutlich kleiner als diese. Zeichnung weniger kontrastreich und Grundfärbung etwas dunkler; Unterseite des Hinterleibs schwarz mit rotem Saum.
Vorkommen An ähnlichen Orten wie die Apulische Tarantel; von Spanien bis Italien, besonders aber in Südfrankreich (z. B. Crau).
Lebensweise Die Art verhält sich ähnlich wie die größere Verwandte und baut auch ganz ähnliche Wohnröhren.

1a
1b
1c
1d
1e
2

1 Südrussische Tarantel *Lycosa singoriensis (= Allohogna singoriensis)*

> Größte europäische Wolfspinne
> Hinterkörper mit hellen Punktpaaren
> In sandigen Steppen Ost- und Südosteuropas

Merkmale Mit einer Körperlänge von bis zu 35 mm noch etwas größer als die Apulische Tarantel und damit die größte europäische Wolfspinne. Grundfärbung heller oder dunkler grau. Vorderkörper ohne deutliche Bindenzeichnung, im hinteren Teil mit schwachen Radiärstreifen; Hinterkörper vorne mit seitlich zweimal gezacktem Lanzettfleck, dahinter mehreren hell gesäumten Winkelflecken, diese an den Spitzen jeweils mit einem hellen Punkt (dadurch Hinterleib mit hellen Punktpaaren gezeichnet). Ausgewachsene Männchen vom Herbst bis ins Frühjahr, Weibchen fast ganzjährig.
Vorkommen In nur schwach bewachsenen, sandigen Steppengebieten, oft auf salzhaltigem Untergrund; vom östlichen Österreich (Ostufer des Neusiedler Sees) über Ungarn bis nach Russland und ins östliche Mittelmeergebiet. Vor allem an den westlichen Vorposten ihres Verbreitungsgebietes vielerorts mit stark rückläufiger Bestandsentwicklung und daher z. B. in Österreich besonders geschützt.
Lebensweise Die Art gräbt ähnliche Wohnröhren wie die Apulische Tarantel, die bis etwa 50 cm tief hinabreichen können. Ein Kragen um die Eingangsöffnung ist ebenfalls meist zu erkennen, aber im Allgemeinen nicht so fest mit Pflanzenteilen verwoben wie bei dieser.
Wissenswertes Auch diese imposante Spinne ist für den Menschen ungefährlich. Interessanterweise wird sie in ihren Vorkommensgebieten, ganz im Gegensatz zur Apulischen Tarantel in Italien, von der heimischen Bevölkerung kaum gefürchtet. Aus der Ukraine wird sogar berichtet, dass dort regelmäßig Kinder mit diesen Tieren spielen sollen. Offenbar ist die Südrussische Tarantel auch ausgesprochen beißunlustig, wie u. a. ein vor etwa 100 Jahren durchgeführter Versuch eines Wissenschaftlers zeigte: Dieser versuchte vergeblich, sich selbst und einige für diesen Zweck vorgesehene Versuchstiere von 100 von der Krim stammenden Taranteln beißen zu lassen. In anderen Versuchen konnte dagegen gezeigt werden, dass z. B. Sperlinge und Mäuse sofort nach dem Biss vom Gift dieser Spinne gelähmt wurden.

2 Schwarzbäuchige Tarantel *Hogna radiata*

> Vorderkörper mit hellen Radiärstreifen
> Hinterkörper unterseits ganz schwarz
> Tagsüber unter Steinen

Merkmale Körperlänge beim Männchen bis 18, beim Weibchen bis 25 mm. Vorderkörper hellbraun mit zwei schwarzen Längsbinden, diese mit deutlichen, hellen Radiärstreifen. Hinterkörper nur undeutlich mit einem dunkleren Lanzettfleck und Winkelflecken gezeichnet, auf der Unterseite schwarz. Ausgewachsene Männchen im Frühjahr, Weibchen bis September.
Vorkommen In vegetationsarmen, steinigen oder sandigen Gebieten im Mittelmeerraum weitverbreitet und meist nicht selten, nach Norden vereinzelt bis Südtirol.
Lebensweise Im Unterschied zu den anderen hier vorgestellten Tarantel-Arten gräbt die Schwarzbäuchige Tarantel keine Wohnröhren, sondern verbirgt sich tagsüber z. B. unter Steinen und geht nachts auf Nahrungssuche.
Wissenswertes Auch über diese harmlose, weitverbreitete Tarantel-Art gibt es Legenden. Sie soll z. B. nachts über in Zelten schlafende Menschen herfallen und diesen schwer heilende Bisswunden zufügen.

1a

1b

1c

2a

2b

2c

1 *Trochosa terricola*

> 2 kurze Längsstreifen im hellen Rückenband
> Männchen ohne Tasterkralle
> An mäßig feuchten bis trockenen Orten

Merkmale Körperlänge beim Männchen 8–10, beim Weibchen 10–14 mm. Grundfärbung braun mit einem leicht rötlichen Ton. Vorderkörper mit der für die Gattung typischen Zeichnung: Das helle Längsband in der vorderen Hälfte jederseits mit einer flachen Ausbuchtung, in der jeweils ein kurzer, dunkler Längsstreifen liegt. Hinterkörper mit einem nur undeutlich abgegrenzten, hellen Spießfleck, dahinter mit ebenfalls undeutlichen Winkelflecken und hellen Punktpaaren. Unterscheidung der einzelnen *Trochosa*-Arten schwierig, auch nach der Epigyne nicht sicher möglich. Bestes Trennungsmerkmal Taster des Männchens: Bei dieser Art fehlt die Kralle an der Tasterspitze. Ausgewachsene Männchen im Herbst und Frühling, Weibchen ganzjährig.
Vorkommen An mäßig feuchten bis ziemlich trockenen, offenen bis halbschattigen Orten, etwa auf Waldlichtungen und an Waldrändern, doch auch auf Trockenrasen; überall häufig.
Lebensweise Die Spinne ist offenbar vorwiegend dämmerungs- und nachtaktiv. Zwar sieht man sie auch tagsüber umherlaufen, doch findet man sie viel häufiger z. B. unter Steinen in einer länglichen, flachen Höhle. Hier stellt sie auch ihren weißen Eikokon her.

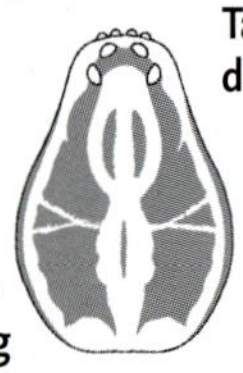

Prosomazeichnung

Taster des ♂

2 *Trochosa robusta*

> Helles Rückenband ziemlich schmal
> Spießfleck deutlich begrenzt
> Auf steinigen Kalkmagerrasen

Merkmale Mit einer Körperlänge von 9–15 mm als Männchen und 11–18 mm als Weibchen deutlich größer als *Trochosa terricola*. Grundfärbung ein mehr gelbliches bis grünliches Braun. Helle Rückenbinde auf dem Vorderkörper ziemlich schmal, seitliche Erweiterungen und dunkle Längsstreifen darin ziemlich undeutlich. Heller Spießfleck deutlich abgegrenzt und deutlich heller als der restliche Hinterkörper. Tasterspitze des Männchens mit Kralle, seine Chelicerenklaue ohne Zahn. Ausgewachsen vom Herbst bis zum Frühsommer.
Vorkommen An warmen und trockenen, wenig bewachsenen Orten, vor allem auf steinigen, südexponierten Kalkmagerrasen in den Mittelgebirgen; ziemlich selten. Gilt nach der Roten Liste in Deutschland als gefährdet.

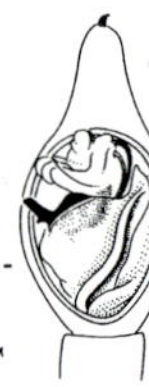

Taster des ♂

3 *Trochosa ruricola*

> Entspricht in der Größe *Trochosa terricola*
> Färbung wie bei *Trochosa robusta*
> An mäßig feuchten, offenen Stellen

Merkmale Entspricht in der Körpergröße *Trochosa terricola*, in der Färbung und Zeichnung eher *T. robusta*. Der Taster des Männchens hat eine deutliche Kralle; seine Chelicerenklaue trägt außen einen stumpfen Zahn. Ganzjährig ausgewachsen.
Vorkommen Meist an etwas feuchteren Orten als *T. terricola*, z. B. auf Wiesen, an Waldrändern und in Gärten; ziemlich häufig.
Ähnlich Die etwas kleinere, ziemlich seltene *Trochosa spinipalpis* ähnelt mehr *T. terricola*, ist aber dunkler und lebt auf Feuchtwiesen.

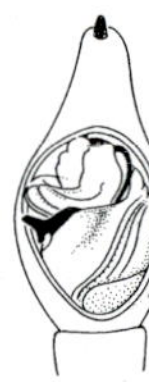

Taster des ♂

1a

1b

1c

2

3

1 *Arctosa perita*

> Auf Sand hervorragende Tarnfärbung
> Baut tiefe Röhren
> Auf offenen Sandböden

Merkmale Körperlänge als Männchen 7–8, als Weibchen 8–9 mm. Vorderkörper wie bei allen *Arctosa*-Arten ohne deutliches, helles Längsband, mit einigen helleren Flecken, darunter zwei größere neben den hinteren Augen. Hinterkörper vorn mit gelblicher, hinten mehr mit rötlicher Grundfärbung und einem variablen, kontrastreichen Muster aus schwarzen Flecken und hellen Punktpaaren sowie einem unscharf begrenzten, grauen Spießfleck. Beine sehr kontrastreich hell-dunkel geringelt. Ausgewachsen ab September und nach der Überwinterung bis in den Juni.
Vorkommen Auf offenen, weitgehend vegetationsfreien Sandflächen, etwa auf Dünen an der Meeresküste, auf Binnendünen oder an sandigen Wegrändern; in Sandgebieten vielerorts nicht selten, doch gebietsweise durch den Verlust offener Sandflächen stark zurückgegangen. Gilt nach der Roten Liste in Deutschland als gefährdet.
Lebensweise Die Spinne ist durch ihre Färbung und Zeichnung auf Sandflächen fast nicht zu erkennen, sofern sie sich nicht gerade bewegt. Sie überwintert im lockeren Sand in einer selbst gegrabenen, etwa 30 cm tiefen und 4–5 mm weiten Röhre, die mit einem lockeren Gespinst ausgekleidet und oben zugesponnen ist. An den ersten sonnigen, warmen Tagen, meist im März, öffnet sie die Röhrenmündung, indem sie das Gespinst zur Seite schiebt, und genießt hier die ersten wärmenden Sonnenstrahlen. Sie legt hierzu die Beine eng an den Körper und dreht ihre Breitseite der Sonne zu. Bei einer Erschütterung, etwa durch Schritte, zieht sie sich blitzschnell zurück, kommt aber nach einigen Minuten wieder sehr vorsichtig hervor, wenn man sich vor der Röhre auf die Lauer legt. Nach wiederholten, massiven Störungen aber verschließt sie schließlich die Öffnung von innen mit Gespinst und zieht dabei die mit Sand bekleidete Röhrenmündung wieder zusammen. Danach ist ihre Wohnung nicht mehr zu finden.
Ähnlich Die etwa gleich große *Arctosa leopardus* ist ähnlich gemustert, aber insgesamt dunkler gefärbt. Sie lebt vorwiegend am Ufer von Gewässern.

1a

1b
1c
1d
1e
1f

1 *Arctosa cinerea*

> Größte *Arctosa*-Art
> Zeichnung ziemlich undeutlich
> An kiesigen oder sandigen Ufern

Merkmale Mit einer Körperlänge von 12–14 mm als Männchen ▸ **1a** und 14–17 mm als Weibchen ▸ **1b, 1c** eine der größten heimischen Wolfspinnen. Grundfärbung hell graubraun oder gelblichgrau, am Hinterkörper oft etwas rötlich. Auf dem ganzen Körper verwaschene, dunklere Zeichnungen, auf dem Hinterkörper meist helle Punktpaare. Beine hell-dunkel geringelt, besonders beim Männchen.
Vorkommen In sandigem oder kiesigem, wenig bewachsenem Gelände, besonders an naturbelassenen Fluss- und Seeufern. An vielen ehemaligen Vorkommensgebieten heute ausgestorben, z. B. in ganz Baden-Württemberg; gute Vorkommen derzeit noch im bayerischen Alpen- und Voralpengebiet sowie in Ostdeutschland, hier vor allem in Sandgruben und Braunkohle-Abbaugebieten. Gilt nach der Roten Liste in Deutschland als vom Aussterben bedroht und ist daher gesetzlich geschützt.
Lebensweise Man findet diese interessante Spinne auf Kiesbänken im Uferbereich von Alpenflüssen, aber nur an den Stellen, die einerseits oberhalb des regelmäßigen Hochwasserpegels liegen, andererseits aber doch so oft überflutet werden, das hier fast keine Pflanzen wachsen. Ein erster Hinweis auf ihr Vorkommen sind etwa fingerdicke, 10–20 cm tief hinabführende Löcher im Boden. Die Ränder der Öffnung sind ziemlich glatt, ohne erkennbares Gespinst. Die Spinne hält sich tagsüber meist in dieser Röhre auf, kann aber auch frei umherlaufend angetroffen werden. Oft lauert sie im Eingang, zieht sich aber bei Störungen sofort zurück. Auch bei Hochwasser dürfte sie sich in ihrer dann wohl zugesponnenen Höhle aufhalten. In der darin eingeschlossenen Luftblase kann sie sicher tagelang, möglicherweise wochenlang ausharren. Nach extremen Hochwasserereignissen, bei denen die Kiesbänke nicht nur überflutet, sondern auch noch übersandet werden, kann man feststellen, dass die Spinnen die verschütteten Eingänge ihrer Wohnhöhlen wieder von unten aus freigraben. Die Eiablage erfolgt meist im Juni; später sieht man die Weibchen mit ihrer zahlreichen Nachkommenschaft auf dem Rücken umherlaufen.

1a

1b
1c

1 *Arctosa maculata*

> Dunkler und kleiner als *Arctosa cinerea*
> Seiten des Vorderkörpers verdunkelt
> Unter Steinen an Alpenflüssen

Merkmale Sehr ähnlich *Arctosa cinerea*, doch mit 9–11 mm Körperlänge als Männchen und 10–13 mm als Weibchen etwas kleiner. Grundfärbung etwas dunkler; Vorderkörper in der Umgebung der Augen aufgehellt, dahinter an den Seiten verdunkelt. Hinterkörper mit undeutlichen, dunklen Winkelflecken und hellen Punktpaaren. Die Epigyne zeigt in der Mitte eine nach hinten erweiterte, zungenförmige Platte. Ausgewachsen vom Herbst bis in den Frühsommer.

Vorkommen An steinigen und kiesigen Ufern der Alpen- und Voralpenflüsse, vor allem in schattigen Bereichen; ziemlich selten. Gilt nach der Roten Liste in Deutschland als stark gefährdet.

Lebensweise Die Art gräbt sich keine Röhren, sondern baut sich einen Hohlraum unter einem Stein zu einer Wohnhöhle aus. Darin findet man im Juni das Weibchen mit seinem Eikokon.

Epigyne

2 *Arctosa stigmosa*

> Gelbliche bis rötliche Grundfärbung
> Hinterkörper fast ungezeichnet
> An sandigen Ufern von Alpenflüssen

Merkmale Sehr ähnlich *Arctosa maculata*, doch mit höchstens 10 mm Körperlänge etwas kleiner. Zeichnungsmuster wie bei dieser, aber Grundfärbung mehr ins Gelbliche oder Rötliche gehend. Hinterkörper nur sehr undeutlich gezeichnet. Epigyne in der Mitte mit einer zungenförmigen, nach hinten verschmälerten Platte. Ausgewachsene Tiere vor allem im Herbst und Frühjahr.

Vorkommen Im Voralpen- und Alpengebiet an sandigen Flussufern; selten. Nach der Roten Liste in Deutschland stark gefährdet.

Lebensweise Die Art hat im Alpengebiet offenbar ähnliche Ansprüche wie *Arctosa cinerea*. Sie kommt daher stellenweise auch zusammen mit dieser vor.

Epigyne

3 *Arctosa alpigena (= Tricca alpigena)*

> Grundfärbung rötlich braun
> Deutlicher heller Spießfleck
> Vorwiegend in den Hochlagen der Alpen

Merkmale Körperlänge 7–9 mm. Augen der mittleren Reihe etwa hinter den mittleren Augen der 1. Reihe (bei den übrigen Wolfspinnen hinter den äußeren Augen der 1. Reihe); das aus den Augen der beiden hinteren Reihen gebildete Trapez daher stark nach hinten erweitert. Vorderkörper dunkel rotbraun; Hinterkörper rötlich mit deutlich abgesetztem, gelbbraunem Spießfleck sowie schwarzen und hellgrauen Punkten. Beine ebenfalls rötlich, nur undeutlich dunkel gefleckt.

Vorkommen Vorwiegend in den Alpen und hier besonders in den Zentralalpen auf Grasheiden oberhalb der Waldgrenze; seltener auch in tieferen Lagen sowie an wenigen Fundorten außerhalb der Alpen. In Deutschland selten, in den Zentralalpen ziemlich häufig.

Wissenswertes Die Art wurde wegen der abweichenden Augenstellung früher in eine eigene Gattung (*Tricca*) gestellt. Eine zweite Art, die bisher *Tricca lamperti* hieß, gilt neuerdings als Unterart von *A. alpigena* und heißt daher heute *Arctosa alpigena lamperti*. Sie trägt auf dem Vorderkörper eine helle Längsbinde und kommt selten in Mooren am Alpenrand vor ▸ 3b.

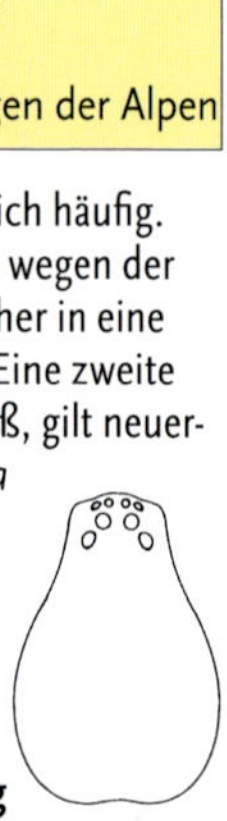

Augenstellung

1a

2

1b

3a

3b

1 Piratenspinne *Pirata piraticus*

> Stimmgabelförmige Zeichnung auf Vorderkörper
> Weiße Seitenbinde
> An Ufern überall häufig

Merkmale Körperlänge beim Männchen 5–6,5, beim Weibchen 6–9 mm. Vorderkörper braun mit weißer Randbinde und darüber einer dunklen Seitenbinde; im helleren Mittelfeld ein nach vorn gegabelter, dunkler Streifen (ähnlich einer Stimmgabel). Hinterkörper ebenfalls mit weißen Seitenbinden, oben mit weiß umrandetem Spießfleck und dahinter zwei weißen Punktreihen. Ausgewachsen von Mai bis Juli, Weibchen bis September.
Vorkommen Am Ufer stehender oder fließender Gewässer, vor allem in halbschattigen Bereichen; überall häufig.
Lebensweise Die Spinne hält sich fast immer im unmittelbaren Uferbereich auf und flüchtet bei Gefahr oft auf die freie Wasserfläche hinaus. Sie erbeutet Insekten im Uferbereich, aber auch solche, die ins Wasser gefallen sind und hilflos auf der Wasseroberfläche strampeln. Sie kann aber auch durch den Wasserspiegel hindurch Wassertiere, wie Insektenlarven oder Kaulquappen, ergreifen und dann als Beute ans Ufer tragen.
Ähnlich Mehrere ähnliche, aber deutlich seltenere Arten, die sich nur nach Epigyne bzw. männlichem Taster von dieser unterscheiden lassen.

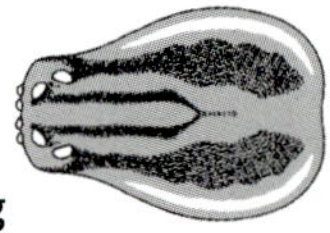

Prosomazeichnung

2 *Pirata piscatorius*

> Dunkler als die Piratenspinne
> Schlauchartiges Gespinst auf dem Wasser
> Meist auf Moorgewässern

Merkmale Ähnlich *Pirata piraticus*, doch mit 5–8 mm Körperlänge als Männchen und 6–10 mm als Weibchen durchschnittlich etwas größer. Färbung deutlich dunkler. Vorderkörper dunkelbraun, mit kaum erkennbarer Stimmgabelzeichnung, beim Männchen fast schwarz, mit breiten, weißen Seitenstreifen. Hinterkörper mit schmalem, hellem Spießfleck und zwei deutlichen, weißen Punktreihen. Ausgewachsen von Mai bis August.
Vorkommen Im Uferbereich, aber auch auf der Oberfläche stehender und fließender Gewässer, besonders auf dicht bewachsenen, moorigen Flachgewässern; nicht häufig. Nach der Roten Liste in Deutschland gefährdet.
Lebensweise Die Art baut zwischen Pflanzen ein schlauchförmiges, beiderseits offenes Gespinst, das im vorderen Teil etwa in Höhe des Wasserspiegels liegt, im hinteren aber umbiegt und ins Wasser abtaucht. Die Spinne lauert meist in der vorderen Öffnung und kann sich durch die hintere bei Gefahr unter Wasser in Sicherheit bringen.

Wohngespinst

3 *Pirata latitans*

> Sehr kleine Wolfspinne
> Vorderkörper fast schwarz
> Oft zusammen mit der Piratenspinne

Merkmale Mit 2,5–4 mm Körperlänge als Männchen und 4–5 mm als Weibchen eine der kleinsten Wolfspinnen. Vorderkörper fast schwarz, Zeichnung daher nicht erkennbar; Hinterkörper ebenfalls sehr dunkel, nur die weißen Punktreihen gut erkennbar. Ausgewachsen von Mai bis Juli.
Vorkommen An Gewässerufern oft zusammen mit der Piratenspinne, auch auf Feuchtwiesen; ziemlich häufig.

1

2a

3

2b

Familie Raubspinnen Pisauridae

Die Raubspinnen sind große, frei jagende Spinnen mit einer charakteristischen Augenstellung: Die vordere Reihe setzt sich aus vier kleinen Augen zusammen, dahinter liegen vier weitere, deutlich größere in einem Trapez, das etwas breiter als lang ist. In Mitteleuropa kommen nur drei Arten vor.

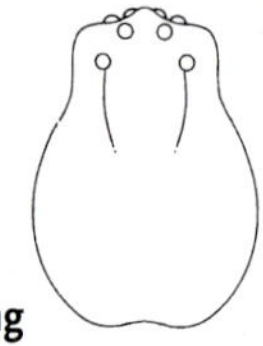

Augenstellung

1 Listspinne *Pisaura mirabilis*

> Schlank mit Winkelflecken auf Hinterleib
> Charakteristische Augenstellung
> Trägt Eikokon mit Cheliceren

Merkmale Mit einer Körperlänge von 11–15 mm als Weibchen und 10–12 mm als Männchen die kleinste Art der Familie. Verhältnismäßig schlank und langbeinig, dadurch etwas an Trichterspinnen erinnernd. Grundfärbung hell graubraun oder gelbbraun bis dunkelbraun, beim Männchen meist deutlich dunkler als beim Weibchen. Oben auf dem Vorderkörper ein dunkles, seitlich unscharfes Längsband, das in der Mitte hell gestreift ist. Hinterkörper oben mit dunklen, meist nicht besonders deutlichen Winkelflecken und seitlich davon jeweils einer dunklen Wellenlinie. Vorn im Kopfbereich ein dreieckiger, dunkler Fleck, der von der Chelicerenbasis bis zu den hinteren Mittelaugen reicht. Ausgewachsen im Mai und Juni, Weibchen auch noch im Juli.
Vorkommen An offenen bis halbschattigen Standorten, besonders an Waldrändern und Waldwegen; bei uns fast überall ziemlich häufig. In den Alpen bis in etwa 1000 m Höhe.
Lebensweise Vor der Paarung fängt das Männchen zunächst ein Beutetier (z. B. eine Fliege) und wickelt dieses in ein Gespinst ein. Dann sucht es ein Weibchen und zeigt sich vor ihm mit aufgerichtetem Vorderkörper und winklig abgespreiztem vorderen Beinpaar. Dabei präsentiert es mit seinen Cheliceren das ansprechend verpackte „Brautgeschenk" ▸ **1a**. Diese Präsentation wird begleitet von zuckenden Beinbewegungen. Meist zeigt sich das Weibchen schon bald interessiert, geht auf das Männchen zu und beginnt am Präsent zu kosten ▸ **1b**. Es verhält sich nun vollkommen passiv und lässt das Männchen gewähren. Dieses schiebt sich seitlich unter die Beine der Partnerin und dreht ihren Hinterkörper etwas herum, sodass es die am Bauch liegende Epigyne erreichen kann. Dann führt es die Spitze des ersten Tasters in die eine Seite der Epigyne ein (und zwar die des rechten in die rechte bzw. die des linken in die linke Epigynenöffnung) ▸ **1c**. Man sieht jetzt mehrfach die Tasterblase anschwellen und anschließend wieder kollabieren. Hierdurch wird die Spitze des Tasteranhangs ausgestreckt und tiefer in die weiblichen Geschlechtsgänge eingeführt, dann das Sperma abgegeben. Anschließend zieht es den Taster wieder heraus und wechselt zur anderen Körperseite, wo sich dieser Vorgang spiegelbildlich wiederholt. Nach bis zu zwei weiteren Seitenwechseln trennt sich das Paar, und das Männchen entfernt sich wieder. Etwas später, meist in der zweiten Junihälfte, stellt das Weibchen seinen etwa 1 cm großen, kugeligen Eikokon her und trägt ihn etwa zwei Wochen lang mit seinen Cheliceren ▸ **1d**. Wenn dann das Schlüpfen der Jungspinnen ansteht, baut es ein kuppelförmiges, etwa 5 cm großes Netz an der Spitze einer Pflanze, befestigt darin den Kokon und setzt sich zur Bewachung außen auf das Gespinst ▸ **1e**. Die Jungspinnen sammeln sich neben dem Kokon und drängen sich unter der Gespinstkuppel zu einer dichten Kugel zusammen. Bei einer Störung laufen sie schnell auseinander, um sich aber anschließend wieder zusammenzudrängen. Auch das Weibchen flieht meist bei einer Störung, kommt später dann aber wieder zu ihren Jungen zurück. Diese häuten sich nach einigen Tagen und verlassen kurz darauf das Gespinst.

1a
1b
1c
1d
1e

1 Gerandete Jagdspinne *Dolomedes fimbriatus*

> Eine der größten heimischen Spinnen
> Körperseiten meist mit hellen Streifen
> Meist an Gewässerufern

Merkmale Mit 15–22 mm Körperlänge als Weibchen bzw. 10–13 mm als Männchen eine der größten heimischen Spinnen. Körperbau ausgesprochen untersetzt und kräftig. Grundfärbung gelbbraun bis schwarzbraun, an den Seiten des Vorder- und Hinterkörpers meist jeweils ein gelblich weißes Längsband, das aber auch nur schwach entwickelt sein kann ▸ **1b**. Sichere Unterscheidung von *Dolomedes plantarius* (nächste Seite) nur nach Geschlechtsmerkmalen: Epigyne des Weibchens in der hinteren Hälfte mit einer behaarten Platte, davor mit zwei rundlichen, hellen Flecken; männlicher Taster an der Tibia mit zugespitztem Fortsatz. Ausgewachsene Männchen im Mai und Juni, Weibchen bis in den August.

Vorkommen Vorzugsweise am Ufer stehender und fließender Gewässer, auch auf Feuchtwiesen, in Mooren und in Bruchwäldern. Weitverbreitet und gebietsweise recht häufig, in der letzten Zeit aber in vielen Gegenden schon selten geworden. Gilt nach der Roten Liste als gefährdet; steht daher in Deutschland unter besonderem Schutz.

Lebensweise Die Spinne sitzt meist im unmittelbaren Uferbereich auf Pflanzen und jagt dort nach Beute, insbesondere nach Fliegen und anderen Insekten. Sie kann aber auch recht große Beutetiere überwältigen. So wurde sie mehrfach schon beim Verzehren von Fröschen beobachtet. Sie kann auch ins Wasser hinabtauchen und hier z. B. Kaulquappen oder Fische (etwa bis zur Größe ausgewachsener Stichlinge) erbeuten. Ein von ihr ergriffener Fisch wird durch Giftbiss in Sekundenschnelle getötet und zum Verzehr an Land gezogen. Eine so große Beute wird aber offenbar nur von ausgewachsenen Weibchen überwältigt, in deren Körper gerade die Eier heranreifen. Die Paarung erfolgt meist im Mai oder Juni. Anders als bei der Listspinne wird dabei vom Männchen kein „Brautgeschenk" angeboten. Dafür kommt es bei der Werbung nicht selten zu „Missverständnissen", die für das Männchen tödlich enden können. Ab Ende Juni erfolgt die Eiablage in einem weißlichen bis hellbraunen Kokon von gut 1 cm Durchmesser, der vom Weibchen mit den Cheliceren getragen wird ▸ **1c**. Kurz vor dem Schlüpfen der Jungen wird er, wie bei *Pisaura*, in einem glockenartigen Gespinst meist unmittelbar am Gewässerufer in der niedrigen Vegetation befestigt und eine Zeitlang bewacht ▸ **1d**. Das wachende Weibchen ist aber recht störanfällig; schon bei leichter Beunruhigung flieht es vor dem Angreifer. So erwies sich die hier gezeigte Aufnahme als ein recht schwieriges Unterfangen: Das Weibchen, das in diesem Fall sein Gespinst auf einer in einem Tümpel stehenden Binse erbaut hatte, sprang immer sofort ins Wasser und verbarg sich zwischen den untergetauchten Pflanzen, sobald die Binsenhalme durch die notwendigen Manipulationen nur ganz leicht erschüttert wurden. Da die untergetauchte Spinne aber stets von einer hauchdünnen Luftschicht umgeben wurde, war sie sofort trocken, nachdem sie wieder aus ihrem Versteck erschienen war. Später können weitere Eiablagen folgen, bei denen aber die Eizahl (die beim 1. Kokon mehrere Hundert betragen kann) und Größe von Kokon zu Kokon abnehmen. Die Entwicklung der Jungspinnen ist offenbar zweijährig. Sie überwintern beim zweiten Mal meist subadult und häuten sich Anfang Mai zum letzten Mal. Die halbwüchsigen Spinnen ▸ **1a** sind meist deutlich heller gefärbt als die erwachsenen, oft mit einem grünlich gelben Grundton; sie halten sich oft weit entfernt von Gewässern auf, nicht selten auch in höheren Gebüschen.

Epigyne

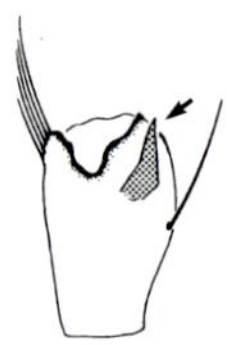

Pedipalpentibia des ♂

1a
1c
1b
1d

1 *Dolomedes plantarius*

> Sehr ähnlich der Gerandeten Jagdspinne
> Meist ohne helle Streifen
> Lebt vorwiegend auf dem Wasser

Merkmale Sehr ähnlich der Gerandeten Jagdspinne, gelegentlich noch etwas größer als diese (Weibchen bis 25 mm Körperlänge). Helle Längsbänder an den Körperseiten meist undeutlich oder ganz fehlend ▸ **1b**. Da aber auch hell gebänderte Tiere vorkommen ▸ **1a** sichere Unterscheidung von *Dolomedes fimbriatus* nur nach Geschlechtsmerkmalen: Epigyne des Weibchens hinten mit unbehaarter Platte, davor ein einheitlich hell gefärbtes Feld; Taster des Männchens an der Tibia mit stumpfem, unterseits eingekerbtem Fortsatz.
Vorkommen Im Uferbereich von pflanzenreichen Gewässern, hier meist auf der Wasseroberfläche oder auf Wasserpflanzen. Verbreitung bisher unzureichend bekannt, offenbar vorzugsweise in den größeren Stromtälern, aber wohl überall selten. Fundorte sind derzeit z. B. vom Oberrhein, vom Elbetal bei Hamburg und aus Oberschwaben (z. B. vom Federsee) bekannt. Gilt nach der Roten Liste als vom Aussterben bedroht und steht in Deutschland unter gesetzlichem Schutz.
Lebensweise Diese wohl größte heimische Spinne ist noch stärker an Gewässer gebunden als die Gerandete Jagdspinne. Sie taucht bei Störungen meist sofort unter und verharrt lange Zeit im Wasser. Über ihre Lebensweise ist bisher nur wenig bekannt. Es scheint aber so, dass sie mehr noch als die andere Art ihre Nahrung auf Tauchgängen erbeutet. Manchmal verrät sie sich durch ihre auffallenden Gespinstkuppeln mit den Eikokons bzw. ihren Jungen, die im Morgentau aufleuchten und dann schon auf weite Entfernung sichtbar sind ▸ **1c**; in diesem Fall befand es sich in einem dicht mit Krebsscheren bewachsenen Graben.

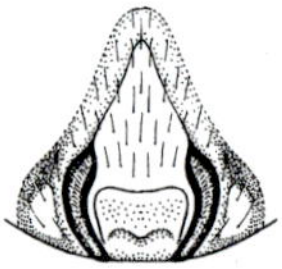

Epigyne

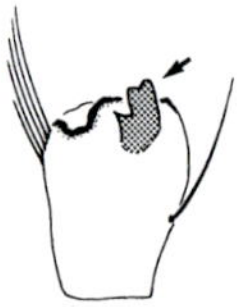

Pedipalpentibia des ♂

1a

1b

1c

Familie Luchsspinnen Oxyopidae

Die Arten dieser Familie tragen an den Beinen auffallend lange, spitze Stacheln und besitzen eine sehr hohe, nach oben etwas zugespitzte Stirn. Die Augen liegen in vier Querreihen hinter- bzw. übereinander. Das unterste, kleinste Augenpaar liegt dicht nebeneinander, es folgt ein deutlich größeres, etwas weiter getrenntes, dann das am weitesten getrennte, wieder etwas kleinere und schließlich das vierte, ebenfalls weit getrennte Paar. Die Familie ist vor allem in den Tropen und Subtropen weitverbreitet, darunter mit einigen ausgesprochen bunt gefärbten Arten. In Mitteleuropa kommen drei Arten vor, einige weitere im Mittelmeergebiet.

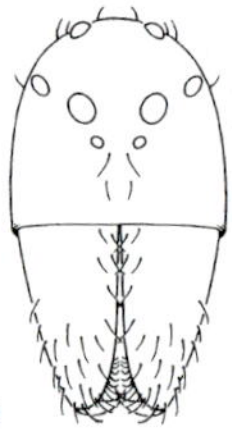

Kopf von vorn

1 Luchsspinne *Oxyopes ramosus*

> Hohe, schmale Stirn
> Augen in 4 Querreihen
> Braun mit weißem Streifenmuster

Merkmale Körperlänge beim Männchen etwa 6, beim Weibchen 6–10 mm. Grundfärbung rotbraun oder dunkelbraun, mit einem kontrastreich abgesetzten Muster aus weißen Schuppenhaaren. An der Stirn zwei schräge und ein senkrechter weißer Streifen; auf dem Rücken des Vorderkörpers eine helle Längsbinde und darin ein nach vorn gegabelter, dunklerer Streifen. Hinterkörper vorn mit einem dunklen, in der Mitte oft aufgehellten Spießfleck in einer hellen Längsbinde, weiter hinten mit weißen Schrägstreifen. Beine deutlich hell-dunkel geringelt. Ausgewachsene Männchen im Mai und Juni, Weibchen bis in den August.
Vorkommen An warmen und sonnigen Orten, besonders in Heidegebieten auf Sandboden und am Rand von Kiefernwäldern, daneben aber auch auf Kalktrockenrasen sowie an trockeneren, verbuschten Stellen in Mooren; vor allem im nördlichen Mitteleuropa weitverbreitet und gebietsweise nicht selten. Nach der Roten Liste in Deutschland gefährdet.
Lebensweise Die Spinne jagt ihre Beute ohne Netz und orientiert sich dabei offenbar nach Art der Wolfspinnen vorwiegend optisch. Anders als diese jagt sie aber kaum am Boden, sondern meist in der niedrigen oder halbhohen Vegetation, etwa im Heidekraut oder auf jungen Birken und Kiefern. Hierdurch fällt sie viel weniger auf als die frei am Boden jagenden Wolfspinnen und wird vermutlich daher auch nicht so häufig gefunden. Das Weibchen befestigt seinen Eikokon an einem Zweig (in ▸ 1b am Fruchtstand einer Birke) und bewacht ihn.
Ähnlich Der sehr ähnliche *Oxyopes heterophthalmus* bleibt mit 5–7 mm Körperlänge etwas kleiner. Bei ihm ist der dunkle, nach vorn gegabelte Längsstreifen auf dem Vorderkörper viel breiter, sodass vom hellen Längsband nur noch ein schmaler Saum neben diesem Streifen übrig bleibt. Er ist im Mittelmeergebiet ziemlich häufig und geht in Westeuropa bis nach England. Vor einigen Jahren wurde er auch in Brandenburg und am Oberrhein nachgewiesen. Möglicherweise wurde er bisher an anderen Stellen in Mitteleuropa nur übersehen, da die Unterscheidung von *Oxyopes ramosus* recht schwierig ist. Die dritte mitteleuropäische Art, *Oxypes lineatus*, besitzt eine hellere, mehr gelbbraune Grundfärbung und ist weniger kontrastreich gezeichnet. An der Stirn laufen zwei schmale, dunkle Streifen vom unteren Augenpaar bis zur Mitte der Cheliceren. Diese ebenfalls im Mittelmeergebiet weitverbreitete Luchsspinne geht nach Norden ins südliche Österreich und wurde auch schon in den Niederlanden, nicht aber in Deutschland gefunden.

1a

1b

1c

Familie Kräuseljagdspinnen Zoropsidae

Die Zoropsiden sind die einzigen cribellaten Spinnen, die keine Netze herstellen, sondern ihre Beute frei jagen. Ihre acht Augen sind in zwei Querreihen angeordnet; die hintere Reihe ist allerdings so stark gebogen, dass man auch von drei Querreihen sprechen könnte. Im Aussehen erinnern die Tiere sehr an Wolfspinnen. Im Mittelmeergebiet kommen vier Arten vor, eine neuerdings auch nördlich der Alpen.

Augenstellung

1 *Zoropsis spinimana*

> Cribellate Jagdspinne ohne Fangnetz
> Dunkler, eingeschnürter Fleck auf dem Hinterleib
> In Mitteleuropa nur in Häusern

Merkmale Körperlänge als Männchen 10–13, als Weibchen 10–19 mm. Grundfärbung gelbbraun bis graubraun. Vorderkörper mit zwei dunklen Längsbinden, die etwa gleich breit sind wie die seitlich davon und dazwischen liegenden, helleren Streifen; im hellen Mittelstreifen eine dunkle Strichzeichnung. Hinterkörper vorn mit einem dunklen, länglichen Fleck, der kurz hinter der Mitte etwas eingeschnürt ist, dahinter dunkle Winkelflecken und helle Punktpaare. Ausgewachsene Tiere vom Herbst bis ins Frühjahr.
Vorkommen Vor allem in Waldgebieten und in Häusern; im westlichen Mittelmeergebiet, nach Osten bis Dalmatien ziemlich verbreitet und vielerorts häufig; neuerdings auch aus Deutschland nachgewiesen.
Lebensweise Die Spinne hält sich tagsüber unter Baumrinde oder Steinen verborgen und geht nachts auf Beutefang. Sie verhält sich recht aggressiv gegenüber anderen Spinnen und überwältigt z. B. auch große Hausspinnen. Im Frühjahr baut das Weibchen z. B. unter loser Rinde einen flachen, weißen Eikokon, den es mit bläulich schimmernder Cribellumwolle überzieht und offenbar bis zu seinem Tode bewacht. 2005 wurde sie erstmals auch in Deutschland gefunden; seitdem mehren sich die Fundangaben aus dem Oberrheingebiet und aus Nordrhein-Westfalen. Alle Funde nördlich der Alpen stammen aus Wohnungen.

Familie Wanderspinnen Zoridae

Die Wanderspinnen wurden früher mit zu den Sackspinnen gerechnet. Sie besitzen wie die Zoropsiden eine stark gebogene hintere Augenreihe, haben aber kein Cribellum. In Mitteleuropa kommen neun Arten vor.

Augenstellung

2 *Zora spinimana*

> Grundfärbung hell gelbbraun
> 2 schmale, dunkle Längsstreifen auf dem Vorderkörper
> Lebt am Waldboden

Merkmale Körperlänge etwa 6 mm. Grundfärbung hell gelbbraun. Vorderkörper mit zwei dunklen Längsbinden, die schmäler sind als die neben und zwischen ihnen liegenden, hell gefärbten Bereiche. Hinterkörper mit dunklen Punktreihen. Beine dunkel gefleckt, zur Spitze hin deutlich verdunkelt. Ganzjährig ausgewachsen.
Vorkommen Vorzugsweise in feuchten Waldgebieten am Boden; überall ziemlich häufig.
Lebensweise Das Weibchen baut im Sommer unter Holzstücken oder Steinen einen flachen, weißen Eikokon und bewacht ihn ▸ **2**.

1

2

Familie Trichterspinnen Agelenidae

Die Trichterspinnen sind durch ihr deutlich zweigliedriges Spinnwarzenpaar ausgezeichnet, das die übrigen Spinnwarzen deutlich überragt. Das Endglied ist dabei mehr als halb so lang wie das Grundglied, manchmal sogar länger als dieses. Die Arten dieser Familie bauen zum Teil weit ausladende Trichternetze, die in der Mitte in eine nach hinten offene Röhre übergehen. In Mitteleuropa kommen etwa 30 Arten vor.

1 Labyrinthspinne *Agelena labyrinthica*

> 2. Glied der hinteren Spinnwarzen so lang wie erstes
> Fischgrätenmuster auf dem Hinterleib
> Sehr großes Trichternetz in Bodennähe

Merkmale Körperlänge als Männchen 8–12, als Weibchen 10–14 mm. Vorderkörper hell gelbbraun mit zwei breiten, dunklen Längsbinden, die vorn deutlich schmäler werden. Hinterkörper mehr graubraun, oberseits ebenfalls mit zwei dunklen Längsbinden, die zwischen sich einen etwa ebenso breiten Raum freilassen; in diesem Zwischenraum mehrere hintereinander angeordnete, weißliche Winkelflecke, die auch noch die dunklen Binden zerteilen („Fischgrätenmuster"). Endglied der hinteren Spinnwarzen etwa doppelt so lang wie das Grundglied. Ausgewachsen im Juli und August.
Vorkommen Vorwiegend an warmen und trockenen Orten mit niedriger Vegetation, etwa an Wald- und Wegrändern, auf sonnigem Ödland und in Heidegebieten; in Mitteleuropa allgemein verbreitet und fast überall häufig.
Lebensweise Die Spinne baut ihr sehr auffälliges, bis 50 cm breites Trichternetz meist direkt über dem Boden zwischen Gräsern und Zwergsträuchern, seltener auch bis etwa 1 m hoch im Gebüsch. Die flache, weit ausladende Netzdecke geht in einen engen Trichter und schließlich in eine schräg hinabführende, 1–2 cm weite Gespinströhre über, die kurz vor dem offenen Ende meist wieder etwas nach oben umbiegt. Die Spinne lauert meist in der Trichtermündung und stürzt sich von dort aus auf ins Netz geratene Beutetiere. Die über die Gespinstdecke weitergeleiteten Erschütterungsreize verraten ihr dabei, in welcher Richtung sie laufen muss, um die Beute zu finden. Werden aber die Erschütterungen zu heftig, flieht die Spinne durch das offene Röhrenende aus ihrem Netz und verbirgt sich am Boden. Zur Paarungszeit (meist im Juli) sucht das Männchen das Netz eines Weibchens auf. Ist dies paarungsbereit, zieht es die Beine eng an den Körper und verhält sich vollkommen passiv. Darauf wird es vom Männchen gepackt und zur Trichtermündung gezerrt. Dann dreht das Männchen den weiblichen Körper auf die Seite, setzt sich in entgegengesetzter Richtung über die Partnerin und führt den ersten Taster ein. Erst nach etwa 90 Minuten kommt schließlich der zweite Taster an der anderen Körperseite des Weibchens zum Einsatz. Danach erwacht dieses aus seiner Starre und stürzt sich auf das Männchen. Dieses kann häufig fliehen, wird aber nicht selten vom Weibchen eingeholt, ergriffen und schließlich verzehrt. Einige Wochen später verschließt die Spinne ihre Gespinströhre und baut sie zum geräumigen Einest aus. Darin befestigt sie ihren großen, weißen Eikokon an sternförmig ausgespannten Gespinstbändern. Er enthält etwa 50–130 ziemlich große Eier. Die Jungspinnen verlassen das schützende Einest erst im kommenden Frühjahr.
Ähnlich Mit 5–10 mm Körperlänge bleibt die nahe verwandte *Agelena gracilens* deutlich kleiner als die Labyrinthspinne. Sie besitzt eine ähnliche Hinterleibszeichnung, hat aber einen mehr rotbraun gefärbten Vorderkörper mit drei weißlichen Längsstreifen. Sie kommt an ähnlichen Orten vor, ist aber viel seltener.

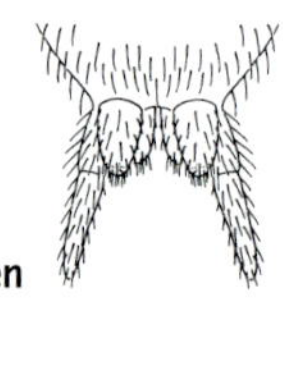

Spinnwarzen

1a
1b
1c
1d
1e

1 Hauswinkelspinne *Tegenaria atrica*

> Sehr große Spinne in Häusern
> Hinterleib mit dunklen Winkelflecken
> Beine ohne deutliche Zeichnungen

Merkmale Körperlänge als Männchen 10–15, als Weibchen 12–18 mm. Grundfärbung hellbraun mit dunkleren Zeichnungen: auf dem Vorderkörper zwei unscharf begrenzte Längsbinden, auf dem Hinterkörper hintereinander angeordnete Winkelflecke und seitlich davon ein unregelmäßiges Fleckenmuster. Beine hellbraun ohne deutliche dunklere Flecke. Sternum dunkelbraun, in der Mitte ein breiter, hinten stark verschmälerter, heller Streifen und seitlich davon drei helle Fleckenpaare. Ausgewachsene Männchen von Juli bis Oktober, Weibchen ganzjährig.
Vorkommen Vor allem in Gebäuden, hier in Mitteleuropa überall sehr häufig; auch im Freiland, z. B. an Felsen, in Höhlen und unter Steinhaufen.
Lebensweise Die gut bekannte und von vielen gefürchtete Spinne baut z. B. in entlegenen Zimmerwinkeln oder hinter Möbeln ihr etwas unordentlich wirkendes Trichternetz. Tagsüber sitzt sie in der Wohnröhre, nachts oft auf der Gespinstdecke. Hat sie an einem Netzstandort über längere Zeit keinen Fangerfolg, begibt sie sich oft während der Nacht auf die Suche nach ergiebigeren Fanggründen. Dabei rutscht sie nicht selten in glattwandige Behältnisse, aus denen sie sich nicht mehr befreien kann, etwa Badewannen oder Waschbecken. Noch häufiger passiert dies Männchen auf der Brautschau. Zur Paarung nähert sich das Männchen unter heftig zuckenden Bewegungen des Tasters und des Hinterleibs und führt dann in ähnlicher Weise wie bei der Labyrinthspinne den ersten Taster ein. Der Tasterwechsel findet aber bereits nach 2–3 Minuten statt und wird während der insgesamt mehrstündigen Paarung oft wiederholt. Zwischenzeitlich werden Pausen eingelegt, bei denen die Partner friedlich nebeneinandersitzen.
Ähnlich In Süd- und Westeuropa mehrere sehr ähnliche, ebenso große (und zum Teil noch etwas größere) Arten, die sich nur nach Epigyne bzw. männlichem Taster von dieser trennen lassen.

Sternumzeichnung

2 *Tegenaria ferruginea*

> Rötliche Längsbinde auf dem Hinterleib
> Daneben helle Punkte
> Beine deutlich gefleckt

Merkmale Körperlänge beim Männchen 9–11, beim Weibchen 11–14 mm. Ziemlich bunt gezeichnet. Auf dem Hinterkörper ein rötlicher Längsstreifen, seitlich davon jeweils eine Reihe heller Punkte. Beine deutlich dunkel gefleckt. Sternum mit einem zweimal eingeschnürten, hellen Längsstreifen und seitlich davon jeweils mit vier hellen Punkten. Ausgewachsene Tiere von Mai bis Oktober.
Vorkommen In Häusern an dunklen, wenig gestörten Stellen, etwa auf Dachböden, in Kellern und Lagerschuppen; im Freiland in Felsspalten und Mauern, auch unter Steinen und Baumrinde. Ziemlich häufig, doch deutlich seltener als *Tegenaria atrica*.

Sternumzeichnung

1a

1b

1c

2

1 *Tegenaria domestica*

> Deutlich kleiner als die Hauswinkelspinne
> Hellbraun mit undeutlichen Zeichnungen
> Neben *T. atrica* die häufigste Hausspinne

Merkmale Leicht mit einer jungen Hauswinkelspinne zu verwechseln. Körperlänge beim Männchen 6–9, beim Weibchen 8–11 mm. Färbung graubraun bis gelbbraun mit nur undeutlichen, dunkleren Zeichnungen auf Vorder- und Hinterkörper. Beine mehr oder weniger deutlich dunkel gefleckt. Sternum mit einem in der Mitte deutlich eingeschnürten, hellen Längsstreifen und seitlich davon jeweils drei undeutlichen, hellen Punkten. Ganzjährig ausgewachsen.
Vorkommen Vor allem im Innen- und Außenbereich von Gebäuden; auch im Freiland, etwa auf Schuttplätzen. Ziemlich häufig und nach *Tegenaria atrica* die häufigste Art der Gattung.
Lebensweise Die Paarung läuft deutlich schneller ab als bei den anderen *Tegenaria*-Arten. Sie ist mit keiner besonderen Werbung verbunden, und bereits nach etwas mehr als zwei Minuten trennen sich die Partner. Das Weibchen stellt mehrere Eikokons her, die es z. B. an einer Mauer befestigt und mit Fremdpartikeln bedeckt. Sie enthalten jeweils etwa 50–60 gelblich gefärbte Eier.

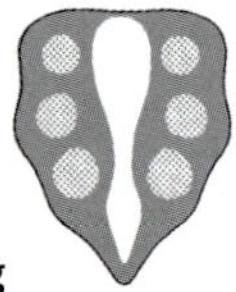

Sternumzeichnung

2 *Tegenaria silvestris*

> Eine der kleinsten *Tegenaria*-Arten
> Zeichnung sehr kontrastreich
> Meist außerhalb des Siedlungsbereichs

Merkmale Mit nur 5–6 mm Körperlänge als Männchen und 6–9 mm als Weibchen eine der kleinsten *Tegenaria*-Arten. Färbung hellbraun mit ziemlich kontrastreich abgesetzter, dunkler Zeichnung. Hinterleibsrücken oft rötlich gefärbt, ähnlich wie bei *Tegenaria ferruginea*. Sternum schwarz mit zweimal eingeschnürtem, hellem Längsstreifen und daneben drei kontrastreich abgesetzten, hellen Punktpaaren. Ausgewachsene Tiere fast ganzjährig zu finden.
Vorkommen Normalerweise nur außerhalb des Siedlungsbereichs, z. B. im Eingangsbereich von Höhlen oder in Wäldern am Boden unter Steinen und Holzstücken; weitverbreitet und gebietsweise recht häufig, besonders im Bergland.

Sternumzeichnung

3 *Tegenaria agrestis*

> Hinterkörper mit dunklen Winkelflecken
> Beine ziemlich dunkel
> An warmen, wenig bewachsenen Stellen

Merkmale Körperlänge beim Männchen 9–10, beim Weibchen 10–12 mm. Grundfärbung gelbbraun. Vorderkörper mit zwei unscharf begrenzten, dunklen Längsbinden; Hinterkörper mit nicht sehr deutlichen, dunklen Winkelflecken. Beine ziemlich dunkel und ungezeichnet. Sternum mit breiter, in der Mitte bauchig erweiterter, heller Mittelbinde, seitliche Punkte sehr undeutlich. Ausgewachsene Tiere vor allem von Juli bis Oktober.
Vorkommen An sonnigen, warmen Stellen, z. B. auf spärlich bewachsenem Ödland und auf Sanddünen; nur ausnahmsweise im Siedlungsbereich; in Mitteleuropa ziemlich selten, im Mittelmeergebiet häufiger.

Sternumzeichnung

1

2

3

1 *Histopona torpida*

Merkmale Körperlänge als Männchen 4,5–6, als Weibchen 5–7 mm. Sehr ähnlich den *Tegenaria*-Arten, aber hintere Mittelaugen größer als die übrigen Augen (bei *Tegenaria* alle Augen gleich groß). Vorderkörper an den Seiten dunkel, oben mit hellbraunem Längsband; Hinterkörper auf hellem Grund mit dunkler Fleckenzeichnung und einer Reihe dunkler Winkelflecke. Sternum dunkel, in der Mitte aufgehellt. Taster des Männchens mit ungewöhnlich langem, peitschenförmig geschwungenem Embolus. Ausgewachsen von April bis Oktober.
Vorkommen In Laub- und Nadelwäldern am Boden z. B. unter Holzstücken und Steinen; in den meisten Gegenden ziemlich häufig.
Lebensweise Die Spinne baut ihr kleines Trichternetz direkt am Boden, z. B. in kleinen Höhlungen unter Baumwurzeln. Die Paarung verläuft ähnlich wie bei der Labyrinthspinne. Dabei verschwindet der außerordentlich lange und dünne Embolus (er ist so lang wie die ganze Spinne) innerhalb kürzester Zeit vollständig in den Geschlechtsgängen des Weibchens.

> Hintere Mittelaugen vergrößert
> Hinterkörper mit Winkelflecken
> Männchen mit ungewöhnlich langem Embolus

Taster des ♂

2 *Textrix denticulata*

Merkmale Körperlänge als Männchen 6–7, als Weibchen 7–8 mm. Erinnert an eine Wolfspinne, besonders an *Pardosa lugubris*: Hintere Augenreihe deutlich nach hinten gebogen, sodass man fast von drei Augenreihen sprechen könnte; Seiten des Vorderkörpers steil abfallend und fast schwarz gefärbt, oben ein helles Längsband. Durch den dunkel gefleckten, mit angedeuteten Winkelflecken gezeichneten Hinterkörper und die auffallend langen hinteren Spinnwarzen aber gut als Trichterspinne zu erkennen. Ausgewachsen von Mai bis Oktober.
Vorkommen An besonnten Felsen und Mauern ebenso wie in Wäldern an Baumstämmen; weitverbreitet, aber nicht besonders häufig. Stellenweise auch in Häusern, vor allem in den nördlichen Teilen ihres Verbreitungsgebietes.
Lebensweise Die Spinne baut z. B. in Gesteinsspalten oder zwischen Moosen eine Gespinströhre, die sich zu einem kleinen Gespinstteppich erweitert. Die ausgewachsenen Männchen bauen keine Netze mehr und sind oft an Baumstämmen oder freien Bodenflächen zu beobachten. Bei der Paarung verfällt das Weibchen in die für die meisten Trichterspinnen typische Starre. Es wurde aber schon beobachtet, dass es selbst eine Stunde nach Ende der Paarung diese apathische Haltung immer noch einnahm. Später stellt es einen ziemlich großen, linsenförmigen, weißen Eikokon her, der außen mit Erdteilen und Ähnlichem maskiert ist und befestigt ihn in seiner Wohnröhre oder an Steinen in der Nähe. Er enthält etwa 50–60 gelbliche Eier.

> Vorderkörper erinnert an eine *Pardosa*
> Auffallend lange hintere Spinnwarzen
> Oft an Felsen und Baumstämmen

Augenstellung

1

2a

2b

2c

2d

Familie Gebirgstrichterspinnen Cybaeidae

In dieser Familie, die von den Trichterspinnen abgetrennt wurde, werden sehr unterschiedliche Spinnen zusammengefasst, zum einen die beiden landlebenden (hier nicht weiter vorgestellten) Arten der Gattung *Cybaeus*, zum andern die ganz im Wasser lebende Wasserspinne. Sie galt bisher als weltweit einziger Vertreter der Familie Argyronetidae.

1 Wasserspinne *Argyroneta aquatica*

> Einzige ganz im Wasser lebende Spinne
> Im Wasser mit silbriger Lufthülle
> Braun mit grauem Hinterleib

Merkmale Männchen mit 10–15 mm Körperlänge deutlich größer als das 8–9 mm große Weibchen. Vorderkörper und Beine dunkelbraun gefärbt, Hinterkörper dicht und fein grau behaart. Bauch und Hinterleib im Wasser mit einer silbrig glänzenden Luftschicht überzogen (beim Männchen fehlt sie am Hinterleibsrücken). Ganzjährig ausgewachsen.
Vorkommen In sauberen, pflanzenreichen Stillgewässern, besonders in Moorgebieten; vor allem in Norddeutschland weitverbreitet und gebietsweise noch ziemlich häufig, in Süddeutschland viel seltener. Durch Gewässerverschmutzung in der letzten Zeit aber offenbar stark zurückgegangen. Nach der Roten Liste in Deutschland stark gefährdet und daher besonders geschützt.
Lebensweise Die Art lebt als einzige Spinne ganz untergetaucht, kann aber offenbar auf dem Landweg neu entstandene Gewässer besiedeln. Zur Erneuerung des Luftvorrats, der ihren Körper überzieht, schwebt sie Bauch oben zum Wasserspiegel empor (durch die Lufthülle ist sie etwas leichter als Wasser), durchstößt mit der Hinterleibsspitze die Wasseroberfläche und tauscht die verbrauchte Luft gegen eine frische Luftschicht. Dann löst sie sich mit einem Ruck von der Wasseroberfläche und taucht wieder ab. Ihre rudernden Beinbewegungen erscheinen etwas unbeholfen, ermöglichen ihr aber doch eine gezielte Schwimmbewegung. Mit den langen Beinen werden auch blitzschnell Beutetiere, z. B. Wasserasseln oder verschiedene Insektenlarven, ergriffen. Um ihre Beute verzehren zu können, benötigt die Spinne einen trockenen, lufterfüllten Raum, da ihr sonst – angesichts der für Spinnen üblichen Vorverdauung vor dem Mund – die Nahrung buchstäblich vor dem Munde zerfließen würde. Hierfür baut sie eine Taucherglocke. Sie webt zunächst zwischen Wasserpflanzen einen waagerechten Teppich von etwa 2–3 cm Durchmesser und einen Fadenstrang, der an einer Pflanze entlang zum Wasserspiegel emporführt. An diesem steigt sie nach oben, streckt den Hinterleib über die Wasseroberfläche hinaus, überkreuzt darüber die Spitzen ihrer Hinterbeine und zieht sich mit einem Ruck am Fadenstrang nach unten. Auf diese Weise reißt sie zwischen Hinterbeinen und Hinterleib eine große Luftblase ins Wasser hinab, mit der sie sich mit den übrigen drei Beinpaaren am Fadenstrang nach unten hangelt. Unter dem Gespinstteppich angekommen, öffnet sie die Hinterbeine und lässt dadurch die Luftblase frei. Diese strebt nach oben, bleibt aber unter dem Gespinst hängen und wölbt es nach oben hoch. Durch immer weitere derartige, von der Wasseroberfläche heruntergeholte Luftblasen entsteht schließlich die komfortable Taucherglocke, die der Spinne ausreichend Platz bietet und ihr die Nahrungsaufnahme ermöglicht. Auch die übrigen wichtigen Lebensvorgänge, wie Häutungen, Paarung, Eiablage und Aufzucht der Jungen, finden in diesem silbrig glänzenden „Luftschloss" statt. Von Zeit zu Zeit verdichtet die Spinne die Außenhülle durch weitere Spinnfäden. Ist der Luftvorrat verbraucht, biegt sie den Rand des Gewebes nach oben, sodass die Luft entweichen und durch neue Luftblasen ersetzt werden kann.

1a
1b
1c
1d
1e

Familie Bodenspinnen Hahniidae

Die Hahniiden sind eine Familie meist sehr kleiner Spinnen, die vor allem durch ihre sechs Spinnwarzen gut gekennzeichnet sind: Diese bilden an der Hinterleibsspitze eine gerade Querreihe. Ihre Länge nimmt dabei von innen nach außen zu. Bei uns kommen etwa zehn Arten vor. Neuerdings wird auch die unten vorgestellte Gattung *Cryphoeca* und die sehr selten gefundene Gattung *Tuberta*, die beide bisher als Trichterspinnen geführt wurden, bei dieser Familie eingegliedert. Beide lassen sich schwer als Angehörige der Hahniiden erkennen, da ihnen das charakteristische, oben erwähnte Spinnwarzen-Merkmal dieser Familie fehlt.

1 *Hahnia nava*

> Höchstens 2 mm groß
> Spinnwarzen in gerader Querreihe
> An offenen, trockenen Stellen

Merkmale Mit einer Körperlänge von etwa 1,5 mm als Männchen und 1,5–2 mm als Weibchen eine ausgesprochen kleine Spinne. Vorderkörper dunkelbraun mit schwarzbraunen Radiärstreifen; Hinterkörper fast schwarz, mit undeutlich abgesetzten Winkelzeichnungen und schwer erkennbaren hellen Punkten. Daneben auch deutlich heller gefärbte Exemplare. Charakteristisch vor allem die in Querreihe angeordneten Spinnwarzen an der Hinterleibsspitze, die diese nach hinten deutlich überragen. Ausgewachsen von Juli bis Oktober.
Vorkommen Anders als die meisten Hahniiden an offenen, ziemlich trockenen Stellen, oft auf lückig bewachsenen Sandböden im Moos und unter Steinen; in Mitteleuropa weitverbreitet und eine der häufigsten Arten dieser Familie.
Lebensweise Die Spinne baut kleine Netzteppiche zwischen Moosen und Steinen oder überspannt mit ihnen flache Bodenvertiefungen. Es fehlt die für Trichterspinnen übliche Gespinströhre. Im Unterschied zu den Baldachinspinnen hält sich die Spinne auf der Oberseite des Netzes auf.
Ähnlich Die anderen neun heimischen *Hahnia*-Arten sind meist etwas heller gefärbt und leben vorwiegend in Wäldern oder in Feuchtgebieten. Eine sichere Unterscheidung ist aber nur durch mikroskopische Untersuchung der Epigyne bzw. des männlichen Tasters möglich. Die ebenfalls ähnliche *Antistea elegans* wird größer (2,5–3 mm), hat einen hell rotbraunen Vorderkörper und lebt an Gewässerufern und in Mooren.

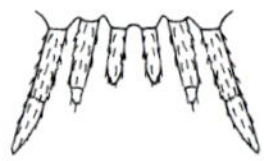
Spinnwarzen

2 *Cryphoeca silvicola*

> Kopfpartie seitlich verdunkelt
> Hinterkörper dunkel mit hellen Winkelflecken
> Am Waldboden oder unter Baumrinde

Merkmale Körperlänge beim Männchen 2,5–3, beim Weibchen 3–3,5 mm. Vorderkörper hellbraun mit seitlich verdunkelter Kopfpartie, dahinter jederseits drei dunklen Radiärstreifen und dunkler Randlinie; Hinterkörper schwarzgrau mit hellen Winkelflecken. Spinnwarzen in der bei den meisten Spinnen üblichen Anordnung. Ganzjährig ausgewachsen.
Vorkommen Vorwiegend in Wäldern am Boden unter Moos und Steinen, auch unter Baumrinde; weitverbreitet und meist nicht selten, besonders im Bergland; in den Alpen bis in über 2000 m Höhe.
Lebensweise Die Spinne baut im Moos oder in Rindenöffnungen einen kleinen Netzteppich, der in eine Wohnröhre übergeht, oft aber auch nur eine einfache Gespinströhre.

1

2

Familie Kräuselspinnen Dictynidae

Bei den Kräuselspinnen handelt es sich überwiegend um höchstens 5 mm große cribellate Spinnen mit drei Klauen an den Fußspitzen. Neuerdings werden aber auch die bis 7 mm große, bisher als Trichterspinne geführte *Cicurina cicur* sowie eine weitere, sehr seltene Art, die beide weder Cribellum noch Calamistrum besitzen, mit in diese Familie einbezogen. In Mitteleuropa kommen insgesamt etwa 25 Arten vor.

1 *Dictyna arundinacea*

Merkmale Körperlänge 2,5–3,5 mm. Ganzer Körper dunkelbraun mit weißgrauen Haaren, die auf dem Hinterkörper ein charakteristisches, dunkles Muster entstehen lassen: vorn einen dunklen, länglichen Fleck und dahinter mehrere breite Winkelflecke. Beine dunkelbraun mit angedeuteter, heller Ringelung. Cribellum ungeteilt (Merkmal der Gattung *Dictyna*). Ausgewachsen im Mai und Juni.
Vorkommen Vorwiegend an sonnigen, offenen Stellen, etwa auf niedrig bewachsenem Ödland und an Wegrändern, auch auf Feuchtwiesen und Trockenrasen. Fast überall recht häufig und in den meisten Gebieten wohl die häufigste cribellate Spinne.
Lebensweise Die kleine Spinne baut ihr unregelmäßiges, etwas unordentlich wirkendes Fangnetz vorzugsweise an der Spitze abgestorbener, vorjähriger Pflanzen (z. B. Dost oder Johanniskraut), die etwas über die umgebende Vegetation hinausragen. Die etwa 10 cm große Netzkonstruktion besteht aus einem etwa in der Mitte liegenden, dichter gewobenen Schlupfwinkel und von dort nach außen führenden, lockeren Fadenmaschen, die teilweise mit flockiger Fadenwolle überzogen sind. Insgesamt erinnert das Gespinst an die Haubennetze mancher Kugelspinnen. Allerdings sind die Klebtröpfchen tragenden Fangfäden durch solche mit Kräuselwolle ersetzt. Die Spinne sitzt meist im Schlupfwinkel. Hier deponiert sie auch ihre linsenförmigen, weißen Eikokons, von denen sie 4–6 Stück herstellen kann.
Ähnlich Mehrere weitere, in der Regel aber deutlich seltenere Arten dieser und einiger nahe verwandter Gattungen, die sich mit letzter Sicherheit nur durch mikroskopische Untersuchung der Epigyne oder des männlichen Tasters unterscheiden lassen.

> Charakteristisches Muster aus weißer Behaarung
> Cribellum ungeteilt
> „unordentliches“ Netz an abgestorbenen Pflanzen

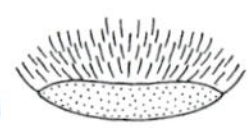
Cribellum

2 *Dictyna uncinata*

Merkmale In Größe und Zeichnung sehr ähnlich *Dictyna arundinacea*. Färbung des Körpers etwas dunkler, die der Beine etwas heller. Reifezeit etwas mehr in den Sommer verschoben: ausgewachsene Tiere bis Juli/August.
Vorkommen Meist an nicht ganz so offenen Stellen wie *D. arundinacea*, vorzugsweise z. B. an halbschattigen Waldrändern und in Gärten; überall ziemlich häufig, fast ebenso häufig wie die andere Art.
Lebensweise *Dictyna uncinata* baut ihr Fangnetz vorzugsweise an der Unterseite der Blätter von Laubbäumen, mit besonderer Vorliebe an solchen von Eichen.

> Körper etwas dunkler als bei *D. arundinacea*
> Beine etwas heller
> Meist unter Blättern von Laubbäumen

1a

1b

2

1 *Nigma walckenaeri*

> Grundfärbung leuchtend grün
> Männchen mit rotbraunem Vorderkörper
> Oft auf großblättrigen Gartenpflanzen

Merkmale Körperlänge 3,5–5 mm. Vorderkörper bei Weibchen und Jungtieren ▸ 1 gelbgrün mit weißlichen Haarstreifen, Hinterkörper leuchtend grün mit gelblich weißen Haarflecken. Männchen mit erhöhter Kopfpartie und rotbraun gefärbtem Vorderkörper, ansonsten wie das Weibchen. Cribellum durch eine Längsbrücke in zwei Hälften geteilt (Merkmal der Gattung *Nigma*). Ausgewachsen von August bis Oktober, in Gebäuden auch noch im Dezember.
Vorkommen Vorzugsweise in Gärten und an Hauswänden auf großblättrigen Sträuchern, etwa auf Flieder und Wildem Wein; öfters auch im Innern von Gebäuden, ebenso in warmen Gebieten an Waldrändern. Mehr im südlichen Mitteleuropa, doch im wärmebegünstigten Siedlungsraum bis nach Norddeutschland verbreitet.
Lebensweise Die Spinne baut ihr Fangnetz auf der Oberseite von Blättern, die an den Rändern etwas emporgewölbt sind. Hier stellt sie einen zeltdachartigen, zur Blattspitze hin geöffneten Schlupfwinkel her, vor dem sie zickzackartig hin und her gewundene, mit Kräuselwolle bedeckte Fangfäden ausspannt. Sie fängt damit oft Beutetiere, die deutlich größer sind als sie selbst. Zur Paarung geht das Männchen auf das Weibchen zu und lässt seine Cheliceren von denen des Weibchens umfassen. Dann führt es, beide Partner Kopf an Kopf und in etwas aufgerichteter Haltung einander gegenüberstehend, nacheinander seine beiden Taster in die weibliche Epigyne ein. Der linsenförmige, 6–7 mm große Eikokon wird vom Weibchen außerhalb des Netzes an einer versteckten Stelle untergebracht.

Cribellum

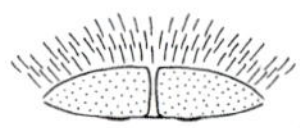

2 *Nigma flavescens*

> Grundfärbung hell rötlich
> Beine mehr gelbbraun
> Auf Laubbäumen an Waldrändern

Merkmale Körperlänge 2,5–4 mm. Grundfärbung hell rötlich, Beine gelbbraun; Hinterkörper mit ähnlicher heller Zeichnung wie bei *Nigma walckenaeri*. Ausgewachsen im Mai und Juni, Weibchen bis in den August.
Vorkommen Vor allem an warmen Waldrändern auf Laubbäumen, besonders auf Eichen; im südlichen Mitteleuropa häufiger als im Norden.
Lebensweise Die Spinne baut auf der Blattoberseite einen ähnlichen, zeltdachartigen Schlupfwinkel wie *N. walckenaeri*, vor dem sie cribellate Fangfäden ausspannt. Ihren linsenförmigen Eikokon deponiert sie unter dem Zeltdach oder dicht daneben.

3 *Cicurina cicur*

> Vorderkörper hell rotbraun
> Hinterkörper hellgrau
> Lebt am Boden im Moos oder unter Steinen

Merkmale Körperlänge 5–7 mm. Vorderkörper und Beine hell rotbraun, Hinterkörper einfarbig hellgrau; hierdurch sehr an die Wasserspinne erinnernd. Ohne Cribellum. Ausgewachsen vom Frühjahr bis in den Herbst.
Vorkommen Vor allem in Laub- und Nadelwäldern; weitverbreitet und vielerorts häufig, besonders im Bergland.
Lebensweise Die Spinne baut am Boden im Moos und unter Steinen einen sehr unscheinbaren Netzteppich.

1

2a

2b

3

Familie Finsterspinnen Amaurobiidae

Die Finsterspinnen sind mittelgroße, meist cribellate Spinnen, die an Trichterspinnen erinnern, aber deutlich untersetzter und kurzbeiniger sind. Wie diese bauen sie Trichternetze. Die cribellaten Arten haben ein geteiltes Cribellum und ein zweireihiges Calamistrum. Neuerdings werden zu dieser Familie auch die nicht cribellaten Vertreter der Gattung *Coelotes* gerechnet, die bisher als Trichterspinnen geführt wurden. In Deutschland kommen zwölf Arten vor.

1 *Amaurobius fenestralis*

> Hinterleibsgrundfärbung grünlichgelb
> Vorn ein dunkler, nach hinten verbreiterter Fleck
> Unter Baumrinde oder in Gesteinsritzen

Merkmale Körperlänge 6–8 mm. Hinterkörper mit grünlichgelber, nach hinten mehr rötlicher Grundfärbung, vorn ein dunkler, nach hinten erweiterter, längs der Mitte etwas aufgehellter Längsfleck. Männchen von Herbst bis Frühjahr, Weibchen bis Juli/August.
Vorkommen Vorwiegend unter der Rinde abgestorbener Bäume, auch in Mauern und Felsritzen sowie gebietsweise in Gebäuden; fast überall häufig.
Lebensweise Die Spinne baut ein recht grobmaschiges Trichternetz, das durch die cribellaten Fangfäden in frischem Zustand etwas bläulich schimmert. Nach der im Frühjahr stattfindenden Paarung verschließt das Weibchen seine Wohnröhre vollkommen und baut sie zum ovalen, etwa 3 cm großen Brutnest aus. In ihm deponiert es im Juni oder Juli seinen weißen Eikokon und bewacht ihn. Ab Juli schlüpfen die Jungspinnen und sammeln sich rings um die Mutter, die weiterhin auf den Kokonresten ausharrt. Etwa eine Woche später stirbt sie und stellt ihren Körper, den sie offensichtlich durch in großen Mengen produzierte Verdauungssäfte innerlich aufgelöst hat, ihren Jungen als erste Nahrung zur Verfügung. Die Entwicklung bis zur erwachsenen Spinne dauert offenbar zwei Jahre, denn im Winter findet man außer ausgewachsenen stets auch halbwüchsige Exemplare.
Ähnlich Bei der sehr ähnlichen, vorwiegend im westlichen Mitteleuropa verbreiteten *Amaurobius similis* ist der dunkle Fleck vorn auf dem Hinterleib in der Mitte etwas stärker aufgehellt. Sie lässt sich nur nach der Epigyne bzw. dem männlichen Taster mit letzter Sicherheit von dieser Art unterscheiden.

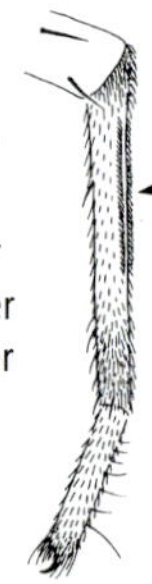

Zweireihiges Calamistrum (Pfeil)

1b
1c
1d
1e

1 *Amaurobius ferox*

> Größte Art der Finsterspinnen
> Weibchen sehr dunkel gefärbt
> Vorwiegend im Siedlungsbereich

Merkmale Körperlänge als Männchen 10–12, als Weibchen 11–16 mm. Färbung beim Weibchen ▸ **1a** sehr dunkel: Vorderkörper dunkel rotbraun mit schwärzlichem Kopfbereich, Hinterkörper schwärzlich, vorn auf der Oberseite mit 3 angedeuteten, hellen Längsbinden und dahinter 3–4 hellen Winkelflecken, die in der Mitte unterbrochen sein können. Männchen meist heller gefärbt und kontrastreicher gezeichnet, Begattungsorgan am Taster außen mit einem schon ohne Lupe sichtbaren weißen Fleck. Ausgewachsene Männchen von Herbst bis Frühjahr, Weibchen fast ganzjährig.
Vorkommen In Mitteleuropa vorzugsweise in wärmebegünstigten Gebieten im Siedlungsbereich, z. B. in Kellern oder in unverfugten Mauern; in Südeuropa und am Südrand der Alpen auch regelmäßig in Wäldern unter Steinen, stellenweise ziemlich häufig.
Lebensweise Die Spinne baut in Mauerfugen oder Gesteinsritzen ein weitmaschiges Trichternetz ▸ **1b**. Dieses setzt sich aus der beiderseits offenen Wohnröhre und dem vor der vorderen Röhrenmündung ausgebreiteten Fangnetz zusammen. Die strahlenförmig, teilweise aber auch unregelmäßig angeordneten Fangfäden sind mit feiner Kräuselwolle überzogen, die in frischem Zustand einen deutlichen, bläulichen Glanz besitzt. Die Paarung erfolgt im Frühjahr. Bei der Balz führt das Männchen vor dem Eingang in die Wohnröhre des Weibchens zunächst Trommelbewegungen mit den Tastern aus; kurz darauf beginnt es mit dem Hinterleib und dann mit allen Beinen heftig zu zucken. Nach einiger Zeit, manchmal auch erst nach Stunden, erscheint das Weibchen in der Röhrenmündung. Das Männchen begibt sich darauf neben seine Partnerin, dreht sich um die Längsachse und führt den ersten Taster ein. Die Tasterblase schwillt kurz an und kollabiert wieder; bereits zwei Sekunden später trennen sich die Partner. Später kommt es dann zu einer weiteren Vereinigung auf der anderen Körperseite. Nach vollendeter Paarung bleibt an der weiblichen Epigyne ein weißer Sekretpfropf zurück, der die verpaarte Spinne deutlich kennzeichnet. Der Eikokon wird vom Weibchen später im Gespinst abgelegt. Nach dem Schlüpfen der Jungspinnen spielen sich offenbar die gleichen Vorgänge ab wie bereits bei *Amaurobius fenestralis* beschrieben, da man auch bei *A. ferox* die Jungspinnen nach einiger Zeit neben dem Körper ihrer ausgesogenen Mutter findet. Die ganze Entwicklung bis zur erwachsenen Spinne dauert mindestens zwei, möglicherweise sogar drei Jahre.

2 *Callobius claustrarius (= Amaurobius claustrarius)*

> Hinterleibsrücken hell gefärbt
> Meist unter Steinen
> In den Alpen und Mittelgebirgen

Merkmale Körperlänge beim Männchen um 8, beim Weibchen um 11 mm. Vorderkörper wie die Beine rotbraun, im Kopfbereich stark verdunkelt, Hinterkörper in der Grundfärbung dunkelgrau, oberseits mit einer ausgedehnten, graugelblichen bis hellbraunen Fläche, in der vorne eine dunkle Längsbinde und dahinter dunkle Winkelflecke liegen. Ausgewachsene Tiere findet man vom Herbst bis ins Frühjahr.
Vorkommen Offenbar eine typische Gebirgsart, die vor allem unter Steinen zu finden ist; bei uns vorzugsweise in den Alpen und Mittelgebirgen, stellenweise nicht selten.

1a

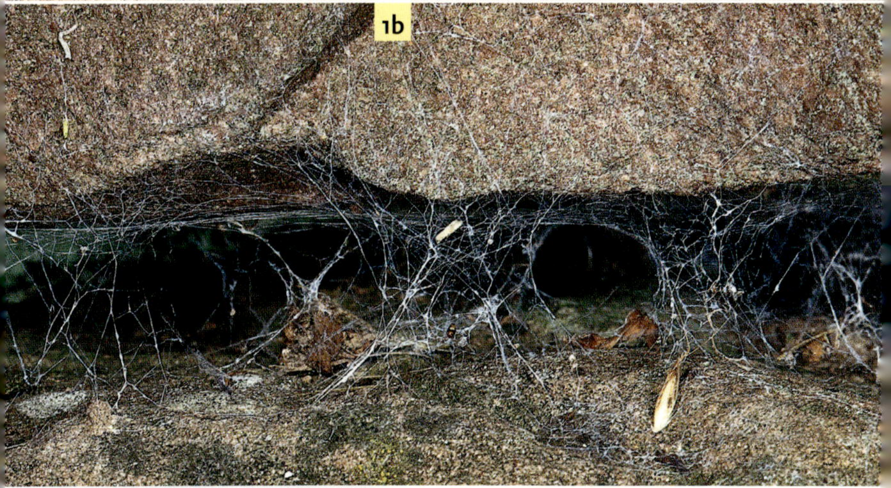
1b

2a

2b

1 *Coelotes terrestris*

> Dunkle Gesamtfärbung
> Zweigliedrige hintere Spinnwarzen
> Baut kleine Trichternetze am Waldboden

Merkmale Körperlänge beim Männchen 8–10, beim Weibchen 11–14 mm. In der Körperform sehr an die Arten der Gattung *Amaurobius* erinnernd, aber hintere Spinnwarzen stark verlängert und zweigliedrig, den Hinterkörper nach hinten deutlich überragend. Außerdem ohne Cribellum und Calamistrum. Vorderkörper dunkelbraun bis schwarz, im vorderen Teil kaum verschmälert und etwa gleich lang wie der Hinterkörper; Hinterleib dunkelgrau mit meist undeutlicher, heller Winkelzeichnung. Epigyne mit einer annähernd quadratischen, vorn und an den Seiten fast gerade begrenzten Grube. Ausgewachsene Tiere fast ganzjährig anzutreffen.

Vorkommen Vor allem in Wäldern, in dichten Nadelwäldern ebenso wie in lockeren Laubwäldern; in Mitteleuropa fast überall sehr häufig.

Lebensweise Die Art baut am Boden, gern z. B. in einem Moospolster, ein nur etwa 5 cm großes, dicht gewobenes Trichternetz. Etwas oberhalb seiner Mitte mündet eine etwa 1 cm weite und bis 10 cm lange Gespinströhre, die verborgen im Moos oder unter einem Stein weiterführt. Tagsüber hält sich die Spinne darin meist verborgen; gegen Abend und bei Nacht lauert sie dagegen normalerweise in der Röhrenmündung. Sobald ein Beutetier den Netzteppich oder die in die weitere Umgebung führenden Fäden erschüttert hat, stürzt sie sich zielgerichtet auf das Opfer, tötet dieses durch einen Giftbiss und trägt es in seine Gespinströhre. Die Paarungszeit erstreckt sich vom Frühjahr bis in den Hochsommer. Das Weibchen baut später einen relativ flachen, weißen Eikokon, der außen mit einigen Erdkrumen getarnt wird. Ab Juli schlüpfen die Jungspinnen, wegen der langen Paarungszeit manchmal auch erst im September. Sie werden vom Weibchen sehr fürsorglich betreut. Es fängt Beutetiere in seinem Netz, speichelt sie mit Verdauungssekret ein und verfüttert sie an die Jungen, zunächst in kleinen Stücken, später in immer größeren Portionen. Vor der Nahrungsübergabe wird die Mutterspinne oft regelrecht von ihren Jungen angebettelt. Mit zunehmender Größe machen sie schließlich auch gemeinsam mit ihrer Mutter Beute. Nach Berichten einiger Autoren sollen sie nach dem Tod ihrer Mutter auch diese verzehren; möglicherweise handelt es sich hier aber um eine Verwechslung mit *Amaurobius*-Arten, von denen ein solches Verhalten ja bekannt ist. Zudem wurden die Arten beider Gattungen früher immer wieder miteinander verwechselt. So hieß beispielsweise die Gattung *Coelotes* auch eine Zeitlang *Amaurobius*, während diese Gattung unter dem Namen *Ciniflo* geführt wurde. Die Jungspinnen von *Coelotes terrestris* scheinen sich dagegen bereits kurz nach dem Tod ihrer Mutter zu zerstreuen und dann eigene Netze herzustellen.

Wissenswertes Die Spinne wurde früher wegen ihrer zweigliedrigen hinteren Spinnwarzen und des fehlenden Cribellums und Calamistrums meist zu den Trichterspinnen gerechnet. Mittlerweile wird sie aber allgemein bei den Finsterspinnen geführt, denen sie im Erscheinungsbild recht gut entspricht.

Ähnlich Mehrere weitere Arten dieser Gattung, die nur nach Genitalmerkmalen sicher zu unterscheiden sind, die meisten sind aber selten oder haben ein sehr kleines Verbreitungsgebiet (z. B. in den Alpen). Eine weitere häufige Art ist *Eurocoelotes inermis*, die zum Teil sogar am gleichen Fundort vorkommt, meist aber in geringerer Individuenzahl. Bei ihr ist die Grube in der Epigyne des Weibchens doppelt so lang wie breit und besitzt eine etwas geschwungene Form.

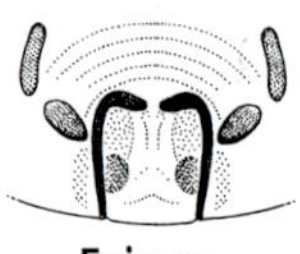

Epigyne

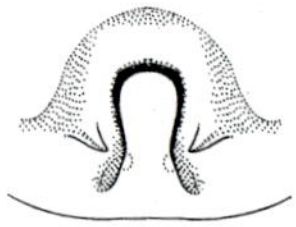

Epigyne von *Eurocoelotes inermis*

1a

1b

Familie Kalksteinspinnen Titanoecidae

Die Kalksteinspinnen wurden früher mit zu den Finsterspinnen gerechnet. Sie unterscheiden sich von diesen durch das einreihige Calamistrum an den Hinterbeinen. Außer der hier vorgestellten kommen in Deutschland noch zwei weitere, sehr seltene Arten vor.

1 *Titanoeca obscura*

Merkmale Körperlänge 4,5–5,5 mm. Geschlechter deutlich verschieden. Vorderkörper beim Männchen rotbraun, Hinterkörper schwarz mit vier weißen Flecken; Weibchen mit dunkelbraunem Vorderkörper und einfarbig schwarzgrauem Hinterleib. Ausgewachsen von Mai bis Juli.
Vorkommen Unter Steinen an sonnigen Hängen in den kalkreichen Mittelgebirgen Süd- und Mitteldeutschlands, hier überall ziemlich häufig; im norddeutschen Tiefland fehlend.
Lebensweise Die Art baut unter Kalksteinen kleine, unregelmäßige Fangnetze mit cribellaten Fangfäden. Im Mai und Juni findet man oft beide Geschlechter nebeneinander im gleichen Netz. Bei der Paarung sitzen sich die Partner Kopf an Kopf und Bauch oben im Netz gegenüber. Die ziemlich große männliche Tasterblase bleibt bei diesem Vorgang etwa zehn Minuten lang angeschwollen. Später bewacht das Weibchen im Fangnetz seinen kugeligen, gelblich weißen Eikokon.
Ähnlich Bei der nur auf Sand vorkommenden *Titanoeca psammophila* besitzen beide Geschlechter einen ganz schwarzen Hinterleib.

> Männchen mit 4 weißen Flecken
> Weibchen mit ganz schwarzem Hinterkörper
> Unter Kalksteinen

Familie Zartspinnen Anyphaenidae

Die nahe mit den Sackspinnen verwandten Zartspinnen unterscheiden sich durch ihr mitten auf der Bauchseite des Hinterkörpers liegendes unpaares Tracheenstigma deutlich von allen übrigen heimischen Spinnen. Bei uns kommt außer der hier vorgestellten noch eine weitere, sehr seltene Art vor.

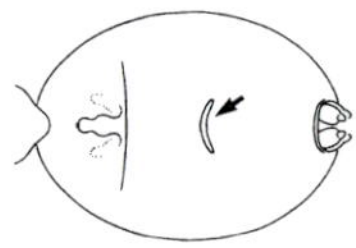

Hinterleib von unten mit unpaarem Stigma (Pfeil)

2 *Anyphaena accentuata*

Merkmale Körperlänge beim Männchen 4–7, beim Weibchen 5–9 mm. Grundfärbung gelbgrau, gelbbraun oder dunkelbraun, Männchen meist deutlich dunkler als das Weibchen. Vorderkörper mit zwei dunklen Längsbinden und darinliegenden, hellen Flecken; Hinterkörper oben mit vier annähernd dreieckigen, dunklen Flecken, die eng beieinanderliegen, an den Seiten und hinten meist mehr oder weniger verdunkelt. Ausgewachsen von Mai bis August.
Vorkommen Vorwiegend in Laub- und Mischwäldern, bei uns überall sehr häufig.
Lebensweise Man findet diese markante Spinne vor allem im Winter regelmäßig unter der Rinde abgestorbener Laubbäume. Im Sommer ist sie dagegen nicht so einfach zu entdecken. Sie hält sich zu dieser Zeit tagsüber zwischen zusammengesponnenen Blättern verborgen und geht nachts auf Beutefang.
Ähnlich Die seltene *Anyphaena furva* ist deutlich dunkler gefärbt; der dunkle Vorderkörper trägt in der Mitte eine helle Längsbinde.

> Unpaares Stigma mitten auf der Unterseite des Hinterleibs
> 4 dreieckige, dunkle Flecke
> Tagsüber zwischen zusammengesponnenen Blättern

1a

1b

2a

2b

Familie Dornfingerspinnen Miturgidae

Die Dornfingerspinnen wurden bisher zusammen mit den *Clubiona*-Arten in der Familie Sackspinnen vereint. Sie unterscheiden sich von diesen durch längere Beine (dabei das 1. Beinpaar deutlich länger als das 2., bei den *Clubiona*-Arten umgekehrt). Außerdem ist die hintere Augenreihe bei den *Clubiona*-Arten länger als die vordere, bei den Dornfingerspinnen dagegen nicht. Die Vertreter beider Familien bauen keine Netze, sondern sind nächtliche Jäger, die sich tagsüber in Gespinstsäcken verbergen. In Mitteleuropa kommen etwa zehn Arten vor.

1 Dornfinger *Cheiracanthium punctorium*

> Vorderköper gelbbraun bis rotbraun
> Hinterkörper gelblich grün
> In Gespinstsack im Gras

Merkmale Körperlänge als Männchen 8–12, als Weibchen 10–15 mm. Vorderkörper gelbbraun bis orange, ebenso die Grundglieder der Cheliceren, diese aber mit schwarzen Spitzen. Cheliceren beim Männchen auffallend vergrößert und schräg auseinanderweichend. Hinterkörper gelblich grün, vorn mit etwas dunklerem, länglichem Fleck. Beine grünlich gefärbt. Ausgewachsen von Juni bis Oktober.
Vorkommen Sowohl an trockenen als auch an etwas feuchten, mit höheren Gräsern bewachsenen Stellen, etwa auf wenig genutzten Wiesen und auf Steppenrasen, gern auch auf mit Reitgras bewachsenem, sonnigem Ödland. In Deutschland vorzugsweise in klimatisch begünstigten oder kontinental beeinflussten Gebieten, z. B. im Rheintal und in der Umgebung von Berlin. Breitet sich anscheinend als Folge der jüngsten Klimaveränderung in der letzten Zeit in Mitteleuropa aus, gilt aber nach der Roten Liste in Deutschland als gefährdet. Im Mittelmeergebiet weitverbreitet und fast überall ziemlich häufig.
Lebensweise Die Spinne verbirgt sich tagsüber in einem meist in ca. 30–50 cm Höhe zwischen Gräsern angelegten, weißen Gespinstsack. In Form und Größe entspricht er etwa einem Taubenei. Anhand dieses oft schon auf größere Entfernung sichtbaren Schlupfwinkels ist die nachtaktive Art in geeignetem Gelände verhältnismäßig leicht zu finden. Man sollte sich allerdings davor hüten, das Versteck mit ungeschützten Fingern zu öffnen, denn der Dornfinger gehört zu den wenigen heimischen Spinnen mit unangenehmen Bisswirkungen. Er kann mit seinen langen Giftklauen mühelos die menschliche Haut durchdringen. Die Bissfolgen werden meist mit einem Wespen- oder Bienenstich verglichen; in der Literatur werden aber auch leichte Lähmungserscheinungen und Schüttelfrost erwähnt. Die Schmerzen schwinden nach einigen Tagen, können aber auch bis zu zwei Wochen spürbar sein. In einem Fall wird beschrieben, dass es erst unter großer Kraftanstrengung möglich war, den an einem Finger festgebissenen Dornfinger wieder loszubekommen. Das Männchen wird vor dem Weibchen reif, sucht dann den Schlupfwinkel eines noch unreifen Weibchens und baut seinen Gespinstsack direkt an dessen Seite. Nach der Reifehäutung des Weibchens wird die Trennwand entfernt, und nun kann man beide Partner gemeinsam in einem besonders großen Gespinst antreffen. Zur Paarung kriecht das Männchen Bauch oben unter den Vorderkörper des Weibchens und führt abwechselnd beide Taster ein. Ab August bewacht das Weibchen im Gespinstsack seinen Eikokon mit etwa 100–300 Eiern, später dann die Jungspinnen.
Wissenswertes Der Name Dornfinger hat nichts mit einer möglichen Beißlust zu tun, er bezieht sich vielmehr auf einen langen und dünnen Dorn, den alle Männchen dieser Gattung (als Teil der arttypisch verschiedenen Geschlechtsanhänge) an ihrem Taster tragen (in ▸ **1c** links im Bild über dem verdickten Taster-Endglied zu erkennen).

1a

1b

1c

1 *Cheiracanthium erraticum*

Merkmale Körperlänge als Männchen 6–7, als Weibchen 8–9 mm. Vorderkörper und Beine gelbbraun bis grünlich, Spitzen der Cheliceren-Grundglieder deutlich verdunkelt. Hinterkörper in der Grundfärbung gelblich grün, am Rücken mit einem gelb gesäumten, dunkelroten Längsstreifen. Ausgewachsen von April bis Juli, Weibchen bis September.
Vorkommen An trockenen und etwas feuchten, mit Gras bewachsenen Stellen, etwa an sonnigen Waldrändern und auf Feuchtwiesen, in Norddeutschland regelmäßig auf leicht vergrasten Heideflächen. In Mitteleuropa fast überall ziemlich häufig, die häufigste Dornfinger-Art.
Lebensweise Die Spinne baut ihren Gespinstsack vorzugsweise in zusammengezogenen Grasrispen, gern z. B. in denen der Geschlängelten Schmiele ▸ **1b**; oft spinnt sie aber auch nach Art vieler Sackspinnen Blätter zusammen. In diesem Wohngespinst deponiert das Weibchen ab Juli seinen Kokon mit rosa gefärbten Eiern. Später bewacht es darin die Jungspinnen. Beim Öffnen seiner Behausung nimmt es sofort eine angriffsbereite Verteidigungsstellung mit drohend abgespreizten Giftklauen ein. Im Gegensatz zu seinem größeren Verwandten ist aber dieser kleine Dornfinger offenbar nicht in der Lage, die menschliche Haut zu durchdringen.
Ähnlich Mehrere weitere kleine *Cheiracanthium*-Arten, die dieser Art ähneln und nur durch Untersuchung der Epigyne bzw. des männlichen Tasters sicher von dieser zu unterscheiden sind. Sie sind aber meist deutlich seltener und in ihrem Vorkommen an klimatisch begünstigte Gebiete gebunden.

> Kleiner als der Dornfinger
> Hinterleib mit dunkelrotem Längsstreifen
> Wohngespinst oft in Grasrispe

2 *Cheiracanthium mildei*

Merkmale Körperlänge 7–11 mm. Vorderkörper gelbbraun mit angedeuteten, dunkleren Radiärstreifen und einer lockeren, weißlichen Behaarung; Hinterkörper ebenfalls gelbbraun, mit leicht grünlicher Tönung, vorn mit einem dunkleren, gelblich eingefassten Spießfleck. Ausgewachsen von Mai bis Juli, Weibchen auch noch im September.
Vorkommen Im Mittelmeergebiet am Rand von Gebüschen weitverbreitet und stellenweise ziemlich häufig; seit einigen Jahren nach Deutschland eingeschleppt und dort in Häusern gebietsweise eingebürgert (vor allem am Oberrhein und im Rhein-Main-Gebiet, vereinzelt auch in Nordrhein-Westfalen und in Ostdeutschland); offenbar in deutlicher Ausbreitung begriffen.
Lebensweise Im Freiland baut die Spinne ihren Schlupfwinkel zwischen zusammengesponnenen Blättern, etwa zwischen Eichenlaub ▸ **2a**. Im Sommer bewacht das Weibchen darin seinen Kokon mit etwa 30–50 Eiern. In Gebäuden wird die Art offenbar hin und wieder bei ihren nächtlichen Streifzügen beobachtet, hier dürften ihre Wohngespinste an verborgenen Stellen liegen.
Wissenswertes Die Angaben zur Giftigkeit dieser Spinne sind sehr widersprüchlich. Aus den USA, wohin die Art ebenfalls verschleppt wurde, gibt es Berichte über unangenehme Bissfolgen; auch aus Europa existieren ähnliche Berichte. Bei Versuchen, die mit Tieren aus heimischen Wohnungen gemacht wurden, war dagegen keine Bisswirkung nachzuweisen.

> Grundfärbung gelblichbraun
> Dunklerer Spießfleck auf dem Hinterkörper
> In Mitteleuropa in Häusern

1a

1b

1c

2a

2b

Familie Feldspinnen Liocranidae

Die Feldspinnen wurden früher mit zu den Sackspinnen gerechnet. Wie diese sind sie nächtliche Jäger, bauen aber in der Regel keine Gespinstsäcke, sondern ruhen tagsüber z. B. unter Steinen. Von den Sackspinnen unterscheiden sie sich vor allem durch die Form der Unterlippe, die etwa so lang ist wie breit (bei den Sackspinnen dagegen deutlich länger als breit). In Mitteleuropa kommen etwa zehn Arten vor. Bis vor Kurzem wurden auch die Vertreter der Familie Corinnidae (S. 238) mit in diese Familie einbezogen.

1 Feenlämpchenspinne *Agroeca brunnea*

> Rotbraun mit leichtem Goldglanz
> Tagsüber z. B. unter Holzstücken
> Baut das bekannte „Feenlämpchen"

Merkmale Körperlänge beim Männchen 5–6, beim Weibchen 6–9 mm. Grundfärbung rotbraun mit leichtem Goldglanz. Vorderkörper mit zwei aus Schrägstreifen zusammengesetzten, dunklen Längsbinden, Hinterkörper mit unterbrochenen, W-förmigen Querbinden. Ganzjährig ausgewachsen.
Vorkommen In Wäldern und offenen Lebensräumen unterschiedlichster Art, in Trockengebieten ebenso wie auf Feuchtwiesen; fast überall ziemlich häufig.
Lebensweise Die Spinne verbirgt sich tagsüber im Moos oder unter Holzstücken und ist daher nicht leicht zu finden. Viel häufiger sieht man ihren Eikokon, der als „Feenlämpchen" gut bekannt ist. Er erinnert in seiner Form an ein umgedrehtes Weinglas. Meist wird er aber noch in der Nacht seiner Herstellung durch Erde getarnt, sodass seine Form kaum noch erkennbar ist. Man findet aber immer wieder Kokons, denen die tarnende Erdschicht fehlt. Möglicherweise wurde in diesen Fällen die Spinne gestört, bevor sie ihr Werk vollenden konnte. Denkbar wäre aber auch, dass die Tarnung erst in der nächsten Nacht erfolgt wäre. Im Innern des Kokons finden sich zwei Kammern; die obere enthält etwa 40–50 Eier, die untere dient den Jungspinnen als Aufenthaltsort bis zur nächsten Häutung. Die Entwicklung zur erwachsenen Spinne dauert zwei Jahre. Nicht selten sind die Kokons allerdings von Schlupfwespen parasitiert. Ihre Larven ernähren sich von den Spinneneiern.
Ähnlich Mehrere weitere *Agroeca*-Arten, die sich zum Teil nur nach der Epigyne bzw. dem männlichen Taster sicher von dieser Art unterscheiden lassen, z. B. die vorzugsweise in Mooren vorkommende *Agroeca proxima*, die einen schmal spindelförmigen, in ähnlicher Weise gestielten Kokon herstellt.

2 *Liocranum rupicola*

> Grundfärbung hellbraun
> Dunkle Längsbinden auf dem Vorderkörper
> Kontrastreiche Hinterleibszeichnung

Merkmale Körperlänge 5–9 mm. Hellbraun mit 2 dunklen Längsbinden auf dem Vorderkörper; auf dem Hinterkörper ein dunkler Längsfleck und dahinter mehrere Winkelflecke, an den Seiten ebenfalls dunkel. Ausgewachsene Tiere fast ganzjährig.
Vorkommen In Wäldern unter Baumrinde und an sonnigen, trockenen Stellen unter Steinen; daneben auch in Gebäuden. In Deutschland weitverbreitet, aber nicht häufig, im Nordwesten fehlend.

1a

1b

1c

2

Familie Sackspinnen Clubionidae

Die Vertreter dieser Familie sind nachtaktive, frei jagende Spinnen, die sich tagsüber in Gespinstsäcken verbergen. Sie ähneln manchen Plattbauchspinnen, insbesondere den Arten der Gattung *Drassodes*, unterscheiden sich aber von diesen durch die konisch verjüngten, in Ruhelage eng aneinanderliegenden Spinnwarzen. Bei uns kommen etwa 25 Arten vor, die alle der Gattung *Clubiona* angehören und meist nur nach der Epigyne bzw. dem männlichen Taster sicher zu unterscheiden sind.

1 *Clubiona corticalis*

> Braun mit dunklen Cheliceren
> Spießfleck in hell abgesetztem Umfeld
> In Gespinstsäcken unter Baumrinde

Merkmale Körperlänge 7–11 mm. Vorderkörper rotbraun oder gelbbraun, Cheliceren schwarzbraun; Hinterkörper oben mit einer hell gelblichen Fläche in grau gefärbtem Umfeld, darin ein dunkler Spießfleck und dahinter undeutliche, dunkle Winkelflecke. Ausgewachsen vorwiegend von April bis Juli.
Vorkommen Vorzugsweise in lockeren Nadelwäldern, besonders in Kiefernwäldern auf Sandboden, daneben auch z. B. an Alleebäumen und unter Steinen; weitverbreitet, doch nur gebietsweise häufig.
Lebensweise Man findet die Art am häufigsten unter der losen Rinde abgestorbener Kiefern. Hier können zahlreiche der 15–20 mm langen, ovalen Gespinstsäcke dicht nebeneinander angelegt sein. Im Unterschied zu den oft ähnlichen Gespinstsäcken vieler Springspinnen zerreißen diese Gespinste, wenn man etwa mit einer Pinzette kräftig daran zieht. Gespinstsäcke von Springspinnen dagegen lassen sich in den meisten Fällen gummiartig in die Länge ziehen. Die Sackspinnen überwintern meist im letzten Jugendstadium und häuten sich im Frühjahr dann zum letzten Mal. Im Frühsommer bewachen die Weibchen im Gespinst ihren Eikokon bis zum Schlüpfen der Jungspinnen, um kurz darauf zu sterben. Die Jungen erreichen bis zum Herbst das letzte Jugendstadium.
Ähnlich Dank der markanten Zeichnung auf dem Hinterleibsrücken ist die Art kaum mit einer anderen Sackspinne zu verwechseln. Lediglich *Clubiona comta* ist ähnlich gezeichnet, bleibt aber mit einer Körperlänge von 3–6 mm deutlich kleiner.

2 *Clubiona stagnatilis*

> Hellbraun mit dunklen Cheliceren
> Epigyne mit breiter, rundlicher Platte
> Schlupfwinkel in 2 × gefaltetem Grasblatt

Merkmale Körperlänge 5–9 mm. Nach Färbungs- und Zeichnungsmerkmalen kaum von vielen anderen Sackspinnen zu unterscheiden: Vorderkörper hellbraun mit schwarzbraunen Cheliceren; Hinterkörper hell graubraun behaart. Epigyne deutlich breiter als lang, mit einer annähernd halbkreisförmigen, festen Platte bedeckt. Ausgewachsen meist von Mai bis August.
Vorkommen Vorwiegend auf sumpfigen Wiesen und an Ufern von Gewässern, gebietsweise ziemlich häufig.
Lebensweise Die Art baut ihren Schlupfwinkel auf recht raffinierte Weise: Sie knickt ein Grasblatt (vorzugsweise vom Rohr-Glanzgras) zweimal meist kurz vor der Spitze und faltet die Blattflächen unter Zuhilfenahme von Spinnfäden so übereinander, dass ein allseits geschlossener Raum entsteht ▸ 2a. Darin bewacht das Weibchen seinen Eikokon und später die Jungspinnen ▸ 2b.

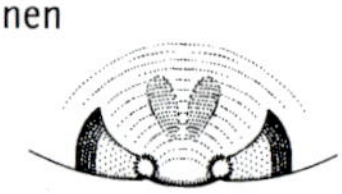

Epigyne

1a

1b

1c

2a

2b

1 *Clubiona phragmitis*

Merkmale Mit 7–12 mm Körperlänge eine der größten Sackspinnen; in der Färbung nicht von *C. stagnatilis* zu unterscheiden. Epigyne aber etwas länger als breit, ohne feste Platte, aber mit 4 parallel angeordneten Schläuchen der inneren Geschlechtsgänge, die durch die Außenhaut durchscheinen. Ausgewachsene Tiere fast das ganze Jahr hindurch.
Vorkommen An ganz ähnlichen Orten wie *C. stagnatilis*, insgesamt noch etwas häufiger.
Lebensweise Diese Art baut ebenfalls auffallende Wohngespinste in größeren Grasblättern, vor allem in Schilfblättern. Sie faltet aber nicht die Blattfläche, sondern rollt sie nach unten in Längsrichtung zu einer Art Zigarre, die innen mit einem beiderseits offenen Gespinstschlauch ausgekleidet ist ▸ **1a**. Das Weibchen bewacht darin im Sommer seinen Eikokon ▸ **1b**.

> Färbung wie *C. stagnatilis*
> Epigyne mit 4 parallelen Schläuchen
> Rollt Grasblätter in Längsrichtung

Epigyne

2 *Clubiona reclusa*

Merkmale Körperlänge 4–9 mm. Färbung deutlich dunkler als bei *C. stagnatilis*: Vorderkörper dunkelbraun mit feiner, dunkler Marmorierung und schmaler, schwarzer Randlinie; Hinterkörper dunkelbraun mit feiner, grauer Behaarung. Epigyne mit einer halbkreisförmigen Platte, die hinten einen nasenartigen Vorsprung und seitlich davon jeweils einen Höcker trägt. Ausgewachsene Tiere ganzjährig zu finden.
Vorkommen Z. B. an feuchten Waldrändern und auf mit Schilf bewachsenen Feuchtwiesen; überall eine der häufigsten Sackspinnen.
Lebensweise Die Art lebt vor allem in Gebüschen und auf Schilfrohr. Manchmal baut sie ihre Wohngespinste in ganz ähnlicher Weise wie *C. stagnatilis* zwischen zusammengefalteten Grasblättern. Auch sie bewacht darin zunächst ihren Eikokon und später die Jungspinnen.

> Färbung überwiegend dunkelbraun
> Vorderkörper mit schwarzer Randlinie
> Gern in Schilfbeständen

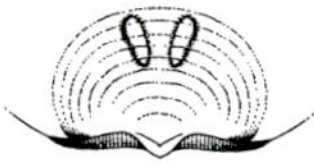
Epigyne

3 *Clubiona lutescens*

Merkmale Körperlänge 5–9 mm. Färbung sehr ähnlich wie bei *C. reclusa*, doch Vorderkörper ohne die schwarze Randlinie und Hinterkörper etwas heller. Epigyne ohne feste Platte, hinten mit zwei Schlitzen und zwei durchscheinenden, bogenförmigen Geschlechtsgängen. Ausgewachsene Tiere von Mai bis August.
Vorkommen In feuchtem, offenem bis halbschattigem Gelände, etwa in Auwäldern und an Gewässerufern. Ziemlich häufig, vor allem im Flachland.
Ähnlich Außer den hier vorgestellten Arten zahlreiche weitere Vertreter dieser Gattung, die diesen sehr ähneln und nur nach Geschlechtsmerkmalen sicher bestimmt werden können.

> Färbung ähnlich wie bei *C. reclusa*
> Vorderkörper ohne dunklen Rand
> In Feuchtgebieten

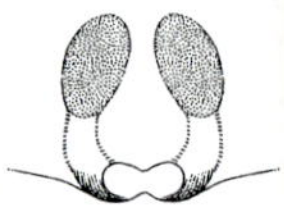
Epigyne

1a
1b
2a
2b
3

Familie Rindensackspinnen Corinnidae

In dieser Familie werden neuerdings zwei Spinnengattungen zusammengefasst, die bisher ganz verschiedenen Familien zugeordnet wurden. *Ceto* galt früher als Vertreterin der Sackspinnen, während *Phrurolithus* zeitweise zu den Plattbauchspinnen, zeitweise zu den Sackspinnen oder auch zu den Feldspinnen gestellt wurde. Außer der einzigen *Cetonana*-Art kommen bei uns nur drei Arten der anderen Gattung vor. Eine Darstellung gemeinsamer Merkmale ist schwierig; einfacher ist eine Charakterisierung der beiden Gattungen.

1 *Cetonana laticeps (= Ceto laticeps)*

Merkmale Körperlänge 5–7 mm. Körper, vor allem der Vorderkörper, vergleichsweise breit und etwas abgeflacht, Letzterer schwarzbraun mit feiner Runzelung; Hinterkörper dunkel graubraun mit auffallendem, seidigem Glanz, unterseits gelblich. Vordere Mittelaugen größer als die übrigen. Beine beim Weibchen ganz unbestachelt, beim Männchen unterseits mit kurzen, zahnartigen Stachelpaaren. Ausgewachsene Tiere fast ganzjährig zu finden.
Vorkommen An trockenen, warmen Stellen, besonders auf Sandboden; in Deutschland nur in der Südhälfte, überall ziemlich selten.

> Dunkler, ziemlich flacher Körper
> Vordere Mittelaugen am größten
> Sackförmige Wohngespinste

Lebensweise Die Spinne lebt den Winter über vor allem unter der Rinde abgestorbener Kiefern. Hier kann man sie in ihren Gespinstsäcken, die sehr an die Gespinste der Sackspinnen erinnern, manchmal zu mehreren dicht beieinander finden ▸ **1b**. Den Sommer über leben sie u. a. im Eichengebüsch und auf Nadelbäumen.

2 *Phrurolithus festivus*

Merkmale Körperlänge 2–4 mm. Vorderkörper von oben gesehen fast kreisrund, dunkel rotbraun gefärbt; Hinterkörper schwarzgrau mit zwei weißen Punkten und dahinter einer weißen Wellenlinie, die auch in drei Flecke getrennt sein kann (wie in ▸ **2**), ein weiterer, kleiner weißer Punkt vor der Hinterleibsspitze. Beine unterseits jeweils mit mehreren langen Stachelpaaren. Männchen mit einem großen Rückenschild auf dem Hinterkörper, das nach hinten bis kurz vor die Hinterleibsspitze reicht. Ausgewachsene Tiere von Mai bis Oktober.
Vorkommen An offenen, trockenen Stellen, etwa an sonnigen Waldrändern und auf Trockenrasen; gebietsweise ziemlich häufig.

> Höchstens 4 mm groß
> Hinterleib mit weißen Zeichnungen
> Sehr flink, am Boden und unter Steinen

Lebensweise Die außerordentlich flinke Spinne hält sich gern unter Steinen und zwischen lockerem Geröll auf und ist hier nur sehr schwer zu fangen. Meist lebt sie in der Gesellschaft von Ameisen. Ob diese ihr auch als Nahrung dienen, ist bislang nicht bekannt.
Ähnlich Die beiden anderen Arten der Gattung sind nur nach Geschlechtsmerkmalen sicher von dieser zu unterscheiden.

1a

1b

2

Familie Ameisenjäger Zodariidae

Die Ameisenjäger sind vor allem durch ihre Augenstellung gut charakterisiert: vorn in der Stirnmitte liegt ein größeres Augenpaar, daneben jeweils eine zur Mitte gebogene Linie mit drei deutlich kleineren Augen. Diese artenarme Familie ist vorwiegend in wärmeren Ländern verbreitet; bei uns kommen nur drei Arten vor, von denen zwei erst seit wenigen Jahren aus Mitteleuropa bekannt sind. Im Mittelmeerraum lebt eine Reihe weiterer Arten. Soweit bekannt, ernähren sich alle Ameisenjäger ausschließlich von Ameisen.

1 *Zodarion germanicum*

> Sehr dunkle Grundfärbung
> Unverwechselbarer Schlupfwinkel
> Jagt Ameisen

Merkmale Körperlänge 3–5 mm. Vorderkörper dunkelbraun, Hinterkörper oberseits fast schwarz mit leicht grünmetallischem Schimmer, unterseits gelblich braun. Beine hellbraun mit dunkelbraunen Schenkeln. Ausgewachsen von Juni bis August.
Vorkommen Vor allem auf warmen Sandböden am Rand von Kiefernwäldern, auch auf steinigen Trockenrasen und in Steinbrüchen. Ziemlich selten, vor allem im östlichen Teil Süddeutschlands und im Süden Ostdeutschlands. Gilt nach der Roten Liste in Deutschland als gefährdet.
Lebensweise Die interessante Spinne baut vorzugsweise an der Unterseite hohl aufliegender Steine oder Holzstücke ein kugeliges, allseits geschlossenes Gespinst, das außen mit Steinchen, Holzstücken und ähnlichen Materialien aus der Umgebung bedeckt ist und einen Durchmesser von knapp 1 cm erreichen kann ▸ **1a**. Meist bleiben diese unverkennbaren Gebilde, die sofort ein Vorkommen dieser Spinne (bzw. einer anderen Art dieser Familie) verraten, aber deutlich kleiner (um 5 mm). Wenn sie auf Beutesuche einer Ameise begegnet, weicht sie blitzschnell zurück, um sich ihr anschließend in einem Bogen von hinten wieder zu nähern. Schließlich springt sie aus kurzer Entfernung auf die Beute zu und versetzt ihr einen Biss in den Hinterleib (möglicherweise auch in die Basis eines Hinterbeines), um sich dann wieder ebenso schnell zurückzuziehen. Das Gift wirkt nach etwa einer Minute: Die Ameise beginnt zu taumeln und bleibt schließlich regungslos liegen. Jetzt sucht die Spinne nach ihrem Opfer, schleppt es an einen sicheren Ort und saugt es schließlich aus ▸ **1c**.

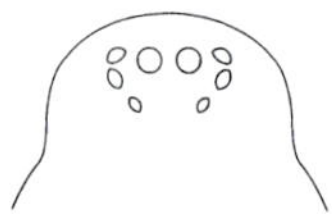

Augenstellung

2 *Zodarion italicum*

> Vorderkörper heller braun
> Schenkel kaum verdunkelt
> Vor allem im Kulturgelände

Merkmale Körperlänge 2–4,5 mm. Färbung deutlich heller als bei *Z. germanicum*: Vorderkörper gelblich oder rötlich braun, nach vorn etwas verdunkelt, Hinterkörper dunkel graubraun, Beine gelblich mit nur etwas verdunkelten Schenkeln.
Vorkommen Vorwiegend im Kulturland und Siedlungsbereich, etwa in Weinbergen, in Gärten und im Schotter von Bahngleisen, aber auch in natürlichen Lebensräumen. Erst seit wenigen Jahren aus Deutschland bekannt; zuerst am Oberrhein, dann sich immer weiter nach Norden und Osten ausbreitend, inzwischen an vielen Orten eine der häufigsten Spinnen.
Lebensweise Die Spinne führt eine sehr ähnliche Lebensweise wie *Z. germanicum*. Sie baut auch ganz ähnliche Schlupfwinkel ▸ **2a**, die man z. B. im Garten unter Steinplatten finden kann.

1a
1b
1c
2a
2b

Familie Plattbauchspinnen Gnaphosidae

Die Plattbauchspinnen, von verschiedenen Autoren auch als Glattbauchspinnen bezeichnet, sind überwiegend unscheinbar gefärbte Spinnen, die sich ähnlich wie die Sackspinnen tagsüber in Gespinstsäcken verbergen und bei Dunkelheit auf die Jagd gehen. Zu dieser Familie gehören aber auch einige auffällig gezeichnete, vorwiegend tagaktive Arten. Von den oft ähnlichen Sackspinnen unterscheiden sie sich vor allem durch die zylindrischen Spinnwarzen, die in Ruhelage parallel zueinander angeordnet sind oder fingerartig schräg auseinandergespreizt werden. Oft sind außerdem die hinteren Mittelaugen nicht kreisrund, sondern eckig oder oval geformt. Bei uns kommen etwa 100 in vielen Fällen schwer bestimmbare Arten vor.

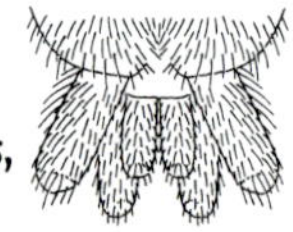

***Drassodes lapidosus*, Spinnwarzen**

1 *Gnaphosa lucifuga*

> Größte heimische Plattbauchspinne
> Vorderkörper und Beine sehr dunkel rotbraun
> Auf offenen, warmen Kalkböden

Merkmale Mit einer Körperlänge von 11–15 mm als Männchen und 12–18 mm als Weibchen die größte Art der Familie. Vorderkörper und Beine sehr dunkel rotbraun, Hinterkörper schwarzgrau. Ausgewachsen von Mai bis Oktober.
Vorkommen Meist an warmen, wenig bewachsenen Stellen auf Kalkboden, am häufigsten auf steinigen Trockenrasen in klimatisch begünstigten Lagen der Mittelgebirge; in Mitteleuropa weitverbreitet und gebietsweise nicht selten. Gilt nach der Roten Liste in Deutschland als gefährdet.
Lebensweise Die nachtaktive Spinne hält sich tagsüber unter Steinen oder in Felsspalten verborgen. Zur Paarung besteigt das Männchen das Weibchen von vorn, umklammert mit den Beinen dessen Körper und führt zunächst den einen, anschließend den anderen Taster ein. Dies kann pro Taster bis zu eine Stunde dauern. Im Spätsommer bewacht das Weibchen seinen scheibenförmigen, weißen Eikokon mit etwa 2 cm Durchmesser unter einem Stein in einem sackförmigen Gespinst.
Ähnlich Die meisten übrigen der etwa 15 Arten dieser Gattung sind deutlich kleiner, oft auch viel heller gefärbt, einige sehr ähnliche lassen sich aber nur nach Genitalmerkmalen sicher von dieser unterscheiden.

2 *Gnaphosa bicolor*

> Deutlich kleiner als *G. lucifuga*
> Beine an der Basis gelblich oder orangerot
> Vorwiegend in warmen Felssteppen

Merkmale Mit einer Körperlänge von 6–8 mm als Männchen und 7–10 mm als Weibchen deutlich kleiner als *G. lucifuga*. Leicht an ihrer markanten Färbung zu erkennen: Hüfte und Schenkel aller vier Laufbeine, beim Weibchen auch die Basis der Pedipalpen gelblich bis orangerot, ansonsten die Beine wie der Vorderkörper dunkel rotbraun bis schwarzbraun. Ausgewachsen von Mai bis Oktober.
Vorkommen An ähnlichen steinigen oder felsigen Orten wie *G. lucifuga*, etwa in warmen Felssteppen und auf Trockenrasen; daneben auch in etwas mehr beschattetem, leicht bewaldetem Gelände. In Mitteleuropa vom Flachland bis in die Alpen in Höhen von gut 1000 m, in den meisten Gebieten aber ziemlich selten; gilt nach der Roten Liste in Deutschland als stark gefährdet.
Lebensweise Die Art baut ihren Eikokon im Sommer unter Steinen und bewacht ihn hier in einem sackartigen, weißen Gespinst.

1

2

1 *Drassodes lapidosus*

> Schlank mit zylindrischen Spinnwarzen
> Vorderkörper rotbraun, Hinterkörper graubraun
> In Gespinstsack unter Steinen

Merkmale Körperlänge beim Männchen 8–13, beim Weibchen 10–15 mm. Durch den schlanken Körperbau sehr an eine Sackspinne der Gattung *Clubiona* erinnernd, doch durch die schmal zylindrischen Spinnwarzen gut von dieser zu unterscheiden. Vorderkörper rotbraun mit schwarzbraunen Cheliceren, Hinterkörper einfarbig graubraun. Cheliceren beim Männchen ▸ **1c** sehr groß, mit auffallend langen, in Ruhelage überkreuzten Giftklauen. Ausgewachsen von April bis August.
Vorkommen Vor allem an warmen, offenen Stellen unter Steinen, besonders auf steinigen Trockenrasen, daneben aber auch an feuchteren Stellen wie etwa in Mooren. Fast überall ziemlich häufig.
Lebensweise Die Spinne hält sich tagsüber meist in einem weißen Gespinstsack verborgen, durch dessen recht dünne Wand hindurch sie oft gut zu erkennen ist. Bei der nächtlichen Jagd schleicht sie mit fühlerartig vorgestreckten Vorderbeinen über den Boden. Sobald sie dabei auf ein kleineres Beutetier stößt, ergreift sie dieses blitzschnell mit ihren Cheliceren, um es durch Giftbiss zu töten. Ein ganz anderes Verhalten zeigt sie dagegen, wenn sie auf einen gleich starken Gegner, etwa eine andere große Spinne, trifft. Sie läuft mit großer Geschwindigkeit seitlich an dieser vorbei und zieht dabei ein breites Gespinstband hinter sich her. Damit fesselt sie die Fußspitzen der anderen Spinne an den Boden, dreht sich hinter ihr und springt von hinten auf ihren Rücken, um ihr so den tödlichen Giftbiss zu versetzen. Auf diese Weise gelingt es ihr mühelos, auch große Spinnen wie etwa Finsterspinnen der Gattung *Amaurobius* zu überwältigen. Die Männchen werden im Frühjahr meist kurz vor den Weibchen reif. Sie suchen sich kurz darauf ein noch vor der letzten Häutung stehendes Weibchen aus und leben mit diesem eine Zeitlang in einem gemeinsamen Gespinst ▸ **1b**. Unmittelbar nach der Reifehäutung paaren sie sich darin mit dem noch nicht vollständig ausgehärteten Weibchen. Bei der Paarung besteigt das Männchen das Weibchen von vorn und umgreift von oben dessen Beine, dreht den weiblichen Hinterleib etwas zur Seite und führt einen Taster in eine der beiden Geschlechtsöffnungen ein. Kurz darauf dreht es den Hinterleib zur anderen Seite, um dort den zweiten Taster einzuführen. Dieser Seitenwechsel wird einige Male wiederholt. Die Paarungsstellung entspricht weitgehend den Verhältnissen bei den Wolfspinnen und den Trichterspinnen. Da das Weibchen so kurz nach der Häutung noch weitgehend wehrlos ist, besteht für das Männchen jetzt keine Gefahr, beim Geschlechtsakt verspeist zu werden. Im Sommer bewacht das Weibchen seinen flachen, weißen Eikokon in einem Gespinstsack ▸ **1a**.

2 *Drassodes heeri*

> Sehr ähnlich *D. lapidosus*
> Auch Hinterleib rotbraun
> Vorwiegend im Hochgebirge

Merkmale Körperlänge wie bei *D. lapidosus*; Färbung auch am Hinterleib mehr rotbraun, nur nach der Epigyne des Weibchens und dem Taster des Männchens sicher von *D. lapidosus* zu unterscheiden.
Vorkommen Vor allem in den Hochalpen zwischen etwa 1500 und 3000 m auf alpinen Schuttfluren; daneben auch aus dem Rhein-Mosel-Gebiet bekannt.
Lebensweise Die Art hält sich tagsüber in einem Gespinstsack unter Steinen verborgen, in dem im Sommer der Eikokon bewacht wird.
Ähnlich Auch die vier weiteren, ebenfalls ziemlich seltenen heimischen Arten dieser Gattung sind nur nach Geschlechtsmerkmalen sicher zu erkennen.

1a

1b

1c

2

1 *Zelotes pedestris*

> Beine ab der Patella hell gefärbt
> Cheliceren dicht bestachelt
> An trockenen Stellen unter Steinen

Merkmale Körperlänge 5–9 mm. Körperform wie bei allen *Zelotes*-Arten ziemlich schmal, Beine aber relativ kurz und kräftig. Grundfärbung tiefschwarz. Von den übrigen Arten der Gattung durch zwei Merkmale gut zu unterscheiden: Laufbeine an der Basis schwarz, von der Patella bis zu den Fußspitzen scharf abgesetzt gelbbraun oder rotbraun; Vorderseite der Cheliceren mit auffallenden, stachelartigen Borsten, die sehr regelmäßig parallel zueinander angeordnet und schräg nach innen gerichtet sind. Ausgewachsen von Mai bis September.
Vorkommen An trockenen und warmen, schwach bewachsenen Standorten, etwa auf steinigen Trockenrasen, in Felssteppen und in Steinbrüchen; in den meisten Gegenden nicht selten.
Lebensweise Über die Lebensweise, speziell auch die Ernährung dieser Art, ist (wie für alle Arten dieser Gattung) bisher nur wenig bekannt. Sie ist offenbar vorwiegend nachtaktiv und wird daher tagsüber meist unter Steinen (ohne Gespinst) angetroffen. Gelegentlich sieht man sie aber auch tagsüber an offenen Bodenstellen umherlaufen. Die Tiere bewegen sich dabei ruckartig mit großer Geschwindigkeit, um ganz unvermittelt wieder ruhig sitzen zu bleiben. Dann sind sie dank ihrer dunklen Färbung auf dem Erdboden nur sehr schwer zu entdecken.
Ähnlich Durch die oben genannten Merkmale gut von den etwa 30 weiteren heimischen *Zelotes*-Arten zu unterscheiden.

2 *Zelotes subterraneus*

> Ganz schwarzbraun oder schwarz gefärbt
> Nur nach Genitalmerkmalen sicher zu bestimmen
> In sehr verschiedenen Lebensräumen

Merkmale Körperlänge 6–9 mm. Entspricht in ihrer schwarzbraunen bis schwarzen Gesamtfärbung den meisten *Zelotes*-Arten, ist daher nur nach der Epigyne des Weibchens bzw. nach dem männlichen Taster sicher von zahlreichen anderen Arten dieser Gattung zu unterscheiden. Epigyne mit einer annähernd herzförmigen, in der Mitte zipflig ausgezogenen Furche. Fast ganzjährig ausgewachsen.
Vorkommen In sehr unterschiedlichen Lebensräumen, in Wäldern ebenso wie in Mooren, auf Heiden oder Trockenrasen; in den Alpen bis in etwa 1300 m Höhe. Fast überall eine der häufigsten Arten der Gattung.
Lebensweise Auch bei dieser Art ist trotz ihrer Häufigkeit nur wenig über die Lebensweise bekannt. Man findet sie tagsüber z. B. unter Steinen oder Holzstücken bzw. im Moos oder zwischen dichtem Gras. Öfters sieht man sie in der für *Zelotes* typischen Weise (s. o.) auch am Tage umherlaufen. Die Paarung erfolgt ganz ähnlich wie bei *Gnaphosa lucifuga*. Auch hier wird der Taster ziemlich lange eingeführt (beobachtet wurden über 20 Minuten) und dann nur einmal gewechselt. Im Sommer spinnt das Weibchen (meist an der Unterseite eines Steins) einen linsenförmigen, rosa gefärbten Eikokon mit etwa 5 mm Durchmesser. Dieser Kokon wird eine Zeitlang von der Spinne bewacht. Auch die übrigen *Zelotes*-Arten stellen offenbar solche rosa gefärbten Eikokons her, die auch nach dem Schlupf der Jungspinnen noch längere Zeit zu finden sind.

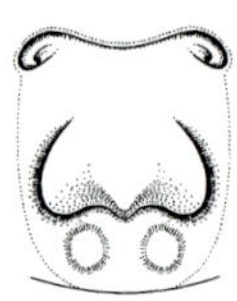
Epigyne

1

2

1 *Callilepis nocturna*

> Grundfärbung schwarz- oder rotbraun
> Muster aus goldenen oder silbernen Haaren
> Ernährt sich von Ameisen

Merkmale Körperlänge beim Männchen 4–5, beim Weibchen 4–6 mm. Grundfärbung schwarzbraun bis schwarz oder rotbraun mit einem sehr charakteristischen Muster aus silbern oder golden glänzenden Haaren: auf dem Vorderkörper fast auf der gesamten Oberseite, auf dem Hinterkörper vorn eine Querbinde, dahinter zwei runde Flecke und kurz vor der Hinterleibsspitze zwei weitere. Beide Haarfärbungstypen in beiden Geschlechtern, daher insgesamt vier Färbungsvarianten: jeweils schwarzbraun oder rotbraun mit silbernen oder goldenen Haaren. Bei älteren Exemplaren Behaarung oft stark abgerieben und Zeichnung dann vielfach kaum noch zu erkennen. Sichere Unterscheidung von der folgenden Art nur durch den Taster des Männchens bzw. die Epigyne des Weibchens (bei Letzterer der bogenförmige vordere Rand nicht in der Mitte unterbrochen). Ausgewachsen von Mai bis August.
Vorkommen Vorwiegend an warmen, offenen Stellen, etwa auf Trockenrasen und in Weinbergen oder an sonnigen Waldrändern, gern im Bereich von Steinhaufen; in den Alpen bis auf fast 2000 m. In Deutschland vor allem im Rheintal und in wärmeren Mittelgebirgslagen, nicht häufig. Gilt nach der Roten Liste als gefährdet.
Lebensweise Die Spinne ist ausschließlich tagaktiv und übernachtet in einem Gespinstsack unter Steinen, Holz oder Falllaub. Sie ernährt sich offenbar ausschließlich von Ameisen und zeigt ihr interessantes Jagdverhalten nur etwa zwischen 12 und 14 Uhr. Dabei lauert sie nicht ihrer Beute auf, sondern geht aktiv auf diese zu und beißt ihr nach einem blitzschnellen Sprung aus kurzer Entfernung in die Basis eines Fühlers, um dann ebenso flink wieder zurückzuweichen. Das Gift wirkt bereits nach etwa einer Minute; die Spinne sucht jetzt nach der bereits gelähmten Ameise und versetzt ihr einen längeren Giftbiss. Schließlich schleppt sie sie in ein Versteck, umgibt sich hier mit einem lockeren Gespinst und saugt die Beute aus. Die Paarung findet vorwiegend im Juni statt. Das Männchen findet seine Partnerin offenbar dadurch, dass es den von dieser gesponnenen Wegfäden folgt. Diesen ständig bei der Fortbewegung hinterlassenen Spinnfäden haftet anscheinend ein besonderer Lockstoff an, der bereits nach wenigen Minuten verloren geht. Das Männchen stirbt kurz nach der Paarung; das Weibchen stellt später meist an der Unterseite von Steinen mehrere kreisrunde, bis 7 mm große, weiße Eikokons her, die jeweils weniger als 20 Eier enthalten. Im Gegensatz zu den Kokons der meisten übrigen Plattbauchspinnen werden diese nicht bewacht, sondern sich selbst überlassen.

2 *Callilepis schuszteri*

> Sehr ähnlich *Callilepis nocturna*
> Nur nach Genitalmerkmalen sicher zu erkennen
> Jagt ebenfalls Ameisen

Merkmale Sehr ähnlich *Callilepis nocturna* und nur nach Genitalmerkmalen sicher von dieser zu unterscheiden (Vorderrand der Epigyne des Weibchens vorn in der Mitte deutlich unterbrochen). In Färbung und Zeichnungsmuster weitgehend mit der anderen Art übereinstimmend; allerdings fand ich bisher nur Tiere mit schwarzer Grundfärbung und Weibchen nur mit silberner ▸ **2b**, dagegen Männchen nur mit goldener Behaarung ▸ **2a**.
Vorkommen An ähnlichen Orten wie die andere Art, offenbar aber noch stärker wärmebedürftig. Viel seltener als *C. nocturna*; in Deutschland nur aus dem Südwesten bekannt. Gilt nach der Roten Liste als stark gefährdet.
Lebensweise Diese Art ist ebenfalls tagaktiv und jagt wie die andere Ameisen ▸ **2b**.

1a

1b

2a

2b

1 *Kishidaia conspicua (= Peocilichroa conspicua)*

> Markantes Fleckenmuster auf dem Hinterleib
> Vorderkörper mit weißer Längsbinde
> Vorzugsweise an warmen Waldrändern

Merkmale Körperlänge beim Männchen 5–7, beim Weibchen 6–10 mm. Grundfärbung dunkelbraun bis schwarz; mit typischem Muster aus weißen Haaren: auf dem Vorderkörper oben eine breite Längsbinde, auf dem Hinterkörper vorn eine halbkreisförmig gebogene Binde, dahinter ein Paar runder Flecke. Haare aber oft abgerieben, Zeichnung daher manchmal schwer erkennbar. Beine gelbbraun oder rotbraun mit schwarzbraunen Schenkeln; Tibia der Vorderbeine ebenfalls schwarzbraun. Ausgewachsen von Mai bis August.
Vorkommen An wärmebegünstigten Stellen an Waldrändern und Waldwegen, auch in lockeren Laubwäldern. In Deutschland sehr selten und in der neueren Zeit nur von wenigen Fundorten vorwiegend aus Süddeutschland, aber auch aus dem Wendland und aus Brandenburg nachgewiesen; ich fand sie mehrfach im südlichen Steigerwald in Mittelwald-Gesellschaften. Gilt nach der Roten Liste in Deutschland als gefährdet.
Lebensweise Über die Lebensweise dieser attraktiven Spinne ist fast nichts bekannt. Nach meinen eigenen Beobachtungen halten sich die tagaktiven Tiere gern an sonnigen Stellen im Falllaub auf. Sie huschen mit einer schier unglaublichen Geschwindigkeit hin und her und sind urplötzlich wieder unter den Blättern verschwunden.
Ähnlich Die noch seltenere *Poecilochroa variana* trägt auf dem Hinterkörper zusätzlich zu den Zeichnungselementen von *K. conspicua* eine unterbrochene Querbinde und eine weitere Binde kurz vor den Spinnwarzen.

2 *Aphantaulax cincta*

> Ähnlich *Kishidaia conspicua*
> Fleckenpaar vor den Spinnwarzen
> Fehlt in Deutschland

Merkmale Körperlänge beim Männchen 4–5, beim Weibchen 5–7 mm. Grundfärbung schwarz, Hinterkörper mit weißem Haarmuster: vorn mit einer bogenförmigen Querbinde, dahinter einer in der Mitte meist unterbrochenen Querbinde und vor den Spinnwarzen einem weiteren Fleckenpaar. Ausgewachsen von Juni bis August.
Vorkommen An offenen bis halbschattigen, warmen Orten, z. B. in lockeren Kiefernwäldern. Fehlt in Deutschland; im Mittelmeergebiet z. B. in Südfrankreich und Kroatien, stellenweise nicht selten.
Ähnlich Bei der sehr ähnlich verbreiteten *Aphantaulax seminigra* fehlt das hintere Fleckenpaar auf dem Hinterleib.

3 *Nomisia aussereri*

> Vorder- und Hinterkörper hellbraun behaart
> Fängt Ameisen
> Fehlt in Deutschland

Merkmale Körperlänge 7–12 mm. Vorder- und Hinterkörper fein gelbbraun behaart, daneben mit einigen dunklen Punkten. Ausgewachsen vor allem im August und September.
Vorkommen An warmen, offenen Stellen, etwa auf Trockenrasen und in Dünengebieten. Fehlt in Deutschland; im Mittelmeerraum (z. B. in Spanien, Südfrankreich und an der Adriaküste) gebietsweise nicht selten.
Lebensweise Die Art gehört wie *Callilepis* zu den spezialisierten Ameisenjägern. Wie diese springt sie von vorn auf die Beute zu und beißt ihr in die Fühlerbasis. Gleichzeitig bringt sie aber an ihr einen Spinnfaden an, der sie an der Flucht hindert.

1

2

3

1 *Micaria fulgens*

> Rot und blau schillernde Schuppenhaare
> Keine weißen Binden
> Im Winter oft in leeren Schneckenhäusern

Merkmale Körperlänge 4–6 mm. Grundfärbung dunkelbraun, Vorderkörper hinten mit grauen, vorn an der Oberseite, an der Stirn und an der Vorderseite der Cheliceren mit metallisch rot und violett glänzenden Schuppenhaaren; Hinterkörper mit drei Querbinden aus hellgrauen, violett und blau schillernden Haaren. Ausgewachsen von Mai bis August.
Vorkommen An warmen, offenen, meist steinigen, felsigen oder sandigen Stellen, vor allem auf Trockenrasen; in den meisten Gebieten ziemlich häufig.
Wissenswertes Die Gattung *Micaria*, die in Deutschland mit zehn Arten verbreitet ist, wurde bisher wegen ihrer konisch geformten Spinnwarzen meist zu den Sackspinnen gestellt, wird aber in der letzten Zeit von den meisten Autoren den Plattbauchspinnen zugeordnet.

Lebensweise Die ausgesprochen flinke, tagaktive Spinne ist oft an offenen Bodenstellen zu beobachten. Nicht selten entdeckt man sie auch an der Unterseite größerer Steine. Zur Überwinterung, die im letzten Jugendstadium erfolgt, zieht sie sich mit besonderer Vorliebe in leere Schneckenhäuser zurück. Gelegentlich sind im Winter sogar gleich mehrere Exemplare in einem Gehäuse versammelt (ich fand z. B. einmal fünf Tiere im Haus einer Weinbergschnecke).

2 *Micaria pulicaria*

> Weiße Radiärstreifen auf Vorderkörper
> Hinterkörper mit Querbinden und Punktreihe
> Läuft wie eine Ameise

Merkmale Körperlänge 3–4 mm. Vorderkörper dunkelbraun mit weißen Radiärstreifen, Hinterkörper schwarz mit Metallglanz, vorn mit einer kurzen, dahinter mit einer bis zu den Seiten reichenden, weißen Querbinde, in der hinteren Hälfte mit drei in einer Längsreihe angeordneten weißen Punkten (diese beim abgebildeten Exemplar schlecht zu erkennen). Ausgewachsen von Mai bis August.
Vorkommen Vorwiegend in offenem, trockenem Gelände, etwa an Wegrändern, auf Ödland und auch im Siedlungsbereich, daneben aber auch in Feuchtgebieten; in Mitteleuropa weitverbreitet und fast überall häufig, häufigste Art der Gattung *Micaria*.
Lebensweise Die Art gehört, wie offenbar alle Plattbauchspinnen mit auffallenden Färbungen und Zeichnungen, zu den tagaktiven Spinnen. Sie läuft sehr flink z. B. am Boden oder an Zaunpfählen mit auffallend ruckartigen Bewegungen umher und erinnert dabei sehr an Ameisen. Wie andere ameisenähnliche Spinnen dürfte sie daher von vielen Fressfeinden, etwa Singvögeln, die schon unangenehme Erfahrungen mit Ameisen gemacht haben, gemieden werden.
Ähnlich Mehrere ähnliche, aber meist deutlich seltenere Arten dieser Gattung, z. B. *Micaria formicaria*. Diese wird aber mit bis 7,5 mm Körperlänge deutlich größer, trägt auf dem Vorderkörper rot schillernde Schuppenhaare und hat als Zeichnung auf dem Hinterkörper nur die beiden weißen Querbinden.

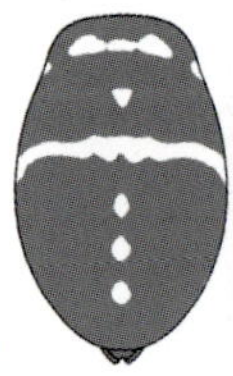

Hinterleibszeichnung

1
2

Familie Riesenkrabbenspinnen Sparassidae

Die vorwiegend in den Tropen und Subtropen verbreiteten Riesenkrabbenspinnen erinnern durch ihren etwas abgeflachten Körper und die mehr oder weniger deutlich zu den Seiten gerichteten Beine an die auf den folgenden Seiten vorgestellten Laufspinnen und Krabbenspinnen. Die in Laos heimische *Heteropoda maxima* ist mit einer Beinspannweite von über 30 cm die in dieser Hinsicht wohl größte Spinne der Welt. Die einzige bei uns heimische Art (im Mittelmeerraum kommen einige weitere dazu) bleibt dagegen in den für unsere Breiten üblichen Dimensionen. Eine weitere, ursprünglich in den Tropen heimische Art wurde in heimische Gewächshäuser eingeschleppt und hat sich dort stellenweise eingebürgert. Ansonsten geraten immer wieder (harmlose) Arten dieser Familie etwa mit tropischen Früchten nach Mitteleuropa.

1 Grüne Huschspinne *Micrommata virescens (= M. roseum)*

> Weibchen leuchtend grün gefärbt
> Männchen mit roter Längsbinde
> An sonnigen Waldrändern ziemlich häufig

Merkmale Körperlänge beim Männchen 8–10, beim Weibchen 12–15 mm. Vorderkörper und Beine beim Weibchen ▸ **1a** lebhaft grasgrün; Hinterkörper ebenfalls grün, bis auf einen hell umrandeten Spießfleck, aber durch eine weißliche bis gelbliche Behaarung deutlich heller erscheinend; Männchen ▸ **1b** oft mit mehr olivgrünem Vorderkörper, Hinterkörper gelb mit einer karminroten Längsbinde, weiter unten an den Seiten dann wieder rot. Jungtiere zunächst ebenfalls grün, kurz vor der Überwinterung dann aber gelbbraun mit rötlichen Punkten auf dem Hinterkörper. Entwicklung offenbar zweijährig; ausgewachsen vor allem im Mai und Juni, die Weibchen zum Teil bis in den August.

Vorkommen Am häufigsten in warmen, lockeren Wäldern, an sonnigen Waldrändern und auf etwas verbuschten Trockenrasen, daneben aber z. B. auch auf Sumpfwiesen. Im mittel- und süddeutschen Bergland weitverbreitet und fast überall ziemlich häufig, im norddeutschen Flachland selten.

Lebensweise Die tagaktive Spinne hält sich meist im niedrigen Gebüsch oder in höherwüchsigem Gras auf und ist dort dank ihrer Färbung kaum zu entdecken. Dies gilt auch für das eigentlich recht auffällige Männchen. Von ihm sieht man im Pflanzengewirr eigentlich nur den bunten Hinterleib, nimmt diesen aber nicht als Teil einer Spinne wahr. Wenn man aber einmal geeignete Lebensräume, wie etwa sonnige, grasbewachsene Waldränder, mit einem Fangnetz abkeschert, kann man sich leicht von der tatsächlichen Häufigkeit dieser Spinne überzeugen. Auch die während der Überwinterung gelbbraun verfärbten Jungtiere sind während des Winterhalbjahrs (wenn sie z. B. während spätherbstlicher oder winterlicher Wärmeperioden im vergilbten Gras umherlaufen) kaum zu entdecken. Die Paarung erfolgt ähnlich wie bei den Wolfspinnen und einigen verwandten Spinnenfamilien, indem das Männchen von vorn das Weibchen besteigt und dann von der Seite aus einen Taster in eine der beiden Geschlechtsöffnungen einführt. Sie kann sich über mehrere Stunden hinziehen, obwohl dabei ein nur einmaliger Tasterwechsel, verbunden mit einem Wechsel der Körperseite, erfolgt. Das Weibchen webt im Sommer einige Blätter, mit besonderer Vorliebe Himbeerblätter, zu einer geräumigen Wohnung zusammen und deponiert darin seinen Eikokon, der die ebenfalls grün gefärbten Eier enthält. Sie verteidigt ihn gegenüber Störenfrieden und geht sofort zum Angriff über, sobald man das Einest öffnet. Offensichtlich kann sie aber mit ihren Giftklauen nicht die menschliche Haut durchdringen.

1a

1b

Familie Laufspinnen Philodromidae

Die Laufspinnen besitzen ähnlich wie die Krabbenspinnen einen deutlich abgeflachten Körper und flach seitlich ausgerichtete Beine. Im Unterschied zu diesen sind aber die beiden hinteren Beinpaare nicht auffallend kürzer als die vorderen. Sie betätigen sich nicht als Ansitzjäger, sondern pirschen sich etwa nach Art der Wolfspinnen an und überwältigen die Beute mit raschem Zugriff. Bei uns kommen annähernd 30 Arten vor.

1 *Philodromus aureolus*

Merkmale Körperlänge beim Männchen 3,5–5, beim Weibchen 4–6 mm. Die hinteren Mittelaugen liegen, wie für alle Arten dieser Gattung typisch, weiter voneinander entfernt als von den Seitenaugen. Geschlechter deutlich verschieden gefärbt. Männchen ▸ **1a** dunkelbraun mit wenigen helleren Zeichnungen, am ganzen Körper mit einem grünlichen Metallschimmer; dessen Intensität aber individuell recht unterschiedlich. Weibchen ▸ **1b** rotbraun bis dunkelbraun; Vorderkörper mit breitem, hellem Längsband, an den Seiten dunkel; Hinterkörper mit einem meist nicht sehr deutlichen, hell umrandeten, dunklen Spießfleck. Ausgewachsen von Mai bis August.
Vorkommen Vor allem in Wäldern und Gebüschen, auch in offenem Gelände und in Gärten. Überall häufig, häufigste Art der Familie.
Lebensweise Die Tiere halten sich vorwiegend auf Zweigen und Blättern von Bäumen und Sträuchern auf, wo sie mit recht schnellen Bewegungen umherhuschen, dann aber wieder

> Männchen dunkel, mit grünlichem Schimmer
> Weibchen mit heller Längsbinde auf dem Vorderkörper
> Im Winter regelmäßig unter Baumrinde

recht plötzlich reglos sitzen bleiben. Durch die besondere Anordnung ihrer Laufbeine können sie sich ebenso flink vor- und rückwärts wie seitwärts bewegen. Im Sommer bewachen die Weibchen ihren flachen, auf Blättern oder an Baumrinde festgesponnenen Eikokon. Die kurz darauf schlüpfenden Jungspinnen erreichen bis zum Herbst das letzte Jugendstadium und suchen sich ein Winterquartier. Meist verkriechen sie sich unter der losen Rinde abgestorbener Bäume, wo sie während der kälteren Jahreszeit dann nicht selten in größerer Zahl anzutreffen sind.

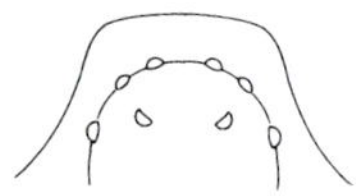

Augenstellung

2 *Philodromus margaritatus*

Merkmale Körperlänge beim Männchen 4–5, beim Weibchen 5–6 mm. Körper stark abgeflacht und auffallend breit, dadurch größer erscheinend als *P. aureolus*. Färbung sehr variabel, meist graubraun oder grau mit verwaschenen, dunkleren Zeichnungen; Beine mehr oder weniger deutlich dunkel geringelt, mit auffallenden, weißen Borsten besetzt ▸ **2b**. Daneben eine markante Färbungsvariante (Farbform *laevipes*) mit gelblich grauem bis silbergrauem Hinterkörper und kontrastreicher schwarzer Fleckenzeichnung ▸ **2a**. Ausgewachsen von Mai bis August.

> Stark abgeflachter, breiter Körper
> Weiße Borsten an den Beinen
> Auf Rinde hervorragend getarnt

Vorkommen Vorwiegend in Nadelwäldern (insbesondere solchen mit Kiefern), regelmäßig aber auch auf Obstwiesen mit älteren, kränkelnden Einzelbäumen nicht selten.
Lebensweise Die Art lebt vorzugsweise auf der Rinde von Baumstämmen und Zweigen, wo sie durch ihre besondere Färbung und den flachen Körperbau hervorragend getarnt ist.

1a

1b

2a

2b

1 *Philodromus fuscomarginatus*

> Stark abgeflachter Körper
> Ziemlich einfarbig rotbraun bis orange
> An Nadelbaumstämmen

Merkmale Mit einer Körperlänge von 6–7 mm etwas größer als *P. margaritatus*, diesem in der Körperform aber recht ähnlich. Ziemlich einfarbig hell rotbraun bis orange, gelegentlich mit Radiärstreifen auf dem Vorderkörper und angedeutetem, dunklerem Spießfleck auf dem Hinterkörper. Breiteste Stelle des Hinterkörpers deutlich hinter dessen Mitte. Ausgewachsen von Juni bis August.
Vorkommen Vorzugsweise in Kiefern- und Fichtenwäldern; in Mitteleuropa weitverbreitet, aber überall deutlich seltener als *P. margaritatus*.
Lebensweise Die Spinne hält sich oft unter der Rinde abgestorbener Nadelbäume verborgen. Sie jagt ihre Beute aber auch an lebenden Kiefern- und Fichtenstämmen. Ansonsten ist über ihre Lebensweise bislang sehr wenig bekannt.

2 *Philodromus dispar*

> Männchen dunkel mit hellem Seitenrand
> Weibchen gelbbraun mit dunklem Spießfleck
> Vorwiegend im Gebüsch

Merkmale Körperlänge beim Männchen um 4, beim Weibchen 4–5 mm. Körper ziemlich schmal; Färbung bei beiden Geschlechtern sehr verschieden. Männchen ▸ 2 mit dunkelbrauner bis fast schwarzer Grundfärbung, an den Seiten kontrastreich abgesetzt hell gelblich bis weißlich, Beine ebenfalls sehr hell, mit feinen, dunklen Punkten. Weibchen gelbbraun, auf dem Hinterkörper ein dunkler Spießfleck in einer breiteren, hellen Umrandung, die auch hinter diesem liegende Winkelflecke einschließt. Ausgewachsen von Mai bis August.
Vorkommen In niedriger Vegetation, im Gebüsch und auf den unteren Zweigen von Bäumen. Bei uns weitverbreitet, aber nicht häufig.

3 *Philodromus vagulus (= P. alpinus)*

> Vorderkörper mit heller Längsbinde
> Hinterkörper mit seitlichen Schrägstreifen
> In höheren Lagen der Alpen

Merkmale Körperlänge 4–6 mm. Färbung vorwiegend hellgrau oder hellbraun; Vorderkörper mit mittlerer, heller Längsbinde und dunklen Seiten, Hinterkörper seitlich mit hellen und dunklen Schrägstreifen, im hinteren Teil mit dunklen Winkelflecken; nur nach Genitalmerkmalen sicher zu bestimmen. Ausgewachsen von Juni bis August.
Vorkommen Nur im Alpengebiet; hier vor allem in Höhen von über 2000 m gebietsweise nicht selten auf Alpenmatten und im Geröll von Bergbächen.
Lebensweise Über die Lebensweise dieser Art ist fast nichts bekannt. Man sieht sie gelegentlich auf Almwiesen oder Schotterflächen umherlaufen. Regelmäßig kann man im Hoch- und Spätsommer die Weibchen unter Steinen finden, wenn sie dort ihren flachen, weißen Eikokon bewachen ▸ 3. Mit den Alpenflüssen werden sie auch immer wieder in tiefere Regionen verfrachtet; das hier gezeigte Exemplar wurde z. B. im Tiroler Lechtal in etwa 1000 m Höhe gefunden.

1

2

3

1 *Thanatus formicinus*

> Hinterleib länger als bei den *Philodromus*-Arten
> Schwarzer, scharf abgesetzter Spießfleck
> In trockenen, offenen Gebieten

Merkmale Körperlänge beim Männchen 5–7, beim Weibchen 8–10 mm. Körper nicht so deutlich abgeflacht wie bei den *Philodromus*-Arten und Beine nicht ganz so flach ausgebreitet, Hinterleib deutlich länger und etwas schmäler. Die hinteren Mittelaugen näher beieinander als ihr Abstand zu den Seitenaugen. Grundfärbung hell gelbbraun oder graubraun, oft auch leicht rötlich; Hinterkörper mit sehr scharf abgesetztem, schwarzem Spießfleck in einer schmalen, weißen Umrandung. Ausgewachsen von März bis Juli.
Vorkommen An offenen, meist trockenen Stellen mit niedriger Vegetation, besonders auf steinigen Trockenrasen. In Mitteleuropa weitverbreitet, aber nicht häufig, in Nordwestdeutschland fehlend; gilt nach der Roten Liste in Deutschland als gefährdet.
Lebensweise Die Art hält sich vorwiegend am Boden und in der bodennahen Vegetation auf. Im Winter und zeitigen Frühjahr findet man sie öfter unter Steinen; die Überwinterung erfolgt im letzten Jugendstadium oder bereits ausgewachsen.

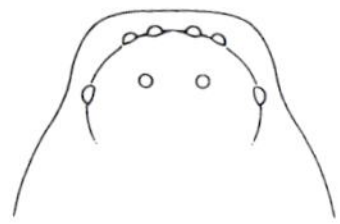
Augenstellung

2 *Thanatus arenarius*

> Männchen mit rotbraunem Vorderkörper
> Hinterkörper vorn seitlich fast weiß
> Auf offenen Sandflächen

Merkmale mit einer Körperlänge von 4–6 mm kleiner als *T. formicinus*. Vorderkörper beim Männchen ▸ **2a** rotbraun mit zwei schmalen, weißlichen Längsbinden, beim Weibchen ▸ **2b** mehr hellgrau; Hinterkörper bei beiden Geschlechtern vorn weißlich mit scharf abgesetztem, schwarzem Spießfleck, dahinter mit einer dunkler grauen, hell begrenzten Blattzeichnung. Ausgewachsen von April bis Juli.
Vorkommen Auf offenen Sandflächen und in Salzgebieten, in der Nähe der Meeresküste ebenso wie an entsprechenden Stellen im Binnenland; nur in Ostdeutschland (westlich bis ins Wendland und zum Südharz) und – sehr selten – in Bayern und Baden-Württemberg. Gilt nach der Roten Liste in Deutschland als stark gefährdet.
Lebensweise Die Art überwintert im letzten Jugendstadium, häutet sich aber bereits sehr zeitig zum letzten Mal. Bereits im April sieht man die Männchen auf der Suche nach Weibchen auf offenen Bodenflächen umherlaufen.

3 *Thanatus coloradensis (= T. alpinus)*

> Männchen fast schwarz
> Hinter dem Spießfleck dunkle Wellenlinien
> Nur in den Hochlagen der Alpen

Merkmale Körperlänge 5–8 mm. Männchen ▸ **3a** mit fast schwarzer Grundfärbung; Hinterkörper grau mit deutlich abgesetztem, schwarzem Spießfleck. Weibchen ▸ **3b** vorwiegend hellbraun; Vorderkörper mit zwei unscharf abgesetzten, dunklen Längsbinden, Hinterkörper vorn mit dunklem Spießfleck, dahinter zwei fast parallelen, dunklen Wellenlinien. Ausgewachsen von Juni bis August.
Vorkommen In alpinen Grasheiden, meist in Höhen von über 2000 m. In den deutschen Alpen selten, in den höheren Lagen der Zentralalpen, etwa in der Schweiz, aber gebietsweise ziemlich häufig. Die einzige *Thanatus*-Art in dieser Höhe.

1a
1b
2a
2b
3a
3b

1 *Tibellus oblongus*

Merkmale Körperlänge 8–10 mm. Als Vertreter der Gattung *Tibellus* im Erscheinungsbild stark von den *Philodromus*-Arten abweichend: Körper schmal und lang gestreckt, Beine im Sitzen mehr nach vorn und hinten ausgerichtet und daher ziemlich an eine Streckerspinne erinnernd (wie bei diesen wird das dritte Beinpaar dabei stark angewinkelt). Durch die etwas struppig wirkende, deutliche Behaarung aber gut von diesen zu unterscheiden. Grundfärbung beim Weibchen ▸ **1a** hell gelbbraun, in der Mitte des Vorder- und Hinterkörpers jeweils ein dunkelbraunes Längsband, die Seiten des Hinterkörpers ebenfalls verdunkelt; im hinteren Teil des Hinterkörpers in den beiden zwischen den dunklen Streifen liegenden, hellen Längsstreifen jeweils ein bis (seltener) zwei schwarze Punkte. Männchen viel dunkler und kontrastreicher gezeichnet, in der Grundfärbung mehr hellgrau mit fast schwarzen Längsbinden. Ausgewachsen von Juni bis September.

Vorkommen Sowohl an sehr feuchten als auch an trockenen Orten, immer an offenen, gut besonnten Stellen, etwa auf Feuchtwiesen und an Gewässerufern oder in Heidegebieten, besonders auf sandigem Untergrund; in Mitteleuropa weitverbreitet und in vielen Gebieten recht häufig.

> Sehr an eine Streckerspinne erinnernd
> Deutlich behaart
> Hinterkörper mit 1–2 dunklen Punktpaaren

Lebensweise Die Spinne ist mit ihrer schmalen Körperform und der gestreckten Körperhaltung in der Vegetation gut getarnt. Im Unterschied zu den ähnlich gebauten Streckerspinnen stellt sie aber keine Netze her, sondern überwältigt ihre Beute – wie für Laufspinnen üblich – mit schnellem Zugriff. Das Paarungsverhalten entspricht etwa dem der Wolfspinnen. Das Männchen sitzt beim Einführen des Tasters aber nicht schräg auf dem weiblichen Hinterkörper, sondern nimmt zu diesem eine fast rechtwinklig ausgerichtete Position ein. Sein Vorderkörper weist dabei nach unten. Im Hochsommer sitzen die Weibchen schützend über ihrem Eikokon. Dieser ist an dünnen Halmen schmal und lang gestreckt, auf flächigem Untergrund (z. B. auf den Fruchtschoten des Besenginsters) aber scheibenförmig. Während der Bewachungsphase (die Tiere bleiben hier offenbar bis zu ihrem Tod) wird ihre Färbung zunehmend grauer und kontrastärmer; auch die dunklen Punkte gehen schließlich verloren ▸ **1b**.

2 *Tibellus maritimus*

Merkmale Entspricht in der Größe der anderen Art, auch in Färbung und Zeichnung sehr ähnlich. Als deutlichster Unterschied aber in den hellen Längsstreifen eine regelmäßige Reihe aus zahlreichen dunklen Punkten. Ausgewachsen von Juni bis September.

Vorkommen An feuchten wie an trockenen, grasbewachsenen Stellen, am häufigsten im Randbereich von Mooren und auf Feuchtwiesen. Vorwiegend im norddeutschen Flachland und hier besonders im Osten, doch auch in Süddeutschland nicht fehlend, überall aber deutlich seltener als *T. oblongus*. Nach der Roten Liste in Deutschland gefährdet.

> Sehr ähnlich *Tibellus oblongus*
> Hinterkörper mit zwei dunklen Punktreihen
> An trockenen wie an feuchten, offenen Standorten

Lebensweise Auch bei dieser Art bewacht das Weibchen im Sommer seinen meist an einem Pflanzenstängel abgelegten Eikokon ▸ **2**.

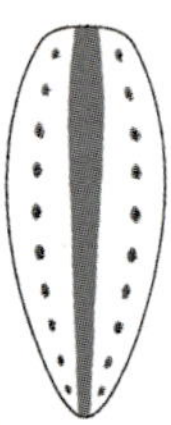

Hinterleibszeichnung

1a

1b

2

Familie Krabbenspinnen Thomisidae

Bei den Krabbenspinnen ist der Körper meist deutlich abgeflacht; die Beine sind flach seitlich ausgerichtet. Die beiden vorderen Beinpaare übertreffen die hinteren deutlich in der Länge. Im Unterschied zu den nahe verwandten Laufspinnen lauern sie meist ruhig auf einer Sitzwarte (z. B. einer Blüte) und warten, bis ein Beutetier in ihre Nähe kommt. Viele Arten dieser Familie tarnen sich hierfür durch besondere Färbungs- und Zeichnungsmuster. In Deutschland kommen fast 50 Arten vor.

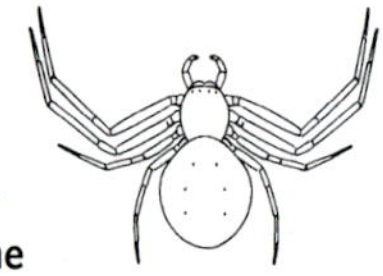

Habitus einer Krabbenspinne

1 *Thomisus onustus*

> Hinterkörper hinten winklig
> Weibchen weiß, gelb oder rosa
> Männchen winzig und bräunlich gefärbt

Merkmale Erheblicher Größenunterschied zwischen den Geschlechtern: Körperlänge beim Männchen nur 2–4, beim Weibchen dagegen 7–10 mm. Beide Geschlechter mit winklig ausgezogenen Hinterecken des Hinterkörpers, außerdem mit einem vorspringenden Seitenkiel an den Vorderecken des Vorderkörpers, auf dem die Seitenaugen liegen ▸ **1a**. Weibchen sehr variabel gefärbt: Grundfarbe gelb, weiß oder rosa mit unterschiedlich ausgedehnten Zeichnungen in den jeweils anderen Färbungen. Männchen ▸ **1d** dagegen stets bräunlich, mit deutlich dunkleren Schienen- und Fußgliedern an den beiden vorderen Beinpaaren. Ausgewachsen von Mai bis August.
Vorkommen An sonnigen, offenen Stellen mit nicht zu spärlicher Vegetation, etwa auf Trockenrasen mit höher aufragenden, blühenden Pflanzen, auf Wiesen oder an Wegrändern. In Mitteleuropa vorwiegend in Wärmegebieten, etwa im Rhein-Main-Gebiet recht häufig, ansonsten ziemlich selten. Gilt nach der Roten Liste in Deutschland als gefährdet. Im Mittelmeergebiet dagegen fast überall häufig.
Lebensweise Die Spinne lauert vorzugsweise auf Blüten auf ihre Beute. Die Färbung des Weibchens entspricht dabei oft geradezu perfekt dem Untergrund. Die Spinne kann in gewissem Umfang ihre Färbung der Umgebung anpassen, wie dies bei der Veränderlichen Krabbenspinne genauer untersucht wurde (siehe nächste Seite). Im Gegensatz zu *Misumena* kommt bei *Thomisus* mit Rosa eine dritte Färbung hinzu. Man kann wohl davon ausgehen, dass der Farbwechsel von Weiß zu Gelb nach dem gleichen Modus abläuft wie bei der anderen Art (siehe dort). Es erscheint auch gut vorstellbar, dass die rosa Färbung wie die Farbe Gelb durch einen oberflächlich eingelagerten Farbstoff entsteht. Das manchmal gemischte Auftreten der Farben Gelb und Rosa bei einem Individuum zeigt, dass beide Farben vom gleichen Tier gebildet werden können. Ein direkter Wechsel von Gelb nach Rosa und umgekehrt ist aber offenbar nicht möglich, sondern muss wohl immer über eine weiße Zwischenphase erfolgen. Bei der vorwiegend im Juni stattfindenden Paarung steigt das Männchen von vorn auf das Weibchen und führt dann, etwa wie bei den Wolfspinnen, nacheinander von den beiden Seiten des Hinterkörpers aus jeweils einen Taster ein. Die Art verhält sich damit ursprünglicher als die übrigen untersuchten Krabbenspinnen, bei denen das Männchen nach hinten über den Hinterleib hinwegsteigt, um die Spinnwarzen herumgeht und dann Bauch an Bauch von hinten und unten aus den Taster einführt. Diese „fortschrittlich" anmutende Paarungsstellung der meisten Krabbenspinnen wurde möglicherweise entwickelt, weil sich das seitliche Einführen des Tasters bei der oft großen Breite des weiblichen Hinterkörpers als zu umständlich erwies.

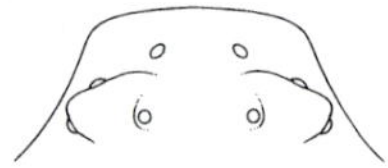

Augenstellung

1a

1b

1c

1d

1e

1 Veränderliche Krabbenspinne *Misumena vatia*

> Hinterkörper abgerundet
> Weibchen weiß oder gelb
> Lauert meist auf Blüten

Merkmale Männchen mit nur 3–5, Weibchen mit 7–10 mm Körperlänge. Männchen ▸ **1d** mit überwiegend schwarzbraunem, entlang der Rückenmitte deutlich hellerem Vorderkörper und hell gelblichem bis weißlichem, dunkel längs gestreiftem Hinterkörper; die beiden vorderen Beinpaare schwarz mit hellbraunen Ringen, die hinteren einfarbig gelblich. Weibchen (übrige Bilder) sehr variabel gefärbt und gezeichnet: Grundfärbung satt zitronengelb, grünlich gelb, weiß oder in allen Zwischentönen; oft mit zwei grünlich grauen Längsbinden (die auch auf dem Vorderkörper ausgebildet sein können) oder zwei seitlichen, leuchtend roten Streifen ▸ **1e** in unterschiedlicher Ausdehnung. Ausgewachsen von Mai bis Juli, Weibchen zum Teil noch im August.
Vorkommen Vor allem an sonnigen, trockenen Orten, etwa auf Trockenrasen, an offenen Waldrändern und auf Ruderalflächen, daneben aber z. B. auch auf Feuchtwiesen und in Gärten; in Mitteleuropa weitverbreitet und vor allem im Süden ziemlich häufig, im Norden deutlich seltener.
Lebensweise Die Spinne lauert vorzugsweise auf blühenden Pflanzen, die etwas über die Umgebung hinausragen, seltener auch auf Blättern. Dabei entspricht sie oft in geradezu erstaunlicher Weise der Färbung des Untergrundes: Weiße Exemplare sitzen meist auf weißen, gelbe vor allem auf gelben Blüten. Die Art ist nämlich in der Lage, sich durch Farbwechsel an die jeweilige Untergrundfärbung anzupassen. Hierzu sind allerdings nur ausgewachsene Weibchen befähigt, und der Vorgang nimmt jeweils einige Tage in Anspruch. Die Gelbfärbung entsteht dabei durch Einlagerung eines flüssigen, gelben Farbstoffs in die obere Zellschicht des Körpers. Auf weißem Untergrund wird dieser Farbstoff dann wieder ins Körperinnere verlagert, sodass weiter unten liegende, mit dem weißen Guanin (einem Stoffwechsel-Endprodukt) gefüllte Drüsen sichtbar werden. Hält die Spinne sich längere Zeit auf einer weißen Unterlage auf, wird der gelbe Farbstoff oft auch mit dem Kot ausgeschieden. Hierdurch erklären sich offenbar die Schwierigkeiten beim erneuten Farbwechsel von Weiß zu Gelb, wenn man eine an Weiß angepasste Spinne wieder auf eine gelbe Blüte setzt. Der Farbwechsel wird mit dem Gesichtssinn gesteuert. Daher ist eine Spinne mit schwarz lackierten Augen nicht mehr fähig, sich anzupassen. Die Spinne lauert unbeweglich und spreizt dabei ihre beiden vorderen Beinpaare zur Seite. Sobald sich ein Blütenbesucher vor ihr absetzt, greift sie blitzschnell zu und versetzt der Beute einen Giftbiss, meist in den Nacken. Das Gift ist offenbar sehr wirksam, denn selbst große Beutetiere, etwa Schmetterlinge, werden mühelos überwältigt. Auch so wehrhafte Tiere wie Honigbienen gehören regelmäßig zu ihren Opfern ▸ **1b, 1e**. Sie haben kaum Möglichkeiten, ihren Giftstachel einzusetzen, da der tödliche Biss fast immer von oben direkt hinter ihrem Kopf erfolgt. Manchmal kann man an der Beute kleine Fliegen (*Desmometopa* sp.) beobachten, die sich am Mahl der Spinne beteiligen, ohne von dieser beachtet zu werden ▸ **1b**. Die Paarung findet im Frühsommer statt. Das im Vergleich zum Weibchen winzige Männchen nähert sich dazu furchtlos seiner Partnerin und steigt von vorn auf ihren Rücken. Von dort kriecht es über das Hinterleibsende hinweg auf dessen Unterseite und führt Bauch an Bauch abwechselnd seine beiden Taster ein. Danach klettert es wieder auf den Rücken des Weibchens und legt dort eine längere Ruhepause ein. Später folgen einige weitere Paarungen, und das Männchen entfernt sich wieder, ohne von der Partnerin angegriffen zu werden. Die Eiablage findet offenbar an sehr versteckten Orten statt (mir selbst ist es noch nie gelungen, ein Weibchen mit Eikokon zu finden). Die Jungspinnen erreichen bis zum Herbst eine Länge von 4–5 mm. Sie verstecken sich zur Winterruhe am Erdboden.

1a
1b
1c
1d
1e

1 *Diaea dorsata*

> Vorderkörper und Beine grün
> Hinterkörper mit brauner Blattzeichnung
> Häufig im Winter unter Baumrinde

Merkmale Körperlänge beim Männchen 3–4, beim Weibchen 5–6 mm. Vorderkörper und Beine einheitlich hellgrün, manchmal bräunlich gefleckt; um die Augen mit weißlichen Ringen. Hinterkörper oben mit brauner Blattzeichnung, die weißlich eingefasst und in der Mitte oft mit paarigen, hellen Flecken gezeichnet ist. Ausgewachsen im Mai und Juni.
Vorkommen Vor allem in Laubwäldern, doch auch in offenem Gelände (z. B. an Waldrändern und auf Trockenrasen); bei uns überall sehr häufig, eine der häufigsten Krabbenspinnen.
Lebensweise Man begegnet dieser Spinne regelmäßig im Winter, wenn man die Rinde abgestorbener Bäume oder die losen Rindenschuppen z. B. von Rosskastanien- und Bergahorn-Bäumen abblättert. Oft findet man dann darunter ganze Scharen dieser unverwechselbaren Art. Sie überwintert dort im letzten Jugendstadium, meist in Gesellschaft der Zartspinne (*Anyphaena accentuata*, siehe S. 226). Die letzte Häutung erfolgt dann nach der Überwinterung, meist Anfang Mai. Man findet die Tiere um diese Zeit vor allem im Gebüsch, begegnet ihnen aber viel seltener, da sie dort durch ihre Färbung hervorragend getarnt sind. Gelegentlich sitzen sie aber auch auf blühenden Pflanzen. Die Männchen führen untereinander sehr interessante Kampfspiele, sogenannte Kommentkämpfe, auf, bei denen sie einander mit weit abgespreizten Vorderbeinen in wenigen Millimetern Abstand gegenüberstehen und manchmal stundenlang vor- und zurücktänzeln, wobei mal der eine, mal der andere mit seinem Kopf vorstößt und jeweils der Gegner entsprechend zurückweicht. Zur Paarung seilt sich das Weibchen an einem Faden ab und wird dann, am Faden hängend, vom Männchen bestiegen.

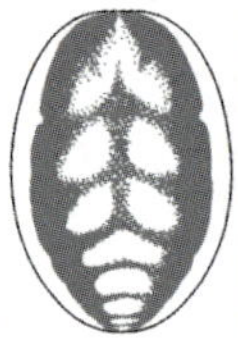

Hinterleibszeichnung

2 *Ebrechtella tricuspidata* (= *Misumenops tricuspidatus*)

> Vorderkörper und Beine wie bei *Diaea dorsata*
> Hinterkörper mit 3 keilförmigen Flecken
> Lauert meist auf Blüten

Merkmale Körperlänge etwa wie bei *Diaea dorsata*. Weibchen mit sehr ähnlich gefärbtem Vorderkörper, Hinterkörper aber deutlich nach hinten verbreitert und ganz anders gefärbt: auf hell gelblichem oder gelblich grünem Untergrund drei sternförmig angeordnete, rötlichbraune, leicht keilförmige Flecke, die auch teilweise ▸ **2b** oder ganz fehlen können. Männchen mit vorwiegend braun gefärbtem, dunkel gezeichnetem Vorderkörper (ebenso die beiden vorderen Beinpaare); Hinterkörper ähnlich wie beim Weibchen. Ausgewachsen von Mai bis Juli.
Vorkommen An warmen und offenen, aber nicht zu trockenen Stellen; gern in Gewässernähe, doch auch auf Trockenrasen. In Mitteleuropa meist in klimatisch begünstigten Gebieten, nicht häufig.
Lebensweise Diese Spinne lauert, ähnlich wie *Thomisus* und *Misumena*, vorzugsweise auf Blüten, seltener im Gebüsch. Auch sie erbeutet oft Blütenbesucher, die deutlich größer sind als sie selbst. Das Weibchen legt im Sommer seinen Eikokon in einem zusammengerollten Blatt ab und bewacht ihn.

Hinterleibszeichnung

1a

1b

2a

2b

1 *Heriaeus melloteei (= H. hirsutus)*

> Grün mit langer, weißer Behaarung
> Hinterleib deutlich länger als breit
> An trocken-warmen Stellen am Boden

Merkmale Körperlänge beim Männchen 4–5, beim Weibchen 6–8 mm. Körper und Beine mit zahlreichen langen, weißen Haaren, die dem Tier ein ausgesprochen struppig wirkendes Erscheinungsbild verleihen. Färbung leuchtend hellgrün, Hinterkörper dabei etwas heller als der Vorderkörper; Letzterer mit einer schneeweißen, scharf abgesetzten Mittellängsbinde. Hinterkörper eiförmig, deutlich länger als breit, mit einer mittleren und zwei seitlichen gebogenen, weißen Längsbinden; vorn mit einem länglichen, roten Fleck, der von der Mittelbinde geteilt wird. Ausgewachsen von Mai bis August.
Vorkommen Meist an ausgesprochen warmen, trockenen Orten mit nur schwach entwickelter Vegetation, vorwiegend auf Trockenrasen und in steppenartigem Gelände; in Mitteleuropa fast nur in klimatisch begünstigten Gebieten, etwa am Oberrhein, doch z. B. auch in Thüringen und im südlichen Harzvorland. Überall selten, nach der Roten Liste in Deutschland stark gefährdet.
Lebensweise Die Spinne hält sich meist in der bodennahen Vegetation auf. Dank ihrer Färbung und Behaarung ist sie hier z. B. auf den haarigen Blättern des Kleinen Habichtskrauts praktisch unsichtbar.

2 *Heriaeus hirtus*

> Sehr ähnlich *Heriaeus melloteei*
> Hinterleib kaum länger als breit
> Nur im Mittelmeergebiet

Merkmale Körperlänge beim Männchen 4–5, beim Weibchen 7–9 mm. Sehr ähnlich *Heriaeus mellotei*, doch Hinterleib kaum länger als breit und nach hinten etwas erweitert; oben mit drei weißen Längsstreifen, die schräg auseinanderweichen und nur etwa bis zur Hinterleibsmitte reichen, dahinter mit 2–3 Querstreifen. Ausgewachsen von Mai bis August.
Vorkommen An warmen Stellen in Gebüschen, vor allem in Steineichen-Wäldern; fehlt in Mitteleuropa, im Mittelmeergebiet stellenweise nicht selten.
Lebensweise Die Spinne hält sich vorzugsweise auf den Zweigen immergrüner Bäume und Sträucher auf; daneben findet man sie auch auf blühenden Pflanzen.

3 *Heriaeus graminicola*

> Kaum von *Heriaeus hirtus* zu unterscheiden
> Lebt an etwas feuchteren Stellen
> Offenbar nur nördlich der Alpen

Merkmale Äußerlich kaum von *Heriaeus hirtus* zu unterscheiden; sichere Unterscheidung nur nach Geschlechtsmerkmalen möglich. Ausgewachsen von Juni bis August.
Vorkommen An warmen, etwas feuchten Stellen, z. B. auf Feuchtwiesen oder am halbschattigen Rand von Gebüschen. Sehr selten und nur von wenigen Fundorten bekannt, nach der Roten Liste in Deutschland stark gefährdet; scheint im Mittelmeergebiet zu fehlen.
Lebensweise Die Spinne hält sich offenbar vorzugsweise etwas über dem Boden im Gras auf. Ich fand sie z. B. am südlichen Oberrhein am Rand einer höherwüchsigen Wiese. Über ihre Lebensweise ist anscheinend fast nichts bekannt.
Wissenswertes Die Art wurde bisher offenbar häufig mit der rein mediterran verbreiteten *Heriaeus hirtus* verwechselt. Für die Artberechtigung spricht außer Unterschieden bei den Geschlechtsorganen auch die offensichtliche Bevorzugung ganz unterschiedlicher Lebensräume.

1a

1b

2

3

1 *Synema globosum*

Merkmale Körperlänge beim Männchen 3–4, beim Weibchen 6–8 mm. Ganzes Tier deutlich glänzend. Vorderkörper dunkelbraun bis schwarz, um die Augen mit einem hellen Ring. Hinterkörper auf weißem, gelbem oder leuchtend rotem Grund mit einer ziemlich variablen, schwarzen Zeichnung, die sich aus einem nach hinten erweiterten Kegelstumpf und dahinterliegenden, oft etwas gebogenen Querstreifen zusammensetzt; diese sind untereinander durch eine schwarze Längsbinde verbunden. Beine hell-dunkel geringelt. Männchen dem Weibchen recht ähnlich, aber insgesamt deutlich dunkler. Ausgewachsen von Mai bis Juli.

Vorkommen In trockenen bis mäßig feuchten, offenen Gebieten, etwa an sonnigen Wald- und Wegrändern, auf Trockenrasen und Ödland. Vor allem in klimatisch begünstigten Gebieten, daher am häufigsten in Süddeutschland, selten auch in Nordostdeutschland; gilt nach der Roten Liste in Deutschland als gefährdet. Im Mittelmeergebiet weitverbreitet und vielerorts häufig.

> Am ganzen Körper stark glänzend
> Hinterleib weiß, gelb oder rot
> Markante schwarze Hinterleibszeichnung

Lebensweise Die unverwechselbare Art lauert gern auf gelben oder roten Blüten, geht aber z. B. auch auf Doldengewächse sowie auf Laubbäume und Sträucher. Sie fängt oft Beutetiere, die viel größer sind als sie selbst, sogar Honigbienen.

Hinterleibszeichnung

2 *Runcinia grammica*

Merkmale Körperlänge beim Männchen 2,5–3,5, beim Weibchen 4–6 mm. Vorderkörper graubraun, oben mit einer schmalen, weißen Längsbinde, seitlich jeweils mit einem breiten, dunklen Streifen; vorn im Bereich des Augenfeldes mit einer weißen Querbinde. Hinterkörper deutlich länger als breit, Grundfärbung weißlich oder hell gelblich, oben mit zwei dunkleren Längsbinden, die aus gemeinsamer Wurzel kurz hinter dem Vorderende beginnen; an den Seiten jeweils eine weitere dunkle Längsbinde (diese Zeichnungselemente bei dem abgebildeten, noch nicht ausgewachsenen Exemplar nicht so deutlich zu erkennen). Männchen dem Weibchen recht ähnlich, doch mit dunklerem, fast einfarbigem Hinterkörper. Ausgewachsen von Juni bis August.

> Hinterleib länger als breit
> Mit dunklen Längsbinden gezeichnet
> In Deutschland extrem selten

Vorkommen An sonnigen, warmen Stellen im Gras, auf blühenden Pflanzen und Sträuchern. Im Mittelmeergebiet weitverbreitet und stellenweise nicht selten, vereinzelt bis ins südliche Mitteleuropa; sehr selten auch in Deutschland gefunden (z. B. am südlichen Oberrhein, im Südharz und in Sachsen). Wird in der Roten Liste Deutschlands unter der Kategorie „extrem selten ohne erkennbare Gefährdung" geführt.

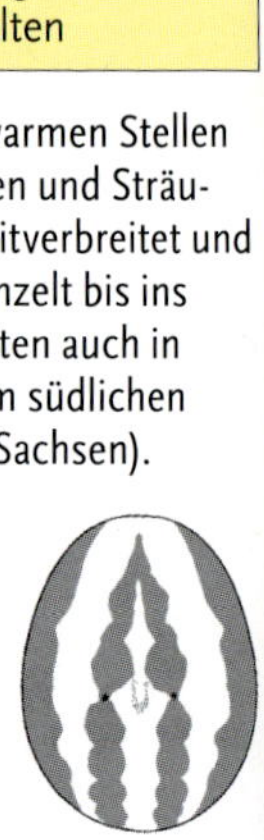

Hinterleibszeichnung

1a

1b

2

1 *Pistius truncatus*

> Hinterkörper hinten winklig erweitert
> Grundfärbung zimtbraun
> Lauert auf Blättern von Laubbäumen

Merkmale Körperlänge als Männchen 4–5, als Weibchen 7–10 mm. Hinterkörper ähnlich wie bei *Thomisus* hinten winklig erweitert. Grundfärbung beim Weibchen ▸ **1a, 1b** zimtbraun, Vorderkörper an den Seiten dunkelbraun, Hinterkörper nach hinten etwas aufgehellt, seitlich ebenfalls dunkelbraun; Beine dunkel gefleckt und geringelt. Männchen ▸ **1c** dunkler als das Weibchen, mit stark glänzendem, dunkelbraunem Hinterkörper. Ausgewachsen von Mai bis August.
Vorkommen Vorzugsweise in Wärmegebieten an sonnigen Rändern von Laubwäldern; über fast ganz Mitteleuropa verbreitet, doch überall sehr vereinzelt und insgesamt recht selten. Nach der Roten Liste in Deutschland gefährdet.
Lebensweise Die Spinne sitzt gern auf den Blättern sonnig stehender Laubbäume, vor allem auf Eichen, und lauert dort auf Beutetiere. Zur Überwinterung zieht sie sich meist unter die Rinde abgestorbener Laubbäume zurück.

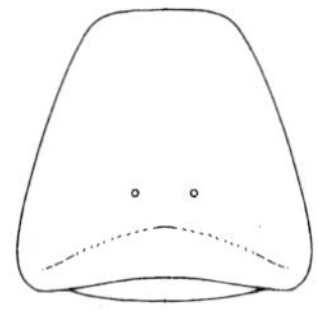

Hinterleibsform

2 *Tmarus piger*

> Hinterkörper in Seitenansicht dreieckig
> Sitzt gut getarnt an Zweigen
> Vorzugsweise in wärmebegünstigten Wäldern

Merkmale Körperlänge beim Männchen 3,5–4, beim Weibchen 5–6 mm. Im Erscheinungsbild stark von den übrigen Krabbenspinnen abweichend: Vorderkörper vergleichweise hochrückig, Hinterkörper etwas seitlich zusammengedrückt und hinten oben in einen dreieckigen Zipfel ausgezogen; in Sitzhaltung die beiden vorderen Beinpaare gerade vorgestreckt, die hinteren stark angewinkelt. Vorderkörper dunkelbraun mit zwei schwarzen Längsbinden, Beine ebenfalls dunkelbraun, undeutlich hell geringelt; Hinterkörper sehr variabel gefärbt und gezeichnet, oft grau bis dunkelbraun mit hellen und dunklen Schrägstreifen, auch mit hell abgesetzter, dunkler Rückenzeichnung oder, wie im Bild, rostrot mit weißlicher Rückenfärbung. Ausgewachsen von Mai bis August.
Vorkommen Vorzugsweise an warmen Orten in Wäldern und Gebüschen; vor allem im mittleren und südwestlichen Deutschland, fehlt offenbar in der Norddeutschen Tiefebene und in der Südhälfte von Bayern. Gilt nach der Roten Liste in Deutschland als gefährdet.
Lebensweise Die Spinne sitzt meist in Längsrichtung auf dünnen Zweigen von Laub- und Nadelhölzern und entspricht dann fast vollkommen einer ruhenden Knospe. Sie erinnert in dieser Sitzhaltung etwas an die Streckerspinnen der Gattung *Tetragnatha* oder die Laufspinnen der Gattung *Tibellus*, ähnelt aber durch die Form ihres Hinterkörpers auch an die Konusspinne (*Cyclosa conica*). Bei der Beinhaltung der sitzenden Spinne fällt auf, dass sie nicht wie die *Tetragnatha*- und *Tibellus*-Arten nur das dritte Paar anwinkelt und die Hinterbeine ausstreckt, sondern sich mit den beiden stark angewinkelten letzten Beinpaaren an der Unterlage festhält. Dank ihrer perfekten Tarnung ist sie außerordentlich schwer zu entdecken; man findet sie aber relativ oft, wenn man Zweige abklopft und die herabfallenden Tiere mit einem Schirm auffängt.

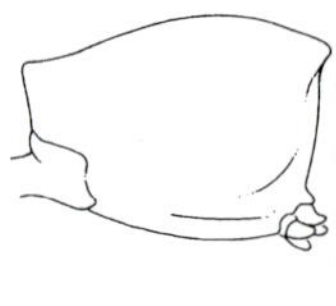

Hinterleibsform von der Seite

1a

1b

1c

2

1 Wanzenspinne *Coriarachne depressa*

> Extrem flacher Körper
> Hinterkörper faltig, mit weißen Linien
> Besonders an und unter Kiefernrinde

Merkmale Körperlänge 4–5 mm. Körper wanzenartig abgeflacht, Hinterkörper am Rand faltig und dadurch wie vertrocknet wirkend. Grundfärbung beim Weibchen ▸ 1 dunkelbraun; Rücken des Vorderkörpers mit einer unregelmäßigen, schwarzen Zeichnung; Hinterkörper entlang der Falten mit bogenförmigen, weißen Linien. Männchen insgesamt dunkler, mit ganz schwarzbraunem Vorderkörper, der nur vorn im Bereich der Augen eine helle Querlinie trägt. Ausgewachsene Tiere fast ganzjährig zu finden.
Vorkommen In Wäldern unter Baumrinde, vorwiegend an Nadelbäumen; seltener auch am Waldboden. Bei uns weitverbreitet, aber an den einzelnen Fundorten meist in geringer Zahl.
Lebensweise Die Spinne hält sich meist unter der Rinde abgestorbener Bäume verborgen; hier kann man sie auch im Winter aufspüren. Ihr extrem abgeflachter Körper erlaubt es ihr auch, unter die blättrigen Rindenschuppen lebender Kiefern zu kriechen. Möglicherweise ist dies der bevorzugte Aufenthaltsort der Art.

2 *Xysticus cristatus*

> Dunkles Dreieck auf dem Vorderkörper
> Hinterleib mit unterteilter Blattzeichnung
> Überall sehr häufig

Merkmale Körperlänge beim Männchen 3–5, beim Weibchen 6–8 mm. Weibchen ▸ 2 mit gelbbrauner Grundfärbung; Vorderkörper an den Seiten dunkelbraun, oben mit einer breiten, weißlichen Längsbinde, in der ein braunes, nach hinten gerichtetes Dreieck liegt, das mit einem kleinen, schwarzen Spitzenfleck endet. Hinterkörper oben, wie bei den meisten Arten dieser Gattung, mit einer dunklen, weißlich umrandeten Blattzeichnung, die in der Mitte aufgehellt und durch helle Querstreifen rechts und links jeweils in mehrere Teilstücke zerlegt wird. Männchen viel dunkler und kontrastreicher gezeichnet: Beine und Seiten des Vorderkörpers schwarzbraun, ebenso die Blattzeichnung auf dem Hinterkörper. Ausgewachsen von April bis Juli.
Vorkommen Vorwiegend an offenen Stellen mit niedriger bis halbhoher Vegetation, etwa an sonnigen Waldrändern, in Gebüschen und auf Wiesen. Bei uns weitverbreitet und überall sehr häufig; neben *Diaea dorsata* wohl die häufigste heimische Krabbenspinne.
Lebensweise Die Spinne lauert meist im Gebüsch auf Beute, oft aber auch auf blühenden Pflanzen. Nach der Paarung stellt sie einen flachen, weißen Eikokon her, der meist frei sichtbar auf Pflanzen befestigt wird. Das Weibchen setzt sich schützend darüber ▸ 2 und bewacht ihn offenbar bis an sein Lebensende.
Ähnlich Die etwa 20 heimischen Arten dieser Gattung sind zum Teil sehr schwer und oft nur nach dem Bau der Geschlechtsorgane sicher voneinander zu unterscheiden (siehe auch folgende Doppelseite). Von der teilweise recht ähnlichen Gattung *Ozyptila* unterscheiden sich die *Xysticus*-Arten vor allem durch die meist deutlich erkennbare Blattzeichnung auf dem Hinterkörper, die Form des aus den beiden Mittelaugenpaaren gebildeten Vierecks (dieses ist breiter als lang oder höchstens so lang wie breit) und die Art der Bestachelung ihres Körpers. Diese besteht nur aus zugespitzten Haaren.

Zeichnung des Vorderkörpers

1

2

1 *Xysticus audax*

> Sehr ähnlich *Xysticus cristatus*
> Dreieck stumpfer und kürzer
> Meist an Waldrändern

Merkmale In Größe und Zeichnung extrem ähnlich *X. cristatus*. Von diesem am ehesten durch die Form des Dreiecks auf dem Vorderkörper zu unterscheiden: Dieses ist bei *X. audax* annähernd rechtwinklig zugespitzt, trägt keinen dunkleren Spitzenfleck und reicht nach hinten nur etwa bis zur Mitte des Vorderkörpers, während es bei der anderen Art spitzwinklig ist, in einem dunklen Fleck endet und fast bis ans Hinterende des Vorderkörpers reicht. Sichere Unterscheidung (vor allem auch von weiteren Arten dieser Gattung) aber nur nach Geschlechtsmerkmalen. Ausgewachsen von Mai bis August.
Vorkommen Vorwiegend an offenen bis halbschattigen Stellen, besonders an Waldrändern. Bei uns weitverbreitet und in den meisten Gebieten ziemlich häufig.

2 *Xysticus lanio*

> Hinterleib an den Seiten rötlich
> Paarung mit „Fesselung" des Weibchens
> Vorwiegend in lockeren Wäldern

Merkmale Körperlänge beim Männchen 4–5, beim Weibchen 6–7 mm. Ebenfalls sehr ähnlich *Xysticus cristatus*, insgesamt aber meist dunkler gefärbt. Weibchen mit oft nur undeutlich abgesetztem Dreieck auf dem Vorderkörper, das nach hinten etwa bis zu dessen Mitte reicht. Seiten des Hinterkörpers rötlich gefärbt, Blattzeichnung daher meist nicht so klar erkennbar. Männchen deutlich dunkler, mit fast schwarzen Beinen und weißlich umrandeter, dunkler Blattzeichnung auf dem Hinterkörper. Sichere Bestimmung nur nach Geschlechtsmerkmalen. Ausgewachsen von Mai bis August.
Vorkommen Besonders in lockeren Wäldern und Gebüschen; in Mitteleuropa allgemein verbreitet und in vielen Gegenden häufig.
Lebensweise Die Art zeigt ein recht amüsantes Paarungsverhalten, das offenbar auch für andere Arten dieser Gattung charakteristisch ist. Das Männchen „fesselt" seine Partnerin durch einige quer über deren Körper und Beine gezogene Spinnfäden ▸ **2b**. Ist das Weibchen paarungsbereit, lässt es sich diese Prozedur gefallen, und das Männchen kann anschließend nach hinten über seine Hinterleibsspitze hinwegsteigen und dann in Bauch-an-Bauch-Position abwechselnd seine beiden Taster einführen ▸ **2c**. Diese Fesselung ist aber offensichtlich rein symbolisch, denn nach dem Ende der Paarung läuft das Weibchen, ohne die Spinnfäden weiter zu beachten, einfach davon. Später legt es seinen scheibenförmigen, weißen Eikokon auf einer Pflanze ab und setzt sich schützend darüber ▸ **2a**.

3 *Xysticus robustus*

> Größte Art der Gattung *Xysticus*
> Schwarzgrau ohne deutliche Zeichnungen
> Lebt vorwiegend am Erdboden

Merkmale Mit 5–6 mm Körperlänge beim Männchen und 7–10 mm beim Weibchen die größte Art der Gattung. Färbung sehr dunkel schwarzgrau, ohne deutlich abgesetzte Zeichnungen. Ausgewachsen im Sommer und Herbst.
Vorkommen An warmen, trockenen Stellen mit gering entwickelter Vegetation, vor allem im Bergland auf steinigen oder felsigen Trockenrasen. In Mitteleuropa ziemlich selten und nach der Roten Liste in Deutschland gefährdet.
Lebensweise Die Art lebt vorwiegend am Erdboden und hält sich gern unter Steinen auf.

1

2a

2b

2c

3

1 *Ozyptila praticola*

Merkmale Körperlänge beim Männchen 2,5–3, beim Weibchen 3–4 mm. Grundfärbung dunkel rotbraun; Vorderkörper an den Seiten schwarzbraun, oben mit einer nach hinten verschmälerten, helleren Längsbinde; Hinterkörper mit unscharf begrenzten, helleren und dunkleren Flecken gezeichnet. Ausgewachsene Tiere fast ganzjährig anzutreffen.
Vorkommen An nicht zu trockenen, offenen bis mehr oder weniger schattigen Lebensräumen, sogar in dunklen Fichtenwäldern und z. B. auch in Gärten. Überall verbreitet und bei uns die häufigste Art dieser Gattung.
Lebensweise Anders als die meisten übrigen *Ozyptila*-Arten lebt diese nicht nur am Boden, sondern kann ebenso auch unter Baumrinde oder im Gebüsch gefunden werden. Das Weibchen legt seinen Eikokon meist auf Blättern an niedrigen Zweigen ab und setzt sich schützend darüber ▸ **1**.
Ähnlich Eine sichere Unterscheidung der 12 heimischen *Ozyptila*-Arten ist zum Teil nur nach Genitalmerkmalen möglich. Von der Gattung *Xysticus* unterscheiden sich diese Tiere durch das Fehlen einer deutlichen Blattzeichnung, durch das mittlere Augenviereck, das fast immer länger als breit ist, und die Anwesenheit keulenförmiger Haarborsten auf der Körperoberfläche, aber auch durch ihre meist deutlich geringere Größe.

> Vorderkörper mit heller Mittelbinde
> Hinterkörper hell und dunkel gefleckt
> Auch im Gebüsch zu finden

2 *Ozyptila trux*

Merkmale Körperlänge beim Männchen 3–4, beim Weibchen 4–5 mm. Weibchen (**2a**) hellbraun, Vorderkörper mit 2 oder 4 dunklen Längsbinden, Hinterkörper mit dunkelbraunen Strichzeichnungen. Männchen ▸ **2b** mit dunkelbraunem Vorderkörper und ebenfalls sehr dunklem, hell geflecktem Hinterkörper. Ausgewachsen im Mai und Juni.
Vorkommen An mäßig feuchten bis trockenen, offenen bis halbschattigen Lebensräumen; z. B. auf Waldlichtungen und Wiesen. Bei uns weitverbreitet und fast überall ziemlich häufig.
Lebensweise Die Art hält sich vorwiegend am Boden zwischen Gräsern und Moosen oder im Falllaub auf.

> Weibchen hellbraun mit dunklen Streifen
> Männchen überwiegend dunkelbraun
> Am Boden zwischen Gräsern und Moosen

3 *Ozyptila scabricula*

Merkmale Körperlänge beim Männchen 2–3, beim Weibchen 3–4 mm. Grundfärbung dunkelbraun; Vorderkörper ohne deutlich erkennbare helle Binde, Hinterkörper undeutlich heller gefleckt. Beine heller braun mit zahlreichen dunklen Punkten und Flecken. Körper dicht mit Borsten und Keulenhaaren besetzt. Ausgewachsen vom Frühjahr bis in den Herbst.
Vorkommen An warmen und trockenen, voll besonnten Stellen, z. B. an offenen Bodenstellen auf Trockenrasen und an Wegrändern, besonders auf Kalk- oder Lössboden. Ziemlich selten und nach der Roten Liste in Deutschland gefährdet.
Lebensweise Diese kleine Spinne überzieht ihre ganze Körperoberfläche fast immer mit einer dichten Lehmkruste, sodass sie auf offenen Bodenflächen praktisch unsichtbar wird.

> Dunkelbraun ohne deutliche Zeichnungen
> Fast immer mit dichter Lehmkruste überzogen
> An warmen, offenen Bodenstellen

1

2a

2b

3

Familie Springspinnen Salticidae

Wichtigstes Merkmal der Springspinnen sind ihre hoch entwickelten Augen, vorn an der Stirn vier scheinwerferartig vergrößerte und an den steil abfallenden Seiten des Kopfteils hintereinander jeweils zwei weitere. Insgesamt sind sie somit in drei Querreihen angeordnet. Das vordere mittlere, besonders große Augenpaar entspricht sozusagen zwei Teleobjektiven. Die Netzhäute können vor- und zurückbewegt werden und so ein scharfes Bild des angepeilten Objekts entwerfen. Da die Netzhäute aber außerdem seitlich verschoben werden können, kann die Spinne ihre Blickrichtung ändern, ohne ihren Körper zu bewegen. Ein weiteres Merkmal der Arten aus dieser Familie ist ihre untersetzte, kurzbeinige Gestalt; einige Vertreter, insbesondere solche mit ameisenähnlichem Erscheinungsbild, entsprechen aber nicht ganz diesem Typus. Mit etwa 80 heimischen Arten gehören die Springspinnen zu den artenreichsten Spinnenfamilien. Trotz dieser recht hohen Artenzahl sind die meisten von ihnen bereits nach ihrem Zeichnungsmuster gut zu erkennen. Vielfach unterscheiden sich die Geschlechter so deutlich voneinander, dass man sie nicht ohne Weiteres der gleichen Art zuordnen würde. Daher werden hier jeweils, soweit möglich, Männchen und Weibchen vorgestellt.

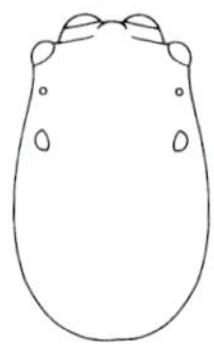

Augenstellung

1 Zebraspringspinne *Salticus scenicus*

Merkmale Körperlänge 5–7 mm. Grundfärbung dunkelbraun bis schwarz, auf dem Hinterkörper vorn ein durchgehendes, dahinter zwei in der Mitte unterbrochene Querbänder aus weißen Schuppenhaaren; diese etwa ebenso breit oder etwas schmäler als die dunklen Zwischenräume. Beine undeutlich hell-dunkel gefleckt und geringelt. Männchen ▸ **1d, 1e** mit stark vergrößerten, schräg nach vorn gerichteten Cheliceren und schmäleren, am Rücken breiter getrennten Querbinden auf dem Hinterkörper. Ausgewachsene Männchen von April bis Juli, Weibchen fast ganzjährig.
Vorkommen Vor allem an und in Gebäuden, außerdem gern an Felsen und Zaunpfählen, etwas seltener auch an Baumstämmen; fast überall häufig, besonders im Siedlungsbereich; bei uns eine der häufigsten Arten dieser Familie.
Lebensweise Die unverkennbare Art gehört bei uns zu den markantesten Kulturfolgern. Da sie im Gegensatz zu vielen anderen Spinnen tagaktiv ist, begegnet sie uns häufig bei ihren Pirschgängen, etwa an der Zimmerwand, an der Hausfassade oder auf dem Fensterbrett. Begegnet sie dabei einem passenden Beutetier, etwa einer Fliege, kann man ihr faszinierendes Fangverhalten beobachten: Hat sie seitlich von sich mit ihren schwächer ausgebildeten, hinteren Augenpaaren eine Bewegung wahrgenommen, dreht sie sich zunächst mit der Stirn in Richtung dieser Bewegung, um das Objekt mit den leistungsfähigen, mittleren Frontalaugen genauer zu fixieren. Danach pirscht sie sich nach Art eines Raubtiers vorsichtig näher, um dann aus etwa 1 cm Entfernung blitzschnell zuzuspringen. Vor dem Sprung befestigt sie aber noch einen Sicherheitsfaden an der Unterlage, der sie z. B. an Wandflächen vor dem Absturz bewahrt. Bei der Balz tanzt das Männchen vor dem Weibchen mit seitlich weit abgespreizten Vorderbeinen und fast waagerecht ausgebreiteten Cheliceren; die Giftklauen bleiben dabei eingeklappt. Kommt ihm allerdings ein anderes Männchen in die Quere, werden zusätzlich die Giftklauen ausgeklappt.

> Hinterkörper mit weißen Querbinden
> Männchen mit stark vergrößerten Cheliceren
> Vor allem an und in Häusern

Hinterleibszeichnung

1a

1b

1c

1d

1e

1 *Salticus cingulatus*

> Hinterkörper überwiegend weiß gefärbt
> Männchen mit deutlich geringelten Beinen
> Vor allem an Baumrinde

Merkmale Mit einer Körperlänge von 4–5 mm als Männchen und 5–6 mm als Weibchen etwas kleiner als die Zebraspringspinne. Färbung bei Weibchen und Jungtieren deutlich heller als bei dieser; auf dem Hinterkörper überwiegt die weiße Behaarung gegenüber der dunklen Grundfärbung. Weiße Querbinden deutlich schräg gestellt und in der Mitte miteinander verbunden. Männchen sehr ähnlich dem der Zebraspringspinne; Zeichnung des Hinterkörpers aber weniger kontrastreich, dafür Beine deutlicher hell-dunkel geringelt. Ausgewachsen von Mai bis August.
Vorkommen Vorzugsweise an Baumstämmen und Zaunpfählen und hier oft zusammen mit der Zebraspringspinne; seltener an Felsen und Mauern.
Lebensweise Die Art baut ihre Wohngespinste besonders gern in Spalten an der Außenseite der Rinde lebender und abgestorbener Kiefern. Man findet sie am leichtesten, wenn man die dicke Rinde toter Kiefern ablöst und sie dann entlang tiefer Rindenrisse auseinanderbricht. Ihre Gespinste sind, wie für viele Springspinnen typisch, ausgesprochen stark dehnbar und reißen selbst dann nicht, wenn man sie auf das Doppelte ihrer ursprünglichen Länge auseinanderzieht. Sie lässt sich auf diese Weise auch gut im Winter nachweisen.

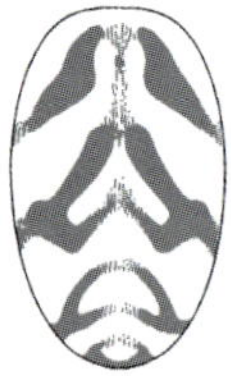

Hinterleibszeichnung

2 *Salticus zebraneus*

> Kleiner als die beiden anderen *Salticus*-Arten
> Hinterleib weniger klar gezeichnet
> Regelmäßig in Obstgärten

Merkmale Mit nur 3–4,5 mm Körperlänge die kleinste Art der Gattung. Ähnelt einer jungen Zebraspringspinne, aber Hinterkörper beim Weibchen ▸ **2a, 2b** nicht so klar schwarz und weiß gestreift; neben den hellen Binden auch mit undeutlichen, gelbbraunen Winkelflecken. Männchen ▸ **2c** außer durch ihre geringere Größe schwer von denen von *S. cingulatus* zu unterscheiden. Ausgewachsen von April bis Juni, Weibchen auch noch im August.
Vorkommen Vorwiegend an Baumrinde, außer an Kiefern (hier oft gemeinsam mit *S. cingulatus*) regelmäßig auch in Obstgärten an der Rinde von alten Apfel- und Kirschbäumen; oft auch auf Holzlagerplätzen. Bei uns weitverbreitet und überall ziemlich häufig, wegen ihrer geringen Größe aber wohl oft mit jungen Zebraspringspinnen verwechselt.
Ähnlich Im Mittelmeergebiet kommen mehrere weitere *Salticus*-Arten vor, die zum Teil schwer von den hier vorgestellten drei heimischen Arten zu unterscheiden sind.

1a

2a

2b

2c

1 Große Rindenspringspinne *Marpissa muscosa*

> Eine der größten heimischen Springspinnen
> Hell-dunkles „Zopfmuster" auf dem Hinterkörper
> An Baumstämmen und verbautem Holz

Merkmale Mit einer Körperlänge von 6–8 mm als Männchen und 8–11 mm als Weibchen eine der größten heimischen Springspinnen. Körper deutlich abgeflacht, beide Geschlechter von oben betrachtet ziemlich ähnlich: Grundfärbung graubraun bis dunkelbraun; Vorderkörper oberseits grau behaart, Hinterkörper mit einer kontrastreichen Zeichnung aus paarigen, hellen und dunklen, zum Teil dreieckigen Flecken, die man als „Zopfmuster" bezeichnen könnte, seitlich neben diesem Muster oft etwas rötlich. Beine kontrastreich hell und dunkel geringelt. Im „Gesicht" aber markante Unterschiede: Weibchen ▸ **1a, 1b, 1c** mit roten Ringen um die Frontalaugen, diese außerdem mit einer schwarzen Maske eingefasst, darunter eine breite, cremegelbe Haarbinde ▸ **1b**; Männchen ▸ **1d** ohne die schwarze Maske und die helle Binde, dafür Taster mit löffelartig verbreitertem, stark abgeflachtem Endglied, dieses außerdem mit einer gelbbraunen, schwarzviolett eingefassten Bindenzeichnung. Ausgewachsen vom Spätsommer bis in den Sommer des Folgejahres.

Vorkommen In ihrem Vorkommen offenbar an Holz gebunden, daher sowohl an Baumstämmen (vorzugsweise von Kiefern und alten Obstbäumen) als auch an Weidezäunen, auf Holzlagerplätzen und an aus Holz hergestellten Gebäuden, meist in sonnigen oder halbschattigen Lagen; bei uns weitverbreitet und in den meisten Gegenden ziemlich häufig.

Lebensweise Die Art baut sich z. B. unter der Rinde abgestorbener Bäume oder in den Spalträumen aufgesplitterter Zaunpfähle ein etwa 2 cm großes, flaches Wohngespinst, das sehr an die Wohnungen der Sackspinnen erinnert ▸ **1e**. An günstigen Plätzen sind gelegentlich zahlreiche derartige Gespinste dicht nebeneinander angelegt. Im Gegensatz zu den Gespinsten der Sackspinnen (die sich oft in unmittelbarer Nachbarschaft finden) lassen sich die Springspinnen-Gespinste stark in die Länge ziehen, ohne zu zerreißen. Gelegentlich wurden schon fast 100 Rindenspringspinnen an einem einzigen Baumstamm gefunden. Auseinandersetzungen beim Beutefang werden bei einer derartigen Besiedelungsdichte dadurch vermieden, dass rangniedrigere Individuen gegenüber höher gestellten durch abgespreizte Vorderbeine und vorsichtiges Zurückweichen ihre Unterlegenheit zum Ausdruck bringen. Bei der Balz, die vor allem im Mai stattfindet, erkennen sich die Partner offensichtlich an ihrer in der Frontalansicht deutlich verschiedenen Zeichnung. Das Männchen führt dabei vor dem Weibchen einen Balztanz auf, folgt dann dem Weibchen in dessen Wohngespinst und vollzieht dort die Paarung. Im Sommer erweitert dieses seine Wohnung zum etwa 4 cm großen Einest und bringt darin bis zu fünf flache Eikokons unter, die es bis zum Schlüpfen der Jungspinnen bewacht. Diese bauen zur Überwinterung eigene kleine Wohnsäcke und werden erst im darauffolgenden Spätsommer erwachsen. Anschließend überwintern sie nochmals in ausgewachsenem Zustand, um sich dann im übernächsten Jahr fortzupflanzen.

Hinterleibszeichnung

1a

1b

1c

1d

1e

1 *Marpissa radiata*

> Hinterkörper mit rötlichen Längsstreifen
> Einest in alten Schilfrispen
> Auf Feuchtwiesen und an Ufern

Merkmale Mit einer Körperlänge von 6–7 mm als Männchen und 8–10 mm als Weibchen nur wenig kleiner als die Große Rindenspringspinne. Körper nicht abgeflacht und Hinterleibszeichnung beim Weibchen mit deutlicheren Farbakzenten: In der Mitte eine gelbliche Längsbinde, die von zwei rötlichen, etwas gewellten Längsstreifen eingefasst wird; zusätzlich oft noch zwei schwarze Streifen an der Innenseite dieser Längsstreifen. Beine einheitlich hell gefärbt. Männchen viel schmächtiger; Färbung und Zeichnung ähnlich wie beim Weibchen, oft aber auch deutlich dunkler, dann der Hinterkörper mit dunklen Längsstreifen und Beine bis auf die helleren Fußspitzen fast einheitlich dunkelbraun. Frontalansicht bei beiden Geschlechtern ähnlich wie bei der Rindenspringspinne. Ausgewachsen vom Herbst bis zum Sommer des Folgejahres.
Vorkommen An Gewässerufern und auf Feuchtwiesen mit Schilfbeständen. In Deutschland zwar weitverbreitet, doch über große Strecken noch nicht nachgewiesen; häufiger nur in zwei Teilgebieten, zum einen in Ostdeutschland (mit deutlichem Schwerpunkt in Brandenburg) und im Rheintal (hier mit Schwerpunkt im südlichen Teil von Rheinland-Pfalz). Gilt nach der Roten Liste in Deutschland als gefährdet.
Lebensweise Die Art ist in ihren Vorkommensgebieten im Sommer ziemlich leicht zu finden. Das Weibchen baut um diese Zeit sein schon aus größerer Entfernung gut sichtbares Einest in zusammengezogenen, alten Schilfrispen. Wie die anderen Arten dieser Gattung überwintert sie im ausgewachsenen Zustand. Sie sucht hierzu offensichtlich mit besonderer Vorliebe Rohrkolbenbestände auf, wo sie sich zwischen den Blattscheiden verbirgt.

2 *Marpissa pomatia*

> Zugespitzte Haarflecke auf dem Vorderkörper
> Hinterkörper mit roten Längsstreifen
> Auf Pflanzen an etwas feuchten Stellen

Merkmale Körperlänge wie bei *M. radiata*. Vorderkörper oben überwiegend rostrot behaart, hinter dem Augenfeld mit zwei gelben Haarflecken, die nach hinten jeweils in eine dreieckige Spitze auslaufen; Hinterkörper mit gelblicher Grundfärbung, beim Männchen ▸ **2a** mit drei parallelen, roten Längsbinden, die am vorderen und hinteren Ende zusammenlaufen und in der hinteren Hälfte durch ebenso gefärbte Winkelflecke miteinander verbunden sind. Beim Weibchen ▸ **2c** die mittlere Längsbinde undeutlich, die beiden äußeren dafür breiter und an den Innenrändern schwarz gefleckt. Männchen außerdem mit stark vergrößerten, löffelförmigen Endgliedern an den Tastern, diese gelb, nur oben mit schmalem, schwarzem Rand ▸ **2b**. Ausgewachsen vom Spätsommer bis zum Sommer im Folgejahr.
Vorkommen In warmen, lockeren, etwas feuchten Laubwäldern und auf Feuchtwiesen, besonders in Wärmegebieten. In Deutschland vom Oberrheingebiet, aus Mittelfranken und aus dem Raum Berlin bekannt, aber überall sehr selten; nach der Roten Liste bei uns stark gefährdet.
Lebensweise Diese schöne Spinne, die überall zu den größten Raritäten gehört, hält sich vorwiegend im Gebüsch oder in der bodennahen Gras- und Krautschicht auf. Als Schlupfwinkel dient meist ein zigarrenförmig zusammengerolltes und mit Gespinst ausgekleidetes, schmales Blatt, etwa von Alant oder Goldrute. Die Tiere sitzen oft mit nach Streckerspinnen-Art ausgestreckten Beinen (die zwei vorderen Paare nach vorn, das dritte zur Seite und das hintere nach hinten gerichtet) an Pflanzenstängeln, sodass sie recht schwer zu finden sind.

1

2a

2b

2c

1 *Marpissa nivoyi (= Hyctia nivoyi)*

> Kleinste Art der Gattung
> Körper schmal und deutlich abgeflacht
> In sehr verschiedenen, meist feuchten Gebieten

Merkmale Mit nur 4–6 mm Körperlänge deutlich kleiner als die übrigen Arten dieser Gattung. Körper auffallend schmal und deutlich abgeflacht. Vorderkörper oberseits braun mit zwei weißlichen Längsbinden, dazwischen in der vorderen Hälfte eine weniger deutliche dritte Längsbinde; Hinterkörper überwiegend weißlich, mit drei braunen Längsbinden (die mittlere meist viel schmäler als die beiden seitlichen), die sich im hinteren Teil in Winkelflecke auflösen. Vorderbeine auffallend verdickt und dunkel gefärbt, übrige Beine eher schmächtig, hell gelbbraun mit dunklen Ringen. Männchen dem Weibchen sehr ähnlich, aber insgesamt deutlich dunkler. Ausgewachsen offenbar vom Herbst bis zum folgenden Sommer.
Vorkommen In sehr unterschiedlichen Lebensräumen. Vorwiegend an feuchten, gern salzhaltigen Stellen, etwa auf Strandwiesen im Küstenbereich und an Gewässerufern, daneben aber auch an ausgesprochen trockenen Orten. Nachweise aus Deutschland nur von wenigen weit auseinanderliegenden Gebieten: mehrere Nordseeinseln, Schleswig-Holstein, Berlin und Brandenburg, Pfälzer Wald (von hier offenbar die meisten neueren Funde) und Oberrheingebiet. Ich selbst fand sie in Südschweden in Küstendünen, am Rande von Tümpeln im Neusiedler-See-Gebiet sowie auf einer grasigen, küstennahen Waldlichtung in Istrien. Gilt nach der Roten Liste in Deutschland als vom Aussterben bedroht.
Lebensweise Der Körperbau deutet auf eine Art, die sich gern in Spalträumen versteckt. Nach eigenen Erkenntnissen hält sie sich gern in den Blattscheiden von Gräsern (z. B. von Strandroggen an der Meeresküste) oder von Rohrkolben auf. Diese Orte dienen möglicherweise auch als Winterquartier.

2 *Mendoza canestrinii (= Marpissa canestrinii)*

> Stark verlängerter Körper
> Weibchen mit 2 dunklen Längsbinden
> An Gewässerufern in Südeuropa

Merkmale Körperlänge als Männchen 6–8, als Weibchen 7–12 mm. Körperbau viel stärker verlängert als bei den *Marpissa*-Arten, fast wie bei einer Streckerspinne. Weibchen ▸ **2a, 2b** mit silbergrau behaartem Vorderkörper, dieser außerdem mit kupferfarbenen Schrägstreifen; um die Frontalaugen eine dunkle Maske, seitlich davon jeweils zwei dichte Büschel langer, schwarzer Borsten und darunter lange, weiße Haarfransen. Hinterkörper weißlich mit zwei braunen bis schwarzen, metallisch glänzenden Längsbinden. Männchen (nicht abgebildet) fast einfarbig dunkelbraun oder schwarz, besonders auf dem Hinterkörper mit deutlichem, goldenem Metallglanz. Ausgewachsen vom Herbst bis in den folgenden Sommer.
Vorkommen In warmen Gebieten am Ufer von Gewässern, etwa an Teichen und Gräben. Im Mittelmeergebiet weitverbreitet und stellenweise nicht selten, in Deutschland fehlend. Nördlichste Vorkommen im Neusiedler-See-Gebiet und im südlichen Tessin.
Lebensweise Die unverwechselbare Spinne streckt im Sitzen gern ihre Beine nach vorn und hinten aus und ist dann, ähnlich wie eine Streckerspinne, nicht so leicht zu entdecken. Sie erinnert in ihrer Lebensweise sonst sehr an *Marpissa radiata*. Wie diese baut sie ihr Wohngespinst vorzugsweise in vorjährigen Schilfrispen, wo man sie im Frühjahr und Sommer ziemlich leicht finden kann. Ebenso wie die andere Art kann man sie im Winter unter den Blattscheiden von Rohrkolben entdecken.

1

2a

2b

1 Goldaugen-Springspinne *Philaeus chrysops*

> Männchen mit leuchtend rotem Hinterleib
> Weibchen mit weiß gesäumter Längsbinde
> An warmen Stellen am Boden oder im Gebüsch

Merkmale Mit einer Körperlänge von 7–12 mm neben *Sitticus longipes* (S. 326) die größte mitteleuropäische Springspinne. Neben sehr großen Männchen auch Zwergformen mit nur 5 mm Körperlänge. Beide Geschlechter ausgesprochen verschieden gefärbt und gezeichnet, sodass es schwerfällt, sie auf Anhieb der gleichen Art zuzuordnen. Vorderkörper beim Männchen ▸ **1a** tiefschwarz, zwischen den Augen und im hinteren Teil mit weißen Haarflecken bzw. Streifen; Hinterkörper leuchtend hellrot, oben mit einem schwarzen Spießfleck. Taster und die beiden hinteren Beinpaare weiß, die beiden vorderen überwiegend gelborange behaart. Weibchen ▸ **1b** auf dem schwarzbraunen Vorderkörper meist mit 2–3 hellen Haarstreifen, Hinterkörper heller oder dunkler braun, in der Mitte mit einem dunkelbraunen bis schwarzen Längsstreifen, der seitlich weiß eingefasst ist und nach hinten spitz zuläuft; Breite und Länge des dunklen Streifens und auch die Breite des weißen Saumes unterliegen aber starken, individuellen Schwankungen. Ausgewachsen von April bis Juli.

Vorkommen In warmen und trockenen, meist steinigen oder felsigen Gebieten. Im Mittelmeergebiet sehr weitverbreitet und vielerorts ausgesprochen häufig, an Küstenfelsen ebenso wie auf fast vegetationsfreien Schotterflächen im Gebirge oder an Mauern in Ortschaften und Olivenhainen. Nördlich der Alpen ziemlich selten in Wärmegebieten, etwa im Elsass, am Kaiserstuhl, im Raum Würzburg und im südlichen Ostdeutschland (Sachsen und Brandenburg). Hier auf ausgesprochen warmen Trockenrasen und in lockeren Gebüschen, im Osten auch in locker mit Kiefern bewachsenen Sandgebieten. Gilt nach der Roten Liste in Deutschland als vom Aussterben bedroht und ist daher als einzige Springspinne bei uns gesetzlich geschützt.

Lebensweise Die Spinne läuft gern auf Felsen, an Mauern und an offenen Bodenstellen umher. Regelmäßig kann man sie aber auch im Gebüsch (vor allem auf Eichenlaub) beobachten. Die Männchen tragen untereinander gelegentlich auffallende Scheinkämpfe aus, bei denen sie sich aber nicht berühren, sondern nur gegenseitig zu imponieren versuchen. Auch bei der Balz spielt die prächtige Färbung des Männchens offenbar eine wichtige Rolle. Es präsentiert sich der Auserwählten in seiner ganzen Schönheit mit erhobenen Vorderbeinen ▸ **1c**. Diese erlaubt schließlich eine Annäherung mit inniger Umarmung und dann den Vollzug der Paarung ▸ **1d, 1e**. Bei ungünstigen Wetterverhältnissen halten sich die wärmebedürftigen Tiere in Gespinstsäcken unter Steinen verborgen. Das Weibchen legt im Frühsommer in diesem Gespinstsack seinen Eikokon ab.

Wissenswertes In ihrem sehr großen südeuropäischen Verbreitungsgebiet kommen vielerorts deutlich anders gefärbte und gezeichnete Exemplare vor (z. B. Weibchen mit gelbrotem Hinterleib und Männchen mit sehr ausgedehntem, weißem Zeichnungsmuster). Offenbar gehören aber alle diese Formen, zumindest in Europa, zur gleichen Art. Der in der Literatur übliche Name „Goldaugen-Springspinne“ (eine Übersetzung der wissenschaftlichen Artbezeichnung) erscheint angesichts der nur schwach grünlich leuchtenden Augen eigentlich nicht besonders glücklich; viel passender wäre er eigentlich für die Art *Saitis barbipes* (S. 334).

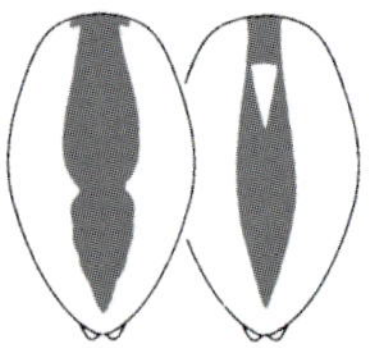

Hinterleibszeichnung des ♂, 2 Varianten

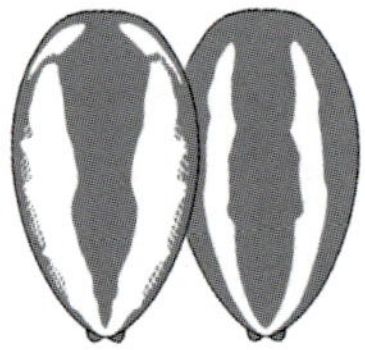

Hinterleibszeichnung des ♀, 2 Varianten

1a
1b
1c
1d
1e

1 *Carrhotus xanthogramma (= C. bicolor)*

> Hinterkörper beim Männchen zimtbraun
> Weibchen gelb und schwarz gezeichnet
> Auf besonnten Gebüschen

Merkmale Körperlänge 5–8 mm. Wie die Goldaugen-Springspinne mit ganz erheblichen Unterschieden zwischen beiden Geschlechtern. Vorderkörper und Beine beim Männchen ▸ **1a** tiefschwarz mit nur wenigen gelblichen Haarflecken; Hinterkörper mit dichter zimtbrauner Behaarung, vorn an den Seiten mit gelblichen Flecken, dazwischen schwarz gefärbt. Weibchen ▸ **1b**, **1c** auf dem dunklen Vorderkörper mit gelblichen Haarflecken und Binden, darunter eine bogenförmige Binde, die vom einen zum anderen vorderen Seitenauge reicht und dabei den ganzen Rücken des Vorderkörpers umrundet; Hinterkörper vorwiegend gelblich behaart, oben mit einem schmalen, bräunlichen Längsstreifen und einer Reihe sehr verschieden großer, schwarzer Winkelflecke. Ausgewachsen von April bis Juli.

Vorkommen Vorwiegend an warmen Stellen im Gebüsch und auf niedrigen, locker stehenden Laubbäumen, auch in Obstgärten mit alten Obstbäumen; nur im südlichen Deutschland, nach Norden bis etwa zur Mainlinie, überall ziemlich selten. Gilt nach der Roten Liste in Deutschland als gefährdet.
Lebensweise Die Art hält sich vorwiegend auf besonnten Zweigen und Blättern auf und ist dort nicht leicht zu entdecken. Am leichtesten findet man sie, wenn man das Gebüsch an geeignet erscheinenden Stellen mit dem Fangnetz abkeschert.

2 *Evarcha falcata (= E. flammata)*

> Männchen mit schwarz umrandetem Hinterkörper
> Weibchen fast einfarbig bräunlich
> Überall eine der häufigsten Springspinnen

Merkmale Körperlänge beim Männchen um 5, beim Weibchen 6–8 mm. Männchen ▸ **2a**, **2c** hinter den Frontalaugen mit einer gelblich weißen Querbinde und hinter dieser mit einer rechteckigen, hellbraun behaarten Fläche, die etwa das von den acht Augen begrenzte Viereck ausfüllt, an den Seiten außerdem zwei weißliche Längsbinden, die im hinteren Teil des ansonsten schwarzen Vorderkörpers etwas nach innen gebogen sind; Hinterkörper hellbraun mit schwarzer Umrandung, die seitlich weiß eingefasst ist, im hinteren Teil mit weißen Fleckenpaaren. Beine überwiegend hell behaart. Weibchen ▸ **2b** viel unscheinbarer, Vorderkörper vorwiegend graubraun oder braun behaart, Hinterkörper oben fast einfarbig rotbraun oder graubraun, manchmal mit angedeuteten, dunklen Schrägflecken. Ausgewachsen von Mai bis August.
Vorkommen Vorwiegend an sonnigen, offenen Stellen, besonders an Wald- und Wegrändern; bei uns fast überall häufig.
Lebensweise Die Spinne läuft meist dicht über dem Boden in der Krautschicht oder auf niedrigen Zweigen im Gebüsch umher; im späten Frühjahr gehört sie hier zu den häufigsten Springspinnen überhaupt. Gelegentlich ist das lang andauernde Paarungsspiel zu beobachten. Das Männchen steigt von vorn auf den Rücken des Weibchens und lässt sich oft stundenlang umhertragen. Von Zeit zu Zeit lässt es sich seitlich am Hinterleib der Partnerin herab und führt einen Taster ein.
Ähnlich Das Männchen ist leicht mit dem der wesentlich selteneren *Evarcha laetabunda* zu verwechseln. Dieses ist aber im Augenfeld auf dem Rücken des Vorderkörpers dunkel gefärbt; außerdem ist bei ihm der braune Hinterleibsrücken im vorderen Teil nicht schwarz, sondern weiß umrandet. Diese Art kommt bei uns nur in wärmebegünstigten Gebieten vor.

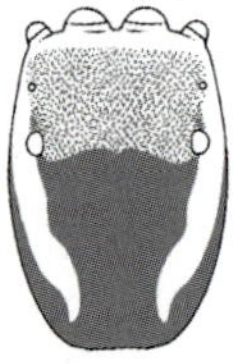

Prosomazeichnung des ♂

1a

1b

1c

2a

2b

2c

1 *Evarcha arcuata (= E. marcgravi)*

> Männchen schwarz, Vorderseite mit weißen Streifen
> Weibchen mit dunklen Schrägstreifen
> Vorwiegend an feuchten Stellen

Merkmale Körperlänge beim Männchen 5–6, beim Weibchen 6–8 mm. Männchen mit auffallend kräftigen Vorderbeinen, fast am ganzen Körper dunkelbraun bis schwarz gefärbt, mit einem auffallenden, kupferartigen Glanz, nur die Oberseite teilweise etwas heller ▸ **1b**, außerdem an der Stirn und über den Cheliceren ein kontrastreich abgesetztes, weißes Streifenmuster ▸ **1a**. Weibchen ▸ **1c** mit braun und weißlich gezeichnetem Vorderkörper, auf dem Hinterkörper mit schwarzen, teilweise weiß gerandeten Schrägflecken. Ausgewachsen von Mai bis September.
Vorkommen Vorzugsweise an mehr oder weniger feuchten, sonnigen Orten, etwa an Gewässerufern, auf Feuchtwiesen und in sumpfigen, lichten Wäldern; daneben aber auch an trockenen Stellen. Bei uns weitverbreitet und fast überall ziemlich häufig, fast ebenso häufig wie *E. falcata* und oft mit dieser vergesellschaftet.
Lebensweise Die Männchen sind sehr beweglich und daher an ihren Fundorten regelmäßig zu beobachten; beim Keschern in der bodennahen Vegetation geraten sie daher auch sehr häufig ins Netz. Deutlich seltener findet man dagegen die Weibchen. Sie halten sich oft in ihrem Gespinstsack verborgen, der sich z. B. zwischen zusammengesponnenen Heidekrautzweigen oder in einem zusammengerollten, an Pflanzen festgesponnenen Blatt verbirgt ▸ **1c**. Im Sommer bewacht das Weibchen darin seinen Eikokon.
Ähnlich Das Weibchen kann leicht mit dem der sehr viel selteneren *Evarcha laetabunda* verwechselt werden. Beim Weibchen dieser Art befinden sich nur im hinteren Teil des Hinterkörpers dunkle Schrägstreifen. Zum Männchen dieser Art siehe unter *Evarcha falcata* (vorige Seite).

2 *Evarcha jucunda*

> Vorderkörper mit weißer Bogenbinde
> Männchen mit weiß gefleckten Tastern
> Nur im Mittelmeergebiet

Merkmale Körperlänge beim Männchen 4,5–6, beim Weibchen 5–7 mm. Vorderkörper beim Männchen ▸ **2a, 2b** schwarzbraun, Frontalaugen mit roten Ringen; auffallend ein sehr kontrastreich abgesetztes, ziemlich breites, weißes Band, das von den vorderen Seitenaugen bogenförmig bis fast zum hinteren Ende des Vorderkörpers läuft und hier, wie beim abgebildeten Exemplar, unterbrochen sein kann. Taster an Femur und Patella leuchtend weiß behaart. Hinterkörper oberseits rostbraun, manchmal mit undeutlichen Zeichnungen, vorn mit einer weißen Randbinde. Weibchen (nicht abgebildet) ähnlich wie das Männchen gezeichnet, aber mit deutlich hellerem Vorderkörper und kontrastreich schwarz und weiß gezeichnetem Hinterkörper. Ausgewachsen von Mai bis September.
Vorkommen Vorwiegend an offenen, trockenen Stellen, etwa an Wald- und Wegrändern; im Mittelmeergebiet weitverbreitet. Fehlt eigentlich in Mitteleuropa, wurde aber vor einigen Jahren in Gießen in der Obst- und Gemüseabteilung eines Supermarktes gefunden, wohin es vermutlich mit einer aus Südeuropa kommenden Lebensmittellieferung verschleppt worden war.
Lebensweise Die Art lebt vorwiegend in der Strauch- und Baumschicht, hält sich aber gelegentlich auch direkt am Boden auf. Das hier gezeigte Tier wurde z. B. auf der Insel Giglio (Toscana) auf einer unbewachsenen Fläche an einem Wegrand gefunden.

1a

1b

1c

2a

2b

1 Kreuzspringspinne *Pellenes tripunctatus*

> Kreuzzeichnung auf dem Hinterkörper
> Männchen mit roter Stirn
> Überwintert in Schneckenhäusern

Merkmale Körperlänge beim Männchen 4–5, beim Weibchen 5–7 mm. Hinterkörper bei Weibchen ▸ **1c, 1e** und Jungtieren ▸ **1a** mit einer charakteristischen, weißen Kreuzzeichnung, die sich aus einem schmalen, weißen Längsstreifen und einem diesen im hinteren Drittel kreuzenden Querstreifen zusammengesetzt; Längsstreifen hinter dem Kreuzungspunkt meist in einzelne weiße Punkte aufgelöst. Rückenzeichen beim Männchen ▸ **1b, 1d** ähnlich, doch meist ohne den weißen Querstreifen, außerdem mit sehr auffälliger Frontalansicht ▸ **1b**: Umgebung der vorderen Augen leuchtend rot behaart, darunter eine scharf abgesetzte, weiße Querbinde, ebenfalls weiße Haarflecke auf den mittleren Tastergliedern und an der Basis der Cheliceren. Ausgewachsen von April bis Juli.

Vorkommen An trockenen, warmen Orten mit niedriger Vegetation, besonders auf Trockenrasen, auch in sandigen Heidegebieten. In geeigneten Gebieten Süd- und Mitteldeutschlands häufig, im norddeutschen Flachland ziemlich selten; gilt nach der Roten Liste in Deutschland als gefährdet.

Lebensweise Die Art sucht zur Überwinterung regelmäßig leere Schneckenhäuser auf. Sie befindet sich zu diesem Zeitpunkt meist im letzten Jugendstadium. Bei kleineren Gehäusen füllt ihr sehr zähes und dichtes Gespinst den Querschnitt des letzten Umgangs vollkommen aus. An den ersten warmen Vorfrühlingstagen verlässt sie von Zeit zu Zeit ihr Überwinterungsgespinst, um sich auf dem Gehäuse zu sonnen ▸ **1a**. Im April häutet sie sich dann zum letzten Mal, und erst jetzt bekommen die Männchen ihre prächtige Färbung. Nach der Paarung, die im Mai oder Juni stattfindet, legt das Weibchen seinen Eikokon ebenfalls vorzugsweise in einem Schneckenhaus ab und bewacht ihn. In Gebieten mit nur wenigen Schneckenhäusern erfolgt die Überwinterung und Eiablage meist in am Boden liegenden, zusammengerollten und mit Gespinst ausgekleideten, trockenen Blättern. Dies geschieht zum Teil aber auch in schneckenreichen Gebieten.

1a

1b

1c

1d

1e

1 *Pellenes nigrociliatus*

> Hinterkörper mit weißen Schrägstreifen
> Hängt Schneckenhaus an Spinnfaden auf
> Vorwiegend auf offenen Sandböden

Merkmale Körperlänge beim Männchen 3–4, beim Weibchen 4–6 mm. Körper sehr kontrastreich schwarz und weiß gezeichnet. Vorderkörper mit einem breiten, weißen, kommaförmigen Streifen jeweils hinter dem hintersten Auge; Hinterkörper vorn mit einer deutlichen weißen Randbinde, dahinter einem Längsstreifen und seitlich davon jeweils zwei Schrägstreifen, die von den Hinterleibsseiten bis fast an diesen heranreichen (der Abstand zwischen Schräg- und Längsstreifen etwa so breit wie diese Streifen). Männchen ▸ **1c** mit weißen Haarstreifen an der Vorderseite der Cheliceren, außerdem mit leuchtend weißen Haarflecken auf den mittleren Tastergliedern. Weibchen ▸ **1a, 1b** wie das Männchen mit rötlicher Stirn und oft mit einem weißen Haarstreifen, der vom mittleren Paar der Frontalaugen nach hinten zieht. Ausgewachsen von Mai bis Juli.
Vorkommen Vorzugsweise auf offenen Sandböden, besonders auf Binnendünen in klimatisch begünstigten Gebieten, etwa im Rhein-Main-Gebiet und besonders in Brandenburg (hier die größte Fundortdichte); seltener auch auf steinigen und felsigen Trockenrasen, wie beispielsweise in Südtirol. Gilt nach der Roten Liste in Deutschland als stark gefährdet.
Lebensweise Auch diese Springspinne überwintert wie die nahe verwandte Kreuzspringspinne vorzugsweise in leeren Schneckenhäusern. Sie zeigt dabei eine besondere Vorliebe für die flachen Heideschnecken der Gattungen *Xerolenta* und *Helicella*, die an ihren Fundorten oft in großen Mengen zu finden sind. Die Überwinterung erfolgt ebenfalls meist im letzten Jugendstadium. Nach der im Frühjahr stattfindenden Paarung zeigt das Weibchen ab Anfang Juni ein ausgesprochen merkwürdiges Verhalten: Es befestigt Spinnfäden an einem Schneckenhaus und zieht dieses damit von einer Pflanze aus mehrere cm in die Höhe ▸ **1d**. In diesem frei schwebend aufgehängten Gehäuse wird der Eikokon abgelegt und anschließend vom Weibchen bewacht. Ein Grund für dieses zunächst absurd erscheinende Verhalten sind offensichtlich die Temperaturverhältnisse im Lebensraum der Spinne: Unbewachsene Sandflächen können sich bei Sonneneinstrahlung im Sommer sehr stark erhitzen; bei entsprechenden Untersuchungen in Dünengebieten wurden schon Temperaturen von etwa 70 °C ermittelt. Bereits wenige cm über der Bodenoberfläche kommt man aber bereits in deutlich niedrigere, nicht mehr ganz so kritische Temperaturbereiche. Auch andere Tiere machen sich dieses markante Temperaturgefälle zunutze. So kann man im Sommer regelmäßig weiß gefärbte Schnecken, außer Heideschnecken z. B. auch die turmförmig gewundenen Schnecken der Gattung *Zebrina*, oben an Pflanzen mit ihrem erhärteten Schleim festgeheftet finden; zum Teil bilden sie dort dichte Trauben. Sie entfliehen damit nicht nur den heißesten Temperaturbereichen, sondern nutzen zusätzlich ihre die Sonnenstrahlung reflektierende, weiße Schalenoberfläche zur Senkung der Körpertemperatur. Von dieser Eigenschaft der Heideschnecken-Gehäuse dürfte auch die Springspinne mit ihrer Brut profitieren. Die wie ein Pendel an Pflanzenstängeln hängenden Schneckenhäuser sind bei intensiver Suche in den Vorkommensgebieten dieser Spinne gar nicht so selten zu finden. Sie entscheidet sich aber keineswegs immer für Schneckenhäuser als Ort ihrer Eiablage. Selbst an extrem schneckenreichen Standorten gibt es immer wieder Exemplare dieser Art, die sich für trockene Blätter entscheiden und darin ihren Eikokon deponieren. Auch diese Blätter werden an einem Spinnfaden hochgezogen und schweben dann frei in der Luft. Sie sind allerdings weit schwerer zu entdecken als die am Faden befestigten Schneckenhäuser.

Hinterleibszeichnung

1a

1b

1c

1d

1 *Pellenes brevis*

> Schrägstreifen am Hinterleib sehr kurz
> Weiße Längsbinden auf Vorderkörper
> Bei uns nur im Kaiserstuhl

Merkmale Körperlänge beim Männchen 3–4, beim Weibchen 4–5 mm. Sehr ähnlich *P. nigrociliatus*, unterscheidet sich von dieser vor allem in den folgenden Merkmalen: Vorderkörper mit zwei annähernd parallelen, weißen Längsstreifen, die etwa von den vorderen Seitenaugen über die hinteren Augen bis fast zu seinem Hinterende reichen; Hinterkörper vorn höchstens mit einer angedeuteten, weißen Randbinde, die Schrägstreifen enden weit vor der Längsbinde. Männchen ▸ **1a, 1c** und Weibchen ▸ **1b, 1d** in der Frontalansicht kaum vom gleichen Geschlecht der anderen Art zu unterscheiden. Ausgewachsen vom Herbst bis in den folgenden Sommer.
Vorkommen An ausgesprochen warmen, trockenen Stellen mit nur schwach entwickelter Vegetation. In Mitteleuropa äußerst selten und bisher nur vom zentralen Kaiserstuhl bekannt (von dort stammen auch die hier gezeigten Tiere), möglicherweise aber an weiteren, wärmebegünstigten Orten Mitteleuropas. Die nächsten bekannten Fundorte erst wieder in Südfrankreich und auf der Balkanhalbinsel. Gilt nach der Roten Liste in Deutschland als stark gefährdet.
Lebensweise Die Art lebt im Kaiserstuhl am Südhang des Badbergs an einer der heißesten Stellen Mitteleuropas. Sie überwintert wie die beiden bereits vorgestellten Arten dieser Gattung vorzugsweise in leeren Schneckenhäusern, ist zu dieser Zeit aber in den meisten Fällen bereits ausgewachsen. Sie dürfte zur Ablage ihres Eikokons ebenfalls Schneckenhäuser verwenden.
Ähnlich Die bei uns erstmals 1973 gefundene Spinne wurde ursprünglich mit der sehr ähnlichen, rein mediterran verbreiteten *Pellenes arcigerus* verwechselt. Diese Art trägt aber z. B. in der Mitte des Augenfeldes einen dreieckigen, weißen Fleck.

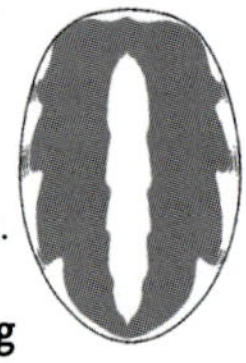

Hinterleibszeichnung

2 *Pellenes lapponicus*

> Ziemlich groß und kräftig gebaut
> Hinterleib mit schwarzen und weißen Winkelflecken
> Nur in den Alpen in über 2000 m

Merkmale Mit einer Körperlänge von 6–8 mm und dazu einem ausgesprochen kräftigen, untersetzten Körperbau eine der größten Arten dieser Gattung. Am ganzen Körper etwas scheckig graubraun, schwarz und hellgrau behaart; auf dem Hinterkörper eine Längsreihe aus abwechselnd schwarzen und weißen Winkelflecken. Männchen ▸ **2a** mit roter Behaarung zwischen den vorderen Augen und weißer Behaarung an den mittleren Gliedern des Tasters; Weibchen ▸ **2b** ohne Rotfärbung.
Vorkommen In Mitteleuropa nur in den Alpen in über 2000 m Höhe auf steinigen Grasheiden, z. B. im Ötztal (Tirol) und im Gebiet des Schweizer Nationalparks. Überall sehr selten, nur in den Westalpen (Wallis) anscheinend etwas häufiger; in Deutschland fehlend. Auch im nördlichen Skandinavien, wo die Art ebenfalls vorkommt, eine der größten Raritäten.
Lebensweise Diese Spinne scheint sich, anders als die meisten ihrer nächsten Verwandten, nicht für Schneckenhäuser zu interessieren (an ihren Fundorten kommen auch nur wenige Schnecken vor). Sie verbirgt sich bei ungünstiger Witterung unter Steinen und dürfte dort vermutlich auch den Winter überdauern.

Hinterleibszeichnung

1a

1b

1c

1d

2a

2b

1 *Pellenes seriatus*

Merkmale Mit einer Körperlänge von 6–8 mm eine relativ große Springspinne, doch deutlich schlanker als die etwa gleich große *P. lapponicus*. In der Zeichnung sehr an *P. tripunctatus* erinnernd, aber Hinterkörper nicht mit Kreuzzeichnung, sondern nur mit weißer Längsbinde, die sich im hinteren Bereich in einzelne Flecke auflöst. Beide Geschlechter mit roter Gesichtszeichnung: Weibchen ▸ **1a**, **1c** und Jungtiere an jeder Seite mit rotem Fleck unter dem vorderen Seitenauge (sozusagen mit „roten Bäckchen"), Männchen ▸ **1b** mit leuchtend rot behaarter Front und wie bei den anderen Arten dieser Gattung mit weiß behaarten mittleren Tastergliedern. Ausgewachsene Tiere im Frühjahr zu finden.
Vorkommen Vorwiegend an trockenen, steinigen, mit lockeren Gebüschen bewachsenen Stellen im östlichen Mittelmeergebiet (z. B. in Italien, Kroatien und Griechenland), hier gebietsweise (z. B. in Istrien) ziemlich häufig. Fehlt in Mitteleuropa.
Lebensweise Die Art interessiert sich im Gegensatz zur nächstverwandten Kreuzspringspinne offenbar überhaupt nicht für Schneckenhäuser. Sie hält sich in den Ruhezeiten in einem auffälligen, weißen Gespinstsack verborgen, der meist weithin sichtbar an der Spitze einer über die Umgebung hinausragenden, trockenen Pflanze angelegt ist ▸ **1d**. Die Jungtiere bauen, jedes für sich, vor der Überwinterung oft dichte Klumpen aus mehreren derartigen Gespinstsäcken. Die Überwinterung erfolgt offenbar im letzten Jugendstadium. Nach der Paarung baut das Weibchen in einem besonders geräumigen Gespinstsack seinen Eikokon und bewacht ihn ▸ **1c**.

> Nur mit weißer Längsbinde auf Hinterkörper
> Beide Geschlechter mit roter Gesichtszeichnung
> Nur im östlichen Mittelmeergebiet

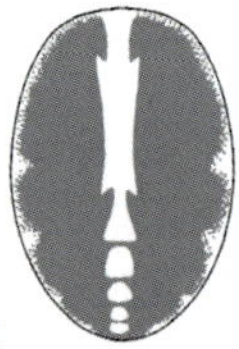

Hinterleibszeichnung

2 *Phlegra fasciata*

Merkmale Körperlänge beim Männchen 5–6, beim Weibchen 6–7 mm. Weibchen ▸ **2a** mit dunkelbrauner bis fast schwarzer Grundfärbung, Vorderkörper mit zwei, Hinterkörper mit drei weißlichen Längsbinden. Männchen ▸ **2b** oft ganz schwarz, nur mit wenigen, sehr kleinen, hellen Haarflecken gezeichnet, daneben aber auch Exemplare mit hellen Haarbinden auf dem Vorderkörper, manchmal auch auf dem Hinterkörper. Ausgewachsen von Juni bis September.
Vorkommen Besonders in sandigen oder kiesigen Gebieten mit offenen Bodenstellen, auch auf Kalktrockenrasen mit nur dürftig entwickelter Vegetation; an geeigneten Stellen von der Küste bis ins Bergland verbreitet und in den meisten Gegenden ziemlich häufig.
Lebensweise Trotz ihrer Häufigkeit begegnet man dieser Spinne eher selten. Sie hält sich fast ausschließlich am Boden auf und ist dort dank ihrer die Gestalt auflösenden Zeichnung bzw. ihrer dunklen Färbung kaum zu entdecken, solange sie sich nicht bewegt.
Ähnlich In Mitteleuropa kaum mit anderen Arten zu verwechseln, in Südeuropa weitere, zum Teil recht ähnliche Arten dieser Gattung.

> Weibchen mit weißen Längsbinden
> Männchen meist fast schwarz
> Auf offenen Bodenflächen

Hinterleibszeichnung des ♀

1a

1b

1c

1d

2a

2b

1 *Aelurillus v-insignitus*

> Männchen mit V-Zeichnung auf der Stirn
> Weibchen unter den Seitenaugen weiß gestreift
> An offenen Bodenstellen ziemlich häufig

Merkmale Körperlänge beim Männchen 4–5, beim Weibchen 5–7 mm. Männchen ▸ **1b, 1d** an der Stirn mit einer sehr charakteristischen Zeichnung, die sich aus einem dunklen, V-förmigen Fleck und einer ebenso breiten, hell bräunlichen Einfassung zusammensetzt. Am unteren Ende ist dieses dunkle „V" oft unterbrochen. Als weitere auffallende Farbakzente kommen bei der Frontalansicht die leuchtend grün gefärbten Frontalaugen und die samtartig gelblich behaarten Taster hinzu. Hinterkörper oberseits schwarzbraun mit einer weißlichen mittleren Längsbinde. Weibchen ▸ **1a, 1c** deutlich untersetzter, Grundfärbung hell graubraun bis gelblich braun, am ganzen Körper und an den Beinen hell-dunkel gefleckt; unter den vorderen Seitenaugen jeweils ein kurzer, weißlicher Streifen, auf dem Hinterkörper eine doppelte, weißliche Fleckenreihe. Ausgewachsen von April bis Juli.
Vorkommen In sehr trockenen, offenen Gebieten mit offenen Bodenstellen, auf Sandböden ebenso wie auf steinigem oder felsigem Untergrund, etwa auf Trockenrasen und Felssteppen, im trockenen Geröll der Alpenflüsse, auf Dünen und in Sandheiden; in Mitteleuropa weitverbreitet und an geeigneten Standorten im Allgemeinen nicht selten.
Lebensweise Die als Männchen unverwechselbare Spinne hält sich stets am Boden auf und ist besonders an offenen Bodenstellen zu beobachten. Bei ungünstiger Witterung zieht sie sich in ein Gespinst zurück, das sie unter Pflanzenteilen oder zwischen Sandkörnchen anlegt. Daher ist sie während inaktiver Phasen so gut wie unauffindbar.
Wissenswertes Man unterscheidet derzeit bei dieser Art zwei Formen (eine graue und eine schwarze), die sich vor allem durch die hellere oder dunklere Färbung der Männchen, aber auch durch Unterschiede bei den Genitalmerkmalen beider Geschlechter unterscheiden. Es erscheint gut möglich, dass sich diese zwei Formen noch als gut getrennte Arten erweisen werden. Hier wird die häufigere dunkle Form vorgestellt.

2 *Asianellus festivus (= Phlegra festiva)*

> Männchen sehr dunkel mit weißen Tastern
> Weibchen unter den Mittelaugen weiß gestreift
> An warmen, offenen Bodenstellen

Merkmale Körperlänge beim Männchen 5–6, beim Weibchen 6–8 mm. Männchen ▸ **2b, 2d** mit fast einheitlich schwarzbraunem, leicht metallisch glänzendem Vorderkörper, nur hinter dem Augenfeld undeutlich abgesetzte, hellere Längsbinden; in starkem Kontrast dazu die weißen Taster und die überwiegend gelblich behaarten Beine. Hinterkörper ebenfalls recht dunkel, mit nur schwach entwickelten, helleren Zeichnungen. Weibchen ▸ **2a, 2c** sehr ähnlich dem von *Ae. v-insignitus*, weißlicher Streifen aber nicht unter den Seitenaugen, sondern unter dem mittleren Paar der Frontalaugen. Ausgewachsen von April bis Juli.
Vorkommen Vorzugsweise in sehr warmen Felsgebieten, daneben auch auf Binnendünen und ähnlichen vegetationsarmen Sandflächen. Verbreitungsschwerpunkt in Deutschland im Rheintal, in den Mittelgebirgen (etwa vom Harz bis zur Frankenalb) und in Nordostdeutschland. Nicht häufig, gilt nach der Roten Liste in Deutschland als gefährdet.
Lebensweise Auch diese Spinne hält sich fast nur an offenen Bodenstellen auf. Sie tritt oft gemeinsam mit *Ae. v-insignitus* auf, ist aber nach der Zahl der Fundorte deutlich seltener als diese.

1a
1b
1c
1d
2a
2b
2c
2d

1 *Dendryphantes rudis*

Merkmale Körperlänge beim Männchen 4,5–5, beim Weibchen 5–6 mm. Beim Männchen ▸ **1b, 1c** fast der ganze Körper mit grünlichen, metallisch glänzenden Schuppenhaaren bedeckt, um die vordere Augenreihe ein Streifen aus weißer Behaarung, im hinteren Teil des Hinterkörpers helle Punktpaare, die aber nicht immer deutlich zu erkennen sind; auch die Beine mit grünlicher, andeutungsweise in Ringen angeordneter Behaarung, an der Innenseite der Vorderschenkel ein weißer Streifen. Weibchen ▸ **1a** ebenfalls grünlich behaart, vorn aber nur unter den Frontalaugen mit weißlicher Behaarung; auf dem Hinterkörper mit einem dunkler gefärbten, mittleren Streifen, der von hellen Flecken und Punkten eingefasst wird. Ausgewachsen fast ganzjährig, schwerpunktmäßig aber im Frühling und Frühsommer.
Vorkommen An trockenen wie an feuchten, sonnigen bis halbschattigen Standorten mit Nadelbäumen und -sträuchern, etwa im Randbereich von Mooren, an Waldrändern, auf Trockenrasen und in Gärten. In Mitteleuropa weitverbreitet und fast überall ziemlich häufig, doch nicht ganz leicht zu finden.

> Mit grünen Schuppenhaaren
> Männchen mit weißer Augenbinde
> An Zweigspitzen von Nadelbäumen

Lebensweise Die Art zeigt in ihrem Vorkommen eine auffallende Bindung an Nadelbäume; dabei ist es aber unwesentlich, ob es sich um Kiefern, Fichten oder Wacholder handelt. Um sie zu finden, muss man die Zweigspitzen besonnt stehender Koniferen nach Gespinstsäcken absuchen. Sie baut ihre Wohnsäcke nämlich vorzugsweise zwischen den Nadeln in der Nähe frischer Triebe. Das Weibchen legt darin im Frühjahr auch seinen Eikokon ab. Die Überwinterung erfolgt als bereits ausgewachsene Spinne (immer?). Ich fand einmal ein überwinterndes Exemplar in einem leeren Schneckengehäuse.

Hinterleibszeichnung

2 *Dendryphantes hastatus*

Merkmale Mit einer Körperlänge von 6–7,5 cm deutlich größer als *D. rudis*. Weibchen ▸ **2a, 2b** mit grünen Schuppenhaaren; unter den Frontalaugen weiß behaart, auf dem Rücken des Vorderkörpers, vorn in der Mitte und an den Seiten des Hinterkörpers mit gelblichen und kurz vor dem Hinterende mit zwei weißen, schwarz eingefassten Haarflecken. Männchen vermutlich ähnlich gefärbt und gezeichnet, wurde von mir aber noch nicht gefunden. Ausgewachsen im Frühjahr und Sommer.
Vorkommen Wie die andere Art dieser Gattung an feuchten und trockenen Orten mit Nadelbäumen. Vorwiegend im östlichen Deutschland mit deutlichem Schwerpunkt in Brandenburg; überall ziemlich selten und nur von wenigen Fundorten bekannt.

> Grün mit gelben und weißen Haarflecken
> An Nadelbäumen
> Fast nur in Ostdeutschland

Lebensweise Die Art baut in ähnlicher Weise wie *D. rudis* ihre Wohngespinste zwischen den Nadeln von Koniferen, vorzugsweise an Kiefern. Die Gespinste sind etwa 2 cm groß und dadurch ziemlich auffallend ▸ **2c**.

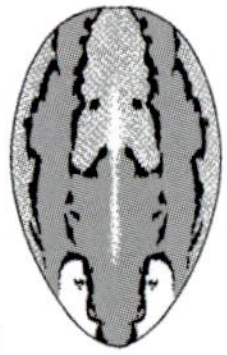

Hinterleibszeichnung

1a
1b
1c
2a
2b
2c

1 *Macaroeris nidicolens*

Merkmale Körperlänge beim Männchen 4–6, beim Weibchen 5–7 mm. Männchen (1a) auf dem Vorderkörper mit rotbrauner Behaarung um die Frontalaugen, jeweils zwei weißen, nach hinten ziehenden Haarstreifen an den unteren Seitenflächen und oberseits einigen weißen Haarflecken, darunter je ein größerer hinter den hinteren Seitenaugen; Hinterkörper vorn mit weißer Bogenbinde, dahinter mit paarweise angeordneten, weißen Flecken, besonders auffallend vier längliche kurz vor dem Hinterende, die miteinander ein schräg stehendes Kreuz bilden. Weibchen ▸ 1b, 1c viel heller gefärbt, oben auf der Mitte des Vorderkörpers mit einer dreieckigen, weiß behaarten Fläche, Hinterkörper wie beim Männchen gezeichnet. Färbung und Zeichnung aber bei beiden Geschlechtern ziemlich variabel. Sehr markant bei beiden Geschlechtern ein Büschel schwarzer, gebogener Haarborsten seitlich hinter den vorderen Seitenaugen (gut erkennbar in ▸ 1b). Ausgewachsen im Frühjahr und Sommer.

Vorkommen Vorwiegend an warmen, trockenen, sonnigen bis halbschattigen Orten im Gebüsch; fast im gesamten Mittelmeergebiet verbreitet und hier in den meisten Gegenden recht häufig. Nach Norden bis ins südliche Österreich, in der letzen Zeit auch an verschiedenen Orten weiter nördlich gefunden, besonders im Rheintal. Da es sich hierbei teilweise um Funde mehrerer Tiere in unterschiedlichen Altersklassen gehandelt hat, kann man davon ausgehen, dass sich die Art in den nächsten Jahren bei uns auch weiter ausbreiten und vermutlich fest einbürgern wird.

> Kreuz aus weißen Flecken auf Hinterkörper
> Weibchen mit weißem Dreieck auf Vorderkörper
> Scheint sich bei uns auszubreiten

2 *Pseudicius encarpatus*

Merkmale Körperlänge beim Männchen 4,5–6, beim Weibchen 5–7 mm. Zeichnung bei beiden Geschlechtern sehr verschieden. Männchen ▸ 2b mit weißen Längsbinden an den Seiten und einer weißgrauen, nicht immer deutlichen Binde oben in der Mitte des Vorderkörpers, Hinterkörper schwarz mit zwei weißen Längsbinden, die etwa gleich breit sind wie der zwischen ihnen liegende Streifen; Vorderbeine deutlich kräftiger und dunkler gefärbt als die übrigen. Weibchen ▸ 2a mit ähnlichem Vorderkörper wie das Männchen, Hinterkörper aber dunkelbraun, ringsum schmal weiß gesäumt und oberseits mit einer Reihe weißlicher Winkelflecke und im hinteren Teil mit fünf weißen Punkten gezeichnet. Ausgewachsen vom Herbst bis zum nachfolgenden Frühsommer.

Vorkommen Vorzugsweise an sonnig bis halbschattig stehenden Bäumen mit grobschuppiger Rinde, gelegentlich auch unter Steinen; in feuchtem wie in trockenem Gelände, etwa auf Streuobstwiesen, an Waldrändern und am Rand von Mooren. Vor allem in klimatisch begünstigten Gebieten; in Mitteleuropa ziemlich selten, etwas häufiger vom Bodenseegebiet und Oberrheintal bis ins Rhein-Main-Gebiet und in Brandenburg.

Lebensweise Diese Art zeigt eine ganz ähnliche Vorliebe für Baumstämme wie *Marpissa muscosa*. Oft findet man sie zusammen mit dieser unter den abblätternden Rindenschuppen alter Apfel- und Kirschbäume oder an toten Kiefern.

> Männchen mit weißen Längsbinden
> Weibchen mit Winkelflecken auf dem Hinterleib
> An Baumstämmen mit grober Borke

Hinterleibszeichnung des ♂

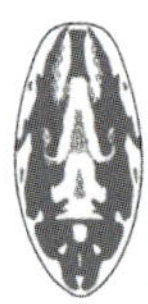

Hinterleibszeichnung des ♀

1a

1b

1c

2a

2b

1 *Menemerus semilimbatus*

> Für eine Springspinne recht langbeinig
> Weißes Dreieck auf dem Vorderkörper
> Im Mittelmeergebiet an Felsen und Mauern

Merkmale Mit einer Körperlänge von 7–8,5 mm als Männchen und 8–9 mm als Weibchen eine ziemlich große Springspinne. Beine ziemlich lang, sodass die Art auf den ersten Blick etwas an eine Trichterspinne erinnert. Vorderkörper beim Männchen ▸ **1a, 1b** schwarzbraun, seitlich mit scharf abgesetzter, weißer Saumbinde, im hinteren Teil der Oberseite eine undeutliche, helle Längsbinde, die vorn in einem leuchtend weißen Dreieck endet; Gesicht dunkel, Taster mit schneeweiß behaarter Patella und Tibia; Hinterkörper und Beine hellbraun mit deutlicher heller und dunkler Fleckung. Weibchen ähnlich gezeichnet wie das Männchen, Gesicht aber mit rötlicher und Taster mit einheitlich heller Behaarung. Ausgewachsen im Frühjahr und Sommer.
Vorkommen Vorwiegend an steinigen und felsigen, trockenen Stellen, besonders in der Nähe menschlicher Siedlungen, etwa an besonnten Mauern oder im Geröll ausgetrockneter Bachtäler, auch im Innern von Häusern. Im Mittelmeergebiet weitverbreitet und gebietsweise ziemlich häufig, fehlt in Mitteleuropa.
Lebensweise Die Spinne läuft bei Sonnenschein in großer Geschwindigkeit an Felsen und Mauern umher und ist daher nicht leicht zu fangen. Sie stellt in Felsritzen und zwischen Steinplatten Gespinstsäcke her, in denen sie sich bei ungünstigen Witterungsverhältnissen verbirgt.

2 *Icius subinermis*

> Männchen ähnlich dem von *Pseudicius encarpatus*
> Weibchen mit weißlicher, gezackter Binde
> An feuchten Stellen im Mittelmeergebiet

Merkmale Körperlänge 5–7 mm. Zeichnung bei beiden Geschlechtern deutlich verschieden. Männchen ▸ **2b** ähnlich dem von *Pseudicius encarpatus* (S. 310); im hinteren Teil des Vorderkörpers schwarz gefärbt, im vorderen Teil mit rotbrauner und weißer Behaarung, die nach hinten in ein weißes Dreieck ausläuft; Gesicht zwischen und neben den Augen rot behaart, darüber und darunter jeweils ein weißer Streifen. Hinterkörper oben mit weißem, rot gerandetem Längsstreifen, daneben schwarz und ganz außen wieder mit schmalem, weißem Seitenband. Vorderes Beinpaar dunkelbraun, die übrigen Beine hell gelblich. Weibchen ▸ **2a** viel heller als das Männchen; überwiegend weißlich und hell rötlich behaart; Vorderkörper hinter dem weißen Vorderrand mit einer dunkelbraunen Querbinde; Hinterkörper oben mit einer breiten, weißlichen Längsbinde, die seitlich und hinten von einem ebenso breiten, schwarzen Band eingefasst wird; die Grenze zwischen beiden nicht geradlinig, sondern deutlich ausgezackt. Ausgewachsen offenbar vom Spätsommer bis ins folgende Frühjahr.
Vorkommen Vorwiegend an etwas feuchten Stellen, z. B. am Ufer von Gewässern und auf Feuchtwiesen; im westlichen Mittelmeergebiet ziemlich häufig, nach Osten bis Italien. In den letzten Jahren mehrfach in Mitteleuropa gefunden, z. B. in Köln in einem Gewächshaus sowie im Saarland und im Elsass im Siedlungsbereich. Möglicherweise bei uns in Ausbreitung begriffen.
Lebensweise Die Art stellt z. B. in Fruchtständen von Binsen und unter Steinen Gespinstsäcke her, in denen sie sich bei ungünstiger Witterung aufhält. Oft liegen mehrere derartige Gespinste dicht beieinander.

1a

1b

2a

2b

1 Gewächshaus-Springspinne *Hasarius adansonii*

> Männchen mit 2 weißen Haarbinden
> Binden beim Weibchen gelblich grau
> Nur in Gewächshäusern

Merkmale Körperlänge 5–7 mm. Vorderkörper beim Männchen ▸ **1a, 1c** schwarz; zwischen und unter den Augen eine rostbraune Haarbinde, die in Höhe des hintersten Augenpaares in eine bogenförmige, schneeweiße Binde übergeht; Taster schwarz, Tibia, Patella und Spitze des Femurs dicht weiß behaart, letztes Glied (Tarsus) auffallend klein; Hinterkörper oben rostbraun, vorn mit einer weißen Randbinde, dahinter mit zwei etwas gewellten, schwarzen Längsbinden, in denen jeweils zwei weiße Punkte liegen. Weibchen ▸ **1b, 1d** viel heller und weniger kontrastreich gezeichnet; Vorderkörper rotbraun, oben zwischen den Augen und im hintersten Teil schwarzbraun, davor mit einer bogenförmigen, gelblich grauen Binde, die unter den vorderen Seitenaugen beginnt; Hinterkörper oben rostbraun behaart, vorn mit einer gelblich grauen Randbinde, dahinter mit zwei gewellten, schwarzen Längsbinden, ohne weiße Punkte. Ausgewachsene Tiere vermutlich ganzjährig zu finden.
Vorkommen Weltweit in Gewächshäusern verbreitet; ursprüngliche Heimat offenbar in den Tropen, aber nicht sicher bekannt. Auf der Kanaren-Insel Gran Canaria auch einmal im Freiland unter einem Stein gefunden. In Deutschland an vielen Orten in warmen Gewächshäusern nachgewiesen, z. B. in Kiel, Frankfurt, Leipzig, Stuttgart und Ulm.
Lebensweise Die unverwechselbare Spinne ist an ihren Vorkommensorten gelegentlich an Wänden oder auf Pflanzen umherlaufend zu beobachten. Oft verbirgt sie sich aber für längere Zeit unter Rindenschuppen oder Ranken von Kletterpflanzen in einem Gespinstsack.

2 *Cyrba algerina*

> Grundfärbung orange bis rostbraun
> Fängt andere Spinnen
> Nur im Mittelmeergebiet

Merkmale Körperlänge beim Männchen 3,5–5, beim Weibchen 4–6 mm. Für eine Springspinne auffallend zierlich gebaut, Beine ziemlich dünn. Männchen ▸ **2a, 2b** mit orangefarben behaartem, seitlich schmal weiß gerandetem Vorderkörper, Frontalaugen mit weißen Ringen; Hinterkörper mehr gelblich orange, nach hinten dunkler, mit einer Reihe aus weißen und schwarzen Winkelflecken und über den Spinnwarzen einem weißen Fleck. Weibchen mehr rostbraun behaart und auf dem Hinterkörper weniger kontrastreich gezeichnet. Ausgewachsen im Frühjahr und Sommer.
Vorkommen An offenen, steinigen, felsigen oder sandigen Stellen; im gesamten Mittelmeergebiet verbreitet und hier gebietsweise nicht selten; nördlichste Vorkommen in Ungarn, in Mitteleuropa fehlend.
Lebensweise Die flinke Spinne hält sich oft unter Steinen verborgen oder läuft am Boden umher. Sie springt nur wenig. In ihrem Beutespektrum ist sie offenbar weitgehend auf andere Spinnen spezialisiert. Sie erbeutet vorzugsweise Netzspinnen, stielt diesen aber manchmal auch die Beute. Daneben überfällt sie auch frei jagende Spinnen, z. B. andere Springspinnen.

1a

1b

1c

1d

2a

2b

1 *Heliophanus cupreus*

> Weibchen mit gelben, schwarz gestreiften Beinen
> Männchen ohne weiße Körperzeichnung
> Vorwiegend im Gebüsch

Merkmale Körperlänge beim Männchen 3,5–4, beim Weibchen 4–6 mm. Wie die meisten Arten dieser Gattung mit einer recht dunklen, fast schwarzen Grundfärbung und einem deutlichen, grünlichen oder kupferfarbigen Glanz, der teils auf der Körperoberfläche, teils durch Schuppenhaare entsteht. Weibchen ▸ **1c, 1d** auf dem Vorderkörper mit drei mehr oder weniger deutlichen, weißen Querbinden (beim hier abgebildeten Tier ziemlich undeutlich): eine hinter der vorderen Augenreihe, eine weitere hinter der dritten und eine dritte schließlich im hinteren Teil des Vorderkörpers; Hinterkörper am Vorderrand mit einem schmalen, weißen Streifen, der etwa bis auf zwei Drittel seiner Länge nach hinten reicht, auf der Oberseite mit vier meist deutlich sichtbaren, weißen Haarflecken. Taster leuchtend hellgelb, Beine hell bräunlich gelb, Schenkel und Schienen auf beiden Seiten schwarz gestreift. Männchen ▸ **1a, 1b** ohne weiße Zeichnungen auf dem Körper, dafür mit besonders starkem, kupferigem Metallglanz; Taster schwarz mit wenigen weißen Haaren, sein Schenkel unten mit einem Höcker, der in eine etwas nach innen gebogene Spitze ausläuft; Beine viel dunkler als beim Weibchen, an der Außenseite mit weißen Haarstreifen. Ausgewachsen vor allem im Mai und Juni, Weibchen auch noch später.
Vorkommen Besonders an sonnigen Waldrändern und an von Gebüschen gesäumten Wegen; bei uns überall ziemlich häufig, häufigste Art der Gattung.
Lebensweise Die Art hält sich vorzugsweise im Gebüsch und in der bodennahen Vegetation auf. Zur Häutung, zum Aufenthalt bei ungünstigen Witterungsverhältnissen und zur Ablage des Eikokons baut sie meist zwischen Blättern ein Wohngespinst.

2 *Heliophanus flavipes*

> Beim Weibchen Beinpaare 1 und 2 ganz gelb
> Männchen mit zweispitzigem Tasterfortsatz
> An warmen, trockenen Stellen im Gebüsch

Merkmale Entspricht in der Größe *H. cupreus*. Weibchen (nicht abgebildet) sehr ähnlich dem dieser Art, aber meist nur drittes und viertes Beinpaar dunkel gestreift, die beiden vorderen Beinpaare einfarbig bräunlich gelb. Männchen ▸ **2a, 2b** auf den schwarzen Tastern vorn mit einem weißen Haarstreifen, Schenkel der Taster unterseits mit einem deutlich zweispitzigen Fortsatz. Ausgewachsen im Frühjahr und Sommer, oft auch schon vor der Überwinterung.
Vorkommen Vorwiegend an warmen, trockenen Orten, z. B. auf Trockenrasen und an sonnigen Waldrändern; bei uns weitverbreitet und fast ebenso häufig wie *H. cupreus*.
Lebensweise Die Art hält sich ebenfalls vorzugsweise im Gebüsch und in der niedrigen Vegetation auf. Zur Überwinterung geht sie oft in leere Schneckenhäuser, allerdings weniger regelmäßig als einige andere Springspinnenarten.
Ähnlich Mehrere weitere, meist aber deutlich seltenere Arten dieser Gattung, die sich nur nach Geschlechtsmerkmalen sicher unterscheiden lassen.

1a

1b

1c

1d

2a

2b

1 *Heliophanus aeneus (= muscorum)*

> Auch Weibchen mit dunklen Beinen
> Auf dem Hinterkörper zwei weiße Punkte
> Oft in Gespinstsäcken unter Steinhaufen

Merkmale Körperlänge beim Männchen 4,5–5,5, beim Weibchen 5–7 mm. Vorderkörper bei beiden Geschlechtern mit deutlichem Kupferglanz und bis auf eine schmale, weiße Randlinie ohne helle Zeichnungen. Hinterkörper ebenfalls stark grün bis kupfern glänzend, vorn mit einer weißen Randbinde und hinten mit zwei weißen Punkten. Taster beim Weibchen ▸ **1c** ab der Patella gelb, beim Männchen schwarz mit breitem, weißem Haarstreifen an der Vorderseite ▸ **1b**; Beine auch beim Weibchen sehr dunkel, beim Männchen mit weißen Haarstreifen. Ausgewachsene Tiere fast ganzjährig.
Vorkommen Vorwiegend an sonnigen und trockenen, steinigen Stellen, besonders auf Trockenrasen und wenig bewachsenem Ödland. Im mittel- und süddeutschen Bergland weitverbreitet und gebietsweise ziemlich häufig; nach der Roten Liste in Deutschland gefährdet.
Lebensweise Die Art zeigt eine besondere Vorliebe für zwischen Feldern abgelegte Lesesteinhaufen. Hier findet man regelmäßig ihre pergamentartigen Gespinstsäcke, oft zu mehreren dicht beieinander. Auch im Winter sind darin ausgewachsene Exemplare anzutreffen.

2 *Heliophanus dubius*

> Weibchen mit weißen Querbinden oder Flecken
> Männchen nur schwach weiß gezeichnet
> Meist an Nadelbäumen

Merkmale Körperlänge beim Männchen 3,5–4, beim Weibchen 4,5–5,5 mm. Männchen ▸ **2** fast am ganzen Körper schwarz mit deutlichem, grünem Metallglanz, nur am Vorderkörper mit schmaler, weißer Randbinde und einzelnen weißen Haaren. Weibchen mit weißer Randbinde und zwei weißen Querbinden oder vier Flecken auf dem Hinterkörper gezeichnet. Beine beim Weibchen hell gelb und nur die Schenkel der Hinterbeine dunkel gestreift, beim Männchen dunkel mit weißen Haarstreifen. Ausgewachsen im Mai und Juni, ganz vereinzelt noch im August zu finden.
Vorkommen Vorwiegend an sonnigen Waldrändern mit Nadelbäumen, in trockenen wie in etwas feuchten Gebieten, auch im Randbereich von Mooren. In Mitteleuropa weitverbreitet, aber fast überall ziemlich selten, im Osten häufiger als im Westen.

3 *Heliophanus melinus*

> Helle Zeichnung meist sehr ausgedehnt
> Hinterkörper weiß oder gelblich gestreift
> Nur im Mittelmeergebiet

Merkmale Körperlänge als Männchen 4–5, als Weibchen 4,5–5,5 mm. Männchen (**3**) mit tiefschwarzer Grundfärbung, Vorderkörper mit lockerer, weißer Behaarung vor allem an den Seitenrändern, Hinterkörper mit weißer Randbinde und zwei weißen Haarstreifen vom Ende des ersten Drittels bis zu den Spinnwarzen (die aber auch in jeweils zwei Haarflecke getrennt sein können). Weibchen mit dunkelbraunem Vorderkörper und hell gelblich gezeichnetem, schwarzem Hinterkörper (dieser mit ähnlichem, aber weiter ausgedehntem, hellem Streifenmuster wie beim Männchen). Fast ganzjährig ausgewachsen.
Vorkommen In sehr unterschiedlich bedecktem, trockenem wie etwas feuchtem Gelände von Südfrankreich bis ins östliche Mittelmeergebiet verbreitet und stellenweise (z. B. in Griechenland) ziemlich häufig. Fehlt in Mitteleuropa.

1a

1b

1c

2

3

1 *Heliophanus lineiventris*

> Größte *Heliophanus*-Art
> 2 weiße Haarstreifen an der Unterseite
> Vor allem im Hochgebirge und im Mittelmeergebiet

Merkmale Mit einer Körperlänge von 4–6 mm als Männchen und 5–7,5 mm als Weibchen die größte Art der Gattung. Weibchen ▸ **1b** mit grünlich glänzendem Vorderkörper, dieser mit einer schmalen, weißen Seitenrandbinde und hinter der vorderen Augenreihe mit einer nicht so deutlichen, hellen Querbinde; Hinterkörper vorn mit einer gelblich weißen Randbinde, die an den Seiten nach hinten läuft und sich kurz vor dem Ende in einzelne, längliche Flecke auflöst, oberseits mit vier ziemlich kleinen, weißen Punkten (die aber auch fehlen können) und an der Unterseite zwei schmalen, weißlichen Längsbinden; Taster intensiv gelb, Beine bis einschließlich der Patella dunkelbraun, übrige Glieder heller braun, mit kleinen, weißen Haarflecken gezeichnet. Männchen ▸ **1a** ohne die helle Binde hinter den Frontalaugen, Randbinde nur im vorderen Teil des Hinterkörpers, die vier kleinen, weißen Punkte aber meist erkennbar; Taster schwarz mit weißem Haarstreifen, am Schenkel unten ein zweispitziger Fortsatz, dessen Spitzen bogenförmig zueinander gerichtet sind; Beine bis einschließlich der Schiene dunkel, seitlich weiß gestreift. Ausgewachsene Exemplare fast ganzjährig zu finden.

Vorkommen Im Mittelmeergebiet vor allem im Bergland an steinigen oder grasigen Stellen weitverbreitet; in den Alpen weit nach Norden vorstoßend und hier besonders im Bereich der Baumgrenze, wie etwa im Bereich des Ofenpasses am Schweizer Nationalpark, von wo auch die hier gezeigten Tiere stammen. Seit Kurzem auch aus Deutschland bekannt, sowohl aus den Höhenlagen der Bayerischen Alpen als auch aus einem wärmebegünstigten Gebiet im Bereich des Kyffhäusers.

Lebensweise Die Art läuft meist in der bodennahen Vegetation umher oder hält sich unter Steinen in ihrem Gespinstsack verborgen; an Wärmestandorten (wie im Kyffhäuser) wurde sie auch im Gebüsch nachgewiesen.

2 *Heliophanus patagiatus*

> Vorderkörper an der Seite rotbraun
> Weibchen seitlich weiß behaart
> Auf Kiesbänken der Alpenflüsse

Merkmale Körperlänge beim Männchen 4–5, beim Weibchen 4,5–5,5 mm. Vorderkörper bei beiden Geschlechtern nur oben schwarzbraun, an den Seiten dagegen rotbraun. Vorderkörper beim Weibchen ▸ **2a** an den Seiten weißlich behaart, hier aber mit einer größeren kahlen Fläche, an der die rotbraune Grundfärbung deutlich hervortritt; Hinterkörper an den Seiten weiß, oben dunkel mit starkem, rötlichem oder grünlichem Metallglanz; Taster weißlich gelb mit weißer Behaarung; Beine gelbbraun mit dunklen Schenkeln und ausgedehnter, weißlicher Behaarung. Männchen ▸ **2b** nur am Seitenrand des Vorderkörpers mit weißer Behaarung, Hinterkörper ganz dunkel; Taster schwarz mit weiß behaarter Schenkelspitze, an der Unterseite mit stumpfem, kurz vor dem Ende nach oben gebogenem Fortsatz; Beine bis auf die beiden letzten Glieder dunkel mit ausgedehnten, weißen Haarstreifen. Ausgewachsen im Frühjahr und Frühsommer.

Vorkommen In Mitteleuropa nur auf Kiesbänken im Bereich der Alpenflüsse, mit diesen (z. B. an Rhein und Lech) zum Teil weit ins Alpenvorland herabsteigend; in den Alpen vorwiegend in den Tallagen, hier gebietsweise in Bereichen mit ausgedehnten, natürlichen Kiesbänken ziemlich häufig. Nach der Roten Liste in Deutschland stark gefährdet.

Lebensweise Die Art baut ihre Gespinstsäcke auf trockenen, fast unbewachsenen Kiesbänken an der Unterseite größerer Steine, oft zu mehreren dicht beieinander.

1a
1b
2a
2b

1 *Sitticus floricola (= Sitticus littoralis)*

Merkmale Körperlänge als Männchen 4–6, als Weibchen 5–6,5 mm. Weibchen ▸ **1a** mit brauner, oft etwas rötlicher Grundfärbung; Vorderkörper mit einer nicht besonders kontrastreich abgesetzten, helleren Querbinde hinter der ersten Augenreihe und einer ebensolchen Längsbinde, die jeweils von den vorderen Seitenaugen nach hinten zieht und im hinteren Teil des Vorderkörpers bogenförmig nach innen umbiegt; Hinterkörper mit einem dunklen Mittelfeld, in dem hintereinander ein kleineres und ein größeres, weißes Punktpaar liegen, entlang der Rückenmitte außerdem mit einer Längsreihe dunklerer Winkelflecke. Männchen (nicht abgebildet) mit fast schwarzer Grundfärbung und sehr kontrastreich abgesetzter, heller Zeichnung, die im Muster der des Weibchens weitgehend entspricht; zusätzlich mit einem kleinen, weißen Dreieck zwischen dem hintersten Augenpaar, dahinter mit einem schmalen, weißen Längsstreifen; Taster mit rotbraunen und weißen Haarflecken, Beine kontrastreich schwarz-weiß geringelt. Ausgewachsene Tiere fast ganzjährig.
Vorkommen In feuchtem, offenem Gelände, etwa an Gewässerufern, auf Sumpfwiesen und in Mooren; in geeigneten Gebieten in der Regel nicht selten.

> 2 weiße Fleckenpaare auf dem Hinterleib
> Oft in großen Gemeinschaftsnestern
> In Feuchtgebieten

Lebensweise Die Spinnen bauen ihre Gespinstsäcke vorzugsweise in Frucht- oder Blütenständen von Binsen und anderen Sauergräsern, oft auch in solchen von Wollgräsern. Während die schneeweißen Gespinste in Letzteren gut getarnt sind, fallen sie an den Binsen oft schon aus größerer Entfernung ins Auge, insbesondere, wenn mehrere Tiere hier ihre Gespinstsäcke unmittelbar nebeneinander angelegt haben ▸ **1b**. Im Hoch- und Spätsommer findet man darin oft die Weibchen mit Eikokons, die diese hier bis zum Schlüpfen der Jungspinnen bewachen. Es wurden schon aus etwa 20 derartigen Einestern zusammengesetzte Komplexe gefunden, die dann bis zu Walnussgröße erreichen können. Nicht selten sind auch einzelne Männchen mit ihren Gespinstsäcken an diesen Gemeinschaftsnestern beteiligt. Die Tiere überwintern oft bereits ausgewachsen und suchen als Winterquartier gern die Blattscheiden abgestorbener Rohrkolben auf.

2 *Sitticus pubescens*

Merkmale Körperlänge beim Männchen 4–5, beim Weibchen 4,5–6 mm. Grundfärbung bei beiden Geschlechtern zwischen graubraun und dunkelgrau variierend. Ähnlich *S. floricola*, aber die hellen Zeichnungen (ein kleines Dreieck zwischen dem hintersten Augenpaar und ein kleines sowie ein größeres Fleckenpaar auf dem Hinterkörper) meist nicht so deutlich abgesetzt, besonders beim Weibchen ▸ **2c**, helle Streifen auf dem Vorderkörper fehlend. Beine mehr oder weniger deutlich hell-dunkel geringelt. Taster des Männchens ▸ **2a, 2b** mit schwarzen Spitzen, davor weißgrau behaart. Ganzjährig ausgewachsen.

> Helle Zeichnung weniger kontrastreich
> Vorderkörper ohne helle Streifen
> An trockenen, warmen Stellen

Vorkommen Vorwiegend an warmen, sonnigen Stellen auf Felsen, Mauern oder an Baumstämmen, etwa im Siedlungsbereich an alten Gebäuden (besonders an Fachwerk), an verwitterten Zäunen, in Steinbrüchen oder in Lösshohlwegen. In Mitteleuropa weitverbreitet und vor allem in klimatisch begünstigten Gebieten ziemlich häufig.

1a

1b

2a

2b

2c

1 *Sitticus rupicola*

> Mondförmiger Querfleck über den Spinnwarzen
> Weißer Strich auf dem Vorderkörper
> Im Gebirge an steinigen Stellen

Merkmale Körperlänge beim Männchen 4–5, beim Weibchen 5–7 mm. Ähnelt den beiden auf der vorangegangenen Seite vorgestellten Arten, besonders *S. floricola*. Weibchen ▸ **1a** zwischen dem hintersten Augenpaar mit einer breiten, schwarzen Querbinde, die durch einen schmalen, weißen Streifen (der vorn und hinten nicht über diese Binde hinausragt) quer geteilt wird; Hinterleibsspitze oben über den Spinnwarzen mit einem weißen, halbmondförmigen, vorn scharf schwarz begrenzten Querfleck. Männchen ▸ **1b** viel dunkler, oben auf dem Vorderkörper mit einem schmalen, weißen Längsstreifen, der von seinem hinteren Ende bis etwas über das hintere Augenpaar hinausragt; Hinterkörper vor der Mitte mit zwei sehr kleinen, dahinter zwei ziemlich großen, weißen Flecken und zwischen diesen einer Reihe aus weißen Winkelflecken; Beine hell-dunkel geringelt, Schenkel in der Basalhälfte hellbraun, in der Spitzenhälfte schwarzbraun. Ausgewachsen im Sommer, möglicherweise auch ganzjährig.

Vorkommen Vorwiegend im Gebirge in Höhen zwischen etwa 700 und 2000 m an felsigen und steinigen Stellen. In den Alpen gebietsweise (z. B. in den Schweizer Zentralalpen und in Südtirol) ziemlich häufig, in den höheren Lagen der Mittelgebirge selten (z. B. im Harz und im Elbsandsteingebirge).

Lebensweise Die Art baut ihre Gespinstsäcke gern an der Unterseite größerer Steine. Sie bevorzugt dabei solche, die nicht direkt am Boden, sondern wiederum auf anderen Steinen liegen.

2 *Sitticus saxicola*

> Schwarzes Dreieck auf Vorderkörper
> Hinteres helles Fleckenpaar meist verschmolzen
> Auf Felsen und Totholz im Gebirge

Merkmale Körperlänge beim Männchen 4–5, beim Weibchen 5–6 mm. Auch diese Art ähnelt *S. floricola*. Grundfärbung braun, oft mit einem auffallend rötlichen Farbton. Vorderkörper oben in der Mitte mit einem schwarzen Dreieck, dessen Spitze nach vorn gerichtet ist und das in Längsrichtung von einem schmalen, weißen Streifen geteilt wird, besonders auffallend beim Weibchen ▸ **2a**, **2c**. Hinterkörper oben mit einem kleinen und dahinter einem größeren weißen Fleckenpaar, Letzteres aber meist mit den hellen Winkelflecken zu einem größeren, hellen Komplex zusammengefasst. Taster mit langer und dichter, weißgrauer Behaarung, beim Männchen ▸ **2b, 2d** an der Spitze schwarzgrau behaart. Beine mehr oder weniger deutlich hell-dunkel geringelt. Ausgewachsen im Frühjahr und Sommer, möglicherweise auch ganzjährig.

Vorkommen Vorwiegend im Gebirge in Höhen zwischen 700 und 2000 m an felsigen Stellen oder an Totholz; meist in trockenen Gebieten, doch auch aus einem Moorgebiet angegeben. Vor allem in den Alpen verbreitet, aber auch in einigen Mittelgebirgen (z. B. im Harz und im Fichtelgebirge); überall ziemlich selten.

Lebensweise Die Spinne läuft gern auf Felsflächen umher; ich fand sie im Tannheimer Tal (Tirol) auf einem kleinen Holzlagerplatz, wo zahlreiche Exemplare im Sonnenschein an Holzklaftern und liegenden Baumstämmen herumliefen.

1a

1b

2a

2b

2c

2d

1 *Sitticus longipes*

> Größte europäische Springspinne
> Männchen sehr langbeinig und weiß gestreift
> Nur in den Hochlagen der Alpen

Merkmale Mit einer Körperlänge von 6–13 mm nicht nur die größte Art ihrer Gattung, sondern zugleich die größte europäische Springspinne. Beide Geschlechter mit sehr unterschiedlicher Gestalt und sehr verschieden gezeichnet. Männchen ▸ **1a**, **1c** ausgesprochen schlank und langbeinig, vor allem die Vorderbeine extrem verlängert (auf beiden Abbildungen sind die Schenkel stark nach hinten angewinkelt!); Vorderkörper schwarz, oben mit einem schmalen, weißen Streifen; der sehr schmale Hinterkörper oben mit einem cremeweißen Längsstreifen, daneben jeweils einer schwarzen, zum Rand hin etwas rötlichen Längsbinde und außen wieder einer weißen Binde. Weibchen deutlich plumper gebaut, mit für eine Springspinne normalen Beinproportionen; fast am ganzen Körper unscheinbar grau behaart, Hinterkörper im hinteren Teil mit hellen, dunkel eingefassten Winkelflecken. Ausgewachsen im Sommer (ab Juli).
Vorkommen Nur in den Alpen oberhalb der Baumgrenze (vorzugsweise in Höhen zwischen 2500 und 3000 m) an steinigen, kaum bewachsenen Stellen; nur von wenigen Fundorten zwischen dem westlichen Tirol und den französischen Hochalpen bekannt. Fehlt in Deutschland.
Lebensweise Die äußerst flinken und sehr scheuen Tiere hüpfen zwischen den Steinplatten umher und verbergen sich bei der geringsten Störung sofort in Gesteinsritzen.

2 *Sitticus zimmermanni*

> Männchen mit 2 weißen Punkten
> Weibchen undeutlich gezeichnet
> Auf Sandflächen und alpinen Grasheiden

Merkmale Körperlänge beim Männchen 3–4, beim Weibchen 4–6 mm. Männchen ▸ **2** mit schwarzgrauer Grundfärbung; Vorderkörper meist mit drei schmalen, weißen Längsstreifen und einem weiteren, derartigen Querstreifen an der Stirn; Hinterkörper mit weißem Vorderrand und zwei großen, weißen Flecken. Weibchen viel heller und schwächer gezeichnet, Hinterkörper ohne die runden, weißen Flecken des Männchens, dafür mit wenig auffallenden Längsstreifen und einigen Winkelflecken. Ausgewachsen von Mai bis August.
Vorkommen In zwei sehr unterschiedlichen Gebieten: zum einen in offenen Sandgebieten, vor allem auf Binnendünen in Ostdeutschland, zum andern auf alpinen Grasheiden bis oberhalb der Baumgrenze, daneben auch in alpinen Flusstälern und mit diesen weit ins Alpenvorland herabsteigend; überall ziemlich selten.

3 *Sitticus saltator*

> Kleinste Art der Gattung
> Männchen mit 2 weißen Punkten
> Vorwiegend auf offenen Sandflächen

Merkmale Mit nur 2–3 mm Körperlänge als Männchen und 2,5–4 mm als Weibchen die kleinste Art der Gattung. Männchen ▸ **3** mit oben dunklem, seitlich hell gerandetem Vorderkörper; Hinterkörper mit weißem Rand und oberseits zwei weißen Punkten. Weibchen fast einheitlich rotbraun gefärbt, nur mit verschwommenen, helleren Zeichnungen. Ausgewachsen von Mai bis September.
Vorkommen Vorwiegend auf offenen, lockeren Sandflächen, insbesondere auf Dünen an der Meeresküste und im Binnenland; seltener auch auf stärker bewachsenen Sandflächen, z. B. in Sandheiden und auf grasigem Ödland; vor allem in Norddeutschland, nach Süden bis an den Oberrhein und ins Altmühltal.

1a

1b

1c

2

3

1 *Sitticus penicillatus*

Merkmale Körperlänge beim Männchen 2,5–3, beim Weibchen 3,5–4,5 mm. Männchen ▸ **1a, 1b** wohl eine der schönsten heimischen Springspinnen; Vorderkörper oben im Augenfeld rostrot behaart, dahinter mit einer weißen Querbinde, zwei weitere weiße Binden von den Augen der mittleren Reihe bis fast zum Ende des Vorderkörpers; Hinterkörper vorn mit zwei etwas verschwommenen weißen Flecken auf schwarzem Untergrund (die aber auch fehlen können), in der hinteren Hälfte mit zwei kontrastreich abgesetzten, weißen Punkten und einer weißen Hinterleibsspitze; die fast schwarzen, zum Ende hin dunkelvioletten Taster am oberen Rand mit einem breiten, weißen Haarstreifen. Weibchen ▸ **1c, 1e** dagegen viel unscheinbarer; am ganzen Körper rötlich und grau behaart mit hell-dunkel geringelten Beinen und weißlich behaarten Tastern. Ausgewachsen fast das ganze Jahr hindurch.

Vorkommen Auf wärmebegünstigten, steinigen oder felsigen Trockenrasen; in Mitteleuropa ziemlich selten, u. a. vom Oberrhein, vom Maintal, vom Nördlinger Ries und von der Schwäbischen Alb bekannt; nach der Roten Liste in Deutschland stark gefährdet.

Lebensweise Die Art hat, wie verschiedene andere Springspinnen auch, eine besondere Vorliebe für leere Schneckenhäuser. Sie überwintert darin oft zu mehreren im gleichen Gehäuse, manchmal auch zusammen mit anderen Springspinnenarten (bis zu drei verschiedene Arten wurden von mir im gleichen Schneckenhaus gefunden). Ihre Überwinterungsgespinste sind linsenartig flach und liegen der Gehäusewand eng an, sodass andere Spinnen passieren können ▸ **1d**. Sie baut ihre Gespinste aber öfters auch in Gesteinsritzen oder an der Unterseite von Steinen.

> Männchen mit weißen Streifen und Punkten
> Weibchen unscheinbar grau rötlich
> Auf wärmebegünstigten Trockenrasen

1a

1b

1c

1d

1e

1 *Sitticus distinguendus*

> Überwiegend hellgrau gefärbt
> Zwei undeutlich abgesetzte Punktpaare
> Auf Dünen und Kiesbänken

Merkmale Körperlänge beim Männchen 3–4, beim Weibchen 4–5 mm. Weibchen (nicht abgebildet) am ganzen Körper und an den Beinen dicht hellgrau behaart; Hinterkörper mit zwei meist nur undeutlich abgesetzten, weißen Punktpaaren, ansonsten kaum Zeichnungen erkennbar; Beine undeutlich hell-dunkel geringelt. Männchen ▸ **1a, 1b** mit etwas dunklerer Grundfärbung, die beiden Punktpaare auf dem Hinterkörper deutlicher abgesetzt und Ringelung der Beine etwas kontrastreicher. Gesicht mit rötlichen Ringen um die mittleren Frontalaugen und schneeweißen, schwarzspitzigen Tastern. Ausgewachsen von Mai bis August.
Vorkommen In offenen, trockenen Sandgebieten, besonders auf Dünen im Küstenbereich und auf den Nordseeinseln, vereinzelt auch auf Dünen im Binnenland, z. B. im Raum Berlin; daneben auch als Seltenheit auf trockenen, weitgehend vegetationsfreien Kiesbänken an Alpenflüssen, z. B. an der oberen Isar und im Tiroler Lechtal. Nach der Roten Liste in Deutschland vom Aussterben bedroht.
Lebensweise Auf den Kiesbänken der Alpenflüsse bewohnt die Art feinsandige Bereiche, in denen z. B. auch die sehr seltene, große Wolfspinne *Arctosa cinerea* vorkommt. Sie verbirgt sich hier bei ungünstigen Witterungsverhältnissen und wohl auch bei Hochwasserereignissen offenbar an der Unterseite von Steinen. Auf den Küstendünen stellt sie sich dagegen unter Strandhaferbüscheln zunächst eine kleine Grube her und legt darin ihren Gespinstsack an.

2 *Yllenus arenarius*

> Fein sandfarbig gesprenkelt
> Weibchen mit schwarzen „Augenwimpern"
> Nur auf Sanddünen

Merkmale Körperlänge 5–6 mm. Wie die Arten der Gattung *Sitticus* mit stark verlängertem letztem Beinpaar. In der Sitzhaltung wird das letzte Beinpaar oft so weit über den Vorderkörper nach vorn und innen geschoben, dass sich die „Knie" gegenseitig berühren. Färbung und Zeichnung hervorragend an den sandigen Untergrund des natürlichen Lebensraumes angepasst; Grundfärbung beim Weibchen ▸ **2a** hellbraun, beim Männchen ▸ **2b, 2c** oberseits dunkelbraun, beide mit einem dichten Muster aus zahlreichen helleren und dunkleren Punkten und Streifen sowie mit kontrastreich hell-dunkel geringelten Beinen. Gesicht beim Weibchen weißlich mit drei weißen Flecken über den Augen, mittleres Augenpaar mit schwarzem Borstenkranz in der Art von „Augenwimpern", beim Männchen ▸ **2a** nur neben dem mittleren Augenpaar weißlich, mit auffallend buschig gelblich weiß behaarten Tastern. Ausgewachsen ab August und dann nach der Überwinterung bis zum Juli.
Vorkommen In offenen Dünengebieten, aber offenbar nur im Binnenland; in Nordwestdeutschland nur an ganz wenigen Fundorten (z. B. im Elbe- und Allertal), in Ostdeutschland etwas häufiger; nach der Roten Liste in Deutschland vom Aussterben bedroht.
Lebensweise Die Art gehört anscheinend zu den wenigen Tierarten, die ausschließlich in Dünengebieten vorkommen. Offenbar sind keine Vorkommen von vergleichbaren Sandgebieten (z. B. in Sandgruben) bekannt. Mit ihrer feinen, hell-dunklen Sprenkelung ist sie auf sandigem Untergrund so gut wie unsichtbar; erst wenn sie sich bewegt, wird man auf die Spinne aufmerksam. Sie ist bereits sehr zeitig im Vorfrühling unterwegs; in besonders günstigen Jahren kann man sie bereits an den ersten sonnigen Tagen im Februar beobachten. Während ihrer Ruhephasen ist sie praktisch nicht auffindbar, da sie ihr Wohngespinst offenbar im Dünensand anlegt.

1a

1b

2a

2b

2c

1 *Ballus chalybaeius (= B. depressus)*

> Körper deutlich abgeflacht
> Männchen fast schwarz mit rötlichen Beinen
> Besonders auf Eichenzweigen

Merkmale Körperlänge 3–4 mm. Deutlich abgeflacht; Augenfeld nach hinten deutlich erweitert, Augen der dritten Reihe also deutlich weiter voneinander entfernt als die äußeren Augen der vorderen Reihe. Vorder- und Hinterkörper beim Männchen ▸ **1a** oberseits schwarzbraun, mit kaum erkennbaren helleren Zeichnungen; Taster ebenfalls schwarzbraun; Vorderbeine deutlich verdickt, Femur und Tibia schwarzbraun, Patella rotbraun, Metatarsus und Tarsus hell gelblich braun; übrige Beine an der Basis rotbraun, zu den Spitzen hin immer heller (Fußglieder fast weiß), an den Seiten schwach dunkel gestreift. Weibchen und Jungtiere (▸ **1b** zeigt ein Männchen vor der letzten Häutung) mit brauner Grundfärbung; Hinterkörper vorn an der Oberseite mit zwei helleren, nicht deutlich abgesetzten Längsbinden, dazwischen ein dunklerer Längsfleck und dahinter hellere und dunklere, etwas geschwungene Querflecke. Ausgewachsen von Mai bis Juli.

Vorkommen Vorzugsweise an sonnigen Rändern von Laubwäldern und in lockeren Gebüschen, auch in Gärten; in Mitteleuropa weitverbreitet und in den meisten Gegenden nicht selten.

Lebensweise Die Spinne hält sich meist an den niederen Zweigen von Laubbäumen, besonders von Eichen, und in der bodennahen Vegetation auf. Das Weibchen baut im Sommer ein flaches Gespinst an der Blattunterseite und deponiert darin seinen Eikokon.

Ähnlich *Ballus rufipes* ist durchschnittlich etwas kleiner; die hinteren drei Beinpaare sind viel stärker mit dunklen Streifen gezeichnet. Diese sehr wärmebedürftige Art lebt auf Trockenrasen, kommt bei uns fast ausschließlich in Gebieten mit Weinbauklima vor und hält sich im Gegensatz zur anderen Art vorwiegend am Boden auf.

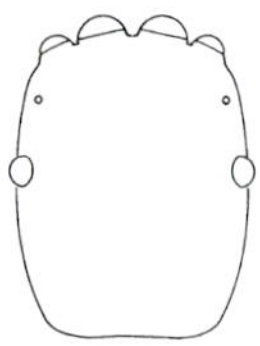

Augenstellung

2 *Sibianor aurocinctus (= Bianor aenescens)*

> Körper fast ganz schwarz
> Mit deutlichem Metallschimmer
> An offenen, trockenen Stellen am Boden

Merkmale Körperlänge beim Männchen 3–3,5, beim Weibchen 3–4 mm. Färbung fast am ganzen Körper schwarzbraun bis schwarz mit einem deutlichen Metallschimmer. Die hinteren drei Beinpaare an der Basis dunkelbraun, zur Spitze hin allmählich heller; Vorderbeine an Femur und Tibia stark verdickt, bis auf die hellbraunen Tarsen und Metatarsen schwarz, beim Männchen ▸ **2a, 2b** durch ein dichtes, schwarzes Haarbüschel an der Tibia scheinbar noch stärker erweitert, das Weibchen hier viel schwächer behaart. Ausgewachsen von Mai bis September.

Vorkommen An warmen, trockenen Stellen am Boden und unter Steinen, vor allem auf schwach bewachsenen Trockenrasen und in lückigen Sandheiden. In Mitteleuropa weitverbreitet, aber überall ziemlich vereinzelt.

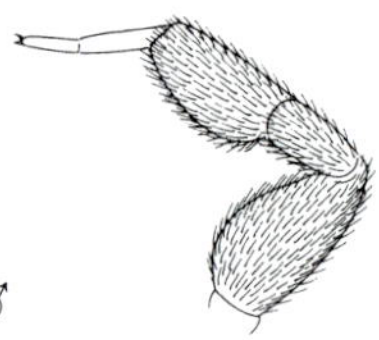

Vorderbein des ♂

1a

1b

2a

2b

1 *Saitis barbipes*

Merkmale Körperlänge 5–6 mm. Männchen ▸ **1b, 1c** mit stark vergrößertem und sehr bunt gefärbtem, drittem Beinpaar: Die einzelnen Glieder seitlich abgeflacht und bis einschließlich dem vorletzten Glied leuchtend korallenrot gefärbt; obere und untere Kante mit schwarzen Haarfransen besetzt, die bis zur Spitze des Metatarsus immer dichter werden; in deutlichem Kontrast hierzu Tarsus weiß mit dichter, schneeweißer Behaarung. Übrige Beine dagegen hell gelblich oder weißlich mit schmalen, dunklen Ringen. Vorderkörper hinter den leuchtend grünen Frontalaugen mit einer kräftig orangefarbenen Querbinde, die an den Seiten nach hinten umbiegt und sich dort bis zum hinteren Augenpaar fortsetzt, restliche Kopfplatte zwischen den Augen weißgrau behaart. Hinterkörper oben mit einem weißgrauen, seitlich braun und schwarz, teilweise auch rot eingefassten Längsstreifen. Weibchen ▸ **1a** dagegen völlig unscheinbar gefärbt und gezeichnet, erinnert an die Gattungen *Euophrys* und *Talavera*: Grundfärbung hellbraun, Augenfeld dunkel abgesetzt; auf dem Hinterkörper ein dunkel eingefasstes Längsband, in dem hinten einige dunkle Winkelflecke liegen. Ausgewachsene Tiere ganzjährig anzutreffen.

> Männchen mit stark vergrößertem 3. Beinpaar
> Weibchen unscheinbar hellbraun
> Vor allem im Siedlungsbereich in Südeuropa

Vorkommen Vorwiegend im Siedlungsbereich an Mauern und Hausfassaden, auch im Innern von Gebäuden; daneben im Freiland z. B. an Felsen und auf Steinschutthalden. Im Mittelmeergebiet weitverbreitet und fast überall häufig, nach Norden bis zum Südfuß der Alpen (z. B. im Gardasee-Gebiet und im Tessin).
Lebensweise Diese überaus faszinierende Spinne besetzt in Südeuropa etwa die gleiche Nische wie bei uns die Zebraspringspinne. Nicht selten kann man sie dort z. B. an der Wand des Ferienappartements oder auf dem Frühstückstisch umherspazieren sehen. Sehr amüsant ist auch die Beobachtung des Balzverhaltens: Das Männchen winkt dabei mit seinem rechtwinklig abgespreizten dritten Beinpaar. Diese Bewegung lässt sich mit den Scheibenwischern an einem Auto vergleichen, nur dass die Beine nicht parallel, sondern gegeneinander bewegt werden.

2 *Neon levis*

Merkmale Körperlänge beim Männchen nur 2–2,5, beim Weibchen 2,5–3 mm. Grundfärbung braun; Vorderkörper an den Seiten dunkel gefleckt, Hinterkörper vorn mit drei dunklen Längsbinden, im hinteren Teil mit Winkelflecken; je nach Lichteinfall mit mehr oder weniger deutlichem, blauem Schimmer in verschiedenen Bereichen des Körpers. Ausgewachsen von März bis Juli.
Vorkommen An sonnigen, trockenen Stellen mit gering entwickelter Vegetation, vor allem an warmen, steinigen oder felsigen Berghängen, stellenweise bis in höhere Lagen der Alpen. Überall ziemlich selten und nach der Roten Liste in Deutschland gefährdet.

> Sehr kleine Springspinne
> Hinterkörper mit Längsbinden und Winkelflecken
> An steinigen, warmen Stellen

Ähnlich Mehrere weitere, meist ebenfalls seltene Arten dieser Gattung, die sich nur nach Geschlechtsmerkmalen sicher von dieser unterscheiden lassen, nur *Neon reticulatus* ziemlich häufig, z. B. am Boden von Wäldern und in offenem Gelände.

1a

1b

1c

2a

2b

1 *Pseudeuophrys erratica* (= *Euophrys erratica*)

> Vorderkörper mit weißem Haarbüschel
> Hinterkörper mit Winkelflecken
> An Totholz und Steinhaufen

Merkmale Männchen mit 3–4, Weibchen mit 4–5 mm Körperlänge. Vorderkörper beim Männchen an den Seiten schwarz gefärbt, oben in einem nach hinten zugespitzten Dreieck scheckig braun und weißlich behaart, an der Spitze des Dreiecks ein weißes Haarbüschel; Hinterkörper mit undeutlichen, dunklen Winkelflecken. Taster an Femur und Patella weißlich gelb, ansonsten schwarz gefärbt; Beine überwiegend schwarz mit schmalen, hellen Ringen. Weibchen ▸ **1a, 1b** deutlich heller gefärbt, auf dem Hinterkörper mit deutlicheren, dunklen Winkelflecken; Beine hellbraun mit schwarzen Ringen und weißen Haarflecken; Taster einfarbig weißlich. Ausgewachsen im Frühjahr und Sommer, Weibchen bis in den Herbst.
Vorkommen Vorwiegend an Waldrändern unter der Rinde abgestorbener Bäume, auch an Felsen und unter Lesesteinhaufen. In Mitteleuropa allgemein verbreitet, aber nicht besonders häufig.

2 *Pseudeuophrys lanigera* (= *Euophrys lanigera*)

> Vorderkörper oben mit hellem Dreieck
> Hinterkörper mit hellerer Längsbinde
> Fast nur an und in Häusern

Merkmale Körperlänge beim Männchen um 4, beim Weibchen 4–5 mm. Recht ähnlich *P. erratica*. Männchen ▸ **2c, 2d** ebenfalls an den Seiten des Vorderkörpers schwarz und oberseits mit hellem, aber einheitlich weißgrau behaartem Dreieck, das mit einem weißen Haarschopf endet; Hinterkörper oben mit einer hellgrauen, dunkel eingefassten Längsbinde, hinten mit einem Paar weißer Punkte. Frontalaugen rot umrandet, darunter eine weiße Querbinde; Taster ganz weiß behaart; Vorderbeine bis auf die hellen Endglieder schwarz, übrige Beine hell-dunkel geringelt. Weibchen ▸ **2a, 2b** mit hell graubrauner Grundfärbung; Vorderkörper oben ebenfalls mit hellem Dreieck und weißem Haarschopf; Hinterkörper mit einer hellen, dunkel eingefassten Längsbinde, in der im hinteren Teil dunkle Winkelflecke liegen, vor diesen ein helles Fleckenpaar. Ganzjährig ausgewachsen.
Vorkommen Nur im Siedlungsbereich an und in Gebäuden oder in deren Nähe. Ursprünglich in Südwesteuropa heimisch; erstmals Ende der 1950er-Jahre auch in Südwestdeutschland gefunden, seit dieser Zeit dann schnelle Ausbreitung über fast ganz Süddeutschland und inzwischen bis ins norddeutsche Tiefland vorgedrungen. Gehört mittlerweile zu den allgemein verbreiteten, fast überall häufigen Hausspinnen.
Lebensweise Die kleine Art ist vor allem an Zimmerwänden und -decken eine durchaus häufige Erscheinung. Sie scheint sogar besser als die Zebraspringspinne mit dem trockenen Klima moderner Betonbauten zurechtzukommen, denn inzwischen trifft man sie durchaus häufiger als diese im Innern von Gebäuden an. Selbst mitten im Winter sieht man auch ausgewachsene Exemplare. Im Sommerhalbjahr spaziert sie auch regelmäßig an den Außenfassaden der Häuser umher.

1a

1b

2a

2b

2c

2d

1 *Euophrys frontalis*

> Weibchen gelblich mit dunkler Fleckzeichnung
> Männchen mit sehr bunter Gesichtsfärbung
> In offenem Grasland ziemlich häufig

Merkmale Körperlänge beim Männchen 2–3, beim Weibchen 3–4 mm. Vorderkörper beim Männchen ▸ **1a** braun, die Fläche oben zwischen den Augen stark verdunkelt, Augen der vorderen Reihe mit leuchtend roten Ringen; Hinterkörper braun mit in drei Längsreihen angeordneten, dunkleren Flecken; Taster dunkelbraun, an der oberen Kante mit scharf abgesetztem, weißem Streifen (sehr ähnlich wie beim Männchen von *Sitticus penicillatus*, S. 328), Vorderbeine schwarz mit hellem Endglied, übrige Beine hell gelblich. Weibchen mit hell gelblich brauner Grundfärbung, Vorderkörper oben auf der Fläche zwischen den Augen stark verdunkelt, Hinterkörper mit in mehreren Längsreihen angeordneten, dunklen Flecken. Ausgewachsen von April bis Juni.
Vorkommen An offenen, steinigen oder grasigen Stellen; in Mitteleuropa weitverbreitet und überall ziemlich häufig.
Lebensweise Das Männchen führt bei der Balz einen auffälligen Tanz vor, bei dem es mit seinen weit abgespreizten, markant gefärbten Vorderbeinen winkt und zusätzlich mit den weiß gestreiften Tastern rudernde Bewegungen ausführt.

2 *Euophrys rufibarbis*

> Männchen mit leuchtend rot behaartem Gesicht
> Weibchen mit roten Augenringen
> Nur im Mittelmeergebiet

Merkmale Körperlänge beim Männchen 3–4, beim Weibchen 3,5–4,5 mm. Vorderkörper beim Männchen ▸ **2** hell rotbraun, Feld oben zwischen den Augen verdunkelt, Gesicht unter den Frontalaugen leuchtend hellrot behaart; Hinterkörper hellbraun mit dunklen Winkelflecken. Die beiden vorderen Beinpaare verdickt, schwarz, mit hellen Endgliedern, die beiden hinteren braun mit unscharf abgesetzten, dunkleren Ringen. Weibchen ähnlich dem Männchen; Gesicht unter den Augen aber gelblich bis weißlich behaart, Augen mit hellroten Ringen. Ausgewachsen vom Frühjahr bis in den Spätsommer.
Vorkommen An trockenen, steinigen und wenig bewachsenen Stellen im Mittelmeergebiet weitverbreitet, in Mitteleuropa fehlend.

3 *Euophrys sulphurea*

> Männchen schwarz mit leuchtend gelbem Gesicht
> Weibchen mit gelb punktiertem Hinterkörper
> Nur im Mittelmeergebiet

Merkmale Körperlänge beim Männchen 3,5–4,5, beim Weibchen 4,5–5 mm. Körper des Männchens ▸ **3** fast einheitlich schwarzbraun, nur das Gesicht einschließlich der Taster leuchtend schwefelgelb behaart; Beine bis auf die helleren Endglieder ebenfalls schwärzlich. Vorderkörper beim Weibchen (nicht abgebildet) braun mit dunklerer Fläche oben zwischen den Augen, Gesicht weißlich behaart, Frontalaugen mit hell gelblichen Ringen; Hinterkörper dunkelbraun mit gelben Punktreihen. Ausgewachsen im Frühjahr und Sommer.
Vorkommen An trockenen, voll besonnten Standorten ebenso wie in schattigen Bachtälern und in Olivenhainen, vorzugsweise aber in steinigen Gegenden. Im Mittelmeergebiet von Spanien bis Griechenland verbreitet, in Mitteleuropa fehlend.

1a

1b

2

3

1 *Talavera aequipes (= Euophrys aequipes)*

Merkmale Mit einer Körperlänge von etwa 2 mm als Männchen und 2–3 mm als Weibchen eine der kleinsten heimischen Springspinnen. Vorderkörper beim Weibchen ▸ **1a** oben im Feld zwischen den Augen dunkelbraun, sonst fast am ganzen Körper hell gelbbraun und dunkelbraun gescheckt, Hinterkörper mit einigen dunklen Winkelflecken; Beine kontrastreich hell-dunkel geringelt. Männchen ▸ **1b, 1c** über den Frontalaugen mit goldgelb behaarter Stirn und gelben Tastern, nur der an der Unterseite des letzten Gliedes liegende Teil (Bulbus) schwarzgrau. Ausgewachsene Männchen von April bis Juni, Weibchen fast ganzjährig zu finden.
Vorkommen An warmen und trockenen, mit Gras bewachsenen Orten, etwa auf Trockenrasen und in grasigen Sandheiden. In Mitteleuropa weitverbreitet und fast überall häufig, wegen der geringen Größe aber schwer zu finden.
Lebensweise Die Art gehört neben der Kreuzspringspinne zu den ganz regelmäßigen Wintergästen in leeren Schneckenhäusern. Sie kann dabei entsprechend ihrer geringen Größe bereits in etwa 5 mm großen Gehäusen ausreichend Platz finden. Hin und wieder findet man in den obersten Windungen eines etwas größeren Gehäuses ein Gespinst mit *T. aequipes*, während der mündungsnahe Gangabschnitt mit einem *Pellenes*-Gespinst verschlossen ist. Ob es in solchen Fällen der winzigen *Talavera* gelingt, im Frühjahr das Gehäuse wieder zu verlassen, ist nicht bekannt.
Ähnlich Sechs weitere, aber deutlich seltenere Arten dieser Gattung, die sich nur nach Geschlechtsmerkmalen sicher von *T. aequipes* unterscheiden lassen.

> Eine der kleinsten heimischen Springspinnen
> Männchen mit golden behaarter Stirn
> Im Winter in leeren Schneckenhäusern

2 *Talavera petrensis (= Euophrys petrensis)*

Merkmale Körperlänge als Männchen 2–2,5, als Weibchen 2,5–3,5 mm. Männchen ▸ **2a** mit rotbraunem Vorderkörper, Feld oben zwischen den Augen stark verdunkelt; Gesicht zwischen und unter den Frontalaugen wunderschön rotorange behaart, Taster schwarz, vorn mit einem großen, weißen Haarfleck; Hinterkörper schwarzbraun ohne deutliches Zeichnungsmuster; die beiden vorderen Beinpaare schwarz mit hellen Spitzen, die beiden hinteren undeutlich braun und schwarzbraun geringelt. Weibchen ▸ **2b** fast am ganzen Körper schwarzbraun behaart, ebenfalls ohne deutliche Zeichnungen; Beine heller als beim Männchen, die beiden vorderen Paare nur schwach, die hinteren deutlicher dunkel geringelt; Taster ab der Patella hell gelblich mit weißen Haaren. Ausgewachsen im Frühjahr und Sommer, Weibchen teilweise noch bis in den Herbst.
Vorkommen In recht verschiedenen Lebensräumen. Ein Vorkommensschwerpunkt in sandigen, offenen Heidegebieten (hier vor allem im nordöstlichen Deutschland nicht selten), ein anderer in den Hochlagen der Alpen oberhalb der Waldgrenze in grasigem oder felsigem Gelände, wie etwa am Berninapass in Graubünden in etwa 2300 m Höhe (von dort auch die hier abgebildeten Tiere). Regelmäßig findet man die schöne Spinne auch auf den Kiesbänken alpiner Flusstäler (z. B. im Tiroler Lechtal).

> Männchen mit leuchtend roter Stirn
> Weibchen fast einfarbig schwarzgrau
> In sandigem oder steinigem Gelände

1a
1b
1c
2a
2b

1 Ameisenspringspinne *Myrmarachne formicaria*

> Extreme Ähnlichkeit mit einer Ameise
> Männchen mit gerade vorgestreckten Cheliceren
> Gern in etwas feuchtem Gelände

Merkmale Verblüffend an eine Ameise erinnernde Springspinne mit 5–6,5 mm Körperlänge. Körper sehr schlank gebaut; Vorderkörper hinter dem Augenfeld abrupt erniedrigt und vor dieser Stufe schwarz, dahinter braun gefärbt, sodass der Eindruck einer Zweiteilung in Kopf- und Brustabschnitt entsteht; zwischen Vorder- und Hinterkörper außerdem eine stielartige Verschmälerung. Vorderbeine beim Laufen meist erhoben und damit ein Fühlerpaar vortäuschend. Weibchen ▸ **1b, 1c** mit dreieckig erweiterten und deutlich abgeflachten Tastern, die sehr an Insektenkiefer erinnern. Männchen ▸ **1d, 1e** mit stark verlängerten, gerade vorgestreckten Cheliceren, deren Giftklauen aber, anders als bei den Vogelspinnenverwandten, einander überkreuzen ▸ **1d**. Ganzjährig ausgewachsen.
Vorkommen An feuchten bis ziemlich trockenen, offenen Stellen, z. B. an Gewässerufern, auf Feuchtwiesen und in Obstgärten, daneben auch an voll besonnten Lösswänden und auf Trockenrasen. Vor allem in Südwestdeutschland ziemlich häufig, im norddeutschen Flachland selten.
Lebensweise Die riesigen Cheliceren der Männchen werden als Schauapparate bei der Balz eingesetzt; sie dienen aber auch der Auseinandersetzung zwischen rivalisierenden Männchen. Sobald sich zwei Männchen begegnen, spreizen sie die Grundglieder auseinander und klappen die Giftklauen weit nach außen. Zusätzlich versuchen sie oft, dem Gegner durch emporgestreckten Hinterkörper größer zu erscheinen ▸ **1f**. Meist macht ob dieser Drohgebärden schon bald einer der beiden Kontrahenten einen Rückzieher, oft kommt es aber auch zu einem richtigen Kampf, in dem sich beide mit ihren Cheliceren ineinander verhaken ▸ **1a**. Die Art überwintert regelmäßig in leeren Schneckenhäusern, fast immer ausgewachsen und oft zu mehreren im gleichen Gehäuse (bis zu neun Individuen wurden von mir schon in einem einzigen Schneckenhaus gefunden). Auch die Eiablage erfolgt offenbar vorzugsweise in Schneckenhäusern.

1a

1b
1c
1d
1e
1f

1 *Leptorchestes berolinensis*

Merkmale Ebenfalls ausgesprochen ameisenähnliche Springspinne mit 5–6,5 mm Körperlänge beim Männchen und 6–7 mm beim Weibchen. Vorderkörper ganz schwarz und ohne stufige Absenkung hinter dem Augenfeld, Hinterkörper mit deutlicher Einschnürung etwa in der Mitte, davor beim Weibchen ▸ **1a** rotbraun, beim Männchen ▸ **1b** dunkelbraun gefärbt, entlang der Einschnürung oben gelb und seitlich weiß gestreift. Cheliceren beim Männchen nicht vergrößert. Ausgewachsen im Frühjahr und Sommer.

> Vorderkörper ganz schwarz
> Hinterkörper deutlich eingeschnürt
> Vor allem an Totholz und Hauswänden

Vorkommen An sehr warmen, sonnigen Orten, besonders auf Totholz (z. B. auf Holzlagerplätzen, auf abgestorbenen Obstbäumen und auf Infotafeln im Gelände), auch im Siedlungsbereich an Hauswänden. Bei uns nur im Rhein- und Maintal (ein älterer Fund auch aus Sachsen), überall sehr vereinzelt. Im Mittelmeergebiet ziemlich häufig, besonders in Ortschaften.

2 *Synageles venator*

Merkmale Körperlänge als Männchen um 3,5, als Weibchen um 4 mm. Auch diese Art sehr ameisenähnlich; Vorderkörper ohne Stufe, schwarz mit schmalem, weißem Querband hinter den Augen, Hinterkörper vorn braun, hinten schwarz, mit zwei schmalen, weißen Querbinden (die vordere unterbrochen), etwas vor der Mitte nur leicht eingedrückt. Ausgewachsen im Frühjahr und Sommer.

Vorkommen An offenen bis halbschattigen, gern etwas feuchten Stellen, z. B. an Zäunen und Hauswänden und auch an Gewässerufern (hier zum Teil zusammen mit *Myrmarachne formicaria*); bei uns weitverbreitet und stellenweise recht häufig, in Deutschland die häufigste ameisenähnliche Springspinne.

Lebensweise Die Art läuft außerordentlich flink umher und verstärkt dadurch noch ihre Ameisenähnlichkeit. Interessanterweise hält sie beim Laufen besonders gern das zweite Beinpaar fühlerartig erhoben.

> Vorderkörper mit weißer Querbinde
> Trägt beim Laufen oft 2. Beinpaar als Fühler
> Häufigste ameisenähnliche Springspinne

Wissenswertes Mit dieser Springspinne ließ sich die Bedeutung der Ameisenähnlichkeit bei Spinnen nachweisen. Handaufgezogenen Meisen, die noch keine Erfahrung mit Ameisen gesammelt hatten, wurden Ameisen als Nahrung angeboten. Diese wurden auch aufgepickt, danach aber offenbar wegen ihres unangenehmen Geschmacks gleich wieder ausgespuckt. Später wurden Ameisen als Nahrung verschmäht, ebenso aber auch die dann angebotenen ameisenähnlichen Springspinnen.

3 *Synageles dalmaticus*

Merkmale Körperlänge um 3 mm. Vorderkörper und Beine hell rostrot, ebenso die vordere Hälfte des Hinterkörpers, seine hintere Hälfte schwarz; vor der Mitte des Hinterkörpers eine leichte Einschnürung, hier an jeder Seite ein weißer Fleck. Männchen ▸ **3** mit deutlich verdickten Vorderbeinen. Ausgewachsen im Frühjahr und Sommer.

Vorkommen Im Mittelmeergebiet an felsigen und steinigen Orten weitverbreitet; fehlt anscheinend in Frankreich und Mitteleuropa.

> Winzige ameisenähnliche Springspinne
> Vorderkörper rostrot
> Nur in Südeuropa

Lebensweise Die äußerst flinke und winzige Spinne hält sich meist auf und unter Steinen auf.

1a
1b
2
3

Ordnung Skorpione Scorpiones

Die Skorpione sind die urtümlichsten der heute lebenden Spinnentiere. Bei ihnen ist der in voller Breite mit dem Vorderkörper verschmolzene Hinterkörper in einen breiten vorderen Teil (das Mesosoma) und einen hinteren, schwanzartigen Abschnitt (das Metasoma) unterteilt. Am letzten Ring befindet sich als Anhang eine Giftblase mit Stachel. Die Cheliceren sind als sehr kleine, zweigliedrige Scheren ausgebildet, die Taster als große, Scheren tragende Greiforgane. Als besondere Sinnesorgane besitzen die Skorpione ein Paar Kämme an der Unterseite des Mesosomas, die sowohl als Tastorgane als auch als chemische Sinnesorgane arbeiten. Ein Augenpaar befindet sich oben in der Mitte des Vorderkörpers, 2–5 weitere Einzelaugen jeweils vorn an den Seiten. Der Verbreitungsschwerpunkt liegt in den Tropen und Subtropen; in Europa kommen etwa zehn Arten vor.

1 Deutscher Skorpion *Euscorpius germanus*

> Höchstens 25 mm lang
> 5 Becherhaare unter der Patella des Tasters
> Nur in den Alpen

Merkmale Mit einer Körperlänge von maximal 25 mm (einschließlich des schwanzartigen Metasomas) der kleinste europäische Skorpion. Grundfärbung dunkelbraun, manchmal fast schwarz. Ringe des Metasomas ungekielt. Unterseite der Scherenhand mit drei in einer schrägen Reihe angeordneten Trichobothrien oder Becherhaaren (lange, in Grübchen sitzende Tasthaare); fünf weitere solche Becherhaare in einer regelmäßigen Reihe an der Unterseite der davor liegenden Patella des Tasters. Vorn an den Kopfseiten jeweils mit zwei Augen.
Vorkommen Vorwiegend in offenem bis halbschattigem, trockenem Gelände, besonders gern auf Steinschuttflächen, in unverfugten Mauern und lockeren Wäldern, in den Alpen bis in über 2000 m Höhe. Nur in einem kleinen Verbreitungsgebiet in den Alpen, das vom Tiroler Inntal bis Norditalien (Gardaseegebiet) und von der Ostschweiz (Münstertal) bis nach Slovenien (Julische Alpen) reicht. Fehlt (anders als sein Name vermuten ließe) in Deutschland.
Lebensweise Die nachtaktive Art hält sich tagsüber meist unter Steinen verborgen. Sie geht bei Dunkelheit auf Jagd nach kleineren Gliederfüßern und orientiert sich dabei vorwiegend mit ihren Becherhaaren. Diese sehr empfindlichen, beweglich gelagerten Haare reagieren bereits auf Luftbewegungen. Die Beute wird mit den großen Tasterscheren ergriffen, anschließend mit einem Stich des am weit vorgebeugten Metasoma sitzenden Giftstachels getötet.
Wissenswertes Ein Stich des Stachels ist für Menschen harmlos und entspricht in seiner Wirkung etwa einem Bienen- oder Wespenstich.

2 Italienischer Skorpion *Euscorpius italicus*

> Bis 50 mm lang
> 6–10 Becherhaare unter der Scherenhand
> Von Südfrankreich bis Griechenland

Merkmale Mit einer Körperlänge von bis zu 50 mm deutlich größer als andere Arten dieser Gattung. Färbung dunkelbraun bis schwarz. Ringe des Metasomas an der Bauchseite gekielt. Unterseite der Scherenhand mit 6–10 Becherhaaren in einer regelmäßigen, schräg gestellten Reihe, Patella unterseits mit meist 12–13 derartigen Haaren.
Vorkommen In offenen Gebieten (z. B. auf Trockenrasen) ebenso wie in schattigen Laubwäldern, oft auch im Siedlungsbereich an Mauern und in Gebäuden; von Südfrankreich bis Griechenland verbreitet.

1

2

1 Gelber Skorpion *Buthus occitanus*

> Gelb oder orange mit schmalen Scheren
> Kugelige Giftblase
> Nur in Südwesteuropa

Merkmale Körperlänge bis 80 mm. Färbung hell gelblich bis orange, Rückenplatten teilweise grau gefärbt. Scheren auffallend schmal, Metasoma dagegen ausgesprochen dick und kräftig; Giftblase kugelig, etwa gleich lang wie der Stachel. Vorn an den Kopfseiten jeweils fünf kleine Augen. Außen neben dem mittleren, auf der Oberseite liegenden Augenpaar jeweils eine gekörnte Leiste, die mit einer weiter zur Mitte und hinten liegenden Leiste durch eine schräge Linie verbunden ist; hierdurch entsteht bei Betrachtung von oben ein „leierartiges" Ornament (siehe Zeichnung).
Vorkommen In ausgesprochen trocken-heißen, dürren Gebieten mit nur schwach entwickelter Vegetation. In Europa nur im Südwesten, von der südfranzösischen Halbinsel Hyeres die Mittelmeerküste entlang bis zu den Pyrenäen und über fast die ganze Iberische Halbinsel verbreitet.
Lebensweise Die nachtaktive Art verbirgt sich tagsüber unter Steinen. Sie gräbt dazu auch Gänge, in die sie sich während der heißesten Witterungsperioden zurückziehen kann. Als Nahrung dienen vor allem Tausendfüßer, Asseln und andere kleinere Bodentiere, auch schwächere Artgenossen und so wehrhafte Tiere wie Skolopender; letztere können aber ebenso auch als Skorpionsfresser in Erscheinung treten. Zur Paarung ergreift das Männchen sein Weibchen an beiden Scheren und setzt eine sehr kompliziert gebaute, gestielte Spermatophore am Boden ab. Dann schiebt es in einem Tanz die Partnerin so lange hin und her, bis diese mit ihrer Geschlechtsöffnung (zwischen den beiden Kämmen) über die Samenkapsel gerät. Sie ertastet diese mit ihren Kämmen, senkt ihren Körper ab und löst an der Spermatophore einen Hebelmechanismus aus, durch den die Samenflüssigkeit als Tropfen hervorquillt und in die Geschlechtsöffnung aufgenommen werden kann. Die Eier entwickeln sich bereits im Körper des Weibchens zu fertigen, kleinen Skorpionen. Diese steigen sofort auf den Rücken ihrer Mutter und lassen sich bis zur nächsten Häutung tragen.
Wissenswertes Als Faustregel kann man sich merken, dass helle Skorpione mit schmalen Scheren und dicken Schwänzen meist recht giftig sind, während dunkle Arten mit breiten Scheren und eher dünnen Schwänzen in aller Regel harmlos sind. Dieser Regel entspricht auch der Gelbe Skorpion. Sein Stich ist ausgesprochen schmerzhaft, und seine Wirkung hält meist über mehrere Tage an. Während aus Europa noch keine Todesfälle belegt sind, liegen derartige Berichte aus Nordafrika aber durchaus vor. Als Gegenmaßnahme bei einem Stich sollte man die Stichstelle übrigens nicht kühlen, sondern so stark wie möglich (z. B. mit heißem Wasser) erhitzen. Dann kann es sein, dass der Schmerz bereits nach wenigen Minuten spürbar zurückgeht.

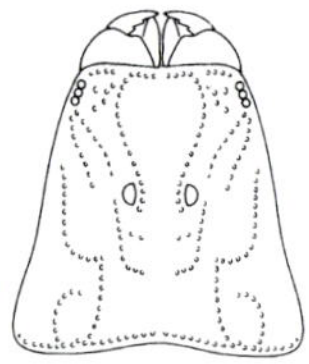

Augenstellung und Leisten auf dem Vorderkörper

2 *Mesobuthus gibbosus*

> Sehr ähnlich dem Gelben Skorpion
> Giftblase länger als der Stachel
> Nur im östlichen Mittelmeergebiet

Merkmale Körperlänge bis 85 mm. Sehr ähnlich dem Gelben Skorpion, aber Giftblase länglich und etwas länger als der Stachel. Seitliche und hintere Leisten auf dem Vorderkörper nicht miteinander verbunden.
Vorkommen In ähnlichen steppenartigen Lebensräumen wie der Gelbe Skorpion, aber in Europa nur in Griechenland sowie in Albanien und Bosnien-Herzegowina, außerdem weitverbreitet in der Türkei.

1a

1b

1c

2

Ordnung Zwerggeißelskorpione Schizomida

Zu dieser Ordnung der Spinnentiere gehören Zwergformen von 2,5–15, meist aber nur 4–5 mm Körperlänge. Vorder- und Hinterkörper sind in voller Breite miteinander verbunden; die beiden letzten Segmente des Vorderkörpers besitzen aber eigene Rückenplatten, die von der einheitlichen Rückenplatte des übrigen Vorderkörpers abgesetzt sind. Die drei letzten Segmente des Hinterkörpers sind stark verschmälert, ringförmig und bilden eine Art Schwänzchen am Hinterende. Beim Weibchen ist dieses Schwänzchen in eine kurze, manchmal gegliederte Geißel verlängert; beim Männchen trägt es am Ende einen flachen, kurzen Fortsatz, der im Dienste der Fortpflanzung steht (s.u.). Augen fehlen. Der bewegliche Finger der zweigliedrigen Cheliceren kann nur nach oben und unten bewegt werden; auch die beinartigen Taster sind nur in der Vertikalen beweglich. Das erste Laufbeinpaar ist stark verlängert und wird beim Laufen als fühlerartiges Tastbein verwendet. Die Verbreitung beschränkt sich weitgehend auf die Tropen und Subtropen; mindestens eine der insgesamt etwa 125 Arten wurde aber nach Mitteleuropa verschleppt und lebt dort in Gewächshäusern.

1 *Zomus bagnalli*

> Erstes Beinpaar fühlerartig verlängert
> Am Hinterende kurzes Schwänzchen
> Nur in Gewächshäusern

Merkmale Körperlänge um 4 mm. Vorderkörper mit rotbrauner Rückenplatte, Rückenplatten der Hinterleibssegmente schwärzlich, Beine mehr graubraun. Erstes Beinpaar ausgesprochen lang und dünn, etwa gleich lang wie der ganze Körper.

Vorkommen Die eigentlich in Südostasien, auf den Seychellen und auf Mauritius heimische Art wurde offenbar schon vor längerer Zeit nach England eingeschleppt, wo sie in Gewächshäusern gefunden wurde. Im Rahmen von Untersuchungen zur Tierwelt in heimischen Gewächshäusern wurde sie 2004 im Frankfurter Palmengarten in einem Warmhaus entdeckt; fast gleichzeitig fand eine andere Arbeitsgruppe Zwerggeißelskorpione in einem Gewächshaus im Raum Heilbronn. Möglicherweise werden sich die Tiere in den Folgejahren mit Pflanzentransporten weiter in Mitteleuropa ausbreiten (eventuell wurden sie auch bisher an anderen Orten nur übersehen).

Lebensweise Die wärmebedürftigen und zugleich gegen Austrocknung empfindlichen Tiere sind in unseren Regionen ganz auf das feucht-warme Klima von Gewächshäusern angewiesen; sie werden sich daher niemals bei uns im Freiland einbürgern können. Man findet sie tagsüber unter Steinplatten sitzend; in Größe, Form und Färbung kann man sie leicht mit Ameisen verwechseln. Sie dürften sich von Springschwänzen und anderen hier vorkommenden, kleinen Bodentieren ernähren. Bisher wurden bei uns ausschließlich Weibchen gefunden, sodass wohl von einer Vermehrung durch Jungfernzeugung auszugehen ist. Ein solcher Vermehrungsmodus ist z. B. für Arten aus Mittelamerika nachgewiesen. Diese Strategie erweist sich bei Verschleppung als besonders günstig, da bereits ein Tier ausreicht, um eine Art an einem neuen Fundort zu etablieren. Normalerweise vermehren sich Zwerggeißelskorpione aber zweigeschlechtlich. Bei der Paarung hält sich das Weibchen mit seinen Cheliceren am plattenartigen Fortsatz am Schwänzchen des Partners fest. Das Männchen setzt nun eine Spermatophore ab, bewegt sich vorwärts und zieht dabei das Weibchen hinter sich her, sodass dieses die Spermatophore in seine Geschlechtsöffnung aufnehmen kann. Die Eiablage findet anschließend in einer Brutkammer im Erdboden statt. Die Eier werden an die Bauchseite des nach oben hochgeklappten Hinterkörpers geklebt und vom Weibchen bis zum Schlüpfen der zunächst unbeweglich auf dem Körper der Mutter verbleibenden Jungen getragen ▸ 1C.

1a

1b

1c

Ordnung Pseudoskorpione Pseudoskorpiones

Die Pseudoskorpione erinnern durch ihre langen, mit großen Scheren ausgestatteten Pedipalpen sehr an Skorpione; ihnen fehlt aber der verschmälerte, hintere Körperabschnitt mit der Giftblase und dem Stachel. Die kleinen Tiere besitzen aber ebenfalls Giftdrüsen, die bei ihnen aber in einem der beiden Scherenfinger, manchmal auch in beiden münden. Die wie bei den Skorpionen meist recht kleinen, scherenförmigen Cheliceren haben außer dem Zerkleinern der Nahrung noch eine weitere Aufgabe: In ihnen münden Spinndrüsen, mit deren Hilfe die Pseudoskorpione scheiben- oder kuppelförmige Gespinstnester herstellen. In Mitteleuropa kommen etwa 30 Arten vor.

1 Bücherskorpion *Chelifer cancroides*

> Sehr lange und schmale Scherenarme
> Körper nach vorn stark verschmälert
> Meist in spaltförmigen Hohlräumen

Merkmale Körperlänge 2,5–4,5 mm. Färbung dunkelbraun, Beine mehr rotbraun. Körper nach vorn stark verschmälert; Cheliceren sehr klein, Pedipalpen auffallend lang und schmal. Rückenplatten des Hinterkörpers durch eine feine, helle Linie in der Mitte geteilt. Vorn an den Seiten des Vorderkörpers jeweils ein Auge. Tarsen der Laufbeine eingliedrig.
Vorkommen Vorwiegend an trockenen Orten, besonders unter den Rindenschuppen lebender und abgestorbener Bäume. Das in ▸ **1c** gezeigte Tier wurde in alten Zeitschriften gefunden; die auf den beiden anderen Abbildungen gezeigten Exemplare wurden beim „Frühjahrsputz" in Nisthilfen für Mehlschwalben entdeckt. In Mitteleuropa ziemlich häufig, aber meist nur durch Zufall zu finden.
Lebensweise Der Bücherskorpion macht in Spalträumen z. B. Jagd auf Staubläuse, Springschwänze und andere kleine Insekten. Diese werden mit den Scherenarmen ergriffen und beim Zugriff mit den Scheren durch das an den Spitzen der Scherenfinger austretende Gift getötet. Anschließend wird die Beute an die Cheliceren übergeben, durchgeknetet und durch aus der Mundöffnung abgegebenen Verdauungssaft aufgelöst und aufgesogen. An toten Bäumen findet man ihn meist nicht an der Unterseite der losgelösten Rinde, sondern in von außen zugänglichen Spalten unter den Rindenschuppen. In der Rinde abgestorbener Kiefern findet man manchmal in der kalten Jahreszeit zahlreiche Überwinterungsnester, wenn man losgelöste Rindenstücke entlang tiefer Rindenrisse auseinanderbricht. Im Frühjahr findet die sehr interessante Paarung statt. Bei der Balz tanzt das Männchen vor dem Weibchen, und dieses folgt spiegelbildlich seinen Bewegungen, ohne dazu vom Männchen berührt worden zu sein. Schließlich setzt es eine recht kompliziert geformte Spermatophore ab und dirigiert das Weibchen an den richtigen Platz, damit dieses das Sperma in seine Geschlechtsöffnung aufnehmen kann.

2 *Dactylochelifer latreillei*

> Scherenarme relativ kurz
> Körper vorn nicht so stark verschmälert
> Unter Laubbaumrinde

Merkmale Körperlänge 2,5–3 mm. Sehr ähnlich dem Bücherskorpion, Pedipalpen aber deutlich kürzer und Körper nicht so deutlich nach vorn verschmälert; wie dieser mit geteilten Rückenplatten, einem Paar Augen und eingliedrigen Tarsen.
Vorkommen Meist an Stämmen von Laubbäumen mit schuppiger, abblätternder Rinde (z. B. Ahorn und Rosskastanie); vorwiegend an etwas luftfeuchten Standorten, z. B. gern in Auwäldern. In Deutschland weitverbreitet und in vielen Gegenden nicht selten.

1a
1b
1c
2

1 *Allochernes wideri*

Merkmale Körperlänge nur 2–2,5 mm. Körper eiförmig, Grundfärbung rotbraun. Vorderkörper mit zwei Querfurchen; Pedipalpen kurz und kräftig, mit deutlich verdickten Gliedern. Vorderkörper, Scherenarme und Beine mit zahlreichen kurzen und hellen, stachelartigen Borsten. Augen fehlen. Rückenplatten des Hinterkörpers durch eine deutliche Lücke in der Rückenmitte weit voneinander getrennt.

> Körper eiförmig, ohne Augen
> Rückenplatten weit getrennt
> Meist unter Baumrinde

Vorkommen Wie *Dactylochelifer latreillei* gern unter Rindenschuppen von Laubbäumen, oft aber auch an trockeneren Orten, z. B. in Alleen und Gärten. Offenbar ziemlich häufig.

2 *Chernes cimicoides*

Merkmale Körperlänge 2–3 mm. Körper birnenförmig, nach vorn deutlich verschmälert. Vorderkörper mit zwei Querfurchen; Pedipalpen kurz und kräftig, aber etwas länger als bei *Allochernes*. Augen fehlen. Rückenplatten des Hinterkörpers in der Rückenmitte nur durch einen schmalen Zwischenraum voneinander getrennt.
Vorkommen Vor allem unter der Rinde abgestorbener Laubbäume, auch auf Holzlagerplätzen an berindeten Stämmen; in den meisten Gebieten offenbar nicht selten, örtlich manchmal in großen Ansammlungen.

> Körper birnenförmig
> Rückenplatten schmal getrennt
> Überwintert gern gesellig

Lebensweise Die Art überwintert gern gesellig in flachen, etwa 3 mm großen, kreisrunden Gespinstnestern. Ich fand Ansammlungen solcher Nester unter der losgelösten Rinde absterbender Holundersträucher in einer Flussaue. Die Art führt bei der Paarung ebenfalls Tänze auf; im Gegensatz zum Bücherskorpion hält das Männchen dabei aber seine Partnerin an den Scherenarmen.

3 *Garypus beauvoisi*

Merkmale Mit einer Körperlänge von 5–6 mm ein auffallend großer Pseudoskorpion. Ähnelt in der Körperform dem Bücherskorpion, ist aber deutlich heller gefärbt. Tarsen zweigliedrig; vorn an den Kopfseiten jeweils zwei Augen.
Vorkommen An der Meeresküste und an salzhaltigen Stellen in Küstennähe, z. B. unter angespültem Tang oder unter Steinen; nur im Mittelmeergebiet.

> Auffallend großer Pseudoskorpion
> 4 Augen und zweigliedrige Tarsen
> Im Mittelmeergebiet an salzhaltigen Stellen

4 *Lamprochernes nodosus*

Merkmale Mit nur 1,5–2,5 mm Körperlänge ein auffallend kleiner Pseudoskorpion. Färbung glänzend hellbraun, Vorderkörper mit nur einer Querfurche. Augen fehlen.
Vorkommen Oft im Siedlungsbereich, z. B. an Komposthaufen, ebenso auch in Wäldern und offenem Gelände; überall ziemlich häufig.
Lebensweise Man begegnet dieser kleinen Art regelmäßig als „blinder Passagier“ an einem Fliegenbein oder, wie hier, am Bein eines Weberknechtes festgeklammert.

> Körper hellbraun glänzend
> Nur eine Querfurche auf dem Vorderkörper
> Oft an Fliegenbeinen

1
2

3

4

1 *Chthonius* sp.

> Vorderkörper nach vorn verbreitert
> Cheliceren ziemlich groß
> An etwas feuchten Bodenstellen

Merkmale Körperlänge bis 2,5 mm. Vorderkörper nach vorn etwas verbreitert, Grundfärbung hell rötlich, oft fast weiß, Hinterleibsrücken dunkler. Cheliceren ziemlich groß, Pedipalpenscheren auffallend schmal, mit fast geraden Scherenfingern. Tarsen der beiden vorderen Beinpaare eingliedrig, die der beiden hinteren zweigliedrig. Rückenplatten des Hinterkörpers ungeteilt; zwei Paar Augen. Etwa 15 schwer unterscheidbare heimische Arten, am häufigsten *Ch. tetrachelatus*.
Vorkommen Vor allem an etwas feuchten Stellen am Boden, in Wäldern ebenso wie in offenem Gelände, regelmäßig auch in Gewächshäusern.
Lebensweise Man findet Tiere dieser Gattung vor allem unter Steinen, ebenso aber auch im Falllaub, im Moos oder in den oberen Bodenschichten. Sie machen hier Jagd auf Springschwänze und andere kleine Bodentiere.

2 Moosskorpion *Neobisium* sp.

> Vorderkörper nicht nach vorn verbreitert
> Körper dunkel, Pedipalpen rötlich
> Am Waldboden häufig

Merkmale Körperlänge 2–4 mm. Vorderkörper vorn nicht breiter als hinten, Grundfärbung des Körpers dunkelbraun bis schwarz, Cheliceren und Pedipalpen rötlich, Beine weißlich oder hell gelblich. Cheliceren nicht auffallend groß, aber doch deutlich größer als z. B. beim Bücherskorpion; Pedipalpen deutlich kräftiger als bei *Chthonius*. Alle Laufbeintarsen zweigliedrig. Rückenplatten des Hinterkörpers ungeteilt; zwei Paar Augen. Etwa zehn schwer unterscheidbare Arten, mehrere davon ziemlich häufig, am häufigsten *N. carcinoides*.
Vorkommen Besonders in Wäldern am Boden, *N. carcinoides* überall einer der häufigsten Pseudoskorpione.
Lebensweise Man findet Moosskorpione regelmäßig beim Umdrehen von am Boden liegenden Holzstücken oder unter Steinen. Sie machen am Waldboden vor allem Jagd auf Springschwänze, die mit den Scherenarmen ergriffen und mit dem Gift der in den Scherenfingern mündenden Giftdrüsen getötet werden. Die Tiere sind recht kälteresistent und daher auch in frostfreien Perioden während der Wintermonate aktiv; regelmäßig sind sie bei Tauwetter auch auf Schneefeldern zu beobachten ▸ **2a**. Die gewissermaßen anonyme Begattung findet bereits im zeitigen Frühjahr statt. Das Männchen setzt hierzu ohne Anwesenheit eines Weibchens am Boden Spermatophoren ab. Im Gegensatz zu den oft sehr kompliziert gebauten Samenkapseln vieler anderer Pseudoskorpione bestehen sie einfach aus einem Samentröpfchen auf einem Sekretstiel. Sobald nun ein Weibchen auf eine solche Spermatophore trifft, prüft es diese offenbar auf ihren Frischezustand und sicher auch auf die richtige Artzugehörigkeit – Letzteres dürfte wohl aus einem artspezifischen Duft hervorgehen – und nimmt gegebenenfalls den Samentropfen in seine Geschlechtsöffnung auf. Kurz darauf stellt es mit Hilfe seiner in den Cheliceren ausmündenden Spinndrüsen unter einem Stein oder Holzstück eine etwa 5 mm große Gespinstkuppel her, die außen mit Erdklumpen bedeckt ist und daher kaum auffällt. Manchmal findet man mehrere dieser Brutnester dicht nebeneinander ▸ **2c**. Im Inneren dieses Gespinstes entwickeln sich zunächst die Eier im Hinterleib des Weibchens ▸ **2d**. Sie werden dann in einen aus erhärtetem Sekret gebildeten Brutsack abgelegt und dort mit einer Nährflüssigkeit versorgt. Schließlich häuten sich die Embryonen zu bereits fertig entwickelten, aber zunächst noch winzig kleinen, unpigmentierten Moosskorpionen. Auch die übrigen Pseudoskorpione betreiben eine sehr ähnliche Brutpflege.

1

2a

2b

2c

2d

Ordnung Weberknechte Opiliones

Bei den Weberknechten sind ähnlich wie bei den Pseudoskorpionen Vorder- und Hinterkörper zu einer kompakten Einheit verschmolzen. Die zwei Augen befinden sich an den Seiten eines gemeinsamen, oft deutlich erhabenen Augenhügels, der sich meist in der vorderen Hälfte des Rumpfes befindet, bei manchen Arten aber auch fast zu seiner Mitte hin verschoben sein kann. Die Cheliceren sind als gestielte Scheren entwickelt und somit dreigliedrig. Die Beine sind in den meisten Fällen stark verlängert, die Fußglieder nochmals durch „Scheingelenke" unterteilt, sodass sie sich peitschenartig um Pflanzenstängel schlingen können. In Mitteleuropa kommen etwa 50 Arten vor.

1 Brettkanker *Trogulus nepaeformis*

> Körper brettartig flach
> Körperoberfläche meist mit Erdteilchen bedeckt
> An feucht-schattigen Orten im Bergland

Merkmale Körperlänge 6–9 mm. Brettartig abgeflacht, schmal eiförmiger Körper, Laufbeine auffallend kurz, Tarsen nicht sekundär gegliedert. Färbung graubraun, zum Teil durch anhaftende Erdkrumen und sonstige Feinpartikel bedingt. Augenhügel flach, am Vorderende des Rumpfes, davor mit zwei bogenförmigen Kopffortsätzen, die meist mit Erdteilchen zu einer einheitlichen Kappe verklebt sind, unter der sich die Cheliceren verbergen. Tarsus des zweiten Laufbeins etwas länger als der Metatarsus. Ganzjährig ausgewachsen.
Vorkommen An feuchten und schattigen Stellen in Wäldern, am Boden unter Laub und Holzstücken. Im Bergland weitverbreitet, durch die gute Tarnung aber schwer zu finden.
Lebensweise Der Brettkanker bewegt sich meist ziemlich langsam, kann beim Überwältigen von Gehäuseschnecken, seiner bevorzugten Nahrung, aber auch ziemlich schnelle Bewegungen zeigen. Er packt sein Beutetier am Gehäuserand und schneidet mit den Cheliceren Teile vom Weichkörper ab. Dabei dringt er mit seinem schmalen Körper immer tiefer ins Innere des Schneckenhauses. Das bei diesem Vorgang unversehrte Gehäuse dient anschließend oft auch als Ort zur Eiablage.
Ähnlich Beim etwas größeren *T. tingiformis* (der bei uns nur in den Alpen vorkommt) ist der Tarsus des zweiten Beinpaares etwa gleich lang wie der Metatarsus, beim häufigen, aber etwas kleineren *T. tricarinatus* dagegen etwa doppelt so lang wie dieser. Neuerdings wird *T. nepaeformis* in mehrere schwer unterscheidbare, zum Teil ebenfalls häufige Arten aufgeteilt.

2 Fadenkanker *Nemastoma lugubre*

> Einer der kleinsten Weberknechte
> Schwarz mit zwei weißen Silberflecken
> Meist in schattigen Wäldern

Merkmale Mit nur 1,5–2,5 mm Körperlänge einer der kleinsten heimischen Weberknechte. Körper matt tiefschwarz mit zwei großen Silberflecken kurz vor der Mitte. Augen kurz hinter dem Vorderende an den Seiten eines Augenhügels. Fast ganzjährig ausgewachsen, vor allem im Herbst und Winter.
Vorkommen Vorwiegend an feucht-schattigen Stellen in Wäldern, vereinzelt aber auch in offenem Gelände. In ganz Deutschland verbreitet und an vielen Orten häufig, südlich des Alpenhauptkamms aber fehlend.
Lebensweise Die Art ernährt sich hauptsächlich von Milben und anderen kleinen Bodentieren.
Ähnlich Die ähnlich gezeichnete Art *N. bimaculatum* kommt nur westlich des Rheins vor. Die anderen Arten dieser Gattung sind entweder ganz schwarz oder kommen nur in kleinen Arealen in den Alpen vor.

1

2

1 Schneckenkanker *Ischyropsalis hellwigi*

> Tiefschwarze Grundfärbung
> Sehr kräftige und lange Cheliceren
> Frisst vorwiegend Schnecken

Merkmale Körperlänge als Männchen 5,5–7, als Weibchen 7–8,5 mm. Färbung tiefschwarz, nur die Tarsen und Metatarsen etwas heller. Cheliceren sehr stark vergrößert, mit dem langen und kräftigen, stark bedornten Stielglied deutlich länger als der ganze Körper. Männchen ▸ **1c** am oberen Ende des Stielglieds mit einem dicht behaarten Drüsenfeld, das dem Weibchen ▸ **1b** fehlt. Ausgewachsen von Juli bis Oktober.

Vorkommen Vor allem in feucht-schattigen, naturnahen Laub- und Nadelwäldern mit hohem Totholzanteil, am Boden unter Holzstücken oder hohl aufliegenden Steinen. Im Bergland in schneckenreichen Gebieten weitverbreitet, aber schwer zu finden; im norddeutschen Flachland fehlend.

Lebensweise Die Nahrung dieses spektakulären Weberknechtes besteht wie beim Brettkanker ganz überwiegend aus Gehäuseschnecken. Der Schneckenkanker ergreift seine Beute mit der einen Schere am Mündungsrand und bricht sie dann mit der anderen Stück für Stück auseinander, um an den Weichkörper heranzukommen. Bei der Paarung stehen sich die beiden Partner Kopf an Kopf gegenüber; das Weibchen berührt mit seiner Mundöffnung nun das Drüsenfeld auf dem Scherenstiel des Männchens, und dieses schiebt nun sein langes, aus einer Spalte unter dem Bauchschild erscheinendes Begattungsglied in die an der gleichen Stelle beim Weibchen befindliche Geschlechtsöffnung. Das Weibchen legt im Spätsommer seine in eine gallertige Kugel eingebetteten Eier meist unter einem Holzstück ab ▸ **1d**. Kurz vor dem Schlüpfen sind darin die bereits fertig entwickelten Jungtiere mit ihren beiden Augen und den langen, um den Körper gewickelten Beinen gut zu erkennen ▸ **1e**. Der Schlupf kann manchmal wohl bereits im Herbst erfolgen; normalerweise scheinen die jungen Schneckenkanker die Eihüllen aber erst im Frühjahr zu verlassen. Es ist immer ein besonderer Glücksfall, diesem eindrucksvollen Tier zu begegnen. Ich hatte vor vielen Jahren das große Glück, einmal im zeitigen Frühjahr unter einem am Boden liegenden Holzstück fünf offenbar frisch geschlüpfte Exemplare dieser Art zu entdecken. Durch ihre schneeweiße Färbung (und natürlich die geringe Größe) unterschieden sie sich deutlich von den Erwachsenen, besaßen aber ansonsten bereits weitgehend die Gestalt ihrer Eltern. Mit in mundgerechte Häppchen zerschnittenen, winzigen Ringelwürmern gelang es, zwei von ihnen bis zum vorletzten Stadium heranzuziehen. Die halbwüchsigen Tiere wurden dabei den Erwachsenen immer ähnlicher, zeigten aber eine deutlich hellere Färbung ▸ **1a**. Nachdem eines dieser beiden Tiere bei der letzten Häutung einging, erreichte das andere, ein Männchen, schließlich auch das letzte Stadium. Im Dämmerlicht gelang es sogar, dieses Tier bei seiner eindrucksvollen Art der Nahrungsaufnahme auch zu fotografieren ▸ **1c**.

Ähnlich Der mit 4–6 mm Körperlänge deutlich kleinere *I. carli* besitzt einen viel schmäleren Scherenstiel, der oben eine regelmäßige Reihe aus drei spitzen Dornen trägt. Er kommt nur an ausgesprochen feuchten, meist auch kühlen und schattigen Orten vor und findet sich daher vorzugsweise in der Nähe von Wasserfällen und an überrieselten Felsen. Sein sehr kleines Verbreitungsgebiet reicht etwa vom Bodensee bis zum Genfer See; aus Deutschland ist er von einigen Fundorten in den Allgäuer Alpen bekannt. Darüber hinaus gibt es einige weitere Arten dieser Gattung, die in den Alpen zum Teil nur sehr kleine Areale besiedeln. Einige von ihnen wurden ausschließlich in Höhlen gefunden; sie besitzen zum Teil stark zurückgebildete Augen und deutlich verlängerte Beine und Cheliceren.

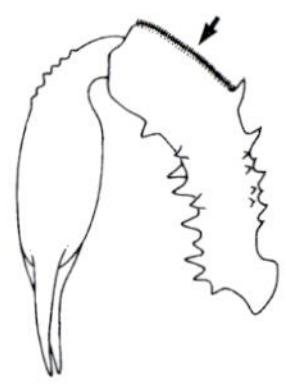

Chelicere des ♂ mit Drüsenfeld

1a
1b
1c
1d
1e

1 *Phalangium opilio*

> Männchen mit langen „Chelicerenhörnern"
> Weibchen mit markanter Sattelzeichnung
> Vorwiegend an offenen Stellen

Merkmale Körperlänge beim Männchen 4–6, beim Weibchen 5–7 mm. Sehr langbeinig, mit kantigen Schenkeln und Schienen; Grundfärbung hellgrau bis gelb- oder rotbraun. Beide Geschlechter deutlich verschieden. Männchen ▸ **1a–c** am Rücken mit meist nur undeutlich abgesetztem, zweimal eingeschnürtem Sattelfleck; Scherenhand der Cheliceren nach vorn und oben in einen langen, schmalen und am Ende zugespitzten Zipfel ausgezogen. Länge dieses Zipfels individuell verschieden: Große Männchen besitzen auch im Verhältnis zur Körpergröße die längsten Fortsätze an den Cheliceren. Weibchen ▸ **1d** mit normal gestalteten Cheliceren; Sattelzeichnung oben auf dem Körper sehr dunkel und scharf gegenüber einer weißlichen Seitenlinie abgesetzt; unter dieser hellen Seitenlinie ein dunkelbraunes, hell punktiertes Längsband; der Bauch wiederum scharf abgesetzt weißlich. Ausgewachsen von Juni bis November.

Vorkommen Fast nur in offenem Gelände, etwa an Wegrändern, in Gärten, auf Wiesen und Trockenrasen; regelmäßig auch an Hauswänden (hier aber meist deutlich seltener als *Opilio canestrinii*). In Mitteleuropa fast überall häufig.

Lebensweise Dieser Weberknecht ist ganz im Gegensatz zu den meisten seiner Verwandten auch tagsüber sehr aktiv und daher oft zu beobachten.

2 *Opilio canestrinii (= O. ravennae)*

> Körper beim Männchen gelbbraun bis orange
> Weibchen mit undeutlicher Sattelzeichnung
> An Hauswänden meist häufigster Weberknecht

Merkmale Körperlänge beim Männchen 4–6, beim Weibchen 5–8 mm. Ziemlich langbeinig; Geschlechter deutlich verschieden gefärbt und gezeichnet. Körper beim Männchen ▸ **2c** hell gelbbraun bis orange, am Rücken meist etwas dunkler, aber ohne deutliche Zeichnungen; Beine in scharfem Kontrast hierzu ab den Schenkeln dunkelbraun bis fast schwarz. Weibchen ▸ **2a, 2b** mit gelblicher bis hellbrauner Grundfärbung, am Rücken eine dunklere, entlang der Mitte aufgehellte und seitlich unscharf begrenzte Sattelzeichnung. Beine unscharf hell-dunkel geringelt. Ausgewachsen von Juni/Juli bis Ende November, oft auch noch im Dezember.

Vorkommen In Deutschland fast nur an Hauswänden, dort erstmals in den 1970er-Jahren beobachtet, hat sich dann aber in geradezu rasanter Geschwindigkeit über ganz Mitteleuropa ausgebreitet und zählt hier mittlerweile fast überall zu den häufigsten Arten; gelegentlich auch außerhalb von Ortschaften z. B. an Baumstämmen und in der Strauchschicht von Wäldern. Ursprünglich in Italien heimisch, wo die Art vor allem in Wäldern, aber auch im lockeren Gebüsch der Macchia und auf Trockenrasen weitverbreitet ist.

Lebensweise Die Art hat bereits an sehr vielen Orten den nahe verwandten *Opilio parietinus* (siehe unten), der bei uns ebenfalls fast ausschließlich an Hauswänden vorkommt, aus seinen Revieren vertrieben. Auch diese Art war ursprünglich nicht bei uns heimisch, sondern bereits vor über hundert Jahren aus seinem vermutlich vorderasiatischen Ursprungsgebiet nach Mitteleuropa eingeschleppt worden.

Ähnlich Der nahe verwandte *O. parietinus* besitzt eine graugrüne Grundfärbung und trägt auf den Hüftgliedern der Beine jeweils einen dunklen Fleck. Er scheint bei uns inzwischen aber an den meisten Stellen verschwunden zu sein.

1a

1b

2a

1c

1d

2b

2c

1 *Odiellus spinosus*

Merkmale Mit einer Körperlänge von 7–10,5 mm einer der größten heimischen Weberknechte. Im Vergleich zu anderen Arten ausgesprochen plump und kurzbeinig. Grundfärbung gelbbraun, oberseits mehr graubraun. Auf dem Rücken eine bandförmige, graue Sattelzeichnung, die hinten mit einem schwarzen Querstreifen, der seitlich etwas über die Sattelzeichnung hinausragt, abrupt endet. Vorn am Stirnrand dicht nebeneinander drei kurze und kräftige, gerade nach vorn gerichtete Dorne. Seitenrand des vorderen Körperabschnitts sowie Hüftglieder und Schenkelringe der Laufbeine ebenfalls mit kräftigem Dornenbesatz. Ausgewachsen von August bis Oktober.

> Ausgesprochen plump und kurzbeinig
> Sattelzeichnung hinten mit schwarzem Strich
> Breitet sich im Siedlungsbereich aus

Vorkommen Bis vor kurzem in Mitteleuropa selten und fast nur von warmen, offenen und sandigen Standorten, insbesondere von locker bewaldeten Binnendünen, bekannt (z. B. vom Mainzer Sand und ähnlichen Gebieten aus Norddeutschland); neuerdings in zunehmender Häufigkeit in Gärten.
Lebensweise Die nachtaktive Art verbirgt sich tagsüber gern unter am Boden liegenden Holzstücken, oft zu mehreren.

2 *Lacinius dentiger*

Merkmale Körperlänge als Männchen 4,5–6,5, als Weibchen 7–9 mm. Am Vorderrand des Körpers drei ziemlich kleine, spitze Dorne, viele weitere am vorderen Seitenrand des Körpers sowie an Hüften und Schenkelringen der Laufbeine; auch auf den Rückenplatten zahlreiche helle Dorne, die in regelmäßigen Querreihen angeordnet sind. Grundfärbung des Körpers grünlich grau, am Rücken eine unscharf begrenzte, dunklere Sattelzeichnung; diese am Ende verdunkelt und in der Mitte ausgekehlt, direkt dahinter ein weißlicher Querstreifen.

> Dornenreihen auf den Rückenplatten
> Sattelzeichnung hinten ausgekehlt
> Nur am Alpenrand

Ausgewachsen im August und September.
Vorkommen In lockeren Wäldern, in den Alpen auch in Felsgebieten, hier aber nur in Höhen bis knapp 1000 m; daneben vielfach in Gärten und oft auch an Hauswänden. Von Südosteuropa bis nach Österreich und Bayern verbreitet; nordwestlichste Fundorte in den Bayerischen Alpen und im Allgäu.

3 *Mitopus morio*

Merkmale Körperlänge beim Männchen 4–5,5, beim Weibchen 6,5–8 mm. Beinlänge und Körpergrundfarbe sehr variabel (weißlich, gelblich, braunrot oder fast schwarz). Auf dem Rücken meist eine scharf abgesetzte, an den Seiten mehrfach winklig eingekerbte Sattelzeichnung, diese bei Tieren aus den höheren Lagen der Alpen in der Mitte meist mit einem scharf begrenzten, weißlichen Längsstreifen. Alpine Exemplare auch mit vergleichsweise kürzeren Laufbeinen als die Tieflandtiere. Ausgewachsen von Juli bis November.
Vorkommen Am häufigsten in feuchten

> Dunkle, winklig ausgezackte Sattelzeichnung
> Alpine Tiere meist weiß gestreift
> Vom Flachland bis ins Hochgebirge

Waldgebieten, in höheren Lagen auch in offenem Gelände, etwa auf steinigen Grasheiden. Vom Flachland bis in die Hochalpen (dort bis in fast 3000 m); in Mitteleuropa ziemlich häufig.

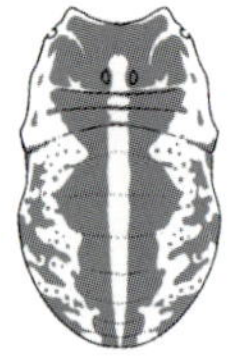

Typische Zeichnung eines alpinen Exemplars

1a

1b

2

3

1 *Mitopus glacialis*

> Männchen mit schwarzer Sattelzeichnung
> Sattelzeichnung beim Weibchen mehr grau
> Nur oberhalb der Waldgrenze

Merkmale Körperlänge als Männchen 5,5–6, als Weibchen 9–10 mm. Auffallend langbeinig. Grundfärbung gelblich weiß; Männchen ▸ **1a** mit schwarzer Sattelfärbung fast auf der gesamten Oberseite vom Augenhügel bis zum Hinterende, darin vier paarig angeordnete, helle Flecke. Weibchen ▸ **1b** viel heller, mit nur wenig abgesetzter, dunkelgrauer Sattelzeichnung. Ausgewachsen von Juli bis November.
Vorkommen Vorwiegend an Felswänden und auf Blockschutthalden im hochalpinen Bereich; Endemit der Alpen oberhalb der Baumgrenze, etwa von 1800 m bis deutlich oberhalb 3000 m, im Wallis angeblich sogar auf 3675 m gefunden. Von den Ligurischen Alpen bis in die westliche Steiermark; in den nördlichen Kalkalpen selten, aber seit einigen Jahren auch aus den Bayerischen Alpen bekannt.
Lebensweise Die Tiere ruhen tagsüber meist an besonnten Felswänden. Auf der Nahrungssuche überqueren sie des Öfteren Gletscher und Schneefelder.

2 *Gyas titanus*

> Größter heimischer Weberknecht
> Oberseite fast ganz schwarz
> Nur in feucht-kühlen Gebieten

Merkmale Mit einer Körperlänge von 6–9 mm als Männchen und 9,5–12 mm als Weibchen der größte mitteleuropäische Weberknecht. Sehr langbeinig, Oberseite tiefschwarz, Unterseite scharf abgesetzt weißlich. Beine einschließlich der Fußglieder ebenfalls schwarz, nur Schenkel und Schienen zur Spitze hin etwas aufgehellt. Ausgefärbtes Männchen ▸ **2a, 2b** oberseits fast einfarbig schwarz; Weibchen und noch nicht ganz ausgefärbte Männchen mit einigen helleren Punkten und schmalen, hellen Streifen an den Segmenträndern des Hinterkörpers. Ausgewachsen von Ende Mai bis Anfang Oktober.
Vorkommen Nur an kühlen Orten mit konstant hoher Luftfeuchtigkeit, insbesondere in tiefen Bachschluchten und an überrieselten Felsen. In den Alpen bis in etwa 1800 m; in den Alpen weitverbreitet, vereinzelt auch im Bayerischen Wald.
Lebensweise Die Fortpflanzungsperiode erstreckt sich über einen sehr langen Zeitraum. Aus den früh im Sommer abgelegten Eiern schlüpfen die Jungtiere noch im gleichen Jahr; bei später abgelegten Eiern dagegen überwintern die Gelege.

3 *Dicranopalpus gasteinensis*

> Taster mit fingerförmigem Fortsatz
> Männchen mit schwärzlichem Sattel
> Nur in den Hochlagen der Alpen

Merkmale Körperlänge beim Männchen 3,5–4,5, beim Weibchen 5–6 mm. Taster mit einem langen, fingerförmigen Fortsatz an der Patella, der schräg absteht und fast bis zum Ende der Tibia reicht. Männchen mit breiter, schwärzlicher Sattelzeichnung; Weibchen nur im Kopfbereich schwarz, Hinterkörper grau marmoriert (die Abbildung zeigt ein nur schwach gezeichnetes Jungtier). Ausgewachsen von Juli bis Oktober.
Vorkommen Nur oberhalb der Waldgrenze in den Alpen, besonders in Geröllfluren und auf steinigen Alpenmatten. In den Alpen weitverbreitet, in Deutschland selten.
Ähnlich Der sehr ähnliche, silbrig-grau gefärbte *Dicranopalpus ramosus* breitet sich in letzter Zeit vor allem in Gärten in Nord- und Westdeutschland aus.

1a
1b
2a
2b
3

1 *Amilenus aurantiacus*

Merkmale Körperlänge beim Männchen 3–3,5, beim Weibchen 3,5–5,5 mm. Grundfärbung gelbbraun bis graubraun mit einer dunkleren Marmorierung; auf dem hinteren Teil des Rückens eine paarige schwarze Zeichnung, die jeweils dem Buchstaben „Z" bzw. seinem Spiegelbild entspricht und bei Jungtieren und beim Weibchen ▸ **1b** deutlich zu erkennen ist. Beim ausgewachsenen Männchen ▸ **1a** liegt sie dagegen in einer ausgedehnten, dunklen Fläche, die fast die ganze Oberseite des Hinterkörpers ausfüllt. Beine gelbbraun, weitgehend ohne Zeichnungen. Ausgewachsen von Dezember bis Juli.

Vorkommen Vorwiegend in feuchten, schattigen Bergwäldern, hier in der Krautschicht oder an Baumstämmen und Felsen. In den Alpen und den Südwestdeutschen Mittelgebirgen, besonders in den kalkreichen Karstgebieten, ziemlich häufig, im übrigen Deutschland weitgehend fehlend.

Lebensweise Die bereits mit Ausgang des Winters ausgewachsenen Tiere legen im Frühjahr oder Frühsommer ihre Eier am Waldboden ab. Die darauf geschlüpften Jungtiere erreichen bis zum Herbst das vorletzte Jugendstadium und suchen ab September Höhlen, Stollen oder unterirdische Spaltensysteme auf, um dort den Winter zu verbringen. In manchen Höhlen versammeln sie sich in großer Zahl, manchmal zu Hunderten, und besiedeln zum Teil in dichten Scharen die Höhlenwände. Zwischen Dezember und Februar findet hier die letzte Häutung statt. Mit etwas Glück kann man diesen normalerweise an die Nachtstunden gebundenen Vorgang hier auch tagsüber beobachten, da ja im Dauerdunkel der Höhle kein Helligkeitswechsel stattfindet. Mit Eintritt des Frühlings verlassen sie dann wieder ihr Winterquartier, um sich außerhalb der Höhle fortzupflanzen.

> Weibchen mit paariger Rückenzeichnung
> Männchen mit großem, dunklem Rückenfleck
> Im Winter in Höhlen

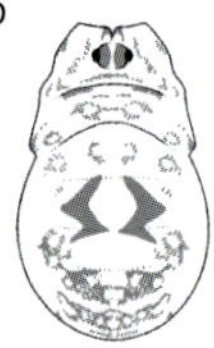

Körperzeichnung des ♀

2 *Leiobunum limbatum*

Merkmale Körperlänge beim Männchen 4–5, beim Weibchen 5–7,5 mm. Ausgesprochen langbeinig; deutlicher Färbungs- und Zeichnungsunterschied zwischen den Geschlechtern. Männchen ▸ **2c** mit ziegelroter Rückenfärbung, ringsum an den Seiten eine dunkle Begrenzung, ansonsten nur wenige punkt- und strichförmige, dunkle Zeichnungen. Weibchen ▸ **2b** sehr bunt orange, schiefergrau, schwarz und weiß gescheckt, dabei vor dem Augenhügel mehr rötlich, im hinteren Teil des Rückens mehr dunkel gefärbt; hinter dem Augenhügel ein dunkler, seitlich hell begrenzter Sattelfleck, der im hinteren Körperabschnitt meist von einer breiten, schwarzen Querbinde gekreuzt wird. Ausgewachsen von Juli bis Dezember.

> Männchen ziegelrot mit dunklem Rand
> Weibchen sehr bunt gescheckt
> Besonders an Felswänden und Gebäuden

Vorkommen Vorwiegend in Wäldern und Gebüschen, auch in Parks und Gärten; oft an Felswänden und in Höhlen, aber auch an Gebäuden. Vor allem im süddeutschen Bergland und in den Alpen; im übrigen Deutschland selten, aber hier offenbar an Hauswänden in Ausbreitung begriffen (z. B. im Raum Berlin).

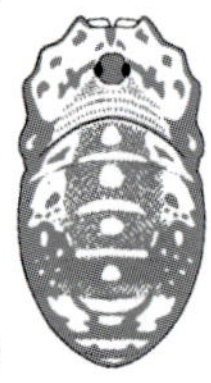

Körperzeichnung des ♀

1a
1b

2a
2b
2c

1 *Leiobunum blackwalli*

> Augenhügel in der Mitte dunkel
> Helle Augenringe
> Nur im Flach- und Hügelland

Merkmale Körperlänge beim Männchen 2,5–3 mm, beim Weibchen 3,5–5 mm. Augenhügel in der Mitte dunkel, Augen mit hellem Ring. Körper beim Männchen (1)oberseits rötlich gelb oder ziegelrot bis dunkelbraun, vorn mit vier schräg gestellten, dunklen Wischern, beim Weibchen gelblich mit undeutlichem, an den Seiten mehrfach scharf gezacktem Sattelfleck. Ausgewachsen von Juli bis November.
Vorkommen In recht unterschiedlichen, schattigen wie sonnigen Lebensräumen, in Wäldern ebenso wie in Gärten und offenem Gelände; im atlantisch beeinflussten Klimabereich, bei uns vor allem im Flachland und Hügelland Nordwest- und Westdeutschlands; nicht oberhalb von 800 m.
Ähnlich Beim ähnlich gefärbten *Leiobunum rotundum* ist der Augenhügel in der Mitte hell, um die Augen herum dagegen dunkel gefärbt. Sein Vorkommen beschränkt sich weitgehend auf den Siedlungsbereich Nord- und Westdeutschlands.

2 *Leiobunum sp.*

> Sehr groß und langbeinig
> Färbung sehr dunkel mit öligem Glanz
> In Massenansammlungen an Gebäuden

Merkmale Körperlänge beim Männchen 4–5, beim Weibchen 5,5–6,5 mm. Beine ausgesprochen lang, spannen ausgebreitet bis 18 cm. Färbung bei Männchen ▸ **2a** und Weibchen ▸ **2b** nicht so deutlich verschieden wie bei anderen Arten dieser Gattung, auf der Oberseite vorwiegend dunkelbraun bis schwarz, mit einem grünlichen, öligen Schimmer, unterseits dagegen blass gelblich grau. Ausgewachsen von Juli bis Dezember.
Vorkommen Fast nur im Siedlungsbereich und in Industriegebieten an der Außenseite von Gebäuden, nur ausnahmsweise auch in Felsgebieten und anderen natürlichen Lebensräumen. Im Oktober 2004 erstmals in Holland beobachtet, ab 2006 dann auch in Deutschland, hier zunächst im Ruhrgebiet, ein Jahr später dann auch in Rheinland-Pfalz und im Saarland. Mittlerweile auch aus der Schweiz und aus Österreich nachgewiesen.
Lebensweise Die lichtscheue, nachtaktive Art neigt ganz ausgesprochen zur Bildung großer Ansammlungen. Nur ausnahmsweise sieht man Einzeltiere, fast immer dagegen dicht gedrängte Gruppen von meist 10 oder 20, gelegentlich aber auch mehreren hundert Einzeltieren. Diese Gruppen erscheinen dem Betrachter vielfach als undefinierbare schwarze Klumpen und befinden sich meist in schattigen Winkeln an der Nordseite von Gebäuden.

Wissenswertes Bislang ist es nicht gelungen, diesen neu bei uns aufgetretenen Weberknecht einer bereits beschriebenen Art zuzuordnen. Daher ist es auch unklar, von wo aus und auf welchem Wege diese auffallende Art zu uns gekommen ist. Die spektakulär wirkenden Tiere haben mit ihrem Auftreten auf jeden Fall bereits für einige Aufregung in den Medien gesorgt, und viele Menschen halten sie wegen ihrer Größe und ihres massierten Auftretens für gefährlich. Dabei sind sie für Menschen völlig harmlos, denn wie alle Weberknechte besitzen sie keinerlei Giftdrüsen, ebenso keine Beißwerkzeuge, mit denen sie uns Verletzungen zufügen könnten. Etwas anders verhält es sich mit dem Auftreten gegenüber anderen Tieren, insbesondere anderen Weberknechten. Man kann davon ausgehen, dass diese Art andere Weberknechte aus ihren Revieren verdrängt und dabei sicher auch kleinere Exemplare anderer Arten fressen wird. Gerade in den letzten Jahren hat sich bereits ein ganz massiver Wechsel im Artenspektrum von Weberknechten an Hauswänden abgespielt, und dieser Austausch von Arten geht offenbar momentan wieder in eine neue Runde.

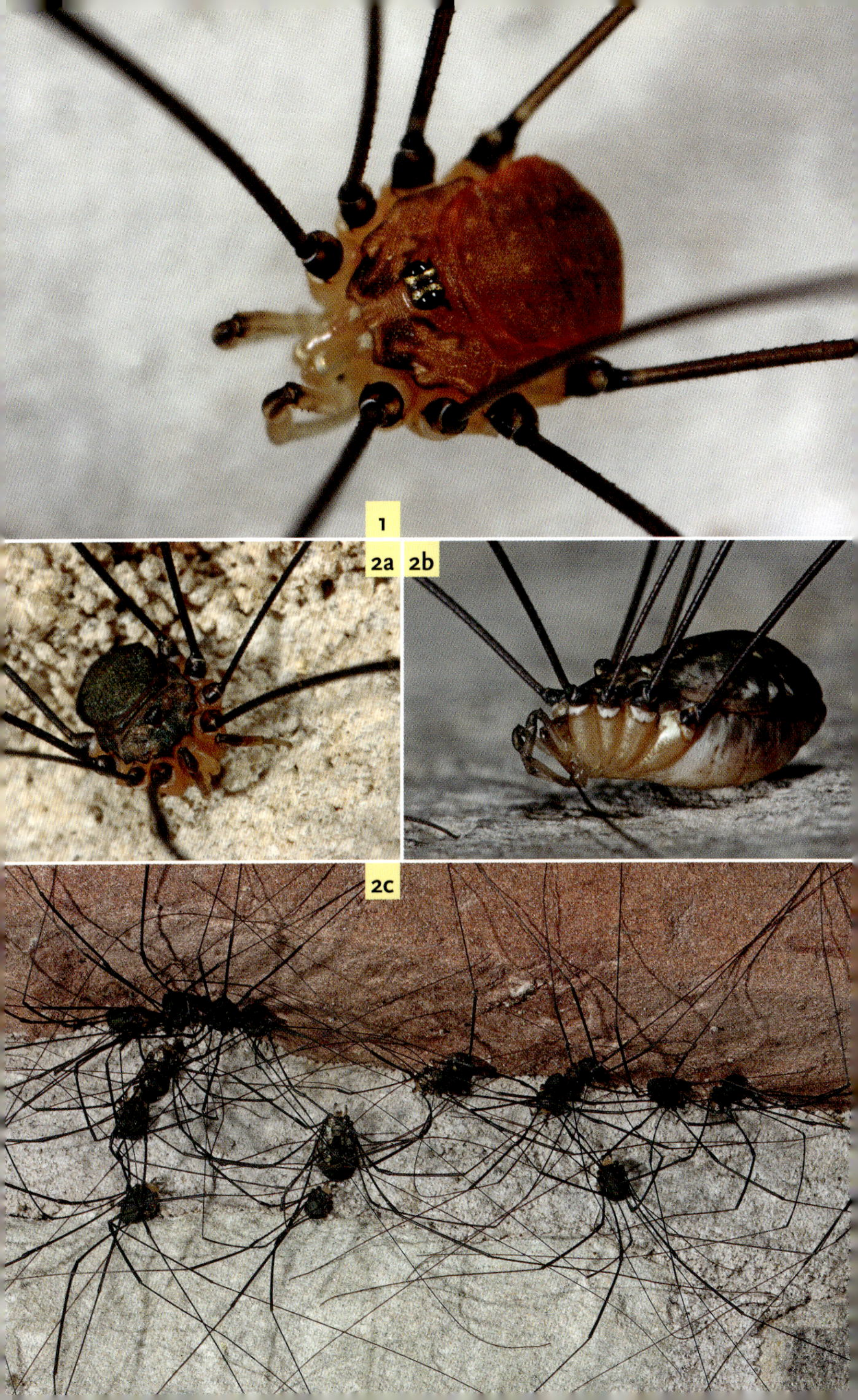
1
2a
2b
2c

Ordnung Walzenspinnen Solifugae

Die Walzenspinnen sind besonders durch ihre ausgesprochen großen und kräftigen, scherenförmigen Cheliceren ausgezeichnet, die gerade nach vorn gerichtet sind. Der vordere Teil des Vorderkörpers ist am Rücken mit einer einheitlichen Platte bedeckt; seine beiden letzten Segmente sind mit dem weichhäutigen Hinterkörper verbunden. Direkt hinter den Cheliceren liegt am Vorderrand des Vorderkörpers das einzige, immer gut sichtbare Augenpaar. Die Körperlänge schwankt je nach Art zwischen 8 und 70 mm (ohne Cheliceren). Die Tiere sind ganz außerordentlich schnell in ihren Bewegungen und verhalten sich sehr aggressiv, wenn sie in die Enge getrieben werden, obwohl sie über keinerlei Giftdrüsen verfügen. Größere Arten sollen z. B. selbst Katzen anspringen und mit kräftigen Bissen ihrer Cheliceren in die Flucht schlagen können. Auch die heimische Bevölkerung fürchtet sich in den Vorkommensgebieten der Walzenspinnen sehr vor diesen eigentlich ja vergleichsweise harmlosen Tieren. So verzögerten sich beispielsweise seinerzeit die Arbeiten am Suezkanal, weil den heimischen Arbeitern dort Walzenspinnen begegnet waren und sie sich weigerten, an dieser Stelle weiterzuarbeiten. Der Verbreitungsschwerpunkt der weltweit etwa 850 Arten liegt in den Tropen und Subtropen und hier vor allem in Steppen und Halbwüsten; in Europa kommen 18 Arten vor, die meisten von ihnen (10) in Griechenland.

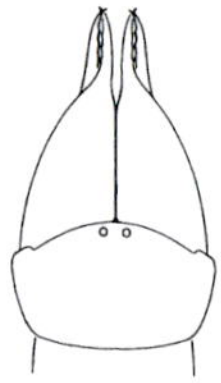

Vorderkörper mit Cheliceren

1 *Gluvia dorsalis*

> Sehr große, gezähnte Cheliceren
> Pedipalpen wie Laufbeine gestaltet
> Nur auf der Iberischen Halbinsel

Merkmale Mit einer Körperlänge um 15 mm eine der kleineren Walzenspinnen. Grundfärbung hell gelblich oder rötlich. Cheliceren wie bei allen Walzenspinnen ausgesprochen groß und kräftig, an der Innenseite und Spitze beider Scherenfinger mit zahlreichen spitzen Zähnen. Pedipalpen laufbeinartig, auffallend kräftig und wesentlich massiver als das ausgesprochen dünne erste Laufbeinpaar.

Vorkommen In sehr lückig bewachsenen, steppenartigen Lebensräumen; nur in Spanien und Portugal (hier die einzige Walzenspinne), im Norden bis fast zum Südfuß der Pyrenäen (das hier gezeigte Tier stammt aus der Umgebung von Zaragoza).

Lebensweise Die außerordentlich flinken und aggressiven Tiere halten sich tagsüber meist unter Steinen verborgen oder leben in selbst gegrabenen Erdröhren. Nachts kommen sie zum Beutefang hervor. Sie orientieren sich mit Hilfe ihrer äußerst empfindlichen, langen Tasthaare. Sobald ein Beutetier, etwa eine Heuschrecke, eines dieser Haare nur ganz leicht berührt hat, packen die Cheliceren sofort zu und zerquetschen die Beute unter kauenden Bewegungen. Dabei zeigt sich, dass der Körper der Walzenspinne in sich sehr beweglich ist und z. B. die Cheliceren gelenkig hin- und hergeschwenkt werden können. Bei der recht stürmisch verlaufenden Paarung packt das Männchen das Weibchen von hinten und stopft diesem, nachdem es in eine Art Schockstarre verfallen ist, eine Spermatophore in die Geschlechtsöffnung. Hierzu klappt es den Hinterkörper des Weibchens ganz nach vorn über dessen Vorderkörper, sodass die unter dem Hinterkörper liegende Geschlechtsöffnung aus dieser Position heraus zugänglich ist. Die Eier werden später in einer Erdhöhle abgelegt und bis zum Schlüpfen der Jungen vom Weibchen bewacht. Kurz darauf stirbt das Weibchen. Die Tiere werden offenbar nur ein Jahr alt.

1a

1b

Ordnung Milben Acari

Die Milben sind die kleinsten, zugleich aber auch die artenreichsten Spinnentiere. Die meisten erreichen kaum 1 mm Körperlänge, viele bleiben deutlich darunter und nur wenige parasitische Formen erreichen in vollgesogenem Zustand eine Länge von etwa 1 cm. Im Zusammenhang mit ihrer oft parasitischen Lebensweise gibt es alle nur denkbaren Rückbildungserscheinungen bis hin zu wurmförmiger Gestalt ohne sichtbare Gliedmaßen. Im Grundbauplan besitzen die Vertreter dieser Ordnung im Unterschied zu den übrigen Spinnentieren einen dreigliedrigen Körperbau. Die erste funktionelle Einheit, das Gnathosoma, bilden die beiden ersten Segmente des Vorderkörpers mit den Cheliceren und Pedipalpen. Es folgen die Segmente 3 und 4, das Proterosoma, mit den Laufbeinpaaren 1 und 2 und schließlich das Hysterosoma, das als Verschmelzungsprodukt aus den beiden letzten Segmenten des Vorderkörpers mit den Laufbeinpaaren 3 und 4 und dem Hinterkörper entstanden ist. Auf diese Weise ist jeder der drei Körperabschnitte mit zwei Extremitätenpaaren (also Beinen oder ähnlichen Körperanhängen) ausgestattet. Die Entwicklung verläuft ursprünglich über vier Jugendstadien, die als Larve, Proto-, Deuto- und Tritonymphe bezeichnet werden. Die aus dem Ei schlüpfende Larve besitzt dabei nur drei Beinpaare, die drei Nymphenstadien bereits vier. Von diesen drei letzten Jugendstadien können bei vielen Arten allerdings eines, zwei oder sogar alle drei übersprungen werden. So durchlaufen etwa die Zecken bei ihrer Entwicklung außer dem Larvenstadium nur ein Nymphenstadium. Sehr vielfältig sind auch die Paarungsbräuche bei den Milben. Während die Männchen vieler Bodenmilben nach Art der Skorpione und Pseudoskorpione Spermatophoren absetzen, die dann vom Weibchen aufgenommen werden, besitzen andere Milben Gonopoden, also wie bei den Spinnen Gliedmaßen, die das Sperma in die weibliche Geschlechtsöffnung übertragen. Als solche Gonopoden können die Cheliceren oder besonders umgeformte Laufbeine dienen. Schließlich gibt es auch Milben, die das Sperma wie die Weberknechte mit einem besonderen Begattungsglied in die weibliche Geschlechtsöffnung überführen. Entsprechend der riesigen Artenfülle (allein in Deutschland kommen etwa 3000 verschiedene Milben vor) gibt es eine Fülle unterschiedlichster Ernährungsweisen und damit verbundener Anpassungen. Viele Arten sind dabei unsere ständigen Begleiter, wobei wir sie angesichts ihrer oft winzigen Körpergröße gar nicht wahrnehmen. Es gibt aber auch eine ganze Reihe interessanter Milben, denen man bei aufmerksamer Beobachtung immer wieder begegnet. Viele Milben benutzen z. B. Insekten als willkommene Transportmittel. Die Deutonymphen der Käfermilbe *Poecilochirus carabi* lassen sich z. B. von Laufkäfern und Totengräbern zu neuen Nahrungsquellen transportieren ▸ 1. Andere Milben bevorzugen Wildbienen als Reisemobil. Dabei kommt es allerdings vor, dass sie auch einmal an ein verkehrtes Transportmittel geraten, etwa an eine Zebraspringspinne ▸ 2, die sie als ziemlich standorttreues Tier vermutlich nicht an das gewünschte Ziel bringen wird. Viele Milben durchlaufen eine recht interessante Entwicklung. Die auffälligen, etwa 3 mm großen Samtmilben ▸ 3b, die sich als ausgewachsene Tiere räuberisch von anderen kleinen Tieren ernähren, entwickeln sich als fußlose Larven an Beinen und Körpern von Insekten und Spinnen, indem sie dort Blut saugen ▸ 3a. Zahlreiche Milben leben im Wasser und ernähren sich dort von Kleinkrebsen und kleinen Insekten ▸ 4; auch ihre Larven entwickeln sich als Blutsauger an anderen Wassertieren. Eine sichere Bestimmung von Milben ist meist nur mit Mikroskop und Spezialliteratur möglich. Auf den folgenden Seiten sollen aber beispielhaft zwei Milbengruppen, denen man oft begegnet, etwas ausführlicher dargestellt werden, zum einen die medizinisch bedeutsamen Zecken, zum andern die Gallmilben, die sich nach ihren charakteristischen Gallen verhältnismäßig leicht ansprechen lassen.

1

2

3a

3b

4

1 Zecke oder Holzbock *Ixodes ricinus*

> Am Vorderende mit löffelartigen Tastern
> Weibchen mit rotbraunem Hinterkörper
> Saugt sich in der Haut fest

Merkmale Körperlänge beim Männchen ca. 2,5, beim Weibchen 3–4 mm. Männchen ▸ **1a** mit festem, dunklem Rückenschild, das fast den ganzen Körper bedeckt. Beim Weibchen ▸ **1b–1e** überdeckt das fast kreisrunde Schild nur den vorderen Teil des Körpers, hinterer Teil rotbraun gefärbt und sehr dehnbar; nach der Nahrungsaufnahme kann die Körperlänge bis auf etwa 10 mm ansteigen ▸ **1e**. Vorderer Körperabschnitt, das Gnathosoma, mit schlank scherenförmigen Cheliceren, daneben die löffelartig verbreiterten Pedipalpen. Hüftglieder der Pedipalpen miteinander verwachsen und nach vorn in einen langen, mit rückwärts gerichteten Zähnen besetzten Fortsatz, das Hypostom, verlängert. Ausgewachsene Tiere fast ganzjährig, besonders aber im Frühjahr und Spätsommer.
Vorkommen Am häufigsten in etwas feuchten Wäldern mit einer üppig entwickelten Strauch- und Krautschicht, etwa in Auwäldern, doch auch an ausgesprochen sonnigen und trockenen Orten.
Lebensweise Das ausgewachsene Männchen nimmt keine Nahrung mehr zu sich. Das Weibchen betätigt sich dagegen als Blutsauger ausschließlich an Säugetieren, unter anderem auch an Menschen. Es besitzt am Tarsus des Vorderbeines ein grubenförmiges Geruchsorgan, das Hallersche Organ, das besonders auf Buttersäure reagiert. Zum Aufspüren eines Opfers setzt sich die Zecke auf einen Grashalm oder eine Zweigspitze und streckt die Vorderbeine schräg in die Luft ▸ **1b**. Sobald die Geruchsorgane einen vorbeikommenden Wirt gemeldet haben, klammert sie sich an dessen Behaarung oder Kleidung fest und sucht einen geeigneten Saugort. Sie bohrt sich mit dem Hypostom in die Haut ein und verankert sich zusätzlich durch die auseinandergespreizten Cheliceren. Der anschließende Saugakt kann sich über 1–2 Wochen erstrecken. Auch das Männchen sucht auf ähnliche Weise nach einem Wirt, allerdings nur um sich dort mit einem festgesogenen Weibchen zu paaren. Am Ende des Saugaktes ist das Weibchen buchstäblich zum Bersten prall gefüllt, und seine Körperhülle hat eine glasig graue Färbung angenommen ▸ **1e**. Nun löst es sich aus der Verankerung und sucht zur Eiablage einen geschützten Ort am Erdboden. Das umfangreiche Gelege umfasst 1000–3000 Eier. Die sechsbeinigen, daraus schlüpfenden Larven saugen zunächst an kleineren Wirbeltieren, etwa Eidechsen oder Vögeln, Blut und verwandeln sich in achtbeinige Nymphen, das letzte Jugendstadium. Diese suchen einen zweiten Wirt auf und häuten sich danach zum letzten Mal. Selbst bei sehr schnellem Auffinden der beiden Wirte dauert die gesamte Entwicklung aber dennoch mindestens ein bis zwei Jahre. Zwischenzeitlich können die Tiere aber auch länger als ein Jahr hungern. Die medizinische Bedeutung der Zecke für den Menschen liegt aber weniger in ihrer Eigenschaft als unangenehmer Blutsauger als vielmehr in ihrer Rolle als Überträger zum Teil lebensbedrohlicher Krankheiten. Sehr bedenklich ist eine Infektion mit der von ihr übertragenen Frühjahrs-Meningo-Encephalitis, die oft zu schweren Gesundheitsschäden, gelegentlich sogar zum Tode führt. Vorbeugend gegen diese Krankheit gibt es eine Schutzimpfung, die allerdings nur für besonders gefährdete Personen zu empfehlen ist, da infizierte Zecken nur in bestimmten Regionen auftreten. Als Schutz vor der ebenfalls von Zecken übertragenen Lyme-Borelliose gibt es dagegen keinen Impfstoff. Diese ebenfalls oft mit schweren Gesundheitsschäden verbundene Krankheit lässt sich allerdings meist im Frühstadium durch eine kreisförmige Rötung rings um die Einstichstelle diagnostizieren. In diesem Stadium ist sie mit Antibiotika auch in aller Regel gut heilbar.

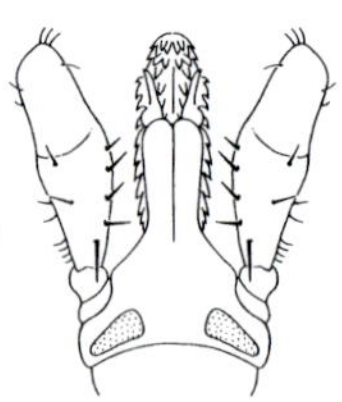

Gnathosoma des ♀

1a
1b
1c
1d
1e

1 Schafzecke *Dermacentor marginatus*

> Größer als eine normale Zecke
> Rückenschild mit emailartiger Färbung
> Meist an Schafen und anderem Weidevieh

Merkmale Körperlänge 3,5–5 mm, Weibchen in vollgesogenem Zustand bis 15 mm. Männchen ▸ **1b** mit einem in silbern, dunkelgrau und rötlich schimmernder Emailfärbung verzierten Schild, das über den ganzen Körper reicht; Weibchen ▸ **1a** nur im vorderen Körperbereich mit einem mehr hell- und dunkelgrau gefärbten, annähernd kreisförmigen Schild; der dahinter liegende unbedeckte Hinterkörper lederartig genarbt und dunkel rotbraun gefärbt.
Vorkommen In warmen, etwas feuchten Laubwäldern, oft auch an sonnigen Waldrändern sowie auf Wiesen und Trockenrasen; in Süddeutschland vor allem an wärmebegünstigten Orten, etwa im Oberrheintal, hat sich offenbar in den letzten Jahren weiter ausgebreitet; im Mittelmeergebiet überall häufig.
Lebensweise Die Art saugt vorzugsweise an Schafen, Rindern und Pferden, geht aber auch an viele andere, meist größere Säuger. Sie greift bisweilen auch den Menschen an. Die Larven und Nymphen saugen dagegen nur an Kleinsäugern, etwa an Mäusen und Maulwürfen. Die Schafzecke kann beim Weidevieh verschiedene Krankheiten übertragen.

2 Igelzecke *Ixodes hexagona*

> Rückenschild sechseckig
> 1. Laufbeinhüfte mit Dorn
> Fast nur am Igel

Merkmale Entspricht in der Körperlänge etwa dem Holzbock. Weibchen ▸ **2** mit etwa sechseckigem Rückenschild, dessen breiteste Stelle kurz vor seiner Mitte liegt. Hüfte des ersten Laufbeines an der Basis mit einem nach hinten gerichteten Dorn (Unterschied zu Arten mit ähnlich geformtem Schild).
Vorkommen In Wäldern und offenem Gelände, auch im Siedlungsbereich fast überall ziemlich häufig.
Lebensweise Die Igelzecke saugt fast ausschließlich am Igel und wird nur ausnahmsweise auch an anderen Säugern gefunden. Die meisten Igel tragen diese lästigen Blutsauger mit sich herum, und nicht selten sind sie mit zahlreichen von ihnen besetzt. In den Schlafnestern der Igel kann man oft die abgefallenen, vollgesogenen Zecken antreffen ▸ **2**.

3 Taubenzecke *Argas reflexus*

> Körper schildartig flach
> Grundfärbung gelblich
> Vorwiegend an Tauben und anderen Vögeln

Merkmale Männchen mit etwa 4, Weibchen mit 6–8 mm Körperlänge. Körper schildartig abgeflacht, annähernd birnenförmig, die breiteste Stelle im hinteren Drittel. Färbung in nüchternem Zustand gelblich, nach Nahrungsaufnahme durch die durchschimmernden, mit Blut gefüllten Darmblindsäcke rötlich bis violett verdunkelt. Stechapparat unter dem Körper verborgen, von oben nicht sichtbar.
Vorkommen In ländlichen Bereichen vor allem in Geflügelställen, in Städten besonders auf alten Dachböden, von dort aus auch in Wohnungen eindringend. In den meisten Gebieten nicht selten.
Lebensweise Während die anderen Zecken in jedem Entwicklungsstadium nur einmal Blut saugen, nehmen die in eine eigene, mit den eigentlichen Zecken nahe verwandte Familie eingegliederten Taubenzecken jeweils mehrmals Nahrung auf. Sie saugen vorzugsweise an Tauben, Hühnern und Enten, können aber auch den Menschen anfallen.

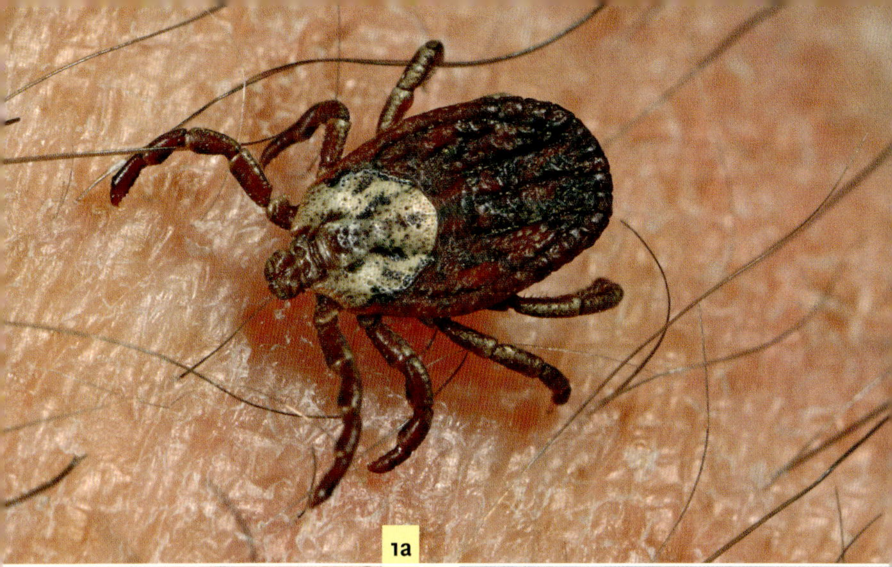

1a

1b

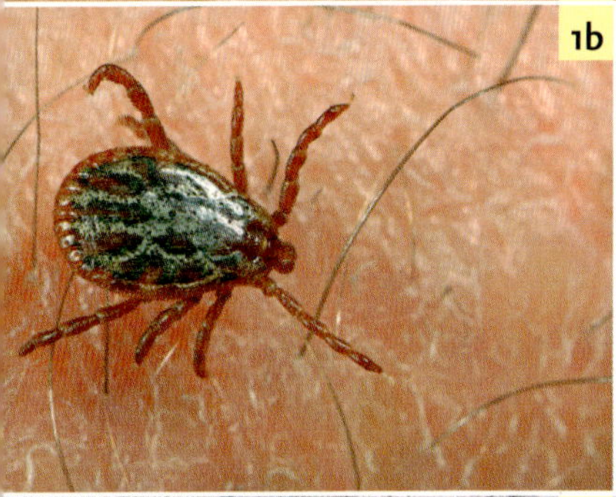

2

3

1 *Phytoptus avellanae*

Merkmale Meist etwa 5–8 mm große, deutlich verdickte Knospen an Haselnusszweigen ▸ **1a**, besonders im Spätherbst und Winter nach dem Laubfall auffällig ▸ **1b**: oben normale, unten vergallte Haselnussknospe). Im Längsschnitt durch die Knospe ▸ **1c** verändertes Pflanzengewebe erkennbar: Blattanlagen etwas verdickt und gekräuselt, mit zahlreichen warzenförmigen und korallenartigen Auswüchsen, außerdem eine besonders stark entwickelte Behaarung. Die nur 0,2 mm langen Milben selbst ▸ **1d**: 2 mm breiter Ausschnitt aus dem Längsschnitt durch die Galle mit den wurmartigen Gallmilben), die diese Gallen erzeugen, nur von Spezialisten zu bestimmen. Wie alle Gallmilben weiß und nur mit zwei Beinpaaren, diese ganz vorn am schmal walzenförmigen Körper. Der lang gestreckte Hinterkörper mit etwa 70 feinen Ringen, die aber nicht tatsächlichen Segmenten entsprechen. Cheliceren in stilettförmige Stechorgane umgewandelt.

Vorkommen Ausschließlich an Haselnusssträuchern, neben der heimischen Art (*Corylus avellana*) auch an in Parks angepflanzten, eingeführten Arten dieser Gattung.

Lebensweise Die Gallmilben überwintern in den um diese Zeit eng geschlossenen Knospengallen. Mit dem Laubaustrieb im Frühjahr vergrößern sie sich weiter und öffnen sich meist etwas. Gelegentlich können sich aus ihnen auch noch mehr oder weniger stark missgebildete Blätter entwickeln; manchmal wächst auch die in der Galle eingeschlossene Anlage der Sprossachse noch zu einem kurzen Trieb aus. Bereits im zeitigen Frühjahr legen die Milben Eier im Innern der Galle ab, und ab Mitte Mai beginnen die Gallen zu vertrocknen. Die jungen Milben, die sich als Larven und Nymphen außer durch ihre geringere Größe kaum von den Erwachsenen unterscheiden, verlassen nun die alten Gallen, wandern zu den frischen Triebspitzen und dringen hier in junge Knospen ein. In der Folge vergrößern sich diese zunächst noch winzig kleinen Knospen bis auf etwa 2 mm Größe und erreichen dann bis zum Herbst einen Durchmesser von bis zu etwa 10 mm. An der bei uns vielfach angepflanzten Baumhaselnuss (*Corylus colurna*) können sie auch noch deutlich größer werden (bis 3 cm).

> An Haselnusszweigen
> Knospen deutlich vergrößert
> Vor allem im Herbst und Winter auffällig

Wissenswertes Während die etwa 250 verschiedenen heimischen Gallmilbenarten anhand der Milben selbst kaum bestimmbar sind, ist ihre Bestimmung nach den Gallen in vielen Fällen recht einfach, da die Gallen der gleichen Milbenart auch fast immer ziemlich gleichartig aussehen. Hierfür ist es aber auch wichtig, die einzelnen Pflanzenarten korrekt anzusprechen, da sich fast alle Gallmilben streng wirtsspezifisch verhalten. Fast immer sind sie an eine einzige Pflanzenart oder zumindest an sehr wenige, nahe verwandte Pflanzen einer Gattung gebunden.

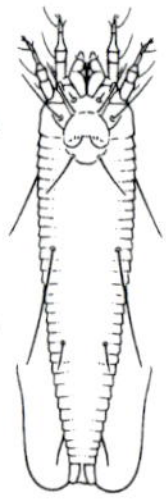

Habitus einer Gallmilbe

2 *Aceria dispar*

Merkmale Mit dem Laubaustrieb an Zitterpappeln (*Populus tremula*) im Frühjahr erscheinende, meist stark gestauchte Triebe mit gekräuselten, am Rand etwas verdickten und eingerollten Blättern, diese oft rot verfärbt. Bei weniger dichtem Besatz mit Milben Sprossachse auch stärker gestreckt, aber mit ähnlich missgebildeten Blättern besetzt. Keine auffallende Behaarung. Meist sehr vereinzelt an jungen Sträuchern.

> An Zitterpappeln
> Zweig meist stark gestaucht
> Blätter gekräuselt und oft rot

1a

1b

1c

1d

2a

2b

1 *Eriophyes diversipunctatus*

Merkmale Aus Drüsen am Blattgrund von Zitterpappeln gebildete, bis 4 mm große und etwas unregelmäßig geformte Galle, meist zu zweit nebeneinander an beiden Seiten des Stielansatzes oder zu einem einheitlichen Gebilde verwachsen. Mehr oder weniger stark rot gefärbt, Oberfläche uneben, mit kleinen Höckern und Falten, im Innern unregelmäßig geformte Hohlräume, in denen sich die Milben aufhalten.

> Am Blattgrund von Zitterpappeln
> Rot mit unebener Oberfläche
> Bis 4 mm groß

2 **Klunkerngalle** *Aceria fraxini*

Merkmale Im Volksmund als „Klunkerngalle" bekannt. An den Blüten- bzw. Fruchtständen von Gemeiner Esche (*Fraxinus excelsior*) und Blumenesche (*F. ornus*) blumenkohlartige, annähernd kugelige, bis 3 cm große Wucherung mit höckeriger, kurz behaarter Oberfläche. Bilden sich vor allem aus den Blütenstielen, zum Teil aber auch aus den Blüten selbst. In der Wachstumsphase während der Blütezeit grün, später zu Beginn der Fruchtentwicklung leuchtend rotbraun, im Herbst und Winter schließlich schwarz.

> An den Fruchtständen von Eschen
> Blumenkohlartig, bis 3 cm groß
> Zuerst grün, dann rotbraun

3 *Eriophyes laevis*

Merkmale Bis 2 mm große, kugelige, unten meist etwas gestielte Galle auf der Oberseite von Erlenblättern (*Alnus* spp.). Zunächst gelblich, bei der Reife dann leuchtend rot und von einem etwas durchscheinenden, gelblichen Hof umgeben. An der Blattunterseite der von einem feinen Wall umgebene, durch feine Behaarung versperrte Eingang zum Innern der Galle. Unregelmäßig über die Blattfläche verteilt, meist kleine Gruppen von jeweils mehreren dieser Gallen in einem gemeinsamen, hellen Hof. Ähnliche, aber meist etwas größere Gallen anderer Gallmilben ebenfalls auf Erlenblättern.

> Auf der Oberseite von Erlenblätter
> Bis 2 mm groß und fast kugelig
> Meist kleine Gruppen in hellem Hof

4 *Phyllocoptes goniothorax*

Merkmale Am Rand von Weißdornblättern (*Crataegus* spp.) etwas verdickte Aufrollung des Blattrandes nach unten, grün bis leuchtend rot gefärbt. Im Innern der Rolle ein dichtes Polster aus kurzen, keulenförmigen Haaren.

> An Weißdornblättern
> Aufrollung des Blattrandes nach unten
> In der Rolle ein Haarpolster

5 *Epitrimerus trilobus*

Merkmale An Schwarzem und Rotem Holunder (*Sambucus nigra*, *S. racemosus*), selten auch am Strauchholunder (*S. ebulus*) Randrollung der Fiederblätter nach oben, meist den gesamten Rand der Fiedern ergreifend, sodass diese sich schließlich löffelartig aufwölben.

> An Holunderblättern
> Randrollung nach oben
> Meist ganze Fiederblätter betroffen

1

2

3

4

5

1 *Acalitus stenaspis*

> An Blättern der Rotbuche
> Schmale Randrollung nach oben
> Reicht weit am Blattrand entlang

Merkmale Sehr schmale und enge Randrollung an Blättern der Rotbuche (*Fagus sylvatica*), im Querschnitt meist mit eineinhalb Windungen. Meist ohne oder mit wenig Unterbrechungen den größten Teil des Blattrandes erfassend, im Innern der Rolle ein feiner Haarfilz. Gelegentlich kann auch zusätzlich zu dieser schmalen Randrolle das ganze Blatt locker nach oben eingerollt sein. Diese Erscheinung kann fast alle Blätter eines Baumes erfassen, sodass dieser schon aus der Entfernung durch die nach außen gekehrte Blattunterseite deutlich heller belaubt erscheint.

2 *Aceria nervisequus*

> Auf der Blattoberseite der Rotbuche
> Filzrasen entlang der Seitennerven
> Blatt oft deutlich gewölbt

Merkmale Feiner Rasen aus weißen, gelblichen oder rosa gefärbten Haaren auf der Oberseite von Blättern der Rotbuche (*Fagus sylvatica*). Dieser Rasen folgt meist den Seitennerven, weniger dem Hauptnerv des Blattes, lässt aber die Nerven selbst meist mehr oder weniger frei und kann fast das ganze Nervennetz eines Blattes nachzeichnen. Bei starker Entwicklung treten die Blattnerven an der Blattunterseite deutlich hervor, und oft wölbt sich das Blatt von den Rändern her stark nach oben.

3 *Aceria fagineus*

> Auf der Blattunterseite der Rotbuche
> Filzrasen zwischen den Seitennerven
> Oft zusammen mit anderen Gallmilbengallen

Merkmale Filzrasen auf der Unterseite von Blättern der Rotbuche (*Fagus sylvatica*), als runde oder längliche Flecke zwischen den Seitennerven liegend, diese selbst aber in der Regel nur wenig berührend. Zuerst weiß, dann gelblich und schließlich rotbraun gefärbt. Bereits an jungen, gerade austreibenden Blättern als durchscheinende Flächen zu erkennen. Haare kurz gestielt, mit birnen- oder keulenförmigem, am Ende oft eingedelltem Kopf. Überall häufig; kann zusammen mit den Gallen von *A. stenaspis* und *A. nervisequus* auf dem gleichen Blatt auftreten.

4 *Aceria macrotrichus*

> An der Blattunterseite von Hainbuchen
> Verdickte und geschlängelte Blattnerven
> Oft ganze Blätter aufgewölbt

Merkmale An der Blattunterseite der Hainbuche (*Carpinus betulus*). Durch das von den Gallmilben während der Blattentfaltung an der Blattunterseite ausgelöste, starke Wachstum vorzugsweise der Seitennerven werden diese zu stark verdickten und geschlängelten Graten umgestaltet; bei starkem Befall kann sich das Blatt gleichzeitig von den Rändern her stark nach oben aufwölben. Diese Erscheinung kann auf ganze Zweige, manchmal auf fast alle Blätter eines Strauches oder Baumes übergreifen und kehrt bei den befallenen Bäumen meist auch alljährlich wieder.

1

2

3

4

1 *Aceria pseudoplatani*

Merkmale Auf der Blattunterseite von Bergahorn (*Acer pseudoplatanus*) ein dichter, weiß oder gelblich, gelegentlich auch rosa gefärbter Filzrasen. Auf der Blattoberseite eine deutliche, meist gelblich entfärbte Aufwölbung.

> An der Blattunterseite von Bergahorn
> Weiße, gelbliche oder rosa Filzrasen
> Auf der Oberseite entfärbte Blattwölbung

2 *Aceria eriobius*

Merkmale Auf der Blattunterseite von Feldahorn (*Acer campestre*) ein zunächst weißer, später dann roter und schließlich brauner Filzrasen. Blattoberseite mit oder ohne entfärbte Aufwölbungen.
Wissenswertes Die Artidentität der Gallmilben in Filzrasen an Berg- und Feldahornblättern ist bislang noch unzureichend geklärt. Möglicherweise treten an diesen beiden Ahornen noch weitere Arten als die beiden hier vorgestellten auf.

> An der Blattunterseite von Feldahorn
> Zuerst weißer, später roter Filzrasen
> Oberseits mit oder ohne Aufwölbung

3 *Aceria aceriscampestris*

Merkmale Auf der Blattoberseite von Feldahorn (*Acer campestre*). Unregelmäßige, sackförmige Aufwölbungen von höchstens 2 mm Größe. Grün oder leuchtend rot gefärbt, an der Blattunterseite weit geöffnet und hier durch Haare nur teilweise verschlossen. Oft in dichten Rasen fast die ganze Blattfläche bedeckend, diese zwischen den Gallen bisweilen nicht mehr sichtbar.

> Auf der Blattoberseite des Feldahorns
> Bis 2 mm große Aufwölbung
> Oft das ganze Blatt bedeckend

4 *Aceria macrochelus*

Merkmale Auf der Blattoberseite von Bergahorn (*Acer campestre*). Unregelmäßig kugelige Aufwölbungen mit 2–5 mm Durchmesser, oft mit höckeriger Oberfläche, in kleinen Gruppen oder einzeln am Stielansatz und entlang der Hauptblattadern, oft an den Aderverzweigungen. Gelblich, grün oder leuchtend rot, Mündung auf der Blattunterseite durch dichte Behaarung verschlossen.

> Auf der Blattoberseite von Feldahorn
> Unregelmäßig kugelige Aufwölbungen
> Besonders entlang der Blattadern

5 *Vasates quadripedes*

Merkmale Auf der Blattoberseite von Silberahorn (*Acer saccharinum*). Unregelmäßig rundliche oder verlängerte Aufwölbungen mit einem kurzen, schmalen Hals. Oberfläche uneben und glänzend, zunächst gelbgrün, später mehr oder weniger rot gefärbt. Unterseitige Öffnung durch einzellige Haare dicht verschlossen. In kleinen Gruppen entlang der Blattadern, oft aber auch sehr zahlreich in dichten Rasen.

> Auf der Blattoberseite von Silberahorn
> Unregelmäßig kugelig oder länglich
> Entlang der Adern oder in dichten Rasen

1

2

3

4

5

1 *Acalitus brevitarsus*

Merkmale An den Blättern der Schwarzerle (*Alnus glutinosa*). Auf der Blattunterseite, seltener auch auf der Oberseite ein krümelig wirkender, weißlich bis rostrot gefärbter Haarfilz, meist in der Nähe des Blattrandes, oft auch unregelmäßig über die ganze untere Blattfläche verteilt. Auf der Blattoberseite an den entsprechenden Stellen Aufwölbungen, an denen das Blatt etwas bleicher gefärbt ist. Der Haarfilz kann auch als geschlossener Rasen die ganze Blattunterseite überziehen und dann das ganze Blatt sich löffelförmig nach unten einkrümmen lassen. Haare von sehr charakteristischer Gestalt: Auf dünnem Stiel ein mehr oder weniger flacher, zu den Seiten in lange Lappen ausgezogener Kopf, dessen Seitenlappen mit denen der Nachbarhaare ineinandergreifen und so ein Schutzdach bilden, unter dem sich die Milben aufhalten. Überall sehr häufig.

> An Blattunterseiten der Schwarzerle
> Weißlicher bis rostroter Haarfilz
> Haare bilden Schutzdach

2 *Eriophyes convolvens*

Merkmale An den Blättern des Pfaffenhütchens (*Euonymus europaeus*). Blattränder meist nach oben, seltener nach unten zu einer engen, etwa 1 mm dicken Spirale aufgerollt. Meist hell gelbgrün gefärbt, gelegentlich auch mehr oder weniger rötlich, besonders bei Zweigen, die stärker besonnt werden. In der Regel am Blattansatz beginnend, aber meist vor der Blattspitze endend oder nach einer Unterbrechung wieder fortgesetzt. Bei Blättern mit vollständig ausgebildeter Randrollung erscheint die Blattspitze spiralig verdreht. Im Innern der Rolle keine besondere Behaarung. Überall häufig.

> An Blättern des Pfaffenhütchens
> Randrollung meist nach oben
> Erfasst meist nur einen Teil des Blattes

3 *Aculus xylostei*

Merkmale An den Blättern verschiedener Heckenkirschen-Arten, insbesondere an der Wald-Heckenkirsche (*Lonicera xylosteum*). Blattrand kraus gewellt, wobei es meist zu einer Kombination aus Randrollung und Faltung kommt. Diese Bildung kann auch weiter vom Blattrand entfernt liegen, den Rand selbst also in der normalen Form belassen. Bei dieser Gallbildung kommt es zu keiner besonderen Ausbildung von Haaren.

> An Blättern von Heckenkirschen
> Kraus gewellter Blattrand
> Ohne besondere Haarbildung

4 *Eriophyes tiliae*

Merkmale Auf der Ober- seltener auch auf der Unterseite von Blättern der Sommerlinde (*Tilia platyphyllos*). Horn- oder nagelförmige, bis 15 mm hohe Ausstülpung der Blattfläche, grün, gelb oder rot gefärbt. Am Ende zugespitzt, Spitze oft hakenförmig zurückgebogen. Der auf der Gegenseite des Blattes liegende Eingang in die Galle durch dichten Haarfilz verschlossen, auch der Innenraum mit mehr oder weniger dichter Behaarung. Außenseite kahl oder locker behaart. Einzeln oder in Gruppen, manchmal als dichter Rasen auf der ganzen Blattfläche. Überall häufig.

> An Blättern der Sommerlinde
> Horn- oder nagelförmig, bis 15 mm hoch
> Oft die ganze Blattfläche bedeckend

1

2

3

4

1 *Aceria sanguisorbae*

Merkmale Am Kleinen Wiesenknopf (*Sanguisorba minor*). Vor allem an den Blattfiedern, oft aber auch auf den Stängeln und Blütenköpfchen ein dichter weißer, oft auch rötlicher, später dann zunehmend brauner Haarfilz. Blätter dabei oft mehr oder weniger stark verkrümmt, Blütenköpfe können völlig missgebildet sein. Haare einzellig, ziemlich lang und dick, wurmförmig verkrümmt und miteinander verschlungen. Nicht häufig.

> Am Kleinen Wiesenknopf
> Haarfilz auf Blättern und anderen Teilen
> Haare lang und wurmartig gekrümmt

2 *Cecidophyes galii*

Merkmale Vorwiegend an Blättern vom Kletten-Labkraut (*Galium aparine*), aber auch an anderen Labkraut-Arten. Blattfläche in Längsrichtung eingerollt und zusätzlich bogenförmig bis mehr oder weniger stark spiralig gekrümmt. Oft fast alle Blätter einer Pflanze betroffen. Vor allem an Ruderalstandorten ziemlich häufig.

> An Labkraut
> Blätter in Längsrichtung eingerollt
> Oft stark spiralig gekrümmt

3 *Phyllocoptes parvulus*

Merkmale An den Blättern verschiedener Fingerkraut-Arten, z. B. beim Frühlings-Fingerkraut (*Potentilla tabernaemontani*). Dichter weißer Haarfilz an den Blattabschnitten und Stängeln. Meist nur an wenigen Blättern, aber bei intensiver Suche oft zu finden.

> An Fingerkraut
> Weißer Haarfilz an Blättern
> Meist nur einzelne Blätter befallen

4 *Aceria origanae*

Merkmale An den Blütenständen vom Dost (*Origanum vulgare*). Blüten vergrünt und zu schuppenförmigen Blättchen umgewandelt, bilden zusammen mit den deformierten Hochblättern und den verkürzten Blütenstandsachsen unregelmäßig köpfchenförmige, fein weiß behaarte Komplexe an der Triebspitze der Pflanze. Missgebildete Blätter oft am Rand deutlich gezähnt, was bei normalen Blättern nicht der Fall ist. Neben derart vergallten Trieben sind an der gleichen Pflanze meist auch normal entwickelte Blütenstände ausgebildet.

> An den Blütenständen von Dost
> Blüten in Blattschuppen umgewandelt
> Zu weiß behaarten Köpfchen verwachsen

5 *Eriophyes schmardae*

Merkmale An der Nesselblättrigen Glockenblume (*Campanula trachelium*) und weiteren Arten der Gattung. Gesamter Blütenstand vergrünt, anstelle der Blüten teils schmale, deutlich voneinander getrennte, teils stark gekräuselte und zu blumenkohlartigen Knäueln zusammengezogene Blätter entwickelt. Immer wieder vereinzelt zwischen normal entwickelten Pflanzen anzutreffen, aber im Allgemeinen nicht häufig.

> An Blütenständen von Glockenblumen
> Blüten vergrünt
> Mit Blättern zu Knäueln verwachsen

1

2

3

4

5

Klasse Asselspinnen Pantopoda

Die nur im Meer lebenden Asselspinnen sind eine ausgesprochen merkwürdige Gruppe von Gliederfüßern aus der nächsten Verwandtschaft der Spinnentiere. Wie diese besitzen sie Cheliceren und Pedipalpen, unterscheiden sich aber vor allem durch ihre ganz andere Körpergliederung. Daher werden sie als eigene Tierklasse neben die Klasse der Spinnentiere gestellt. Vor den Cheliceren und Pedipalpen liegt ein Rüssel, der bei manchen Arten mehr als körperlang ist. Zwischen Pedipalpen und erstem Laufbeinpaar ist ein zusätzliches Segment mit den sogenannten „Eiträgern" eingeschaltet. An Laufbeinen können vier, fünf oder sechs Paare entwickelt sein, sodass maximal bis neun Paar Gliedmaßen vorkommen können. Oft kommt es aber auch zu Reduktionserscheinungen, indem etwa die Cheliceren und Pedipalpen oder, wie in den meisten Fällen bei den Weibchen, die Eiträger zurückgebildet sind. Merkwürdig ist auch die Rückbildung des ganzen Hinterkörpers, von dem nur ein winziger Stummel am Hinterende geblieben ist, ebenso die Tatsache, dass Blindsäcke des Darms und einiger weiterer Organe bis in die Beinspitzen hineinreichen. Von den weltweit etwa 1000 Arten sind 15 auch im deutschen Küstengebiet zu finden.

1 *Pycnogonum litorale*

> Beine ziemlich kurz und kräftig
> Cheliceren und Pedipalpen fehlen
> Saugt an Actinien

Merkmale Körperlänge 15–18 mm. Cheliceren und Pedipalpen vollständig zurückgebildet, dafür ein sehr kräftiger, stumpfer Rüssel entwickelt. Kurz dahinter ein Augenhügel mit vier kleinen Linsenaugen. Eiträger sehr dünn, nur beim Männchen entwickelt (beim auf dem Rücken liegenden Tier in ▸ **1b** gut zu erkennen). Vier vergleichsweise kurze und kräftige Beinpaare. Färbung weißlich oder hell gelblich.
Vorkommen Im Atlantik und in der Nordsee, von der Gezeitenzone bis in größere Wassertiefen. Stellenweise ziemlich häufig, vor allem auf steinigem Untergrund, wie etwa an Buhnen oder in Hafengebieten.
Lebensweise Die sehr trägen Tiere stechen mit ihrem kräftigen Rüssel vor allem Seerosen (Actinien) an und saugen an ihnen. Die kleineren Jungen bevorzugen dagegen zunächst Polypenstöcke, etwa Keulenpolypen (*Clava* sp.).

2 *Nymphon sp.*

> Sehr lange und dünne Beine
> Cheliceren und Pedipalpen vorhanden
> Ernährt sich von Polypenstöcken

Merkmale Körperlänge bis 10 mm, die meisten Arten dieser Gattung aber deutlich kleiner. Beine bis 25 mm lang, etwa gleich dick wie der stabförmige Körper. Cheliceren und Pedipalpen normal entwickelt; Eiträger sehr dünn, bei beiden Geschlechtern ausgebildet.
Vorkommen Meist in Küstennähe auf Polypenstöcken, Moostierkolonien oder Algen; an fast allen europäischen Küsten ziemlich häufig, doch sehr schwer zu entdecken (vor allem kleine Exemplare).
Lebensweise Die Arten dieser Gattung ernähren sich vorzugsweise von Polypenstöcken. Sie ergreifen mit ihren langen Cheliceren einzelne Polypenköpfe und saugen sie dann mit ihrem Rüssel aus. Bei der Paarung übernimmt das Männchen mit seinen Eiträgern die Eier aus der Geschlechtsöffnung des Weibchens. Sie verkleben durch eine vom Männchen abgegebene Kittsubstanz und werden bis zum Schlüpfen der Jungen getragen ▸ **2**.

1a

1b

2

Tausendfüßer Myriapoda

Die „vielfüßigen" Gliederfüßer, also die Hundertfüßer, die Doppelfüßer, die Wenigfüßer und die Zwergfüßer, werden üblicherweise als Tausendfüßer zusammengefasst. Sie alle besitzen einen aus einer größeren Zahl mehr oder weniger gleichförmiger Segmente zusammengesetzten Körper mit einer entsprechend großen Beinzahl.

1 Spinnenassel *Scutigera coleoptrata*

> 15 sehr lange Beinpaare
> Mit Facettenaugen
> Im Mittelmeergebiet oft in Häusern

Merkmale Körperlänge 18–26 mm. Als Vertreter der Hundertfüßer (wie alle auf dieser und der folgenden Doppelseite vorgestellten Arten) durch ein Paar kräftiger Oberkiefer (Mandibeln), zwei Paar Unterkiefer (Maxillen) und zusätzlich ein Paar Kieferfüße (Maxillipedien), in denen Giftdrüsen ausmünden, ausgezeichnet. Fühler sehr lang, ebenso die 15 Paar Laufbeine. Augen (im Unterschied zu allen übrigen Tausendfüßern) als Facettenaugen entwickelt.
Vorkommen Im Mittelmeergebiet an trockenen Orten unter Steinen, auch in Häusern, fast überall häufig. Nach Norden bis zum Südrand der Alpen, vereinzelt auch weiter nördlich an wärmebegünstigten Orten (z. B. im Rhein- und Moseltal), hierher offenbar durch den Weinbau verschleppt; scheint sich in der letzten Zeit bei uns weiter auszubreiten.
Lebensweise Die außerordentlich flinken, nachtaktiven Tiere ernähren sich wie alle Hundertfüßer räuberisch; sie erbeuten z. B. oft Fliegen an Hauswänden und Zimmerdecken und werden daher im Mittelmeergebiet vielerorts nicht ungern gesehen.

2 Steinkriecher *Lithobius forficatus*

> Rückenplatten abwechselnd kurz und lang
> Rückenplatten 9, 11 und 13 mit Zipfeln
> Unter Baumrinde und Steinen

Merkmale Mit einer Körperlänge von 20–32 mm die größte Art der Gattung. An den Kopfseiten jeweils etwa 15 Punktaugen ▸ **2a**. Rückenplatten abwechselnd kurz und lang, die der Segmente 9, 11 und 13 jederseits in einen kurzen, nach hinten gerichteten Zipfel ausgezogen. 15 Laufbeinpaare. Lebensdauer 5–6 Jahre.
Vorkommen In offenem Gelände ebenso wie in Wäldern und Gärten; vor allem unter der Rinde abgestorbener Bäume und unter Steinen. Bei uns überall häufig.
Lebensweise Die nachtaktive Art erbeutet Insekten, Spinnen und andere Gliederfüßer. Sobald ein Fühler berührt wurde, greifen die kräftigen Kieferfüße zu und injizieren das recht wirksame Gift. Eine Fliege wird damit z. B. fast augenblicklich bewegungsunfähig. Große Exemplare sollen auch den Menschen schmerzhaft beißen können. Bei der Paarung stellt das Männchen mit seinen normalerweise verborgenen Spinngriffeln, die sich am Hinterende befinden, ein lockeres Gespinst her und setzt darauf einen Spermatropfen ab. Dieser wird vom Weibchen anschließend mit seinen am Hinterende liegenden zangenartigen Geschlechtsfüßen ergriffen und in die Geschlechtsöffnung (ebenfalls am Hinterende) aufgenommen. Die Eier werden einzeln in größeren zeitlichen Abständen am Boden abgelegt. Die Jungtiere entwickeln sich über fünf Stadien mit noch unvollständiger Segmentzahl sowie etwa die gleiche Zahl von Stadien mit endgültiger Segmentzahl zu Erwachsenen. Auch diese häuten sich später noch mehrfach.

1a

1b

2a

2b

1 Gürtelskolopender *Scolopendra cingulata*

> Sehr großer und kräftiger Hundertfüßer
> Rückenplatten gleich lang
> Im Mittelmeergebiet häufig

Merkmale Körperlänge 60–90 mm, gelegentlich über 100 mm. Grundfärbung ziemlich variabel, gelbbraun oder hell rötlich braun bis dunkelbraun, manchmal auch hell grünlich grau. Jungtiere deutlich anders gefärbt ▸ **1a**: Hinterer Teil des Kopfes sowie erstes und letztes Rumpfsegment leuchtend orangerot, übriger Körper und Beine grünlich oder bläulich, der Körper manchmal auch mehr rötlich gefärbt. Augen in einer dichten Gruppe vorn an den Kopfseiten. Giftklauen an den Kieferfüßen ausgesprochen lang und kräftig ▸ **1b**. 21 Laufbeinpaare; im Unterschied etwa zu den Steinkriechern kein Wechsel zwischen langen und kurzen Rückenplatten. Letztes Beinpaar länger als die übrigen und deutlich abgeflacht.
Vorkommen Im Mittelmeergebiet an offenen und trockenen Stellen ziemlich häufig, selten bis ins südliche Mitteleuropa (z. B. am Neusiedler See).
Lebensweise Die nachtaktive Art hält sich tagsüber unter Steinen verborgen, verkriecht sich aber während der sommerlichen Trockenphase auch tiefer in Erdspalten und ist dann kaum auffindbar. Der Zugriff auf Beutetiere erfolgt, sobald diese die sehr empfindlichen Fühler berührt haben. Der Biss ist auch für Menschen ausgesprochen schmerzhaft. Nach der Paarung baut das Weibchen eine unterirdische Brutkammer und legt darin einen kugeligen Eiklumpen ab, den es mit seinem Körper dicht umschließt.

2 *Cryptops hortensis*

> 21 Rumpfsegmente
> Ohne Augen
> Am Boden unter Steinen und Holzstücken

Merkmale Körperlänge 15–30 mm. Ziemlich schlanker Körperbau, Färbung gelbrot oder rötlich braun. 21 Laufbeinpaare, letztes Beinpaar fast doppelt so lang und viel kräftiger als das vorletzte. Ohne Augen.
Vorkommen Vorwiegend in Laubwäldern am Boden unter Steinen oder Holzstücken. Im Bergland weitverbreitet und stellenweise nicht selten.
Lebensweise Dieser kleinere, auch bei uns vorkommende Verwandte des Gürtelskolopenders ist vollkommen harmlos. Er soll seine langen Hinterbeine als Fangbeine verwenden können und damit andere, kleine Bodentiere ergreifen.
Ähnlich Der etwas kleinere *Cryptops parisi* (bis 20 mm) hat im hinteren Teil des Kopfes zwei dicht nebeneinander liegende Längsfurchen, die *C. hortensis* fehlen.

3 Erdkriecher *Geophilus sp.*

> Mehr als 50 Laufbeinpaare
> Körper schlangenartig beweglich
> Am und im Erdboden

Merkmale Körperlänge 20–45 mm. Körper ausgesprochen lang und dünn, schlangenartig biegsam. Färbung hell rötlich gelb oder gelblich. Augen fehlen. 53–73 Beinpaare. 4 schwer unterscheidbare Arten.
Vorkommen Vorwiegend in Wäldern unter Steinen und Holzstücken, oft auch tiefer im Boden; fast überall ziemlich häufig.
Lebensweise Die Tiere folgen Regenwürmern in ihre Gänge, umschlingen sie mit ihrem Körper und töten sie durch einen Giftbiss mit ihren Kieferfüßen.
Ähnlich Mehrere weitere, ziemlich ähnliche Arten, die sich teils durch andere Beinzahlen, ansonsten aber nur schwer von dieser Gattung unterscheiden lassen.

1a
1b
1c
2
3

1 Gerandeter Saftkugler *Glomeris marginata*

> Kann sich zu Kugel zusammenrollen
> 17 Beinpaare
> Schwarz mit hellen Segmenträndern

Merkmale Körperlänge 7–20 mm. Körper glatt und hochgewölbt, kann zur allseits geschlossenen Kugel zusammengerollt werden ▸ **1b**. Oberseite des Körpers mit 12 seitlich weit heruntergezogenen Rückenplatten, die erste (das Halsschild) deutlich kleiner, die zweite (das Brustschild) deutlich größer als die übrigen. Einzige Saftkugler-Art, bei der die ausgewachsenen Tiere in der Regel außer hellen Segmenträndern keine Zeichnungen auf den dunkelbraun bis schwarz gefärbten Rückenplatten besitzen. Jungtiere dagegen meist mit 4 hellen Flecken auf jedem Segment mit Ausnahme des Halsschilds. Beide Geschlechter mit 17 Laufbeinpaaren, Männchen am Hinterende zusätzlich mit zwei zusätzlichen zangenförmigen, als Hilfswerkzeug bei der Paarung eingesetzten Gliedmaßenpaaren. Lebensdauer mehrere Jahre, daher ausgewachsene Tiere ganzjährig anzutreffen.

Vorkommen Vor allem in Laubwäldern, besonders Buchenwäldern, seltener auch in offenem Gelände. In Nord- und Westdeutschland weitverbreitet und gebietsweise häufig, im nordwestdeutschen Flachland die einzige Saftkugler-Art. Fehlt in weiten Teilen Bayerns und Baden-Württembergs.

Lebensweise Saftkugler ernähren sich wie fast alle Doppelfüßer (hierzu zählen außer den Saftkuglern auch die auf den Seiten 402–414 vorgestellten Arten) vorwiegend von Falllaub und ähnlichen abgestorbenen Pflanzenresten. Sie sorgen damit ganz entscheidend für die Wiederaufbereitung der Nährstoffe, denn ihr Kot stellt nichts anderes als Humus dar. Man findet die Tiere oft zu mehreren unter am Boden liegenden Totholz. Bei Beunruhigung lassen sie sich oft zu Boden fallen, um sich dort zu einer festen Kugel zusammenzurollen. Kopf und Halsschild verschwinden dabei ganz unter dem kuppelförmig gewölbten letzten Rumpfsegment. Oft wird zusätzlich aus einer schlitzförmigen Öffnung an der Rückenmitte zwischen den einzelnen Rückenplatten ein durchsichtiger Tropfen eines Wehrsekrets abgeschieden (daher „Saftkugler"). Die Eier werden kurz nach der Paarung (siehe S. 402) meist einzeln, seltener zu zweit, in eiförmige, etwa 2 mm große, aus dem eigenen Kot, also Humus, hergestellte Kapseln abgelegt. Die Jungtiere schlüpfen mit zunächst nur drei Beinpaaren. Sie entwickeln sich nach acht Häutungen unter Vermehrung der Bein- und Segmentzahl im Verlauf von gut drei Jahren in die Erwachsenen, die anschließend noch weitere drei Jahre leben können.

2 *Glomeris conspersa*

> Hellbraune, unscharf begrenzte Fleckenzeichnung
> Im Süden meist rot gezeichnet
> Am Rücken dunkle Dreieckzeichnung

Merkmale Körperlänge 6–17 mm. Grundfarbe dunkelbraun mit unscharf begrenzten, hellbraunen bis gelblichen Zeichnungen, wobei mal der helle, mal der dunkle Anteil der Zeichnung überwiegt. Entlang der Rückenmitte eine aus schmalen Dreiecken zusammengesetzte, dunkle Längsbinde. Außer der normal gezeichneten nördlichen Unterart (*G. conspersa conspersa*) die südliche Unterart (*G. conspersa porphyrea*) mit meist roter statt hellbrauner Zeichnung und breit hell gerandetem Halsschild ▸ **2b**.

Vorkommen Vorwiegend in Wäldern und an Waldrändern. Die nördliche Unterart in Mitteleuropa weitverbreitet, vor allem im süddeutschen Bergland (nach Norden bis Hessen und Thüringen), die südliche in Südosteuropa, nach Norden bis in die Südostalpen (z. B. Südtirol und Gardasee-Gebiet).

1a

1b

1c

1d

2a

2b

1 *Glomeris hexasticha*

Merkmale Körperlänge 6–17 mm. Zeichnung sehr variabel. Grundfärbung dunkelbraun mit regelmäßigen, ziemlich scharf begrenzten, hell gelblichen oder rötlichen Fleckenreihen. Zwischen diesen Fleckenreihen schräg gestellte, dunkle Streifen. Meist sieben helle Flecken in jedem Segment, der mittlere und der zweite Fleck von außen können aber auch fehlen, daher z. B. auch Tiere mit nur vier hellen Fleckenreihen. Letztes Segment beim Männchen hinten deutlich eingebuchtet.

> Meist mit 7 hellen Fleckenreihen
> Dazwischen dunkle Schrägstreifen
> Nur östlich des Rheins

Vorkommen Vorwiegend in Wäldern und Gebüschen, auch in offenem Gelände. In den Alpen bis in 2400 m Höhe. In Mitteleuropa vom Nordrand der Mittelgebirge bis weit nach Osten und Süden allgemein verbreitet und z. B. im süddeutschen Bergland nicht selten. Im Westen etwa bis an den Rhein.

2 *Glomeris intermedia*

Merkmale Körperlänge 6–12 mm. Grundfärbung dunkelbraun bis schwarz, manchmal heller braun oder grau. Mit meist sechs ziemlich scharf begrenzten, hellbraunen, gelblichen oder rötlichen Fleckenreihen. In der Rückenmitte kann eine siebte helle Fleckenreihe entwickelt sein. Die zweite Binde von außen kann aber auch jeweils fehlen. Auf dem letzten Segment zwei große, helle Flecke.

> Meist mit 6 hellen Fleckenreihen
> 2 große helle Flecke auf dem Endsegment
> In Westeuropa bis zum Rhein

Vorkommen Vor allem in Laubwäldern. Westeuropäisch verbreitet, von Frankreich und Holland etwa bis an den Rhein, nur an wenigen Stellen auch weiter östlich.

3 *Glomeris transalpina*

Merkmale Körperlänge 9–16 mm. Grundfärbung schwarz. Alle Rückenplatten mit Ausnahme des Halsschilds hinten und an den Seitenrändern breit und scharf abgesetzt breit gelbrot oder leuchtend rot gesäumt. Hinterrand der dunklen Färbung (mit Ausnahme von Halsschild und Endsegment) durch jeweils vier Einbuchtungen wellenförmig.

Vorkommen Nur in den Alpen in Höhen zwischen etwa 1400 und 2700 m, selten tiefer. Sowohl in Wäldern als auch in alpinen Grasheiden, sogar auf Almwiesen unter eingetrockneten Kuhfladen. Vor allem in der Schweiz, im westlichen Österreich und in Südtirol.

> Segmente mit breitem, rotem Rand
> Grenzlinie gewellt
> In den Hochlagen der Alpen

4 *Glomeris pustulata*

Merkmale Körperlänge 5–14 mm. Grundfärbung schwarz mit scharf begrenzten, gelben bis orangefarbigen, rundlichen Flecken. Brustschild mit vier, die folgenden fünf bis sechs Segmente und das Endsegment mit zwei derartigen Zeichnungen, dazwischen drei oder vier einfarbig schwarze Ringe. Letztes Segment beim Männchen am Hinterrand deutlich eingebuchtet.

Vorkommen Besonders in offenem Gelände unter Steinen, aber auch in Wäldern. Nördlich etwa bis zum Maintal, überall ziemlich selten.

> Mit runden, gelben Flecken
> Brustschild mit 4 Flecken
> Folgende Segmente mit 2 Flecken

1

2

3

4

1 *Glomeris ornata*

> Mit weißlichen und gelben Zeichnungen
> Höcker auf dem letzten Segment
> Auf der Schwäbischen und Fränkischen Alb

Merkmale Körperlänge 7–13 mm. Grundfärbung heller oder dunkler braun mit sieben Reihen gelblich weißer bis gelber Flecke (meist in verschiedener Färbung am gleichen Tier). Die äußere, nicht sehr auffällige Fleckenreihe als heller Saum im vorderen Teil der Segmentränder. Endsegment mit zwei großen, hellen Flecken, außerdem kurz vor dem Hinterrand mit einem kleinen, erhabenen Höcker.
Vorkommen In der Unterart *G. ornata malmivaga* in Wäldern und Steinbrüchen der Schwäbischen und Fränkischen Alb, aber überall sehr vereinzelt und selten. Die etwas anders gezeichnete Stammunterart *G. ornata ornata* in den Südostalpen und auf der Balkanhalbinsel.
Lebensweise Die Paarung findet wie offenbar bei allen Saftkuglern bereits im zeitigen Frühjahr statt. Sie lässt sich gut beobachten, wenn man die Tiere einige Tage nach Geschlechtern getrennt hält (die Männchen sind an den Zangen am Hinterende zu erkennen) und dann abends wieder zusammenbringt. Vor der Paarung nähert sich das Männchen zunächst mit weit ausgestreckten Hinterleibszangen dem zunächst noch zusammengerollten Weibchen ▸ **1b**. Dieses entrollt sich und wird darauf am 2. Beinpaar (dort befinden sich seine Geschlechtsöffnungen) ergriffen. Das Männchen rollt anschließend seinen Vorderkörper ein und entnimmt unter Zuhilfenahme eines Erdkrumens einen Spermatropfen aus seinen (ebenfalls am 2. Beinpaar liegenden) Geschlechtsöffnungen. Mit diesem Hilfsmittel überträgt es das Sperma anschließend in die weiblichen Geschlechtsöffnungen ▸ **1c**.

2 *Glomeris connexa*

> Vier Längsreihen heller Flecke
> Flecke meist gelblich weiß
> Vorwiegend in kühlen Gebieten

Merkmale Körperlänge 5–17 mm. Grundfärbung braun bis schwarz, auf den Segmenten vier Längsreihen meist gelblich weißer, selten gelber Flecke. Die Flecken der inneren Reihe annähernd rundlich, die der äußeren mehr länglich. Letztes Segment mit ziemlich kleinen, hellen Flecken.
Vorkommen Vorwiegend in kühleren Klimagebieten in etwas feuchten Wäldern, auch in Mooren. Besonders im südlichen und östlichen Deutschland, ziemlich selten.

3 **Stäbchenkugler** *Trachysphaera gibbula*

> Nur 11 weißliche Rumpfringe
> Segmente hinten mit Querrippe
> In alpinen Gebirgswäldern

Merkmale Körperlänge 3,5–5 mm. Im Körperbau den Saftkuglern ähnlich, aber nur mit 11 Rumpfsegmenten. Färbung schneeweiß oder etwas gelblich, Rückenplatten am Hinterrand mit einer erhabenen, gekörnten Querrippe, ohne Zeichnungen. Letztes Segment beim Männchen mit einem deutlich entwickelten Höcker.
Vorkommen In feuchten Gebirgswäldern unter Laub und in morschem Holz. In Deutschland nur im Bayerisch-Österreichischen Grenzgebiet, in Österreich weiter verbreitet, aber überall ziemlich selten und schwer zu finden.
Lebensweise Die Tiere können sich wie Saftkugler zu einer festen, allseits geschlossenen Kugel zusammenrollen. Sie erinnern dann sehr an Pflanzensamen.

1a

1b

1c

2

3

1 *Polydesmus angustus*

- Rumpf mit 20 Ringen
- Halsschild so breit wie der Kopf
- Seitenflügel der Rückenplatten 3–4zähnig

Merkmale Körperlänge 18–23 mm. Rumpf aus 20 Segmenten zusammengesetzt. Färbung glänzend hellbraun oder braun mit einem dunklen Längsstrich entlang der Rückenmitte. Halsschild so breit wie der Kopf. Rückenschilder mit sehr breiten, am Außenrand deutlich drei- bis vierzähnigen Seitenflügeln; ihre Hinterecken winklig. Bei den hinteren Segmenten Hinterecken der Seitenlappen zahnartig verlängert. Augen fehlen wie bei allen Arten dieser Gattung.

Vorkommen Vorzugsweise in Wäldern am Boden und in alten, zerfallenden Baumstümpfen. In Mitteleuropa vor allem in den westlichen Mittelgebirgen allgemein verbreitet und fast überall häufig; im norddeutschen Flachland und in Ostdeutschland deutlich seltener, in den Ostalpen offenbar fehlend.

Lebensweise Vor der Paarung überträgt das Männchen aus seinen in den Hüften des zweiten Laufbeinpaares mündenden Geschlechtsöffnungen zunächst Spermaflüssigkeit in die zu Gonopoden umgewandelten siebten Beinpaare, indem es den vorderen Körperabschnitt stark bucklig einkrümmt. Zur mehrere Stunden dauernden Paarung legen sich die Partner so mit den Bauchseiten aneinander, dass das Männchen mit seinem siebten Segment dem zweiten Segment des Weibchens (dort befinden sich dessen Geschlechtsöffnungen) gegenüberliegt, und überträgt mit seinen Gonopoden das Sperma. Das Weibchen baut anschließend aus seinem Kot einen Ringwall und legt darin die Eier ab ▸ **1b**, hier gezeigt an einer nicht näher bestimmten *Polydesmus*-Art). Danach überbaut es das Gelege mit einer gewölbten Kuppel, die am oberen Pol eine schornsteinförmige Öffnung trägt.

2 *Polydesmus complanatus*

- Sehr ähnlich *P. angustus*
- Jeder zweite oder dritte Seitenflügel heller
- Mehr im Osten und Südosten

Merkmale Körperlänge 16–23 mm. Form der Seitenflügel und Breite des Halsschilds wie bei *P. angustus*. Jeweils ein bis zwei dunklere Seitenflügel wechseln sich mit einem deutlich helleren ab.

Vorkommen Besonders in feuchten Laubwäldern. Im Unterschied zu *P. angustus* mehr in den östlichen und südöstlichen Teilen Mitteleuropas verbreitet und hier gebietsweise ausgesprochen häufig.

3 *Polydesmus superus*

- Rumpf mit nur 19 Segmenten
- Sehr hell gefärbt
- Vor allem im Siedlungsbereich

Merkmale Körperlänge 7,5–10 mm. Rumpf aus nur 19 Segmenten zusammengesetzt. Färbung meist blass gelblich weiß oder hell graubraun, oft mit grünlichem Schimmer. Seitenflügel ziemlich klein und nur undeutlich gezähnt. Ausgewachsene Tiere vor allem im Frühjahr.

Vorkommen Vorwiegend im Siedlungsbereich in Gärten, auf Friedhöfen und in Gewächshäusern, auch z. B. in Erlenbrüchen und an Flussufern; meidet geschlossene Wälder; vor allem im Flachland gebietsweise ziemlich häufig.

Ähnlich Nahe verwandte, recht ähnliche Arten in Südeuropa vor allem in Höhlen.

1a

1b

2

3

1 *Mycogona germanica*

Merkmale Körperlänge 13–16 mm. Männchen mit 45, Weibchen mit 49 Beinpaaren. Färbung gelblich mit dunklerer Marmorierung. Rumpfringe oberseits mit jeweils sechs Borsten, vier davon in einer Reihe, zwei weiter hinten. Augen in einem dreieckigen Haufen.
Vorkommen In feuchten Wäldern, vorwiegend im Bergland. In Mitteleuropa nur nördlich der Donau, gebietsweise ziemlich häufig.

> Mit 45 oder 49 Beinpaaren
> Segmente mit 4 Borsten in einer Reihe
> Weiter hinten 2 weitere Borsten

2 *Craspedosoma rawlinsii*

Merkmale Körperlänge 10–15 mm. Rumpfringe mit deutlichen Seitenbuckeln. Körper beim Männchen ▸ 2 im Bereich des siebten Rumpfringes stark angeschwollen. Färbung hellbraun mit einem dunkelbraunen Längsstreifen auf dem Rücken.
Vorkommen In feuchten Wäldern, vor allem im westlichen Mitteleuropa.
Ähnlich Mehrere sehr ähnliche Arten dieser Gattung, die sich nur nach dem Bau der Gonopoden sicher von dieser Art unterscheiden lassen.

> Rumpfringe mit Seitenbuckeln
> 7. Rumpfring beim Männchen angeschwollen
> Vor allem im westlichen Mitteleuropa

3 *Rhymogona cervina*

Merkmale Körperlänge 17–24 mm. Rumpfringe mit schmalen Seitenflügeln, an denen sich jeweils eine nach hinten gerichtete Borste befindet. Färbung hellbraun, Mitte der Rumpfringe verdunkelt.
Vorkommen In Wäldern und an offenen Stellen, z. B. in Steinbrüchen und Kiesgruben. Nur in Südwestdeutschland und der angrenzenden Schweiz.

> Rumpfringe mit schmalen Seitenflügeln
> Seitenflügel mit Borste
> Nur in Südwestdeutschland und der Schweiz

4 *Atractosoma meridionale*

Merkmale Körperlänge 15–22 mm. Rumpfringe mit sehr breiten Seitenflügeln, die jeweils eine nach hinten gerichtete Borste tragen. Dadurch sehr an die Gattung *Polydesmus* erinnernd, aber die Seitenflügel (bezogen auf die Körperlängsachse) deutlich breiter als lang und außen ohne jede Zähnelung.
Vorkommen In den Alpen in steinigen, etwas feuchten und meist auch schattigen Gebieten, besonders in Wäldern; in Höhen zwischen 500 und 2200 m, fast nur auf kalkhaltigem Untergrund. Von der Schweiz bis nach Nordtirol und Slowenien, überall ziemlich selten; im deutschen Alpenraum nur aus dem Allgäu nachgewiesen.

> Rumpfsegment mit sehr breiten Seitenflügeln
> Seitenflügel mit einer Borste
> Nur in den Alpen

1

2

3

4

1 *Oxidus gracilis*

Merkmale Körperlänge 16–23 mm. Rumpf aus 20 Segmenten zusammengesetzt. Rumpfringe mit deutlichen, nach hinten zugespitzten Seitenkielen. Färbung dunkel rotbraun, Seitenkiele gelblich weiß.

Vorkommen Ursprünglich heimisch in den Tropen, nach Mitteleuropa eingeschleppt und hier vor allem in Gewächshäusern eingebürgert, seltener auch in Komposthaufen.

> 20 Rumpfringe
> Mit gelblich weißen Seitenkielen
> Vorwiegend in Gewächshäusern

2 *Strongylosoma stigmatosum (= S. pallipes)*

Merkmale Körperlänge 15–23 mm. 20 Rumpfringe, diese mit schwachen Seitenbuckeln. Färbung schwarzbraun, stark glänzend.

Vorkommen In feuchten Laubwäldern, auf Wiesen und an Flussufern, besonders auf Kalkböden. Nur im östlichen Mitteleuropa, nach Westen bis ins östliche Hessen und Bayern.

Lebensweise Die Eiablage erfolgt im Mai oder Juni. Die Jungtiere schlüpfen mit nur drei Beinpaaren. Sie sind bereits nach drei bis vier Monaten ausgewachsen und erreichen ein Alter von selten mehr als 15 Monaten.

> 20 Rumpfringe
> Mit schwachen Seitenbuckeln
> Nur im östlichen Mitteleuropa

3 *Proteroiulus fuscus*

Merkmale Körperlänge 7–15 mm. Körper ausgesprochen schlank (etwa 20 mal so lang wie dick) und im Querschnitt drehrund. Mit 31–45 Rumpfringen; Metazonite (hintere Hälfte der Rumpfsegmente) nur an den unteren Körperseiten gefurcht, oben dagegen glatt. Färbung heller oder dunkler braun mit rotbraunen, runden Flecken an der Seite jedes Ringes. Augen an den Kopfseiten in zwei Reihen angeordnet, oben eine Reihe aus drei bis vier, darunter eine aus acht bis zehn Punktaugen.

Vorkommen In Wäldern unter der losen Rinde abgestorbener Bäume und im Moos. In Mitteleuropa allgemein verbreitet und in den meisten Gegenden ziemlich häufig, besonders in den nördlichen Bereichen.

Lebensweise Die Art pflanzt sich offenbar überwiegend parthenogenetisch fort. Der Anteil der Männchen liegt fast überall zwischen unter einem und etwa drei Prozent. Man trifft die Art unter Baumrinde oft in großen Ansammlungen, neben ausgewachsenen Weibchen enthalten diese meist auch zahlreiche Jungtiere unterschiedlichen Alters.

> 31–45 Rumpfringe
> Augen in zwei Reihen
> Rotbraune Punktreihe an den Rumpfseiten

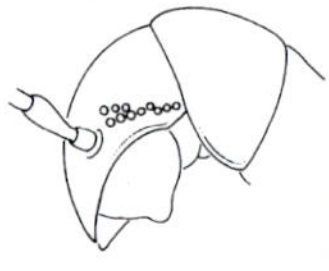

Anordnung der Augen

1

2

3

1 *Cylindroiulus punctatus*

Merkmale Körperlänge 13–28 mm. Als Vertreter der auf dieser und der folgenden Doppelseite vorgestellten Familie der Schnurfüßer mit einem etwas untersetzteren Körper, der etwa zehnmal so lang wie dick ist; außerdem reicht die Furchung des Metazonits um den Ring ganz herum. Mit 46–58 Rumpfringen. Grundfarbe hellbraun, an den Seiten der Prozonite (der vorderen Hälften der Rumpfsegmente) jeweils ein länglicher, dunkler, vertikal ausgerichteter Fleck. Letzter Ring oben mit einem am Ende knopfförmig verdickten Zipfel.
Vorkommen In Wäldern unter Baumrinde und unter am Boden liegenden Holzstücken. In Mitteleuropa meist häufig.

> 46–58 Rumpfringe
> Seitlich mit dunklen, vertikalen Flecken
> Knopfförmig verdickter Zipfel am Hinterende

2 *Cylindroiulus fulviceps*

Merkmale Körperlänge 22–34 mm. Mit 43–48 Rumpfringen. Kopf, Halsschild und die folgenden zwei bis drei Ringe orangegelb gefärbt, ebenso das Hinterende. Färbung sonst an den Prozoniten dunkelbraun mit heller Marmorierung, an den Metazoniten hellbraun, so dass der Körper hell-dunkel geringelt erscheint. Augen in einer dichten, rundlichen Gruppe, durch die dunkle Färbung von den hellen Kopfseiten kontrastreich abgehoben.
Vorkommen In feuchten Bergwäldern von den Bayerischen Alpen bis nach Südtirol.

> 43–48 Rumpfringe
> Vorder- und Hinterende orangegelb
> Körper sonst hell-dunkel geringelt

3 *Megaphyllum projectum*

Merkmale Körperlänge 22–35 mm. Mit 48–53 Rumpfringen. Beide Geschlechter sehr verschieden gezeichnet. Weibchen ▸ **3** graugelb bis orangegelb mit drei schwarzbraunen Längsbinden. Männchen einheitlich schwarzgrau und daher viel schwerer von anderen Arten zu unterscheiden. Seine Metazonite sehr dicht gefurcht und dadurch blaugrau erscheinend.
Vorkommen Vorwiegend in steinigen Wäldern auf kalkreichem Untergrund, bisweilen aber auch auf sandigen Böden. In Mitteleuropa vom Tiefland bis in die Alpen verbreitet, doch fast überall ziemlich selten.

> Mit 48–53 Rumpfringen
> Weibchen gelblich mit 3 schwarzen Längsbinden
> Männchen schwarz und blaugrau geringelt

4 *Megaphyllum unilineatum*

Merkmale Körperlänge 20–29 mm. Mit 43–50 Rumpfringen. Grundfärbung dunkelbraun bis schwarz, am Rücken eine schmale, gelbe bis orangefarbene Längsbinde. Augen sehr deutlich, aus 33–45 Punktaugen zusammengesetzt.
Vorkommen Nur in Kalkgebieten vorwiegend an offenen, stark besonnten Orten.
Lebensweise Die Art hält sich tagsüber meist unter besonnten Steinen auf. Bei der Paarung schmiegt das Männchen sein siebtes Rumpfsegment an die Bauchseite des zweiten Segments beim Weibchen und führt seine Gonopoden in dessen Geschlechtsöffnungen ein.

> Mit 43–50 Rumpfringen
> Am Rücken gelbliche Längsbinde
> Vorwiegend an sonnigen und trockenen Stellen

1

2

3

4

1 *Tachypodoiulus niger*

> 41–56 Rumpfringe
> Schwarz mit sehr hellen Beinen
> Prozonite oben quer gefurcht

Merkmale Körperlänge 19–49 mm. Mit 41–56 Rumpfringen. Glänzend schwarz oder schwarzbraun, Beine in deutlichem Kontrast dazu weißlich bis hell gelbbraun gefärbt. Metazonite wie bei den anderen Schnurfüßern in Längsrichtung, die Prozonite dagegen in der oberen Hälfte quer zur Körperlängsachse gefurcht. Diese Furchen biegen in der unteren Hälfte der Prozonite nach hinten ab. Durch dieses schon bei geringer Vergrößerung sichtbare Merkmal kaum mit einer anderen Art zu verwechseln.
Vorkommen Vorzugsweise in Wäldern auf Kalkboden. Vor allem im südlichen Deutschland allgemein verbreitet und in den Kalkgebieten oft die häufigste Art der Doppelfüßer.

Wissenswertes Da die Rumpfringe der Doppelfüßer (bis auf die vier vorderen) jeweils zwei Beinpaare tragen (daher auch der Name Doppelfüßer), kann man davon ausgehen, dass Pro- und Metazonit, also die vordere und hintere Hälfte der einzelnen Rumpfringe, zwei ursprünglich getrennten Segmenten entsprechen.

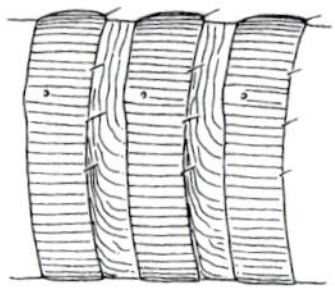

Skulptur der mittleren Rumpfringe

2 *Ommatoiulus sabulosus*

> 45–58 Rumpfringe
> 2 gelbe bis rote Rückenstreifen
> Rumpfseiten bis unten dunkel gefärbt

Merkmale Körperlänge 15–48 mm, im Mittelmeergebiet sogar bis 58 mm. Mit 45–58 Rumpfringen; deutlich schmäler gebaut als *O. rutilans*. Grundfärbung schwarzbraun mit heller marmorierten Rumpfseiten. Am Rücken zwei parallele, gelb oder rot gefärbte, seitlich scharf begrenzte Längsstreifen. Vom ähnlich gezeichneten Weibchen von *Megaphyllum projectum* am einfachsten durch die bis unten dunkel gefärbten Rumpfseiten zu unterscheiden.
Vorkommen Im Gegensatz zu den meisten übrigen Doppelfüßern vorwiegend auf kalkarmen Böden, doch auch in Kalkgebieten. Am häufigsten in sandigem, offenem Gelände.
Lebensweise Die Art ist häufig auch im Sonnenschein unterwegs. Anders als die meisten anderen Doppelfüßer klettert sie oft im Gebüsch. Manchmal kommt es bei ihr zu Massenvermehrungen.

3 *Ommatoiulus rutilans*

> Mit 41–56 Rumpfringen
> Deutlich untersetzte Körperform
> Helle Endränder der Metazonite

Merkmale Körperlänge 24–43 mm, im Mittelmeergebiet bis 56 mm. Mit 41–56 Rumpfringen. Körper für einen Tausendfüßer ausgesprochen untersetzt. Färbung schwarzbraun bis graubraun mit deutlich helleren Hinterrändern der Metazonite, sodass das Tier hell-dunkel geringelt erscheint.
Vorkommen Nur in kalkreichen, warmen Gebieten. Wohl von allen heimischen Doppelfüßern am meisten an warm-trockene Verhältnisse angepasst. Vor allem auf offenen Kalkmagerrasen in Süddeutschland, aber überall ziemlich selten; im Mittelmeergebiet dagegen recht häufig.
Lebensweise Auch diese Art ist oft bei Sonnenschein zu beobachten. Sie ist nur im Frühjahr und Sommer aktiv und zieht sich in der kälteren Jahreszeit offenbar tiefer in den Boden zurück.

1

2a

2b

3

1 *Polyzonium germanicum*

> Querschnitt halbkreisförmig
> Färbung gelb oder orange
> Kopf winzig klein

Merkmale Körperlänge 5–18 mm bei 1–2,5 mm Breite. Färbung leuchtend gelb bis orange. Rückenplatten halbkreisförmig zu den Rumpfseiten heruntergezogen, Unterseite vollkommen flach. Rumpf ziemlich breit und parallelseitig, am Vorder- und Hinterende plötzlich und fast halbkreisförmig verschmälert. Kopf winzig klein und rüsselartig zugespitzt; Augen neben der Fühlerbasis jeweils in einer schrägen Reihe angeordnet.
Vorkommen Vorzugsweise in feuchten Wäldern. In Europa in zwei Teilarealen, zum einen von Ostdeutschland bis etwa zum Elbetal, zum andern von Südengland bis zu den Vogesen; fast überall ziemlich selten.

Lebensweise Die Art rollt sich bei Störungen spiralig zusammen und gibt aus Wehrdrüsen einen milchigen, klebrigen Saft ab, der nach unreifen Walnüssen riecht. Das Weibchen umgibt nach der Eiablage das Gelege mit seinem ringförmig eingerollten Körper.

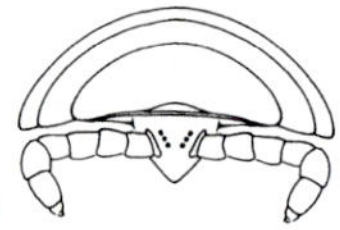
Ansicht von vorn

2 *Polyxenus lagurus*

> Körperlänge nur 2–3 mm
> 13 Laufbeinpaare
> Zahlreiche glänzende Borstenbüschel

Merkmale Mit nur 2–3 mm Körperlänge die kleinsten heimischen Doppelfüßer; gehören innerhalb dieser Gruppe zu einer eigenen Unterklasse, die in Europa nur durch zwei Arten vertreten ist. Rumpf sehr weichhäutig und nur aus 11 Segmenten zusammengesetzt, mit 13 Laufbeinpaaren. An den Segmenträndern regelmäßige Reihen kurzer, glänzender Borsten, an den Seiten dichte Borstenbüschel. Körperende mit einem pinselförmigen, strahlend weißen oder hellgrauen Borstenschopf.
Vorkommen Vor allem in Wäldern unter Baumrinde, doch auch in offenem, trockenem Gelände unter Steinen. In Mitteleuropa weitverbreitet und gebietsweise ziemlich häufig, in der Schweiz anscheinend selten.
Lebensweise Die ausgesprochen hübschen Tiere leben meist scharenweise beieinander und ernähren sich vorzugsweise von auf Baumrinde wachsenden Algen. Die Vermehrung erfolgt in den meisten Gegenden parthenogenetisch, da nur gebietsweise (vor allem in Westeuropa) häufiger Männchen auftreten. Die zweigeschlechtliche Vermehrung erfolgt ohne direkten Kontakt der Geschlechtspartner. Die Männchen stellen mit ihren Spinngriffeln an der Basis des zweiten Beinpaares lange Fadenstraßen her, die zu den an einigen Querfäden abgesetzten Spermatropfen führen. Die Weibchen laufen, sobald sie auf eine derartige Fadenstraße treffen, an den Wegfäden entlang, bis sie auf die Spermatropfen treffen. Die Jungtiere schlüpfen mit nur drei Beinpaaren aus den Eiern und entwickeln sich nach sieben Häutungen zu Erwachsenen.

1
2

1 Wenigfüßer *Pauropus sp.*

> Höchstens 1 mm groß
> Nur 9–10 Beinpaare
> Ernähren sich am Boden von Pilzfäden

Merkmale Körperlänge 0,5– 1 mm. Farblos und ausgesprochen weichhäutig. 9–10 Rumpfringe und 9–10 Laufbeinpaare (das abgebildete, noch nicht ganz ausgewachsene Tier besitzt erst acht Paar Laufbeine). An den Seiten der Rückenplatten jeweils eine lange Tastborste. Die kurzen Fühler zweimal gabelig gespalten, daher scheinbar mit drei Geißeln. Augen fehlen.
Vorkommen In den oberen Schichten des Erdbodens in Wäldern, gelegentlich unter Steinen und Holzstücken; ziemlich häufig, aber wegen der geringen Größe sehr schwer zu finden.
Lebensweise Die Tiere ernähren sich offenbar vorwiegend von Pilzfäden, nehmen aber auch tote und lebende tierische Nahrung an.

Wissenswertes Die mit etwa 20 Arten in Mitteleuropa verbreiteten Wenigfüßer (trotz dieses etwas widersprüchlichen Namens gehören sie mit etwa zehn Laufbeinpaaren zu den „vielfüßigen" Gliederfüßern und damit zu den Tausendfüßern) besitzen wie die Doppelfüßer nur zwei Paar Mundwerkzeuge, ein Paar Oberkiefer und ein Paar Unterkiefer, das wie bei diesen zum unpaaren, plattenförmigen Gnathochilarium verwachsen ist. Aufgrund dieses Merkmals gelten sie auch als Schwestergruppe der Doppelfüßer.

2 Zwergfüßer *Scutigerella immaculata*

> Mit 15 Rumpfringen und 12 Beinpaaren
> Weißlich oder hell gelblich
> Rückenplatten hinten tief ausgerandet

Merkmale Körperlänge bis 8 mm. Färbung weißlich oder blass gelblich. Mit 15 Rumpfringen und 12 Beinpaaren, am Hinterende außerdem Spinngriffel. Rückenplatten hinten in der Mitte tief ausgerandet und dadurch zweizipflig, die erste (Halsschild) winzig, die Rückenplatten 2, 3, 6, 9, 12, 14 und 15 größer als die übrigen. Mundwerkzeuge wie bei den Insekten aus drei Gliedmaßenpaaren: paarige Oberkiefer und Unterkiefer sowie die unpaare, aus einem ursprünglich getrennten Gliedmaßenpaar zusammengewachsene Unterlippe. Augen fehlen.
Vorkommen In den obersten Schichten des Erdbodens, auch unter Steinen. Überall ziemlich häufig, häufigste Art der Zwergfüßer.
Lebensweise Die Art ernährt sich von lebenden und toten organischen Substanzen, z. B. von Algenfäden, Pilzen und Falllaub, auch von grünen Pflanzenteilen. Das Männchen setzt ohne Anwesenheit eines Weibchens in seiner fortpflanzungsaktiven Zeit zwischen zwei Häutungen im Ablauf etwa eines Monats 150–450 Spermatophoren ab. Diese bestehen jeweils aus einem etwa 1 mm hohen Sekretstiel und einem darauf abgesetzten Spermatropfen. Das Weibchen, das diese Spermatophoren offenbar ganz zufällig findet, nimmt einige dieser Spermatropfen in spezielle „Backentaschen" auf. Bei der Eiablage holt es die Eier mit den Mundwerkzeugen einzeln aus seinen im vierten Rumpfsegment liegenden Geschlechtsöffnungen und heftet sie an Pflanzenteile, z. B. an kleine Moosstämmchen. Anschließend „spuckt" es Teile des in den Backentaschen gespeicherten Spermas über das soeben abgelegte Ei und befruchtet es auf diese etwas ungewöhnliche Weise.
Wissenswertes Vor allem wegen der ähnlich gebauten Mundwerkzeuge gelten die Zwergfüßer als Schwestergruppe der Insekten.

1

2

Glossar

Adult Ausgewachsen

Antennen Aus gegliederten → Extremitäten der vorderen Kopfsegmente hervorgegangene Fühler der Gliederfüßer, bei Spinnentieren fehlend.

Apophyse Fortsatz an einem Glied einer → Extremität.

Arthropoden Gliederfüßer. Wirbellose Tiere mit einem aus einzelnen → Segmenten zusammengesetzten Außenskelett. Artenreichste Tiergruppe, zu der Spinnentiere, Krebse, Tausendfüßer und Insekten gehören.

Augenstellung Charakteristische Anordnung der Augen bei Spinnen, die in vielen Fällen eine Bestimmung der Familien ermöglicht.

Blattzeichnung Mehr oder weniger dunkle Zeichnung auf dem Hinterkörper vieler Spinnen, die in der Form an ein Blatt erinnert und an den Rändern meist kontrastreich hell abgesetzt ist.

Bulbus Blasenförmiger oder sehr kompliziert gebauter Anhang am → Tarsus des → Pedipalpus männlicher Spinnen, der bei der Paarung der Übertragung des Spermas dient. Enthält im Innern einen Samenschlauch, in dem das Sperma aufbewahrt wird.

Calamistrum Kräuselkamm; regelmäßige, einfache oder doppelte Reihe geborgener Borsten am → Metatarsus der Hinterbeine → cribellater Spinnen zum Auftragen der feinen Kräuselfäden auf normale Spinnfäden.

Carapax Einheitlicher Rückenpanzer, der mehrere → Segmente bedeckt.

Cheliceren Erstes Gliedmaßenpaar am Vorderkörper der Spinnentiere, meist als Schere oder → Subchela entwickelt.

Colulus Aus dem vorderen mittleren Spinnwarzenpaar hervorgegangener, funktionsloser Hügel vor den Spinnwarzen → ecribellater Spinnen.

Coxa Hüfte, erstes Glied der Beine von Gliederfüßern.

Cribellate Spinnen Spinnen, die vor den Spinnwarzen ein → Cribellum und an den → Metatarsen der Hinterbeine ein → Calamistrum besitzen.

Cribellum Spinnsieb; querovale, manchmal geteilte, nur bei → cribellaten Spinnen vorkommende Platte vor den Spinnwarzen, auf der zahlreiche Spinndüsen münden. Die daraus abgegebenen, fein gekräuselten Fäden werden mit dem → Calamistrum auf festere Spinnfäden gelegt.

Diplopoden Doppelfüßer; systematische Gruppe der Tausendfüßer mit aus ursprünglich jeweils zwei Segmenten verschmolzenen Rumpfringen. Diese Rumpfringe tragen in der Regel jeweils zwei Beinpaare.

Dorsal Auf den Rücken bezogen, rückenseitig.

Ecribellate Spinnen Spinnen ohne → Cribellum und → Calamistrum; sie erzeugen zum Beutefang im Allgemeinen → Fangfäden mit Klebtröpfchen.

Embolus Spitze des → Bulbus am → Pedipalpus männlicher Spinnen, die in die weibliche Genitalöffnung eingeführt wird.

Entelegyne Spinnen Spinnen, deren Weibchen eine → Epigyne und deren Männchen sehr kompliziert gebaute → Taster besitzen.

Epigyne Chitinstruktur über der Geschlechtsöffnung bei Weibchen → entelegyner Spinnen, die nur artgleichen Männchen ein Einführen der → Taster ermöglicht („Schlüssel-Schloss-Prinzip“).

Extremitäten Gliedmaßen. Meist gegliederte, vom Körper abgeschnürte, paarige Körperfortsätze der Gliederfüßer.

Exuvie Bei einer Häutung zurückbleibende Körperhülle.

Facettenaugen Siehe Komplexaugen

Fächerlungen, Fächertracheen In einem Körperhohlraum wie die Blätter eines Buches übereinander liegende, mit der Außenluft über ein → Stigma in Verbindung stehende Atemorgane vieler Spinnentiere.

Fangfäden Durch Klebtropfen oder Kräuselwolle aus dem → Cribellum fängige Fäden in den Netzen vieler Spinnen.

Fangspirale Mit Klebtröpfchen oder Kräuselwolle aus dem → Cribellum belegter, spiralförmig gewundener Faden in einem Radnetz.

Femur Schenkel, drittes Glied der Beine von Gliederfüßern.

Genitalmerkmale Merkmale aus dem Geschlechtsapparat, die zur Bestimmung herangezogen werden, bei Spinnen z. B. Feinstrukturen des männlichen → Tasters bzw. der weiblichen → Epigyne und → Vulva.

Gnathochilarium Aus den miteinander verschmolzenen ersten → Maxillen gebildete Unterlippe der Diplopoden. Das zweite Maxillenpaar ist gleichzeitig reduziert.

Gnathosoma Voderer Körperabschnitt der Milben, an dem → Cheliceren und → Pedipalpen ansetzen.

Gonopoden Zur Übertragung des Spermas in die weibliche Geschlechtsöffnung abgewandelte → Extremitäten.

Habitus Äußere Gestalt, Erscheinungsbild

Haplogyne Spinnen Spinnen, deren Weibchen keine → Epigyne und deren Männchen einen einfach gebauten → Bulbus am → Taster besitzen.

Hysterosoma Hinterer, aus der Verschmelzung der beiden letzten Segmente des Vorderkörpers mit dem Hinterkörper hervorgegangener Körperabschnitt der Milben. Er trägt die beiden hinteren Laufbeinpaare.

Klebfadenweberinnen Siehe ecribellate Spinnen.

Kommentkampf Ritualisiertes Kampfverhalten, bei dem sich die Gegner allein durch optische Präsentation ihrer körperlichen Vorzüge messen und in der Regel auch einen Sieger ermitteln.

Komplexaugen Aus zahlreichen winzigen Einzelaugen, den Ommatidien, zusammengesetzte Augen der Insekten und einiger weiterer Gliederfüßer (z. B. vieler Krebse). Jedes Einzelauge besteht aus einer Linse, einem Kristallkegel und meist acht Sehzellen und liefert jeweils einen Bildpunkt.

Kräuselfadenweberinnen Siehe cribellate Spinnen.

Labidognathe Spinnen Systematische Einheit der höheren Spinnen, die sich durch nach unten oder schräg nach vorn gerichtete → Cheliceren und gegeneinander gerichtete Chelicerenklauen auszeichnen.

Labium Unterlippe. Unpaarer, abgeflachter Anhang im Mundbereich, der den Mundvorraum nach unten abschließt. Bei Insekten aus den verschmolzenen zweiten → Maxillen, bei Spinnen und Weberknechten aus einer vom → Sternum abgeschnürten Platte hervorgegangen.

Maxillipeden Kieferfüße, zu Mundwerkzeugen umgewandelte Rumpfgliedmaßen.

Mesosoma Breiter, vorderer Abschnitt des Hinterkörpers bei einigen Spinnentieren (z. B. Skorpionen).

Metasoma Schmaler, hinterer Abschnitt des Hinterkörpers bei einigen Spinnentieren (z. B. Skorpionen).

Metatarsus Vorletztes Glied der Laufbeine bei Spinnen und einigen anderen Spinnentieren.

Metazonit Hinterer, durch abweichende Skulptur meist deutlich abgesetzter Teil eines Rumpfringes bei → Diplopoden.

Nabe Zentrum eines Radnetzes.

Ocellen Einfache Linsenaugen vieler Gliederfüßer.

Opisthosoma Hinterkörper. Hinterer, meist vom → Prosoma abgegliederter Körperabschnitt der Spinnentiere, Pfeilschwanzkrebse und Asselspinnen. Er trägt nur bei den Pfeilschwanzkrebsen echte → Extremitäten, ansonsten höchstens abgewandelte Reste von solchen (z. B. Spinnwarzen der Spinnen).

Orthognathe Spinnen Systematische Einheit primitiver Spinnen mit gerade nach vorn gerichteten Cheliceren, deren Klauen parallel zueinander nach unten und hinten eingeklappt werden. Zu ihnen gehören u. a. die tropischen Vogelspinnen, in Europa vor allem Tapezierspinnen und Falltürspinnen.

Patella Viertes Glied der Laufbeine und → Pedipalpen von Spinnen.

Parthenogenese Jungfernzeugung; eingeschlechtliche Vermehrung durch unbefruchtete Eier oder Eizellen.
Pedipalpen Meist tasterartige oder Scheren tragende zweite → Extremitäten der Gliederfüßer.
Propodosoma Aus zwei Segmenten zusammengesetzter, mittlerer Körperabschnitt der Milben (mit den beiden vorderen Laufbeinpaaren).
Prosoma Vorderkörper. Vorderer Körperabschnitt der Spinnentiere, Pfeilschwanzkrebse und Asselspinnen, bei den beiden ersten Gruppen stets aus sechs mit → Extremitäten ausgestatteten → Segmenten zusammengesetzt.
Prozonit Vorderer, durch abweichende Skulptur meist deutlich abgesetzter Teil eines Rumpfringes bei → Diplopoden.
Punktaugen Siehe Ocellen.
Radiärstreifen Vom Mittelpunkt des → Prosomas schräg nach außen gerichtete, streifenförmige Zeichnung bei vielen Spinnen.
Radien Strahlenförmig von innen nach außen gerichtete Fäden eines Radnetzes. Im Gegensatz zur → Fangspirale tragen sie keine Klebtröpfchen zum Festhalten der Beute.
Räuber Tiere, die sich von anderen lebenden Tieren ernähren.
Scutum Schildförmige, feste Platte auf oder unter dem → Opisthosoma einiger Spinnen.
Segmente Durch feste äußere Ringe markierte Körperabschnitte der Gliederfüßer. Durch Verschmelzung mehrerer Segmente kann es zur Verwischung von Segmentgrenzen kommen. Da jedes Segment immer nur ein Paar Extremitäten trägt, erlaubt in diesem Fall oft eine Auszählung der Beinpaare eine Analyse der Segmentierungsverhältnisse.
Sklerotisierung Verhärtung der Körperhülle.
Speichen Siehe Radien.
Spermatophore Samenkapsel zur indirekten Spermaübertragung
Stabiliment Zickzack- oder streifenförmiges Gespinst in einem Radnetz, das im Allgemeinen der Tarnung dient. Es führt von der Nabe aus nach oben und unten bzw. strahlenförmig nach außen und ist oft mit Beuteresten behängt.
Sternit Bauchplatte eines → Segments der → Arthropoden.
Sternum Einheitliche, aus mehreren → Sterniten verschmolzene Bauchplatte bei → Arthropoden.
Stigmen Spaltförmige oder runde Öffnungen der Atemorgane bei → Arthropoden.
Stirn Die meist steil abfallende, über den Mundwerkzeugen liegende Fläche des Kopfes bzw. des Vorderkörpers.
Stridulation Zirpende Geräuscherzeugung durch Reiben eines scharfkantigen oder spitzen Körperteils über eine quer gerillte Körperoberfläche.
Subadult Im letzten, dem erwachsenen Tier vorangehenden Häutungsstadium.
Subchela zweigliedrige Schere, bei der der unbewegliche Scherenfinger fehlt, sodass der bewegliche Scherenfinger gegen das Grundglied zurückgeklappt wird (z. B. → Cheliceren der Spinnen).
Tarsus Fuß; letztes Glied der → Extremitäten von Gliederfüßern, bei vielen Arten sekundär untergliedert.
Taster Gegliederter Anhang von Mundwerkzeugen, bei Spinnen der → Pedipalpus.
Tibia Schiene; fünftes Glied der Laufbeine und → Pedipalpen von Spinnen (bei Insekten viertes Beinglied).
Tracheen Röhrenförmige Atemorgane der Spinnentiere, Tausenfüßer und Insekten. Sie leiten den Sauerstoff direkt zu den Organen und stehen mit der Außenluft durch → Stigmen in Verbindung.
Trochanter Schenkelring; zweites Glied der → Extremitäten von → Arthropoden.

Literatur

BELLMANN, H. (1997): Kosmos-Atlas Spinnentiere Europas. Kosmos-Verlag, Stuttgart.

BRISTOWE, W.S. (1971): The World of Sipders. Collins New Naturalist, London.

BRAUNWALDER, M.E. (2005): Scorpiones (Arachnida). Fauna Helvetica **13**, Schweiz. Entmol. Ges., Neuchatel.

CROME, W. (1951): Die Wasserspinne. Neue Brehm-Bücherei 44, Geest & Portig, Wittenberg.

Dahl, F. u. M. Dahl (1931): Spinnentiere oder Arachnoidea II: *Lycosidae* s.lat. (Wolfspinnen im weiteren Sinne). Tierwelt Deutschlands 5. Teil. Gustav Fischer Verlag, Jena.

DAHL, M. u. H. WIEHLE (1931): Spinnentiere oder Arachnoidea VI: *Agelenidae – Araneidae*. Tierwelt Deutschlands 23. Teil. Gustav Fischer Verlag, Jena.

FOELIX, R.F. (1992): Biologie der Spinnen. Georg Thieme Verlag, Stuttgart.

GRIMM, U. (1985): Die *Gnaphosidae* Mitteleuropas. Abh. Naturw. Hamburg (NF) 26. Verlag Paul Parey, Hamburg.

GRIMM, U. (1986): Die Clubionidae Mitteleuropas: *Corinninae* und *Liocraninae*. Abh. Naturw. Ver. Hamburg (NF) 27. Verlag Paul Parey, Hamburg.

GRUNER, H.-E. (1993): Lehrbuch der speziellen Zoologie Bd. I, 4. Teil: Arthropoda (ohne Insecta). Gustav Fischer Verlag, Jena, Stuttgart, Naw York.

HARM, M. (1969): Revision der Gattung *Salticus*. Senckenbergiana biol. **50**, 205-218.

HARM, M. (1971): Revision der Gattung *Heliophanus*. Senckenbergiana biol. **52**, 53-79.

HARM, M. (1973): Revision der Gattung *Sitticus*. Senckenbergiana biol. **54**, 369-403.

HARM, M. (1977): Revision der mitteleuropäischen Arten der Gattung *Phlegra*. Senckenbergiana biol. **58**, 63-77.

HARM, M. (1981): Revision der mitteleuropäischen Arten der Gattung *Marpissa*. Senckenbergiana biol. **61**, 277-291.

HEIMER, S. (1988): Wunderbare Welt der Spinnen. Urania Verlag, Leipzig, Jena, Berlin.

HEIMER, S. u. W. NENTWIG (1991): Spinnen Mitteleuropas. Verlag Paul Parey, Hamburg.

JONES, D. (1990): Der Kosmos Spinnenführer. 4. Aufl., Kosmos-Verlag, Stuttgart.

LOCKET, G.H. u. A.F. MILLIDGE (1975): British Spiders Vol. I u. II. Ray Society, London.

LOCKET, G.H., A.F. MILLIDGE u. P. MERRETT (1974): British Spiders Vol. III. Ray Society, London.

MARTENS, J. (1978): Weberknechte, Opiliones. Tierwelt Deutschlands 64. Teil. Gustav Fischer Verlag, Jena.

PLATEN, R., T. BLICK, P. SACHER u. A. MALTEN (1996): Rote Liste der Webspinnen Deutschlands (Arachnida: Araneae). Arachnol. Mitt. **11**, 5-31.

PÖTZSCH, J (1963): Von der Brutfürsorge heimischer Spinnen. Neue Brehm-Bücherei 324, Ziemsen-Verlag, Wittenberg.

ROBERTS, M.J. (1995): Spiders of Britain & Northern Europe. Harper Collins Publishers, London.

SAUER, F. u. J. WUNDERLICH (1985): Die schönsten Spinnen Europas. Fauna-Verlag, Karlsfeld.

SCHMIDT, G. (1984): Skorpione und andere Spinnentiere. Lehrweister Bücherei Nr. 109. Philler-Verlag, Minden.

SCHMIDT, G. (1993): Giftige und gefährliche Spinnentiere. Neue Brehm Bücherei 608. Westarp Wissenschaften, Magdeburg und Essen.

SCHUBART, O. (1934): Tausendfüßler oder Myriapoda I: Diplopoda. Tierwelt Deutschlands 28. Teil. Gustav Fischer Verlag, Jena.

STERN, H. u. E. KULLMANN (1996): Leben am seidenen Faden. Kosmos-Verlag, Stuttgart.

STRESEMANN, E. (1992): Exkursionsfauna Bd. 1, Wirbellose (ohne Insekten). Verlag Volk und Wissen, Berlin.

WEYGOLDT, P. (1966): Moos- und Bücherskorpione. Neue Brehm-Bücherei 365. Ziemsen-Verlag, Wittenberg.

WIEHLE, H. (1953): Spinnentiere oder Arachnoidea IX: Orthognatha, Cribellatae, Haplogynae, Entelegynae (Pholcidae, Zodariidae, Oxyopidae, Mimetidae, Nesticidae). Tier-

welt Deutschlands 42. Teil. Gustav Fischer Verlag, Jena.
WIEHLE, H. (1954): Aus dem Spinnenleben wärmerer Länder. Neue Brehm Bücherei 138. Ziemsen-Verlag, Wittenberg.
WIEHLE, H. (1956): Spinnentiere oder Arachnoidea X: Linyphiidae. Tierwelt Deutschlands 44. Teil. Gustav Fischer Verlag, Jena.
WIEHLE, H. (1960): Spinnentiere oder Arachnoidea XI: Micryphantidae. Tierwelt Deutschlands 47. Teil. Gustav Fischer Verlag, Jena.
WIEHLE, H. (1963): Spinnentiere oder Arachnoidea XII: Tetragnathidae. Tierwelt Deutschlands 49. Teil. Gustav Fischer Verlag, Jena.
WIEHLE, H. (1967): Beiträge zur Kenntnis der deutschen Spinnenauna, V. Senckenbergiana biol. **48**, 1-36.

Internetadressen

Deutsche Arachnologische Gesellschaft, mit vielen wichtigen links:
http://www.arages.de/

Bestimmungsschlüssel mitteleuropäischer Spinnen:
http://www.araneae.unibe.ch/index.html

Verbreitungskarten heimischer Spinnen:
http://www.spiderling.de/arages/index2.htm

Springspinnen weltweit, mit vielen Abbildungen:
http://www.jumping-spiders.com/

Die Krabbenspinne *Thomisus onustus* lauert auf einer Margeritenblüte auf Beute.

Register

Impressum

Umschlaggestaltung von eStudio Calamar unter Verwendung von vier Farbfotos von Heiko Bellmann (Umschlagvorderseite: Springspinne *Synema globosum* auf Margeritenblüte). – Umschlagrückseite von links nach rechts: Gartenkreuzspinne (*Araneus diadematus*) in ihrem Netz, Krabbenspinne *Thomisus onustus* lauert auf Affenknabenkraut, Portrait der Springspinne *Marpissa pomatia*.

Seite 4: Laufspinne *Philodromus margaritatus*
Seite 5 oben: Krabbenspinne *Xysticus* sp. mit dem Augenfalter *Aphantopus hyperanthus*
Seite 5 unten: *Argiope lobata*

Mit 851 Farbfotos von Heiko Bellmann (827) und Barbara Knoflach-Thaler (24, 43/2a, 43/2b, 49/3, 61/1, 81/2, 85/3, 91/1, 93/2a, 93/2b, 93/2c, 95/1a, 95/1b, 95/1c, 101/1, 103/2, 123/3, 143/2, 209/1, 215/1, 215/2, 233/2, 253/2, 273/3, 335/1a) und 165 Zeichnungen von Wolfgang Lang (162) und Johann-Christian Rost (3)

23 Farbfotos auf den Klappen von Heiko Bellmann und 50 Zeichnungen von Wolfgang Lang

FSC
Mix
Produktgruppe aus vorbildlich bewirtschafteten Wäldern und anderen kontrollierten Herkünften
www.fsc.org Zert.-Nr. CQ-COC-000012
© 1996 Forest Stewardship Council

ISBN 978-3-440-10114-8
Projektleitung: Julia Grimm, Stefanie Tommes
Redaktion: Rainer Gerstle
Gestaltungskonzept: eStudio Calamar
Produktion: Siegfried Fischer / Markus Schärtlein
Printed in Italy / Imprimé en Italie

Pure Vielfalt.

Sicher bestimmen.

Ein umfassender Überblick

Ob Käfer, Schmetterlinge oder Hautflügler – in über 1.500 Farbfotos werden die wichtigsten mitteleuropäischen Arten abgebildet. Alle Insektengruppen sind mit dem KOSMOS-Farbcode schnell zu finden. Als Extra werden auch die häufigsten Spinnentiere vorgestellt.

Heiko Bellmann |
Der neue Kosmos Insektenführer

448 S., über 1.500 Farbfotos, €/D 24,90
ISBN 978-3-440-11924-2

Farbenprächtig

Schillernde Schmetterlinge, rätselhafte Raupen und formenreiche Futterpflanzen – doch wer gehört zu wem? Dieser Fotoführer vereint Falter, Raupen und Futterpflanzen in einem Band. Neben den häufigsten mitteleuropäischen Arten werden auch auffällige seltene und markante südeuropäische Falter berücksichtigt.

Dr. Heiko Bellmann |
Der neue Kosmos Schmetterlingsführer

448 S., 1.172 Abb., €/D 26,90
ISBN 978-3-440-11965-5

Preisänderung vorbehalten

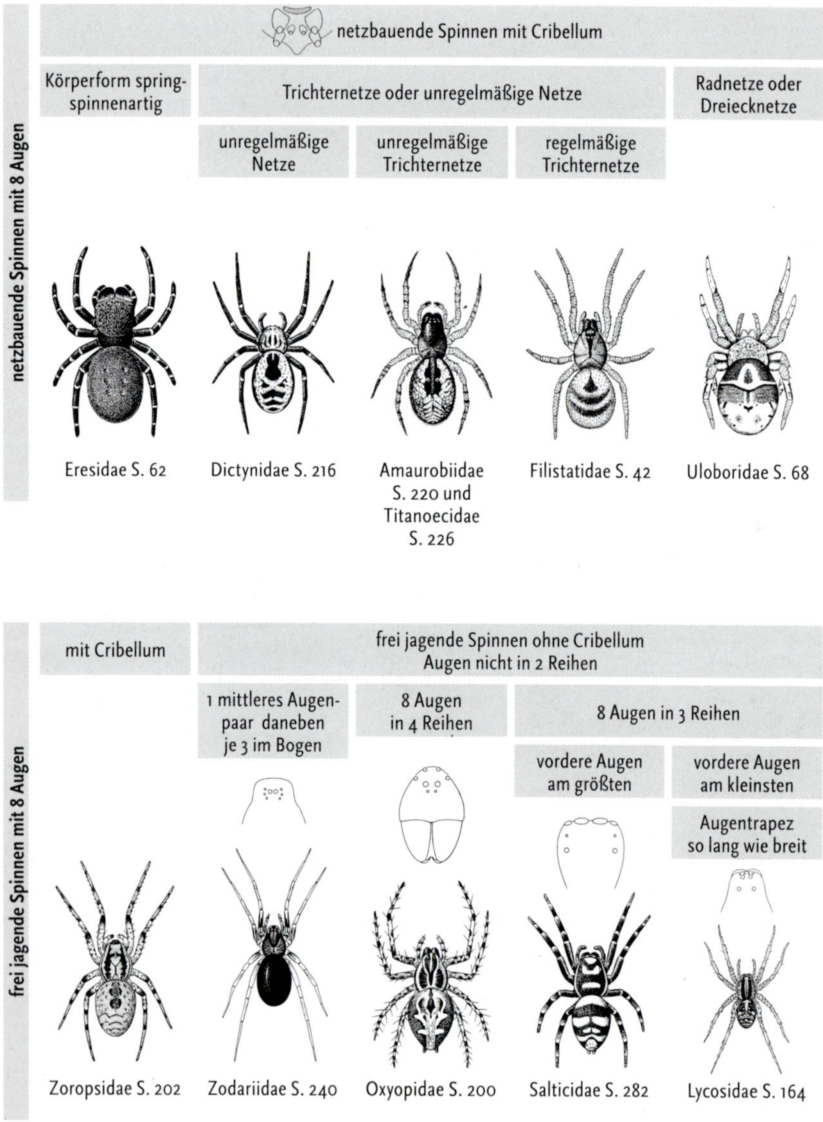

netzbauende Spinnen mit 8 Augen
netzbauende Spinnen mit Cribellum
Körperform springspinnenartig
Trichternetze oder unregelmäßige Netze
Radnetze oder Dreiecknetze
unregelmäßige Netze
unregelmäßige Trichternetze
regelmäßige Trichternetze
Eresidae S. 62
Dictynidae S. 216
Amaurobiidae S. 220 und Titanoecidae S. 226
Filistatidae S. 42
Uloboridae S. 68
frei jagende Spinnen mit 8 Augen
mit Cribellum
frei jagende Spinnen ohne Cribellum Augen nicht in 2 Reihen
1 mittleres Augenpaar daneben je 3 im Bogen
8 Augen in 4 Reihen
8 Augen in 3 Reihen
vordere Augen am größten
vordere Augen am kleinsten
Augentrapez so lang wie breit
Zoropsidae S. 202
Zodariidae S. 240
Oxyopidae S. 200
Salticidae S. 282
Lycosidae S. 164